细说 机器学习

从理论到实践

凌 峰◎编著

清华大学出版社
北京

内 容 简 介

本书从数学知识入手，详尽细致地阐述机器学习各方面的理论知识、常用算法与流行框架，并以大量代码示例进行实践。本书内容分为三篇：第一篇为基础知识，包括机器学习概述、开发环境和常用模块、特征工程、模型评估、降维方法等内容。本篇详细而友好地介绍机器学习的核心概念与原理，并结合大量示例帮助读者轻松入门。第二篇为算法应用，涵盖机器学习最重要与高频使用的模型，包括K-Means聚类、K最近邻、回归、决策树、朴素贝叶斯、支持向量机、神经网络等内容。本篇不仅详细讲解各个算法的原理，还提供大量注释详尽的代码示例，使这些算法变得直观易懂。第三篇为拓展应用，包括集成学习、深度学习框架TensorFlow与PyTorch入门、卷积网络、激活函数以及模型微调与项目实战。本篇内容更加前沿与高级，带领读者跨过机器学习的门槛，进行真实项目的实践与部署。

本书内容丰富、系统且实用，大量相关代码示例贴近实战，能够为读者学习机器学习打下扎实的基础，并真正掌握运用这些知识与算法解决实际问题的技能。适合机器学习入门者、大学生、人工智能从业者，以及各行业技术人员和科研人员使用，也可作为培训机构和大专院校人工智能课程的教学用书。

图书在版编目（CIP）数据

细说机器学习：从理论到实践/凌峰编著. —北京：清华大学出版社，2023.3
ISBN 978-7-302-62876-7

Ⅰ.①细… Ⅱ.①凌… Ⅲ.①机器学习 Ⅳ.①TP181

中国国家版本馆CIP数据核字（2023）第037764号

责任编辑：王金柱
封面设计：王 翔
责任校对：闫秀华
责任印制：杨 艳

出版发行：清华大学出版社
　　网　　址：http://www.tup.com.cn，http://www.wqbook.com
　　地　　址：北京清华大学学研大厦A座　　　　　邮　　编：100084
　　社 总 机：010-83470000　　　　　　　　　　邮　　购：010-62786544
　　投稿与读者服务：010-62776969，c-service@tup.tsinghua.edu.cn
　　质量反馈：010-62772015，zhiliang@tup.tsinghua.edu.cn
印 装 者：北京嘉实印刷有限公司
经　　销：全国新华书店
开　　本：185mm×235mm　　　印　　张：30.25　　　字　　数：726千字
版　　次：2023年5月第1版　　　　　　　　　　　印　　次：2023年5月第1次印刷
定　　价：119.00元

产品编号：100241-01

前　言

　　21世纪，全球化背景下各大国之间的竞争最终归结为人才竞争。机器学习作为当前推动产业变革的关键技术，在学术界和工业界都有广泛应用。广大国民掌握机器学习技术将极大地促进生产力发展，提高国家综合竞争力，为国家发展做出技术贡献。基于此，本书面向有志于21世纪从事机器学习事业的人编写，希望通过这本书为推动国家人工智能技术进步做出微薄贡献。

　　众所周知，在国家层面，人工智能技术已经成为社会经济发展的新引擎，该技术已经遍布人们日常生活的各个方面。机器学习是人工智能的底层技术，作为新一轮产业变革的核心驱动技术，机器学习将进一步释放历次科技革命和社会产业变革积累的巨大能量，进一步促进经济发展，重塑社会生产、社会分配和日常消费等国家经济生活各环节。它将形成包括宏观经济和微观经济在内的社会智能化新需求，激发社会发明新技术、新产品、新产业、新业态和新模式，引发社会经济结构重大变革，深刻改变国民日常生产、生活方式和经济社会生活思维模式，实现国家生产力的跨越提高。

　　我国经济社会发展已经进入新阶段，实现共同富裕已成为当前主要的社会发展目标和任务。需要加快机器学习应用于产业领域，提高机器学习技术产业化水平，为我国社会发展注入强大的技术支持力和核心动力。

　　随着我国社会发展和产业升级需求，机器学习技术人才需求越来越大。然而，机器学习是一门交叉学科，涉及的基础知识繁杂，不易入门和学习。为降低机器学习技术的入门门槛，本书从理论出发，结合实例，尽量用简单易懂的语言阐述深奥的知识点，为机器学习从业者提供一本很好的机器学习技术参考书。

本书内容

本书结合作者多年利用机器学习算法解决实际问题的经验，将机器学习理论及Python实现手段讲解给读者。本书在讲解过程中步骤详尽、内容新颖，讲解过程辅以相应的图示，使读者在阅读时一目了然，从而快速掌握书中所讲的内容。

第一篇为基础知识，内容包括机器学习发展历程、应用领域和前景，基础概念和数学基础，机器学习特征工程的各种方法，模型评估的指标以及指标的局限性，常用的学习方法的原理及应用等。具体安排如下：

第1章　机器学习概述　　　　第2章　基础知识

第3章　开发环境和常用模块　　第4章　特征工程

第5章　模型评估　　　　　　第6章　降维方法

第二篇为高级应用，内容包括各类机器学习算法的基本理论及Python实现方法等，这也是本书重点介绍的内容。具体安排如下：

第7章　K-Means聚类　　　　第8章　K最近邻

第9章　回归　　　　　　　　第10章　朴素贝叶斯

第11章　决策树与随机森林　　第12章　支持向量机

第13章　神经网络

第三篇为拓展应用，内容包括集成学习原理、常用的方法和应用，TensorFlow及PyTorch数据操作、数据集加载、图像分类、卷积网络、激活函数，以迁移学习和空间变换网络为例讲解机器学习实战。具体安排如下：

第14章　集成学习　　　　　　第15章　TensorFlow入门

第16章　PyTorch入门　　　　　第17章　卷积网络

第18章　激活函数　　　　　　第19章　项目实战

本书特点

本书由资深业界专家精心编写，涵盖现代机器学习理论、经典算法与流行框架的编程实现。

从统计学、线性代数与概率论等机器学习的基础知识讲起，然后介绍机器学习的基本概念，继而讲解常用算法与编程实现，最后介绍高级知识、框架实践与项目案例，兼顾理论与应用，详尽易懂。

在每个知识点的讲解过程中，配套大量示例，全书设计200多个编程实例，向读者展示机器学习算法与框架的实际应用。

全书涉及面广，如神经网络、集成学习、迁移学习等当前机器学习热点均有所涉及。

结合作者多年机器学习研究与开发经验，采用流行的Python语言编写示例，适合不同行业的读者学习。

读者对象

本书适合机器学习初学者和对人工智能技术感兴趣的各类读者，具体如下：

- 初学机器学习的技术人员
- 从事机器学习的科研人员
- 培训机构和各类院校的学生
- 人工智能领域的从业人员
- 机器学习技术爱好者

源码下载

本书提供了配套源代码，读者可扫描右侧的二维码，按扫描后的页面提示填写你的邮箱，把下载链接转发到邮箱中下载。如果下载有问题或阅读中发现问题，请用电子邮件联系booksaga@126.com，邮件主题写"细说机器学习：从理论到实践"。

读者服务

读者朋友在学习过程中遇到与本书有关的技术问题，可以关注"算法仿真"公众号获取帮助，我们将竭诚为您服务。

虽然编者在本书的编写过程中力求叙述准确、完善，但限于水平，书中欠妥之处在所难免，希望广大读者和同仁予以指正，共同促进本书质量的提高。

最后，希望本书能为读者的学习和工作提供帮助！

编者

2023年3月

目　录

第 1 篇　基础知识

第 1 章　机器学习概述 …………………………………………………………………… 3

1.1　机器学习的定义与发展历史 …………………………………………………… 3

1.1.1　什么是机器学习 ………………………………………………………… 3

1.1.2　发展历史 …………………………………………………………………… 4

1.2　应用领域 …………………………………………………………………………… 9

1.3　应用前景 …………………………………………………………………………… 11

1.4　小结 ………………………………………………………………………………… 13

第 2 章　基础知识 ……………………………………………………………………… 14

2.1　概念与术语 ………………………………………………………………………… 14

2.1.1　统计学的基本概念 ……………………………………………………… 14

2.1.2　拟合、过拟合和欠拟合 ………………………………………………… 16

2.2　高等数学基础 ……………………………………………………………………… 19

2.3　线性代数基础 ……………………………………………………………………… 26

2.3.1　基本概念和符号 ………………………………………………………… 26

2.3.2　矩阵乘法 …………………………………………………………………… 27

2.3.3　矩阵运算和性质 ………………………………………………………… 30

2.3.4　矩阵微积分 ……………………………………………………………… 35

2.4 概率论基础 ··· 41

    2.4.1 基本概念和符号 ·· 41

    2.4.2 随机变量 ··· 42

    2.4.3 两个随机变量 ·· 45

    2.4.4 多个随机变量 ·· 49

2.5 小结 ··· 52

第 3 章 开发环境和常用模块 ··· 53

3.1 环境需求 ·· 53

3.2 NumPy ··· 54

    3.2.1 NumPy的安装与查看 ··· 55

    3.2.2 NumPy对象 ·· 56

    3.2.3 数组 ··· 60

    3.2.4 数学计算 ·· 64

3.3 Pandas ··· 71

    3.3.1 Pandas Series入门 ·· 72

    3.3.2 DataFrame结构 ··· 82

3.4 Matplotlib ·· 97

    3.4.1 安装与简介 ·· 97

    3.4.2 图形对象 ·· 99

    3.4.3 绘制图形 ··· 111

3.5 Scikit-Learn ·· 123

3.6 深度学习框架简介 ·· 124

3.7 小结 ··· 127

第 4 章 特征工程 ··· 128

4.1 特征工程概述 ·· 128

4.2 数据清洗 ·· 133

4.3 特征选择和提取 ·· 136

    4.3.1 特征选择 ·· 136

    4.3.2 特征提取 ·· 139

4.4 数据集划分 ·· 140

4.5 小结 ·· 142

第 5 章　模型评估 ·· 143

5.1 常见的评估指标 ·· 143

5.1.1 回归模型 ·· 143

5.1.2 分类模型 ·· 147

5.1.3 排序模型 ·· 152

5.1.4 偏差与方差 ·· 153

5.2 超参数调优 ·· 154

5.3 评估指标的局限性 ·· 162

5.4 小结 ·· 163

第 6 章　降维方法 ·· 164

6.1 降维概述 ·· 164

6.2 主成分分析 ·· 166

6.2.1 主成分分析的发展历史 ······································ 166

6.2.2 主成分分析的实现和应用 ···································· 167

6.3 线性判别分析 ·· 170

6.3.1 线性判别分析的原理 ·· 170

6.3.2 线性判别分析的实现和应用 ·································· 172

6.4 奇异值分解 ·· 174

6.4.1 奇异值分解的原理 ·· 174

6.4.2 奇异值分解的实现和应用 ···································· 176

6.5 小结 ·· 178

第 2 篇　算法应用

第 7 章　*K*-Means聚类 ·· 181

7.1 *K*-Means算法的原理 ·· 181

7.1.1 *K*-Means算法介绍 ·· 181

7.1.2 *K*-Means算法的优缺点 ·· 185

7.2 *K*-Means算法的实现和应用 ·· 187

7.3 小结 ·· 190

第 8 章 *K*最近邻 ·· 191

8.1 *K*最近邻算法的原理 ·· 191

8.2 *K*最近邻算法的应用 ·· 192

8.3 小结 ·· 198

第 9 章 回归 ··· 199

9.1 线性模型 ·· 199

9.2 线性回归 ·· 200

9.2.1 线性回归的原理 ·· 200

9.2.2 线性回归的应用 ·· 202

9.3 岭回归 ·· 206

9.3.1 岭回归的原理 ·· 206

9.3.2 岭回归的应用 ·· 207

9.4 LASSO回归 ·· 211

9.4.1 LASSO回归的原理 ·· 212

9.4.2 LASSO回归的应用 ·· 212

9.5 小结 ·· 215

第 10 章 朴素贝叶斯 ··· 216

10.1 基本概念和原理 ·· 216

10.1.1 基本概念 ··· 216

10.1.2 朴素贝叶斯分类原理 ·· 217

10.2 实现算法 ·· 219

10.2.1 伯努利朴素贝叶斯 ·· 219

10.2.2 高斯朴素贝叶斯 ··· 222

10.2.3 多项式朴素贝叶斯 ·· 224

10.3 实际应用 ·· 226

10.3.1 算法简单应用和应用流程 ··· 227

10.3.2 医学病情数据分析 ·· 227

10.4 小结 ·· 229

第 11 章 决策树与随机森林 ··· 230

11.1 决策树 ·· 230

11.1.1 决策树分类算法 ·· 231

11.1.2 选择决策树判别条件 ·· 232

11.1.3 信息熵 ··· 234

11.1.4 决策树的画法和剪枝 ·· 236

11.1.5 主要算法概述 ·· 237

11.1.6 构建简单决策树 ··· 239

11.2 随机森林 ·· 240

11.2.1 随机森林的概念 ··· 240

11.2.2 随机森林的构建 ··· 241

11.3 实际应用 ·· 243

11.3.1 决策树的应用 ·· 243

11.3.2 随机森林的应用 ··· 247

11.4 小结 ·· 250

第 12 章 支持向量机 ··· 251

12.1 支持向量机的概念 ·· 251

12.2 核函数 ·· 256

12.3 改进支持向量机算法 ·· 263

12.3.1 偏斜数据的改进算法 ·· 263

12.3.2 多分类支持向量机 ··· 264

12.3.3 最小二乘支持向量机 ·· 264

12.3.4 结构化支持向量机 ··· 265

12.3.5 多核支持向量机 ··· 265

12.4 支持向量机扩展算法 ·· 266

12.4.1 支持向量回归 ·· 266

12.4.2 支持向量聚类 ·· 267

12.4.3 半监督支持向量机 ··· 267

12.5　支持向量机的应用 ··· 268

12.5.1　sklearn库中的支持向量机算法 ································· 268

12.5.2　支持向量机分类 ·· 269

12.5.3　支持向量机回归 ·· 280

12.6　小结 ·· 282

第 13 章　神经网络 ··· 283

13.1　神经网络的发展与应用 ·· 283

13.1.1　发展历史 ··· 283

13.1.2　应用领域 ··· 286

13.2　神经网络模型 ··· 288

13.2.1　神经元模型 ·· 288

13.2.2　感知机模型 ·· 290

13.2.3　多层感知机模型 ··· 296

13.3　神经网络的原理、算法和工作流程 ······································· 299

13.3.1　工作原理 ··· 299

13.3.2　反向传播算法 ·· 301

13.3.3　工作流程总结 ·· 304

13.4　神经网络的实现和应用 ·· 305

13.4.1　神经网络的实现 ··· 305

13.4.2　神经网络的应用 ··· 309

13.5　小结 ·· 320

第 3 篇　拓展应用

第 14 章　集成学习 ··· 323

14.1　集成学习概述 ··· 323

14.1.1　集成学习的概念 ··· 324

14.1.2　集成学习的实现方法 ·· 326

14.2　集成学习算法的应用 ·· 328

14.2.1　Bagging算法 ··· 328

14.2.2 AdaBoost算法 ·· 331

14.2.3 梯度树提升 ·· 336

14.2.4 投票分类器 ·· 338

14.3 小结 ··· 342

第 15 章 TensorFlow入门 ·· 343

15.1 TensorFlow简介和安装 ·· 343

15.1.1 TensorFlow简介 ·· 343

15.1.2 TensorFlow的安装 ······································· 344

15.2 TensorFlow的数据类型 ·· 345

15.2.1 常量 ·· 346

15.2.2 变量 ·· 352

15.3 TensorFlow的矩阵操作 ·· 353

15.3.1 索引和切片 ·· 353

15.3.2 维度变换 ·· 355

15.3.3 数学运算 ·· 358

15.4 指定CPU和GPU ·· 361

15.5 TensorFlow的数据集 ·· 364

15.5.1 加载数据集 ·· 365

15.5.2 加载数据集 ·· 365

15.5.3 数据集信息 ·· 366

15.5.4 可视化 ·· 367

15.6 图像处理 ··· 368

15.6.1 加载图片 ·· 368

15.6.2 查看图片 ·· 370

15.6.3 加载和格式化图片 ···································· 371

15.7 TensorFlow构建神经网络 ·· 372

15.8 小结 ··· 373

第 16 章 PyTorch入门 ··· 374

16.1 PyTorch简介和安装 ·· 374

16.1.1 PyTorch简介 ·· 374

16.1.2 PyTorch的安装 ·· 375

16.2 PyTorch的主要模块 ·· 377

16.2.1 主要模块 ·· 377

16.2.2 辅助模块 ·· 381

16.3 PyTorch的张量 ·· 382

16.3.1 张量的数据类型 ·· 382

16.3.2 创建张量 ·· 384

16.3.3 张量存储 ·· 389

16.3.4 维度操作 ·· 391

16.3.5 索引和切片 ·· 393

16.3.6 张量的运算 ·· 394

16.4 PyTorch的图像分类 ·· 404

16.4.1 自动微分 ·· 404

16.4.2 神经网络 ·· 407

16.4.3 图像分类器 ·· 410

16.5 小结 ·· 415

第 17 章 卷积网络 ··· 416

17.1 计算机视觉 ·· 416

17.2 卷积网络的基本运算 ·· 418

17.2.1 卷积运算 ·· 418

17.2.2 池化运算 ·· 422

17.3 卷积网络与深度学习 ·· 423

17.4 经典卷积网络 ·· 424

17.4.1 AlexNet ·· 424

17.4.2 VGGNet ·· 434

17.5 小结 ·· 438

第 18 章 激活函数 ··· 439

18.1 激活函数的意义 ·· 439

18.2 常用的激活函数 ·· 441

18.2.1　Sigmoid及其改进型 ·· 441

18.2.2　ReLU及其改进型 ·· 446

18.2.3　其他常见的激活函数 ·· 451

18.3　小结 ·· 453

第 19 章　项目实战 ··· 454

19.1　迁移学习项目实现 ·· 454

19.1.1　导入相关的包 ·· 455

19.1.2　加载数据 ·· 455

19.1.3　可视化部分图像数据 ·· 456

19.1.4　训练模型 ·· 456

19.1.5　可视化模型结果 ·· 458

19.1.6　微调ConvNet ·· 458

19.1.7　训练和模型评估 ·· 458

19.1.8　结果可视化 ··· 459

19.2　空间变换网络项目实现 ·· 459

19.2.1　导入相关的包 ·· 460

19.2.2　加载数据 ·· 460

19.2.3　定义空间变换网络 ·· 461

19.2.4　模型训练 ·· 462

19.2.5　空间变换网络的可视化结果 ·· 463

19.3　小结 ·· 464

参考文献 ·· 465

第 1 篇

基础知识

细说机器学习
从理论到实践

## 第 1 章

机器学习概述

1

本章主要介绍机器学习（Machine Learning，ML）的基本概念、发展历史、应用前景和应用领域，以及快速入门机器学习的方法，从而为读者从无到有进入机器学习这个目前最为火热的研究领域打下基础。

学习目标：

（1）熟悉机器学习的概念与发展历史。

（2）熟悉机器学习的应用领域和应用前景。

1.1 机器学习的定义与发展历史

学习机器学习之前，首先要明确机器学习的概念。本节首先从机器学习的定义出发，然后介绍机器学习的发展历史，逐渐带领读者进入机器学习的美妙世界。

1.1.1 什么是机器学习

不同的研究者对机器学习有不同的定义，常见的定义主要有以下几种。

（1）机器学习是让机器像人一样学习和思考的科学，通过观察并以与现实世界进行互动的形式提供数据和信息，随着时间的推移，以自主的方式提高计算机的学习能力。

（2）机器学习是一门人工智能的科学，该领域的主要研究对象是人工智能，特别是如何在经验学习中改善具体算法的性能。

（3）机器学习是对能通过经验自动改进的计算机算法的研究。

（4）机器学习是用数据或以往的经验来优化计算机程序的性能标准。

（5）机器学习是一门不需要明确编程就能让计算机运行的科学。

（6）机器学习算法可以通过例子从中挑选出执行最重要任务的方法。

（7）最基本的机器学习是使用算法解析教程，并从中学习，然后对世界上的一些事物做出决定或者预测。

机器学习的定义五花八门，无论如何定义，该领域都有一些通用的共识。机器学习是一门多领域交叉学科，涉及概率论、统计学、逼近论、凸分析、算法复杂度理论等多门学科。

该学科专门研究计算机怎样模拟或实现人类的学习行为，以获取新的知识或技能，重新组织已有的知识结构使之不断改善自身的性能。它是人工智能的核心，是使计算机具有智能的根本途径。

由于该学科需要的基础知识很多，从业者需要具备一定的科学知识基础，这些基础包括数学基础、计算机基础和编程基础。

1.1.2　发展历史

在当今社会，机器学习的应用已遍及人们社会生活的各个领域，如互联网上的各种广告系统、新能源汽车的自动驾驶系统、语言翻译系统、模式识别、医学手术机器人、农业机器人等领域。但是，机器学习乃至人工智能的起源是对人本身的意识、自我、心灵等哲学问题的探索，技术归根结底是为人类服务的。

机器学习在长期发展的历史过程中，充分融合了统计学、神经科学、信息论、控制论、计算复杂性理论等学科的知识。总的来说，机器学习学科的发展是整个人工智能技术发展史上颇为重要的一个分支，详细查看各个阶段的发展历史，就会发现机器学习技术是人类在各个时期智慧的凝聚。

机器学习是一门不断发展的学科，虽然只是在近些年才广泛被大众所知道进而走进大众的视野，但机器学习的起源可以追溯到20世纪50年代，从人工智能的符号演算、逻辑推理、自动机模型、启发式搜索、模糊数学、专家系统到神经网络的反向传播BP算法等，经历了曲折的发展。可以说，机器学习是一门厚积薄发的学科。

尽管这些技术在当时并没有被冠以机器学习之名，但时至今日这些技术依然是机器学习的理论基石，以至于近几年的深度学习技术终于使机器学习技术爆发。

总的来说，机器学习的发展分为知识推理期、知识工程期、浅层学习（Shallow Learning）和深度学习几个阶段。

1.　知识推理期

知识推理期起始于20世纪50年代中期，这时候的人工智能主要通过专家系统赋予计算机逻辑推理能力，赫伯特·西蒙（Herbert Simon）和艾伦·纽厄尔（Allen Newell）实现的自动定理证明系统Logic Theorist证明了逻辑学家拉赛尔（Russell）和怀特黑德（Whitehead）编写的《数学原理》中的52条定理，并且其中一条定理比原作者所写的更加巧妙。

这一时期，Fisher发明了线性判别分析（Linear Discriminant Analysis，LDA），其发展历史可以追溯到1936年，当时还没有机器学习的概念。这是一种有监督的数据降维算法，这种算法通过线性变换将向量投影到低维空间中，以保证投影后同一种类型的样本差异很小，不同类型的样本差异尽量大，即类内差异小，类间差异大。

1949年，Hebb提出了基于神经心理学的学习机制，由此开启了机器学习的第一步。此后该机制被称为Hebb学习规则。Hebb学习规则归根到底是一种无监督学习规则，这种学习规则的结果是使网络能够提取训练集的统计特性，最后把输入信息按照它们的相似性程度划分为若干类。这一点与人类观察和认识世界的过程具有很高的相似度，人类观察和认识世界在相当程度上就是通过人类大脑统计事物的特征，然后进行各种分类。

1950年，阿兰·图灵发明了图灵测试来判定计算机是否智能，这就是著名的图灵测试。图灵测试的基本原理为，如果一台机器能够与人类展开对话（通过电传设备）而不能被辨别出其机器身份，那么称该机器具有智能性。这一高度抽象概念使得图灵能够令人信服地说明"思考的机器"是可能的。

1952年，IBM的科学家亚瑟·塞缪尔发明了一个跳棋程序。这个程序可以通过观察当前位置，并学习一个隐含的模型，继而为后续动作提供更优的指导。科学家发现，随着该游戏程序运行时间的增加，该程序可以实现越来越好的后续跳棋指导。通过这个项目，塞缪尔驳倒了普罗维登斯提出的机器无法超越人类，像人类一样写代码和学习的模式。塞缪尔创造了"机器学习"，并将它定义为"可以提供计算机能力而无须显式编程的研究领域"。

事实上，2016年3月，阿尔法围棋（AlphaGo）与围棋世界冠军、职业九段棋手李世石进行围棋人机大战，以4比1的总比分获胜；2016年年末到2017年年初，该程序在中国棋类网站上以"大师"（Master）为注册账号与中日韩数十位围棋高手进行快棋对决，连续60局无一败绩。

围棋界公认阿尔法围棋的棋力已经超过人类职业围棋顶尖水平。这些战绩已经充分证明了塞缪尔当年的论断。

1957年，罗森·布拉特基于神经感知科学背景提出了新的模型，该模型类似于当今的机器学习模型。该模型在当时是一个令人兴奋的发现，该模型比Hebb的想法泛化性更强。基于这个模型，罗森·布拉特设计出了第一个计算机神经网络——感知机（Perceptron），感知机模拟了人类大脑的运作方式。

1960年，科学家维德罗首次将Delta学习规则用于感知器的训练步骤。事实上，这种方法后来被称为最小二乘法，这两者的结合创造了一个良好的线性分类器，成为机器学习发展史上的经典算法，是机器学习发展史上的一个里程碑事件。

20世纪50年代，贝叶斯分类器逐渐起步，基于贝叶斯决策理论，该分类器把样本分到后验概率最大的那个类。

Logistic回归的历史同样悠久，可以追溯到1958年。它直接预测出一个样本属于正样本的概率，在广告点击率预估、疾病诊断等问题上都有很广泛的应用。

诞生于1958年的感知器模型是一种线性分类器，可看作是人工神经网络的前身，但感知机过于简单，甚至不能解决异或问题，因此不具有实用价值，重要的是起到了思想启蒙的作用，为后面的算法奠定了思想上的基础，神经网络算法就是在感知机的基础上发展而来的。

2．知识工程期

从20世纪70年代开始，人工智能进入知识工程期，有知识工程之父美誉的科学家费根鲍姆（E.A. Feigenbaum）在1994年获得了计算机领域的最高奖项图灵奖。由于仅靠人工无法将所有自然界的知识都总结出来教给计算机软硬件系统，因此这一阶段的人工智能面临知识发展的瓶颈。

K最近邻算法诞生于1967年，是一种基于模板匹配思想的算法，虽然简单，但很有效，至今仍被用于无监督学习领域，依然大放异彩。

到20世纪六七十年代，多种人工智能学习技术得到了初步发展，具有代表性的比如以决策理论为基础的统计学习技术、强化学习技术等，基于这些理论的代表性成果主要有A.L.Samuel的跳棋程序以及N.J.Nilson的学习机器等。

20多年后，炙手可热的统计学习理论的一些代表性结果也是在这个时期取得的。在这一阶段，基于逻辑或图结构表示的符号学习技术也开始出现，基于这些理论的代表性成果有P. Winston的结构学习系统、R.S. Michalski等人的基于逻辑的归纳学习系统、E.B. Hunt等人的概念学习系统等，这些理论共同构建了一个思想灿烂的机器学习时代。

在1980年之前，这些机器学习算法都是零碎化的，不成体系，但它们对整个机器学习的发展所起的作用不能被忽略，十分重要。从1980年开始，机器学习才真正成为一个独立的方向。在这之后，各种机器学习算法被大量提出，得到了快速发展，得益于计算机硬件技术的发展，这些理论被迅速应用于工业界。

决策树的3种典型实现，即ID3、CART、C4.5，是20世纪80年代到20世纪90年代初期的重要成果，虽然简单，但可解释性强，使得决策树至今在一些问题上仍被使用，比如多种广告、推荐系统等。

3．浅层学习

实际上，在20世纪50年代，就已经有浅层学习的相关研究，代表性成果主要是罗森布拉特（F. Rosenblatt）基于神经感知科学提出的计算机神经网络，即感知器。在随后的10年中，浅层学习的神经网络风靡一时，特别是马文·明斯基提出了著名的XOR问题和感知器线性不可分的问题。但随后进入了一段时间的冷却期。

1980年夏天，在美国卡内基梅隆大学举行了第一届机器学习研讨会。同样是1980年，《策略分析与信息系统》连出三期关于机器学习的专辑，说明了机器学习技术在这一时期的巨大进步。1983年，Tioga出版社出版了R.S. Michalski、J.G. Carbonell和T.M. Mitchell主编的图书《机器学习：一种人工智能途径》，该书中汇集了20位学者撰写的16篇文章，对当时的机器学习研究工作进行了总结，在当时产生了巨大反响。

1986年，机器学习领域的重要刊物《机器学习》（*Machine Learning*）创刊。1989年，《人工智能》（*Artificial Intelligence*）出版了机器学习专辑，刊发了一些当时比较活跃的研究工作，其内容后来出现在J.G. Carbonell主编、MIT出版社1990年出版的《机器学习：风范与方法》一书中。

现在回头来看，20世纪80年代是机器学习成为一个独立的学科领域并开始快速发展、各种机器学习技术百花齐放的时期，类似于一个群雄逐鹿的时期。R.S. Michalski等人形象地将机器学习研究划分成"从例子中学习""在问题求解和规划中学习""通过观察和发现学习""从指令中学习"等范畴；而 E.A. Feigenbaum在其著名的《人工智能手册》一书中，则把机器学习技术划分为4大类，即"机械学习""示教学习""类比学习""归纳学习"。现在回头来看，这些思想和概念依然适用。

1986年诞生了用于训练多层神经网络的真正意义上的反向传播算法，这是现在的深度学习中仍然被使用的训练算法，奠定了神经网络走向完善和应用的基础。

1989年，LeCun设计出了第一个真正意义上的卷积神经网络，用于手写数字的识别，该算法在当时的美国银行系统得到了成功应用，需要重点说明的是，这是现在被广泛使用的深度卷积神经网络的鼻祖。

在1986年到1993年之间，神经网络的理论得到了极大的丰富和完善，但当时的很多因素限制了它的大规模使用，例如工业发展水平、计算机网络水平、计算机硬件水平等。

20世纪90年代是机器学习百花齐放的年代。1995年诞生了两种经典的算法：SVM和AdaBoost，此后它们纵横江湖数十载。SVM通过隐式地将输入向量映射到高维空间中，使得原本非线性的问题能得到很好的处理，因此在当时得到了广泛的应用，在当今社会问题规模不大时仍然具有广泛应用；而AdaBoost则通过将一些简单的弱分类器集成起来使用，居然能够达到惊人的精度，该思想现在依然用于人工智能领域。

当今语音领域炙手可热的LSTM在2000年就出现了，这可能会让很多读者感到惊讶。但在很长一段时间内一直默默无闻，直到2013年后与深度循环神经网络整合，才在语音识别上取得成功。

随机森林出现于2001年，与AdaBoost算法同属集成学习，虽然简单，但在很多问题上效果好得出奇，因此现在还在被大规模使用。

由于计算机的运算能力有限，多层网络训练困难，通常都是只有一层隐含层的浅层模型，虽然各种各样的浅层机器学习模型相继被提出，对理论分析和应用方面都产生了较大的影响，但是理论分析的难度和训练方法需要很多经验和技巧，随着最近邻等算法的相继提出，浅层模型在模型理解、准确率、模型训练等方面被超越，机器学习的发展也几乎处于停滞状态。

4. 深度学习

虽然真正意义上的人工神经网络诞生于20世纪80年代，反向传播算法、卷积神经网络、LSTM等也早就被提出，但遗憾的是神经网络在很长一段时间内并没有得到大规模的成功应用。主要原因有：算法本身的问题，如梯度消失问题，导致深层网络难以训练；训练样本数的限制；计算能力的限制。直到2006年之后，随着计算机硬件技术的飞速发展，算力不再受限，而移动网络技术的飞速发展，使得世界互联，产生了巨量的数据，情况才慢慢改观。

2006年，希尔顿（Hinton）发表了深度信念网络论文，本戈欧（Bengio）等人发表了Greedy Layer-Wise Training of Deep Networks论文，乐康（LeCun）团队发表了Efficient Learning of Sparse Representations with an Energy-Based Model论文，这些事件标志着人工智能正式进入深层网络的实践阶段，同时云计算和GPU并行计算为深度学习的发展提供了基础保障，特别是最近几年，机器学习在各个领域都取得了突飞猛进的发展。

神经网络研究领域的领军者Hinton在2006年提出了神经网络的深度学习（Deep Learning）算法，被众多学习者奉为该领域的经典著作，使神经网络的能力大大提高，向支持向量机（Support Vector Machine，SVM）发出挑战。2006年，机器学习领域的泰斗Hinton和他的学生Salakhutdinov在顶尖学术刊物《科学》（Science）上发表了一篇文章，开启了深度学习在学术界和工业界的浪潮，微软、IBM等工业巨头投入了巨大资源开展研究，MIT等科研机构更是成果层出不穷。

Hinton的学生Yann LeCun的LeNets深度学习网络可以被广泛应用在全球的ATM设备和银行系统中。同时，Yann LeCun和吴恩达等认为卷积神经网络允许人工神经网络能够快速训练，因为其所占用的内存非常小，无须在图像上的每一个位置上单独存储滤镜，非常适合构建可扩展的深度网络，所以卷积神经网络非常适合识别模型。这些人都是机器学习领域全球的领导者。

目前，新的机器学习算法面临的问题更加复杂，机器学习的应用领域从广度向深度发展，这对模型训练和应用都提出了更高的要求。随着人工智能的发展，冯·诺依曼式的有限状态机的理论基础越来越难以应对目前神经网络中层数的要求，这些都对机器学习新的算法的发展和应用提出了挑战。

机器学习的发展并不是一帆风顺的，经历了螺旋式上升的过程，机遇与困难并存。凝聚国内外大量的研究学者的成果才有了今天人工智能的空前繁荣，是量变到质变的过程，也是内因和外因的共同结果，符合客观事物的发展规律。我们处在一个美好的时代，是机器学习的波峰时期。

1.2　应用领域

从算法上来分类，机器学习算法主要分为监督学习、无监督学习、强化学习3类，半监督学习可以认为是监督学习与无监督学习的结合。

监督学习通过训练样本学习得到一个模型，然后用这个模型进行推理。例如，如果要识别各种车辆的图像，则需要用人工标注（即标好了每张图像所属的类别，如猫、狗、老虎）的样本进行训练，得到一个模型，接下来就可以用这个模型对未知类型的车辆进行判断，这称为预测。

如果只是预测一个类别值，则称为分类问题；如果要预测出一个实数，则称为回归问题，如根据车的颜色、形状、品牌等特征来预测这个车的类型。

无监督学习则没有训练过程，给定一些样本数据，让机器学习算法直接对这些数据进行分析，得到数据的某些知识。其典型代表是聚类，例如收集了 1 000 000 幅图片，要完成对这些图片的归类，并没有事先定义好的类别，也没有已经训练好的分类模型。聚类算法需要自己完成对这 1 000 000 幅图片的归类，保证同一类图片是同一个主题的，不同类型的图片是不一样的。

无监督学习的另一类典型算法是数据降维，它将一个高维向量变换到低维空间中，并且要保持数据的一些内在信息和结构。

强化学习是一类特殊的机器学习算法，算法要根据当前的环境状态确定一个动作来执行，然后进入下一个状态，如此反复，目标是让得到的收益最大化。

例如围棋游戏就是典型的强化学习问题，在每个时刻，都要根据当前的棋局决定在什么地方落棋，然后进入下一个状态，反复地放置棋子，直到赢得或者输掉比赛。这里的目标是尽可能赢得比赛，以获得最大化的奖励。

综上所述，这些机器学习算法要完成的任务是：

（1）分类算法：是什么？即根据一个样本预测出它所属的类别。

（2）回归算法：是多少？即根据一个样本预测出一个数量值。

（3）聚类算法：怎么分？保证同一个类的样本相似，不同类的样本之间尽量不同。

（4）强化学习：怎么做？即根据当前的状态决定执行什么动作，最后得到最大的回报。

机器学习应用广泛，无论是在军事领域还是民用领域，都有机器学习算法施展的机会，主要包括以下几个方面。

1．数据分析与挖掘

数据挖掘和数据分析通常被相提并论，并在许多场合被认为是可以相互替代的术语。关于数据挖掘，已有多种文字不同但含义接近的定义，例如"识别出巨量数据中有效的、新颖的、潜在有用的、最终可理解的、模式的过程"，无论是数据分析还是数据挖掘，都是帮助人们收集、分析数据，使之成为信息，并做出判断，因此可以将这两项合称为数据分析与挖掘。

数据分析与挖掘技术是机器学习算法和数据存取技术的结合，利用机器学习提供的统计分析、知识发现等手段分析海量数据，同时利用数据存取机制实现数据的高效读写。

机器学习在数据分析与挖掘领域拥有无可取代的地位，2012年Hadoop进军机器学习领域就是一个很好的例子。

2．模式识别

模式识别起源于工程领域，而机器学习起源于计算机科学，这两个不同学科的结合带来了模式识别领域的调整和发展。模式识别研究主要集中在两个方面：

（1）研究生物体（包括人）是如何感知对象的，属于认识科学的范畴。

（2）在给定的任务下，如何用计算机实现模式识别的理论和方法，这些是机器学习的长项，也是机器学习研究的内容之一。

模式识别的应用领域广泛，包括计算机视觉、医学图像分析、光学文字识别、自然语言处理、语音识别、手写识别、生物特征识别、文件分类、搜索引擎等，而这些领域也正是机器学习大展身手的舞台，因此模式识别与机器学习的关系越来越密切。

3．生物信息学

随着基因组和其他测序项目的不断发展，生物信息学研究的重点正逐步从积累数据转移到如何解释这些数据。机器学习的强大学习能力和推理能力已经被用在生物信息学中。

在未来，生物学的新发现将极大地依赖于在多个维度和不同尺度下对多样化的数据进行组合和关联的分析能力，而不再仅仅依赖于对传统领域的继续关注。序列数据将与结构和功能数据、基因表达数据、生化反应通路数据、表现型和临床数据等一系列数据相互集成。

如此大量的数据，在生物信息的存储、获取、处理、浏览及可视化等方面，都对理论算法和软件的发展提出了迫切的需求。

另外，由于基因组数据本身的复杂性，也对理论算法和软件的发展提出了迫切的需求，而机器学习方法（例如神经网络、遗传算法、决策树和支持向量机等）正适合处理这种数据量大、含有噪声并且缺乏统一理论的领域。例如目前有大量关于新冠肺炎的机器学习论文发表。

4．其他领域

国内外的IT巨头正在深入研究和应用机器学习，这些巨头把目标定位于全面模仿人类大脑，试图创造出拥有人类智慧的机器大脑。

2012年，Google在人工智能领域发布了一个划时代的产品——人脑模拟软件，这个软件具备自我学习功能。模拟脑细胞的相互交流，可以通过看YouTube视频学习识别猫、人以及其他事物。

当有数据被送达这个神经网络的时候，不同神经元之间的关系就会发生改变，而这也使得神经网络能够得到对某些特定数据的反应机制，据悉这个网络已经学到了一些东西，Google将有望在多个领域使用这一新技术，最先获益的可能是语音识别。

另外，还有一些深入日常生活的具体应用。

（1）虚拟助手。Siri、Alexa、Google Now都是虚拟助手。顾名思义，当使用语音发出指令后，它们会协助查找信息。对于响应，虚拟助手会查找信息、回忆相关查询，或向其他资源（如电话应用程序）发送命令以收集信息。甚至可以指导助手执行某些任务，例如"设置整点的闹钟"等。

（2）交通预测。生活中经常使用GPS导航服务，当这样做时，当前的位置和速度会被保存在中央服务器上来进行流量管理，之后使用这些数据构建当前流量的映射。

通过机器学习可以解决配备GPS的汽车数量较少的问题，在这种情况下，机器学习有助于根据估计找到拥挤的区域。

（3）过滤垃圾邮件和恶意软件。电子邮件客户端使用了许多垃圾邮件过滤方法，为了确保这些垃圾邮件过滤器能够不断更新，它们使用了机器学习技术。

多层感知器和决策树归纳等是由机器学习提供支持的一些垃圾邮件过滤技术。每天检测到超过400 000个恶意软件，其代码与之前版本有90%～98%相似。

由机器学习驱动的系统安全程序可理解编码模式可以轻松检测到2%～10%变异的新恶意软件，并提供针对它们的保护。

（4）快速揭示细胞内部结构。借由高功率显微镜和机器学习，科学家们可查看各种新冠肺炎病毒的变种，并使用机器学习方法模拟病毒变异和传播规律，为人类健康做出贡献。

1.3　应用前景

随着DeepMind的AlphaGo在2016年战胜了李世石，"人工智能"这个词开始进入大众的视野。从那时起，无论是大型互联网公司还是初创企业都开始大规模招聘机器学习的相关从业者，无论是社招的求职者还是校招的应聘学生都出现了大规模的增长。

1. 计算机视觉

计算机视觉（Computer Vision）无论是在学校还是在公司，都有着大量的从业者，并且ImageNet项目可以提供上千万的标注图片供大家使用。既然ImageNet是开源的数据集，那么无论是学校的教授还是学生，无论是大型互联网公司还是初创企业，都可以轻易地获取到这些数据集，不仅可以进行CV算法的研究工作，还可以进行相关的工程实践。

由于计算机视觉历史悠久，在计算机系、工程系、数学系都有着大量的老师和学生从事该方向的研究工作，因此学校或者研究所能够对工业界输出的计算机视觉人才数量也是可观的。

2. 自然语言处理

与计算机视觉相比，自然语言处理（Natural Language Processing，NLP）也有广阔的应用前景，如自动驾驶的车机系统、自动翻译系统、人工助手系统等，这些领域都有广阔的应用前景。

3. 推荐系统

机器学习为客户推荐引擎提供了动力，增强了客户体验并能提供个性化服务。在这种场景里，算法处理单个客户的数据点，比如客户过去的购买记录、公司当前的库存等，来确定向每个客户推荐适当的产品和服务。

大型电子商务公司使用推荐引擎来增强个性化并提升购物体验。这种机器学习应用程序的另一个常见应用是流媒体娱乐服务，它使用客户的观看历史、具有类似兴趣客户的观看历史、有关个人节目的信息和其他数据点，向客户提供个性化的推荐。在线视频平台使用推荐引擎技术帮助客户快速找到适合自己的视频。

4. 客户流失评估

企业使用人工智能和机器学习可以预测客户关系何时开始恶化，并找到解决办法。通过这种方式，新型机器学习能帮助公司处理最古老的业务问题：客户流失。

在这里，算法从大量的历史、人数统计和销售数据中找出规律，确定和理解为什么一家公司会失去客户。然后，公司就可以利用机器学习能力来分析现有客户的行为，以提醒业务人员哪些客户面临着将业务转移到别处的风险，从而找出这些客户离开的原因，然后决定公司应该采取什么措施留住客户。

流失率对于任何企业来说都是一个关键的绩效指标，对于订阅型和服务型企业来说尤为重要，例如媒体公司、音乐和电影流媒体公司、软件即服务公司以及电信公司都是该技术的主要适用行业。

5. 欺诈检测

机器学习理解模式的能力，以及立即发现模式之外异常情况的能力使它成为检测欺诈活动的宝贵工具。事实上，金融机构多年来一直在这个领域使用机器学习。

它的工作原理是这样的：数据科学家利用机器学习来了解单个客户的典型行为，比如客户在何时何地使用信用卡。

机器学习可以利用这些信息以及其他数据集，在短短几毫秒内准确判断哪些交易属于正常范围，因此是合法的，而哪些交易超出了预期的规范标准，因此可能是欺诈的。使用机器学习检测欺诈的行业包括金融服务、旅行、游戏和零售等。

6. 自动驾驶

自动驾驶技术主要分为计算机视觉、行为预测以及路径规划。很多人误以为，自动驾驶面临最难攻克的技术在于计算机视觉，实则不然。过去10年里，随着深度学习的广泛应用，计算机视觉技术发展迅速。只要假以时日训练模型，提供充足的数据，计算机视觉就可以探测大部分的情景。如今，自动驾驶的难题主要集中于行为预测以及路径规划。

自动驾驶车自己"主动学习"如何驾驶，将有限的人类提供的数据最大化。如果回忆小时候是如何学会骑自行车的，会发现其实大人们并不会告诉小孩到底该怎么骑，主要还是靠自己探索，最终习惯了也就熟练了。

近年来，一些自动驾驶公司开始探索这种方式，通过利用有限的人类提供的数据，"主动学习"驾驶。这就需要将大量的机器学习运用于行为预测以及路径规划。例如特斯拉公司的L2自动驾驶系统、丰田公司的THS L2自动驾驶系统。

目前机器学习已经应用于人们日常生活的各个方面，如智能手机、购物网站、旅游网站、导航地图、支付系统等，虽然有些人不知道这些领域应用了机器学习算法，但是机器学习确实已经深入老百姓的日常生活。学习机器学习技术必将有一个广阔的就业前景。

1.4 小结

本章详细讲解了机器学习的概念、发展历史、应用领域和应用前景，读者通过学习本章内容可以对机器学习学科有一个大致了解，引起读者学习的兴趣，关于机器学习理论和实践的内容将在后续章节逐一展开学习。

## 第 2 章

基 础 知 识

本章主要介绍机器学习的基础知识，包括机器学习中常用的统计学术语：模型、数据集、样本和特征等，拟合、过拟合和欠拟合等机器学习的基本概念，这些概念在后续章节会大量用到。更重要的是，详细介绍机器学习中需要用到的数学基础知识，主要包括高等数学、线性代数、概率论等。读者需要熟练掌握本章内容，这些内容是理解各种机器学习算法的重要基础。

学习目标：

（1）掌握机器学习常用术语。

（2）掌握高等数学基础知识。

（3）掌握机器学习概率论基础。

（4）掌握机器学习线性代数基础。

2.1 概念与术语

机器学习是一门专业性很强的学科，是人类科学智慧的高度凝练。它大量地应用了矩阵论、统计学、计算机学科的知识，因此总会有一些晦涩难懂的术语，这些术语就像"拦路虎"一样阻碍着人们的学习进程，甚至会打击人们学习的积极性。所以，认识并理解这些术语是首先要完成的任务。本节还将介绍机器学习中常用的基本概念，从而为后续的学习打下坚实的基础。

2.1.1 统计学的基本概念

1. 模型

模型是机器学习中的核心概念。机器学习的核心过程就是训练模型，然后通过模型得到预期的输出结果，并采用这个模型去执行实际的任务。

整个机器学习的过程都将围绕模型展开，通过训练出的优质模型，可以尽量精准地实现预测输出结果，这就是机器学习的目标。

2. 数据集

数据集就是字面的数据集合的意思，它表示一个承载数据的集合，如果缺少了数据集，那么模型就没有存在的意义了。

数据集通常可划分为"训练集""验证集"和"测试集"，它们分别在机器学习的"训练阶段""验证阶段"和"预测输出阶段"起着重要的作用。

3. 样本和特征

样本指的是数据集中的数据，一条数据被称为"一个样本"，通常情况下，样本会包含多个维度的值用来描述数据。

比如现在有一组描述学生的数据"11　5　男"，如果单看数据会非常茫然，但是用"特征"描述后就会变得容易理解，这3个数据分别表示"年龄　年级　性别"。

4. 向量

任何一门算法都会涉及许多数学上的术语或者公式，本书也会涉及很多数学公式以及专业的术语，在这里先对常用的基本术语做简单讲解。

向量是机器学习的关键术语，向量在线性代数中有着严格的定义，向量也称欧几里得向量、几何向量、矢量，指具有大小和方向的量，可以形象地把它理解为带箭头的线段，箭头所指代表向量的方向，线段长度代表向量的大小。与向量对应的量叫作数量（物理学中称标量），数量只有大小，没有方向。

在机器学习中，模型算法的运算均基于线性代数运算法则，比如行列式、矩阵运算、线性方程等。其实对于这些运算法则学习起来并不难，它们都有着一定的运算规则，只需套用即可。在机器学习中，向量的计算可采用标准模块NumPy来实现。

5. 矩阵

在数学中，矩阵（Matrix）是一个按照长方阵列排列的复数或实数集合，最早来自方程组的系数及常数所构成的方阵。这一概念在19世纪由英国数学家凯利（Cayley）首先提出。

矩阵是高等数学中的常见工具，也常见于统计分析等应用数学学科中。在物理学中，矩阵在电路学、力学、光学和量子物理中都有应用；在计算机科学中，三维动画制作也需要用到矩阵。

矩阵的运算是数值分析领域的重要问题。将矩阵分解为简单矩阵的组合可以在理论和实际应用上简化矩阵的运算。对一些应用广泛而形式特殊的矩阵，例如稀疏矩阵和准对角矩阵，有特定的快速运算算法。

在天体物理、量子力学、机器学习等领域，也会出现无穷维的矩阵，这是矩阵的一种推广。

2.1.2　拟合、过拟合和欠拟合

拟合是机器学习中的重要概念，更通俗地说，机器学习的研究目的就是让学习得到的模型能更好地拟合数据，最后可以将模型泛化到未知数据上。下面分3种情况来解释"拟合"这个词：拟合、过拟合和欠拟合。

1.　拟合

可以这么理解，拟合就是把平面上一系列的点用一条光滑的曲线连接起来。因为这条曲线有无数种可能，从而有各种拟合方法。拟合的曲线一般可以用函数表示，根据选择的函数和参数的不同有很多不同的拟合方法。

常用的拟合方法有最小二乘曲线拟合法等，在MATLAB中也可以用polyfit来拟合多项式。拟合、插值以及逼近是数值分析的三大基础工具，通俗意义上它们的区别在于：拟合是已知点列，从整体上靠近它们；插值是已知点列并且完全经过点列；逼近是已知曲线或者点列，通过逼近使得构造的函数无限靠近它们。

如果待定函数是线性的，就叫线性拟合或者线性回归（主要在统计中），否则称作非线性拟合或者非线性回归。表达式也可以是分段函数，这种情况下称作样条拟合。

在实际工作中，变量间未必都有线性关系，如服药后血药浓度与时间的关系、疾病疗效与疗程长短的关系、毒物剂量与致死率的关系等常呈曲线关系。曲线拟合（Curve Fitting）是指选择适当的曲线类型来拟合观测数据，并用拟合的曲线方程分析两个变量间的关系。

最小二乘法（又称最小平方法）是一种数学优化技术。它通过最小化误差的平方和寻找数据的最佳函数匹配。利用最小二乘法可以简便地求得未知的数据，并使得这些求得的数据与实际数据之间误差的平方和最小。最小二乘法还可用于曲线拟合。其他一些优化问题也可通过最小化能量或最大化熵采用最小二乘法来表达。

很多因素会对曲线拟合产生影响，导致拟合效果有好有坏，这里仅从某些角度出发探讨有可能改善拟合质量的情况。

（1）模型的选择：这是最主要的一个因素，试着用各种不同的模型对数据进行拟合比较。

（2）数据预处理：在拟合前对数据进行预处理也很有用，这包括对响应数据进行变换以及剔除极大值、极小值，以及有明显错误的点。

（3）合理的拟合应该具有处理出现奇异而使得预测趋于无穷大情况的能力。

（4）知道越多的系数的估计信息，拟合越容易收敛。

（5）将数据分解为几个子集，对不同的子集采用不同的曲线拟合。

（6）复杂的问题最好通过进化的方式解决，即一个问题的少量独立变量先解决，低阶问题的解通常通过近似映射作为高阶问题解的起始点。

2. 过拟合

过拟合是指为了得到一致假设而使假设变得过度严格。避免过拟合是分类器设计中的一个核心任务。通常采用增大数据量和测试样本集的方法对分类器性能进行评价。

一个假设在训练数据上能够获得比其他假设更好的拟合，在训练数据外的数据集上却不能很好地拟合数据，此时认为这个假设出现了过拟合的现象。出现这种现象的主要原因是训练数据中存在噪声或者训练数据太少。

产生过拟合的原因有很多，主要原因如下：

（1）建模样本选取有误，如样本数量太少、选样方法错误、样本标签错误等，导致选取的样本数据不足以代表预定的分类规则。

（2）样本噪声干扰过大，使得机器将部分噪声认为是特征，从而扰乱了预设的分类规则。

（3）假设的模型无法合理存在，或者说是假设成立的条件，实际并不成立。

（4）参数太多，模型复杂度过高。

（5）对于决策树模型，如果对于其生长没有合理地限制，其自由生长有可能使节点只包含单纯的事件数据或非事件数据，使其虽然可以完美匹配（拟合）训练数据，但是无法适应其他数据集。

（6）对于神经网络模型：对样本数据可能存在分类决策面不唯一，随着学习的进行，BP算法使权值可能收敛过于复杂的决策面；权值学习迭代次数足够多（Overtraining），拟合了训练数据中的噪声和训练样例中没有代表性的特征。

针对这些问题，目前主要有以下解决方法：

（1）在神经网络模型中，可使用权值衰减的方法，即每次迭代过程中以某个小因子降低每个权值。

（2）选取合适的停止训练标准，使对机器的训练在合适的程度。

（3）保留验证数据集，对训练成果进行验证。

（4）获取额外数据进行交叉验证。

（5）正则化，即在进行目标函数或代价函数优化时，在目标函数或代价函数后面加上一个正则项，一般有L1正则与L2正则等。

3. 欠拟合

机器学习中有一个重要的话题是模型的泛化能力，泛化能力强的模型才是好模型，对于训练好的模型，若在训练集表现差，则在测试集表现同样会很差，这可能是欠拟合导致的。欠拟合是指模型拟合程度不高，数据距离拟合曲线较远，或指模型没有很好地捕捉到数据特征，不能够很好地拟合数据。

机器学习的基本问题是利用模型对数据进行拟合，学习的目的并非是对有限训练集进行正确预测，而是对未曾在训练集合出现的样本能够正确预测。模型对训练集数据的误差称为经验误差，对测试集数据的误差称为泛化误差。

模型对训练集以外样本的预测能力称为模型的泛化能力，追求这种泛化能力始终是机器学习的目标。过拟合和欠拟合是导致模型泛化能力不高的两种常见原因，都是模型学习能力与数据复杂度之间失配的结果。

"欠拟合"常常在模型学习能力较弱，而数据复杂度较高的情况下出现，此时模型由于学习能力不足，无法学习到数据集中的"一般规律"，因而导致泛化能力弱。

与之相反，"过拟合"常常在模型学习能力过强的情况下出现，此时的模型学习能力太强，以至于将训练集单个样本自身的特点都能捕捉到，并认为其是"一般规律"，同样这种情况也会导致模型泛化能力下降。

过拟合与欠拟合的区别在于，欠拟合在训练集和测试集上的性能都较差，过拟合往往能较好地学习训练集数据的性质，而在测试集上的性能较差。

在神经网络训练的过程中，欠拟合主要表现为输出结果的高偏差，而过拟合主要表现为输出结果的高方差。

过拟合和欠拟合是所有机器学习算法都要考虑的问题，其中欠拟合的情况比较容易克服，常见的解决方法有：

（1）增加新特征，可以考虑加入特征组合、高次特征来增大假设空间。

（2）添加多项式特征，这个在机器学习算法里面用得很普遍，例如线性模型通过添加二次项或者三次项使模型泛化能力更强。

（3）减少正则化参数，正则化的目的是防止过拟合，但是模型出现了欠拟合，则需要减少正则化参数。

（4）使用非线性模型，比如核支持向量机、决策树、深度学习等模型。

（5）调整模型的容量，通常模型的容量是指其拟合各种函数的能力。

（6）容量低的模型可能很难拟合训练集，可以使用集成学习方法，如对多个弱学习器使用Bagging方法进行组合。

泛化能力是指机器学习算法对新鲜样本的适应能力，学习的目的是学到隐含在数据背后的规律，对具有同一规律的学习集以外的数据，经过训练的网络也能给出合适的输出。

通常期望经训练样本训练的网络具有较强的泛化能力，也就是对新输入给出合理响应的能力。应当指出并非训练的次数越多，越能得到正确的输入输出映射关系。网络的性能主要是用它的泛化能力来衡量的。

2.2　高等数学基础

机器学习是交叉学科，需要大量的数学基础知识，本章后续介绍机器学习常用的数学知识。对于想学习机器学习的朋友，很多时候都会觉得数学基础是一道坎，本节将概述机器学习中所涉及的高等数学基础，以方便读者后续的学习。

数学是基础，算法是方法，编程是工具，三者对于机器学习都很重要。机器学习中大量的问题最终都可以归结为一个优化问题，而微积分、概率、线性代数和矩阵是优化的基础。注意，这里所讲的数学基础仅仅是皮毛，读者根据需要可参考相关的资料进行深入学习和理解。

1. 导数

导数和微分的定义：

$$f'(x_0) = \lim_{\Delta x \to 0} \frac{f(x_0 + \Delta x) - f(x_0)}{\Delta x}$$

或
$$f'(x_0) = \lim_{x \to x_0} \frac{f(x) - f(x_0)}{x - x_0}$$

函数 $f(x)$ 在 x_0 处的左、右导数定义为：

（1）左导数：

$$f_-'(x_0) = \lim_{\Delta x \to 0^-} \frac{f(x_0 + \Delta x) - f(x_0)}{\Delta x} = \lim_{x \to x_0^-} \frac{f(x) - f(x_0)}{x - x_0}, \quad (x = x_0 + \Delta x)$$

（2）右导数：

$$f_+'(x_0) = \lim_{\Delta x \to 0^+} \frac{f(x_0 + \Delta x) - f(x_0)}{\Delta x} = \lim_{x \to x_0^+} \frac{f(x) - f(x_0)}{x - x_0}$$

函数的可导性与连续性之间的关系如下：

（1）函数 $f(x)$ 在 x_0 处可微 $\Leftrightarrow$ $f(x)$ 在 x_0 处可导。

（2）若函数在点 x_0 处可导，则 $y = f(x)$ 在点 x_0 处连续，反之则不成立。即函数连续不一定可导。

（3） $f'(x_0)$ 存在 $\Leftrightarrow f'_-(x_0) = f'_+(x_0)$ 。

下面介绍导数的四则运算法则。设函数 $u = u(x)$ ， $v = v(x)$ 在点 x 处可导，则：

（1） $(u \pm v)' = u' \pm v'$, $\mathrm{d}(u \pm v) = \mathrm{d}u \pm \mathrm{d}v$ 。

（2） $(uv)' = uv' + vu'$, $\mathrm{d}(uv) = u\mathrm{d}v + v\mathrm{d}u$ 。

（3） $\left(\dfrac{u}{v}\right)' = \dfrac{vu' - uv'}{v^2}(v \neq 0)$, $\mathrm{d}\left(\dfrac{u}{v}\right) = \dfrac{v\mathrm{d}u - u\mathrm{d}v}{v^2}$ 。

平面曲线的切线和法线方程如下：

（1）切线方程：

$$y - y_0 = f'(x_0)(x - x_0)$$

（2）法线方程：

$$y - y_0 = -\frac{1}{f'(x_0)}(x - x_0), \quad f'(x_0) \neq 0$$

2．基本导数与微分表

基本导数与微分表如表2-1所示。

表2-1　基本导数与微分表

函　　数	导　　数
$y = c$ （c 为常数）	$y' = 0$, $\mathrm{d}y = 0$
$y = x^{\alpha}$ （α 为实数）	$y' = \alpha x^{\alpha-1}$, $\mathrm{d}y = \alpha x^{\alpha-1}\mathrm{d}x$
$y = a^x$	$y' = a^x \ln a$, $\mathrm{d}y = a^x \ln a \mathrm{d}x$ 特例：$(\mathrm{e}^x)' = \mathrm{e}^x$, $\mathrm{d}(\mathrm{e}^x) = \mathrm{e}^x\mathrm{d}x$
$y = \log_a x$	$y' = \dfrac{1}{x \ln a}$, $\mathrm{d}y = \dfrac{1}{x \ln a}\mathrm{d}x$ 特例：$y = \ln x (\ln x)' = \dfrac{1}{x}$, $\mathrm{d}(\ln x) = \dfrac{1}{x}\mathrm{d}x$
$y = \sin x$	$y' = \cos x$, $\mathrm{d}(\sin x) = \cos x \mathrm{d}x$
$y = \cos x$	$y' = -\sin x$, $\mathrm{d}(\cos x) = -\sin x \mathrm{d}x$
$y = \tan x$	$y' = \dfrac{1}{\cos^2 x} = \sec^2 x$, $\mathrm{d}(\tan x) = \sec^2 x \mathrm{d}x$

（续表）

函　　数	导　　数
$y = \cot x$	$y' = -\dfrac{1}{\sin^2 x} = -\csc^2 x$,　$\mathrm{d}(\cot x) = -\csc^2 x \mathrm{d}x$
$y = \sec x$	$y' = \sec x \tan x$,　$\mathrm{d}(\sec x) = \sec x \tan x \mathrm{d}x$
$y = \csc x$	$y' = -\csc x \cot x$,　$\mathrm{d}(\csc x) = -\csc x \cot x \mathrm{d}x$
$y = \arcsin x$	$y' = \dfrac{1}{\sqrt{1-x^2}}$,　$\mathrm{d}(\arcsin x) = \dfrac{1}{\sqrt{1-x^2}} \mathrm{d}x$
$y = \arccos x$	$y' = -\dfrac{1}{\sqrt{1-x^2}}$,　$\mathrm{d}(\arccos x) = -\dfrac{1}{\sqrt{1-x^2}} \mathrm{d}x$
$y = \arctan x$	$y' = \dfrac{1}{1+x^2}$,　$\mathrm{d}(\arctan x) = \dfrac{1}{1+x^2} \mathrm{d}x$
$y = \operatorname{arccot} x$	$y' = -\dfrac{1}{1+x^2}$,　$\mathrm{d}(\operatorname{arccot} x) = -\dfrac{1}{1+x^2} \mathrm{d}x$
$y = \operatorname{sh} x$	$y' = \operatorname{ch} x$,　$\mathrm{d}(\operatorname{sh} x) = \operatorname{ch} x \mathrm{d}x$
$y = \operatorname{ch} x$	$y' = \operatorname{sh} x$,　$\mathrm{d}(\operatorname{ch} x) = \operatorname{sh} x \mathrm{d}x$

3. 复合函数、反函数、隐函数以及参数方程所确定的函数的微分法

（1）反函数的运算法则：设 $y = f(x)$ 在点 x 的某邻域内单调连续，在点 x 处可导且 $f'(x) \neq 0$，则其反函数在点 x 所对应的 y 处可导，并且有 $\dfrac{\mathrm{d}y}{\mathrm{d}x} = \dfrac{1}{\dfrac{\mathrm{d}x}{\mathrm{d}y}}$。

（2）复合函数的运算法则：若 $\mu = \varphi(x)$ 在点 x 处可导，而 $y = f(\mu)$ 在对应点 μ（$\mu = \varphi(x)$）处可导，则复合函数 $y = f(\varphi(x))$ 在点 x 处可导，且 $y' = f'(\mu) \cdot \varphi'(x)$。

（3）隐函数导数 $\dfrac{\mathrm{d}y}{\mathrm{d}x}$ 的求法一般有3种：

① 方程两边对 x 求导，要记住 y 是 x 的函数，则 y 的函数是 x 的复合函数。例如 $\dfrac{1}{y}$、y^2、$\ln y$、e^y 等均是 x 的复合函数。对 x 求导应按复合函数连锁法则做。

② 公式法。由 $F(x,y) = 0$ 知 $\dfrac{\mathrm{d}y}{\mathrm{d}x} = -\dfrac{F'_x(x,y)}{F'_y(x,y)}$。其中，$F'_x(x,y)$、$F'_y(x,y)$ 分别表示 $F(x,y)$ 对 x 和 y 的偏导数。

③ 利用微分形式不变性。

4．常用高阶导数公式

（1） $(e^x)^{(n)} = e^x$ 。

（2） $(a^x)^{(n)} = a^x \ln^n a (a > 0)$ 。

（3） $(\sin kx)^{(n)} = k^n \sin\left(kx + n \cdot \dfrac{\pi}{2}\right)$ 。

（4） $(\cos kx)^{(n)} = k^n \cos\left(kx + n \cdot \dfrac{\pi}{2}\right)$ 。

（5） $\left(x^m\right)^{(n)} = m(m-1)\cdots(m-n+1)x^{m-n}$ 。

（6） $(\ln x)^{(n)} = (-1)^{(n-1)} \dfrac{(n-1)!}{x^n}$ 。

（7）莱布尼兹公式：若 $u(x)$ 、 $v(x)$ 均 n 阶可导，则 $(uv)^{(n)} = \sum\limits_{i=0}^{n} c_n^i u^{(i)} v^{(n-i)}$ ，其中 $u^{(0)} = u$ ， $v^{(0)} = v$ 。

5．微分中值定理，泰勒公式

费马定理：若函数 $f(x)$ 满足条件：

（1）函数 $f(x)$ 在 x_0 的某邻域内有定义，并且在此邻域内恒有 $f(x) \leqslant f(x_0)$ 或 $f(x) \geqslant f(x_0)$ 。

（2） $f(x)$ 在 x_0 处可导，则有 $f'(x_0) = 0$ 。

罗尔定理：设函数 $f(x)$ 满足条件：

（1）在闭区间 $[a,b]$ 上连续。

（2）在 (a,b) 内可导。

（3） $f(a) = f(b)$ 。

则在 (a,b) 内存在一个 ξ ，使得 $f'(\xi) = 0$ 。

拉格朗日中值定理：设函数 $f(x)$ 满足条件：

（1）在 $[a,b]$ 上连续。

（2）在 (a,b) 内可导。

则在 (a,b) 内存在一个 ξ ，使得 $\dfrac{f(b)-f(a)}{b-a} = f'(\xi)$ 。

柯西中值定理：设函数 $f(x)$ 、 $g(x)$ 满足条件：

（1）在 $[a,b]$ 上连续。

（2）在 (a,b) 内可导且 $f'(x)$、$g'(x)$ 均存在，且 $g'(x) \neq 0$。

则在 (a,b) 内存在一个 ξ，使得 $\dfrac{f(b)-f(a)}{g(b)-g(a)} = \dfrac{f'(\xi)}{g'(\xi)}$。

6. 洛必达法则

法则 I（$\dfrac{0}{0}$ 型）：设函数 $f(x)$、$g(x)$ 满足条件：$\lim\limits_{x \to x_0} f(x) = 0$，$\lim\limits_{x \to x_0} g(x) = 0$；$f(x)$、$g(x)$ 在 x_0 的邻域内可导，（在 x_0 处除外）且 $g'(x) \neq 0$；同时 $\lim\limits_{x \to x_0} \dfrac{f'(x)}{g'(x)}$ 存在（或 ∞）。则

$$\lim_{x \to x_0} \frac{f(x)}{g(x)} = \lim_{x \to x_0} \frac{f'(x)}{g'(x)}。$$

法则 I'（$\dfrac{0}{0}$ 型）：设函数 $f(x)$、$g(x)$ 满足条件：$\lim\limits_{x \to \infty} f(x) = 0$，$\lim\limits_{x \to \infty} g(x) = 0$；存在一个 $X > 0$，当 $|x| > X$ 时，$f(x)$、$g(x)$ 可导，且 $g'(x) \neq 0$；$\lim\limits_{x \to x_0} \dfrac{f'(x)}{g'(x)}$ 存在（或 ∞）。则

$$\lim_{x \to x_0} \frac{f(x)}{g(x)} = \lim_{x \to x_0} \frac{f'(x)}{g'(x)}。$$

法则 II（$\dfrac{\infty}{\infty}$ 型）：设函数 $f(x)$、$g(x)$ 满足条件：$\lim\limits_{x \to x_0} f(x) = \infty$，$\lim\limits_{x \to x_0} g(x) = \infty$；$f(x)$、$g(x)$ 在 x_0 的邻域内可导（在 x_0 处可除外）且 $g'(x) \neq 0$；$\lim\limits_{x \to x_0} \dfrac{f'(x)}{g'(x)}$ 存在（或 ∞）。则

$$\lim_{x \to x_0} \frac{f(x)}{g(x)} = \lim_{x \to x_0} \frac{f'(x)}{g'(x)}。$$ 同理法则 II'（$\dfrac{\infty}{\infty}$ 型）仿法则 I' 可写出。

7. 泰勒公式

设函数 $f(x)$ 在点 x_0 处的某邻域内具有 $n+1$ 阶导数，则对该邻域内异于 x_0 的任意点 x，在 x_0 与 x 之间至少存在一个 ξ，使得：

$$f(x) = f(x_0) + f'(x_0)(x-x_0) + \frac{1}{2!}f''(x_0)(x-x_0)^2 + \cdots + \frac{f^{(n)}(x_0)}{n!}(x-x_0)^n + R_n(x)$$

其中，$R_n(x) = \dfrac{f^{(n+1)}(\xi)}{(n+1)!}(x-x_0)^{n+1}$ 称为 $f(x)$ 在点 x_0 处的 n 阶泰勒余项。

令 $x_0 = 0$，则 n 阶泰勒公式：

$$f(x) = f(0) + f'(0)x + \frac{1}{2!}f''(0)x^2 + \cdots + \frac{f^{(n)}(0)}{n!}x^n + R_n(x)$$

其中 $R_n(x) = \dfrac{f^{(n+1)}(\xi)}{(n+1)!}x^{n+1}$，$\xi$ 在0与x之间。上式称为麦克劳林公式。

常用的5种函数在 $x_0 = 0$ 处的泰勒公式：

（1）$\mathrm{e}^x = 1 + x + \dfrac{1}{2!}x^2 + \cdots + \dfrac{1}{n!}x^n + \dfrac{x^{n+1}}{(n+1)!}\mathrm{e}^{\xi}$，或 $\mathrm{e}^x = 1 + x + \dfrac{1}{2!}x^2 + \cdots + \dfrac{1}{n!}x^n + O\left(x^n\right)$。

（2）$\sin x = x - \dfrac{1}{3!}x^3 + \cdots + \dfrac{x^n}{n!}\sin\dfrac{n\pi}{2} + \dfrac{x^{n+1}}{(n+1)!}\sin\left(\xi + \dfrac{n+1}{2}\pi\right)$，或

$\sin x = x - \dfrac{1}{3!}x^3 + \cdots + \dfrac{x^n}{n!}\sin\dfrac{n\pi}{2} + O\left(x^n\right)$。

（3）$\cos x = 1 - \dfrac{1}{2!}x^2 + \cdots + \dfrac{x^n}{n!}\cos\dfrac{n\pi}{2} + \dfrac{x^{n+1}}{(n+1)!}\cos\left(\xi + \dfrac{n+1}{2}\pi\right)$，或

$\cos x = 1 - \dfrac{1}{2!}x^2 + \cdots + \dfrac{x^n}{n!}\cos\dfrac{n\pi}{2} + O\left(x^n\right)$。

（4）$\ln(1+x) = x - \dfrac{1}{2}x^2 + \dfrac{1}{3}x^3 + \cdots + (-1)^{n-1}\dfrac{x^n}{n} + \dfrac{(-1)^n x^{n+1}}{(n+1)(1+\xi)^{n+1}}$，或

$\ln(1+x) = x - \dfrac{1}{2}x^2 + \dfrac{1}{3}x^3 + \cdots + (-1)^{n-1}\dfrac{x^n}{n} + O\left(x^n\right)$。

（5）$(1+x)^m = 1 + mx + \dfrac{m(m-1)}{2!}x^2 + \cdots + \dfrac{m(m-1)\cdots(m-n+1)}{n!}x^n$

$\qquad + \dfrac{m(m-1)\cdots(m-n+1)}{(n+1)!}x^{n+1}(1+\xi)^{m-n-1}$，或

$(1+x)^m = 1 + mx + \dfrac{m(m-1)}{2!}x^2 + \cdots + \dfrac{m(m-1)\cdots(m-n+1)}{n!}x^n + O\left(x^n\right)$。

8．函数单调性的判断

定理1：设函数 $f(x)$ 在 (a,b) 区间内可导，如果对 $\forall x \in (a,b)$，都有 $f'(x) > 0$（或 $f'(x) < 0$），则函数 $f(x)$ 在 (a,b) 内是单调增加的（或单调减少的）。

定理2：（取极值的必要条件）设函数 $f(x)$ 在 x_0 处可导，且在 x_0 处取极值，则 $f'(x_0) = 0$。

定理3：（取极值的第一充分条件）设函数 $f(x)$ 在 x_0 的某一邻域内可微，且 $f'(x_0) = 0$（或 $f(x)$ 在 x_0 处连续，但 $f'(x_0)$ 不存在）。

（1）若当 x 经过 x_0 时，$f'(x)$ 由"＋"变"－"，则 $f(x_0)$ 为极大值。

（2）若当 x 经过 x_0 时，$f'(x)$ 由"－"变"＋"，则 $f(x_0)$ 为极小值。

（3）若 $f'(x)$ 经过 $x = x_0$ 的两侧不变号，则 $f(x_0)$ 不是极值。

定理4： （取极值的第二充分条件）设 $f(x)$ 在点 x_0 处有 $f''(x) \neq 0$，且 $f'(x_0) = 0$，则当 $f''(x_0) < 0$ 时，$f(x_0)$ 为极大值；当 $f''(x_0) > 0$ 时，$f(x_0)$ 为极小值。

9. 渐近线的求法

（1）水平渐近线。若 $\lim\limits_{x \to +\infty} f(x) = b$，或 $\lim\limits_{x \to -\infty} f(x) = b$，则 $y = b$ 称为函数 $y = f(x)$ 的水平渐近线。

（2）铅直渐近线。若 $\lim\limits_{x \to x_0^-} f(x) = \infty$，或 $\lim\limits_{x \to x_0^+} f(x) = \infty$，则 $x = x_0$ 称为 $y = f(x)$ 的铅直渐近线。

（3）斜渐近线。若 $a = \lim\limits_{x \to \infty} \dfrac{f(x)}{x}$，$b = \lim\limits_{x \to \infty}[f(x) - ax]$，则 $y = ax + b$ 称为 $y = f(x)$ 的斜渐近线。

10. 函数凹凸性的判断

定理1： （凹凸性判别定理）若在 I 上 $f''(x) < 0$（或 $f''(x) > 0$），则 $f(x)$ 在 I 上是凸的（或凹的）。

定理2： （拐点判别定理1）若在 x_0 处 $f''(x) = 0$（或 $f''(x)$ 不存在），当 x 的变动经过 x_0 时，$f''(x)$ 变号，则 $(x_0, f(x_0))$ 为拐点。

定理3： （拐点判别定理2）设 $f(x)$ 在 x_0 点的某邻域内有三阶导数，且 $f''(x) = 0$，$f'''(x) \neq 0$，则 $(x_0, f(x_0))$ 为拐点。

11. 弧微分

若 $f(x)$ 在区间 $[a, b]$ 内具有连续导数，其弧 $S(x)$ 为单调增函数，则：

$$dS = \sqrt{1 + y'^2}\, dx$$

12. 曲率

曲线 $y = f(x)$ 在点 (x, y) 处的曲率 $k = \dfrac{|y''|}{(1 + y'^2)^{\frac{3}{2}}}$。对于参数方程 $\begin{cases} x = \varphi(t) \\ y = \psi(t) \end{cases}$，

$k = \dfrac{|\varphi'(t)\psi''(t) - \varphi''(t)\psi'(t)|}{\left[\varphi'^2(t) + \psi'^2(t)\right]^{\frac{3}{2}}}$。

2.3　线性代数基础

高等数学也是线性代数和概率论的基础，本节将讲解机器学习中线性代数的常用知识，下一节将讲解机器学习中常用的概率论知识。公式矩阵中出现的横线和竖线表示省略号。

2.3.1　基本概念和符号

线性代数提供了一种紧凑地表示和操作线性方程组的方法。例如，以下方程组：

$$4x_1 - 5x_2 = -13 \qquad -2x_1 + 3x_2 = 9$$

这是两个方程和两个变量，正如从高中代数中所知的，可以找到 x_1 和 x_2 的唯一解（除非方程以某种方式退化，例如第二个方程只是第一个方程的倍数，但在上面的情况下，实际上只有一个唯一解）。在矩阵表示法中，可以更紧凑地表达：

$$Ax = b$$

$$\text{其中 } A = \begin{bmatrix} 4 & -5 \\ -2 & 3 \end{bmatrix}, \ b = \begin{bmatrix} -13 \\ 9 \end{bmatrix}$$

使用以下符号：

- $A \in \mathbb{R}^{m \times n}$，表示 A 为由实数组成具有 m 行和 n 列的矩阵。
- $x \in \mathbb{R}^n$，表示具有 n 个元素的向量。通常，向量 x 将表示列向量，即具有 n 行和 1 列的矩阵。如果想要明确地表示行向量，即具有 1 行和 n 列的矩阵，通常写为 x^{T}（这里 x^{T} 是 x 的转置）。

x_i 表示向量 x 的第 i 个元素，则：

$$x = \begin{bmatrix} x_1 \\ x_2 \\ \vdots \\ x_n \end{bmatrix}$$

使用符号 a_{ij}（或 A_{ij}、$A_{i,j}$ 等）来表示第 i 行和第 j 列中的 A 的元素：

$$A = \begin{bmatrix} a_{11} & a_{12} & \cdots & a_{1n} \\ a_{21} & a_{22} & \cdots & a_{2n} \\ \vdots & \vdots & \ddots & \vdots \\ a_{m1} & a_{m2} & \cdots & a_{mn} \end{bmatrix}$$

用 a^j 或者 $A_{:,j}$ 表示矩阵 A 的第 j 列：

$$A = \begin{bmatrix} | & | & & | \\ a^1 & a^2 & \cdots & a^n \\ | & | & & | \end{bmatrix}$$

用 a_i^{T} 或者 $A_{i,:}$ 表示矩阵 A 的第 i 行：

$$A = \begin{bmatrix} - & a_1^{\mathrm{T}} & - \\ - & a_2^{\mathrm{T}} & - \\ & \vdots & \\ - & a_m^{\mathrm{T}} & - \end{bmatrix}$$

在许多情况下，将矩阵视为列向量或行向量的集合非常重要且方便。通常，在向量而不是标量上操作在数学上（和概念上）更清晰。只要明确定义了符号，用于矩阵的列或行的表示方式并没有通用约定。

2.3.2　矩阵乘法

两个矩阵相乘，其中 $A \in \mathbb{R}^{m \times n}$ 且 $B \in \mathbb{R}^{n \times p}$，则：$C = AB \in \mathbb{R}^{m \times p}$。其中，$C_{ij} = \sum_{k=1}^{n} A_{ik} B_{kj}$。

注意　为了使矩阵乘积存在，A 中的列数必须等于 B 中的行数。

有很多方法可以查看矩阵乘法，下面将从一些特殊情况开始介绍。

1. 向量－向量乘法

给定两个向量 $x, y \in \mathbb{R}^n$，$x^{\mathrm{T}} y$ 通常称为向量内积或者点积，结果是一个实数。

$$x^{\mathrm{T}} y \in \mathbb{R} = \begin{bmatrix} x_1 & x_2 & \cdots & x_n \end{bmatrix} \begin{bmatrix} y_1 \\ y_2 \\ \vdots \\ y_n \end{bmatrix} = \sum_{i=1}^{n} x_i y_i$$

注意　$x^{\mathrm{T}} y = y^{\mathrm{T}} x$ 始终成立。

给定向量 $x \in \mathbb{R}^m$，$y \in \mathbb{R}^n$（它的维度是否相同都没关系），$xy^{\mathrm{T}} \in \mathbb{R}^{m \times n}$ 叫作向量外积，当 $\left(xy^{\mathrm{T}} \right)_{ij} = x_i y_j$ 的时候，它是一个矩阵。

$$xy^{\mathrm{T}} \in \mathbb{R}^{m \times n} = \begin{bmatrix} x_1 \\ x_2 \\ \vdots \\ x_m \end{bmatrix} \begin{bmatrix} y_1 & y_2 & \cdots & y_n \end{bmatrix} = \begin{bmatrix} x_1 y_1 & x_1 y_2 & \cdots & x_1 y_n \\ x_2 y_1 & x_2 y_2 & \cdots & x_2 y_n \\ \vdots & \vdots & \ddots & \vdots \\ x_m y_1 & x_m y_2 & \cdots & x_m y_n \end{bmatrix}$$

举一个外积如何使用的例子：让 $1 \in R^n$ 表示一个 n 维向量，其元素都等于1，此外，考虑矩阵 $A \in R^{m \times n}$，其列全部等于某个向量 $x \in R^m$。使用外积可以紧凑地表示矩阵 A：

$$A = \begin{bmatrix} | & | & & | \\ x & x & \cdots & x \\ | & | & & | \end{bmatrix} = \begin{bmatrix} x_1 & x_1 & \cdots & x_1 \\ x_2 & x_2 & \cdots & x_2 \\ \vdots & \vdots & \ddots & \vdots \\ x_m & x_m & \cdots & x_m \end{bmatrix} = \begin{bmatrix} x_1 \\ x_2 \\ \vdots \\ x_m \end{bmatrix} \begin{bmatrix} 1 & 1 & \cdots & 1 \end{bmatrix} = x1^{\mathrm{T}}$$

2．矩阵－向量乘法

给定矩阵 $A \in \mathbb{R}^{m \times n}$，向量 $x \in \mathbb{R}^n$，它们的积是一个向量 $y = Ax \in R^m$。矩阵向量乘法有如下几种情况：

如果按行写 A，那么可以表示 Ax 为：

$$y = Ax = \begin{bmatrix} - & a_1^{\mathrm{T}} & - \\ - & a_2^{\mathrm{T}} & - \\ & \vdots & \\ - & a_m^{\mathrm{T}} & - \end{bmatrix} x = \begin{bmatrix} a_1^{\mathrm{T}} x \\ a_2^{\mathrm{T}} x \\ \vdots \\ a_m^{\mathrm{T}} x \end{bmatrix}$$

也就是说，第 i 个 y 是 A 的第 i 行和 x 的内积，即：$y_i = a_i^{\mathrm{T}} x$。

同样，可以把 A 写成列的方式，即：

$$y = Ax = \begin{bmatrix} | & | & & | \\ a^1 & a^2 & \cdots & a^n \\ | & | & & | \end{bmatrix} \begin{bmatrix} x_1 \\ x_2 \\ \vdots \\ x_n \end{bmatrix} = \begin{bmatrix} a^1 \end{bmatrix} x_1 + \begin{bmatrix} a^2 \end{bmatrix} x_2 + \begin{bmatrix} a^n \end{bmatrix} x_n$$

也就是说，y 是 A 的列的线性组合，其中线性组合的系数由 x 的元素给出。

到目前为止，一直是在右侧乘以列向量，但也可以在左侧乘以行向量。即 $y^{\mathrm{T}} = x^{\mathrm{T}} A$ 表示 $A \in \mathbb{R}^{m \times n}$，$x \in \mathbb{R}^m$，$y \in \mathbb{R}^n$。和以前一样，可以用两种可行的方式表达 y^{T}，这取决于是否根据行或列表达 A。

第一种情况，把 A 用列表示：

$$y^{\mathrm{T}} = x^{\mathrm{T}} A = x^{\mathrm{T}} \begin{bmatrix} | & | & & | \\ a^1 & a^2 & \cdots & a^n \\ | & | & & | \end{bmatrix} = \begin{bmatrix} x^{\mathrm{T}} a^1 & x^{\mathrm{T}} a^2 & \cdots & x^{\mathrm{T}} a^n \end{bmatrix}$$

这表明 y^{T} 的第 i 个元素等于 x 和 A 的第 i 列的内积。

最后，根据行表示 A，得到了向量－矩阵乘积的最终表示：

$$y^{\mathrm{T}} = x^{\mathrm{T}} A = \begin{bmatrix} x_1 & x_2 & \cdots & x_n \end{bmatrix} \begin{bmatrix} -a_1^{\mathrm{T}}- \\ -a_2^{\mathrm{T}}- \\ \vdots \\ -a_m^{\mathrm{T}}- \end{bmatrix} = x_1 \begin{bmatrix} -a_1^{\mathrm{T}}- \end{bmatrix} + x_2 \begin{bmatrix} -a_2^{\mathrm{T}}- \end{bmatrix} + \cdots + x_n \begin{bmatrix} -a_n^{\mathrm{T}}- \end{bmatrix}$$

所以看到 y^{T} 是 A 的行的线性组合，其中线性组合的系数由 x 的元素给出。

3．矩阵－矩阵乘法

有了这些知识，现在来看4种不同的（形式不同，但结果是相同的）矩阵－矩阵乘法：也就是本节开头所定义的 $C = AB$ 的乘法。

（1）将矩阵－矩阵乘法视为一组向量－向量乘积。从定义中可以得出：最明显的观点是 C 的 (i, j) 元素等于 A 的第 i 行和 B 的第 j 列的内积。公式如下：

$$C = AB = \begin{bmatrix} - & a_1^{\mathrm{T}} & - \\ - & a_2^{\mathrm{T}} & - \\ & \vdots & \\ - & a_m^{\mathrm{T}} & - \end{bmatrix} \begin{bmatrix} | & | & & | \\ b_1 & b_2 & \cdots & b_p \\ | & | & & | \end{bmatrix} = \begin{bmatrix} a_1^{\mathrm{T}} b_1 & a_1^{\mathrm{T}} b_2 & \cdots & a_1^{\mathrm{T}} b_p \\ a_2^{\mathrm{T}} b_1 & a_2^{\mathrm{T}} b_2 & \cdots & a_2^{\mathrm{T}} b_p \\ \vdots & \vdots & \ddots & \vdots \\ a_m^{\mathrm{T}} b_1 & a_m^{\mathrm{T}} b_2 & \cdots & a_m^{\mathrm{T}} b_p \end{bmatrix}$$

这里的 $A \in \mathbb{R}^{m \times n}$，$B \in \mathbb{R}^{n \times p}$，$a_i \in \mathbb{R}^n$，$b^j \in \mathbb{R}^{n \times p}$，这里的 $A \in \mathbb{R}^{m \times n}$，$B \in \mathbb{R}^{n \times p}$，$a_i \in \mathbb{R}^n$，$b^j \in \mathbb{R}^{n \times p}$，所以它们可以计算内积。通常用行表示 A，而用列表示 B。

（2）用列表示 A，用行表示 B，这时 AB 是求外积的和。公式如下：

$$C = AB = \begin{bmatrix} | & | & & | \\ a_1 & a_2 & \cdots & a_n \\ | & | & & | \end{bmatrix} \begin{bmatrix} - & b_1^{\mathrm{T}} & - \\ - & b_2^{\mathrm{T}} & - \\ & \vdots & \\ - & b_n^{\mathrm{T}} & - \end{bmatrix} = \sum_{i=1}^{n} a_i b_i^{\mathrm{T}}$$

也就是说，AB 等于所有 A 的第 i 列和 B 的第 i 行的外积的和。因此，在这种情况下，$a_i \in \mathbb{R}^m$，$b_i \in \mathbb{R}^p$，外积 $a^i b_i^{\mathrm{T}}$ 的维度是 $m \times p$，与 C 的维度一致。

（3）将矩阵－矩阵乘法视为一组矩阵向量积。如果把 B 用列表示，可以将 C 的列视为 A 和 B 的列的矩阵向量积。公式如下：

$$C = AB = A \begin{bmatrix} | & | & & | \\ b_1 & b_2 & \cdots & b_p \\ | & | & & | \end{bmatrix} = \begin{bmatrix} | & | & & | \\ Ab_1 & Ab_2 & \cdots & Ab_p \\ | & | & & | \end{bmatrix}$$

这里 C 的第 i 列由矩阵向量乘积给出，右边的向量为 $c_i = Ab_i$。

（4）用行表示 A，C 的行作为 A 和 C 行之间的矩阵向量积。公式如下：

$$C = AB = \begin{bmatrix} - & a_1^T & - \\ - & a_2^T & - \\ & \vdots & \\ - & a_m^T & - \end{bmatrix} B = \begin{bmatrix} - & a_1^T B & - \\ - & a_2^T B & - \\ & \vdots & \\ - & a_m^T B & - \end{bmatrix}$$

这里第 i 行的 C 由左边的向量的矩阵向量乘积给出：$c_i^T = a_i^T B$。

这些方法的直接优势在于它们允许用户在向量的级别/单位而不是标量上进行操作。为了完全理解线性代数而不会迷失在复杂的索引操作中，关键是要用尽可能多的概念进行操作。

除此之外，了解一些更高级别的矩阵乘法的基本属性是很有必要的：

（1）矩阵乘法结合律：$(AB)C = A(BC)$。

（2）矩阵乘法分配律：$A(B+C) = AB + AC$。

矩阵乘法通常不是可交换的，也就是说，通常 $AB \neq BA$。例如，假设 $A \in \mathbb{R}^{m \times n}$，$B \in \mathbb{R}^{n \times p}$，如果 m 和 q 不相等，则矩阵乘积 BA 甚至不存在。

如果不熟悉这些属性，可查阅相关资料花点时间验证它们。例如，为了检验矩阵乘法的相关性，假设 $A \in \mathbb{R}^{m \times n}$，$B \in \mathbb{R}^{n \times p}$，$C \in \mathbb{R}^{p \times q}$。注意 $AB \in \mathbb{R}^{m \times p}$，所以 $(AB)C \in \mathbb{R}^{m \times q}$。类似地，$BC \in \mathbb{R}^{n \times q}$，所以 $A(BC) \in \mathbb{R}^{m \times q}$。因此，所得矩阵的维度一致。

为了表明矩阵乘法是相关的，足以检查 $(AB)C$ 的第 (i, j) 个元素是否等于 $A(BC)$ 的第 (i, j) 个元素，可以使用矩阵乘法的定义直接验证这一点：

$$\begin{aligned} ((AB)C)_{ij} &= \sum_{k=1}^{p} (AB)_{ik} C_{kj} = \sum_{k=1}^{p} \left(\sum_{l=1}^{n} A_{il} B_{lk} \right) C_{kj} \\ &= \sum_{k=1}^{p} \left(\sum_{l=1}^{n} A_{il} B_{lk} C_{kj} \right) = \sum_{l=1}^{n} \left(\sum_{k=1}^{p} A_{il} B_{lk} C_{kj} \right) \\ &= \sum_{l=1}^{n} A_{il} \left(\sum_{k=1}^{p} B_{lk} C_{kj} \right) = \sum_{l=1}^{n} A_{il} (BC)_{lj} = (A(BC))_{ij} \end{aligned}$$

2.3.3 矩阵运算和性质

这里将介绍矩阵和向量的几种运算和属性。

1. 单位矩阵和对角矩阵

对于单位矩阵， $I \in \mathbb{R}^{n \times n}$ ，它是一个方阵，对角线的元素是1，其余元素都是0：

$$I_{ij} = \begin{cases} 1 & i = j \\ 0 & i \neq j \end{cases}$$

对于所有 $A \in \mathbb{R}^{m \times n}$ ，有：

$$AI = A = IA$$

注意 在某种意义上，单位矩阵的表示法是不明确的，因为它没有指定 I 的维数。通常， I 的维数是从上下文推断出来的，以便使矩阵乘法成为可能。例如，在上面的等式中， $AI = A$ 中的 I 是 $n \times n$ 矩阵，而 $A = IA$ 中的 I 是 $m \times m$ 矩阵。

对角矩阵是一种这样的矩阵：对角线之外的元素全为0。对角阵通常表示为： $D = \mathrm{diag}(d_1, d_2, \cdots, d_n)$ ，其中：

$$D_{ij} = \begin{cases} d_i & i = j \\ 0 & i \neq j \end{cases}$$

显然，单位矩阵 $I = \mathrm{diag}(1, 1, \cdots, 1)$ 。

2. 转置

矩阵的转置是指翻转矩阵的行和列。给定一个矩阵 $A \in \mathbb{R}^{m \times n}$ ，它的转置为 $n \times m$ 的矩阵 $A^{\mathrm{T}} \in \mathbb{R}^{n \times m}$ ，其中的元素为：

$$\left(A^{\mathrm{T}}\right)_{ij} = A_{ji}$$

事实上，在描述行向量时已经使用了转置，因为列向量的转置自然是行向量。转置的以下属性很容易验证：

（1） $\left(A^{\mathrm{T}}\right)^{\mathrm{T}} = A$ 。

（2） $(AB)^{\mathrm{T}} = B^{\mathrm{T}} A^{\mathrm{T}}$ 。

（3） $(A+B)^{\mathrm{T}} = A^{\mathrm{T}} + B^{\mathrm{T}}$ 。

3. 对称矩阵

如果 $A = A^{\mathrm{T}}$ ，则矩阵 $A \in \mathbb{R}^{n \times n}$ 是对称矩阵。如果 $A = -A^{\mathrm{T}}$ ，则它是反对称的。很容易证明，对于任何矩阵 $A \in \mathbb{R}^{n \times n}$ ，矩阵 $A + A^{\mathrm{T}}$ 是对称的，矩阵 $A - A^{\mathrm{T}}$ 是反对称的。由此得出，任何方矩阵 $A \in \mathbb{R}^{n \times n}$ 可以表示为对称矩阵和反对称矩阵的和，所以：

$$A = \frac{1}{2}\left(A + A^{\mathrm{T}}\right) + \frac{1}{2}\left(A - A^{\mathrm{T}}\right)$$

上面的公式右边的第一个矩阵是对称矩阵，而第二个矩阵是反对称矩阵。事实证明，对称矩阵在实践中用得很多，它们有很多很好的属性。

通常将大小为 n 的所有对称矩阵的集合表示为 $\mathbb{S}^n$，因此 $A \in \mathbb{S}^n$ 意味着 A 是对称的 $n \times n$ 矩阵。

4. 矩阵的迹

方矩阵 $A \in \mathbb{R}^{n \times n}$ 的迹表示为 $\mathrm{tr}(A)$（或者只是 $\mathrm{tr}\,A$），是矩阵中对角元素的总和，表示为：

$$\mathrm{tr}\,A = \sum_{i=1}^{n} A_{ii}$$

迹具有以下属性：

（1）若矩阵 $A \in \mathbb{R}^{n \times n}$，则：$\mathrm{tr}\,A = \mathrm{tr}\,A^{\mathrm{T}}$。

（2）若矩阵 $A, B \in \mathbb{R}^{n \times n}$，则：$\mathrm{tr}(A + B) = \mathrm{tr}\,A + \mathrm{tr}\,B$。

（3）若矩阵 $A \in \mathbb{R}^{n \times n}$，$t \in \mathbb{R}$，则：$\mathrm{tr}(tA) = t\,\mathrm{tr}\,A$。

（4）若矩阵 A、B、AB 为方阵，则：$\mathrm{tr}\,AB = \mathrm{tr}\,BA$。

（5）若矩阵 A、B、C、ABC 为方阵，则：$\mathrm{tr}\,ABC = \mathrm{tr}\,BCA = \mathrm{tr}\,CAB$。同理，更多矩阵的积也具有这个性质。

作为如何证明这些属性的示例，将考虑上面给出的第四个属性。假设 $A \in \mathbb{R}^{m \times n}$，$B \in \mathbb{R}^{n \times m}$（因此 $AB \in \mathbb{R}^{m \times m}$ 是方阵）。观察到 $BA \in \mathbb{R}^{n \times n}$ 也是一个方阵，因此对它们进行迹的运算是有意义的。要证明 $\mathrm{tr}\,AB = \mathrm{tr}\,BA$，请注意：

$$
\begin{aligned}
\mathrm{tr}\,AB &= \sum_{i=1}^{m}(AB)_{ii} = \sum_{i=1}^{m}\left(\sum_{j=1}^{n} A_{ij} B_{ji}\right) \\
&= \sum_{i=1}^{m}\sum_{j=1}^{n} A_{ij} B_{ji} = \sum_{j=1}^{n}\sum_{i=1}^{m} B_{ji} A_{ij} \\
&= \sum_{j=1}^{n}\left(\sum_{i=1}^{m} B_{ji} A_{ij}\right) = \sum_{j=1}^{n}(BA)_{jj} = \mathrm{tr}\,BA
\end{aligned}
$$

这里，$\sum_{i=1}^{m}(AB)_{ii}$、$\sum_{j=1}^{n}(BA)_{jj}$ 和 $\mathrm{tr}\,BA$ 使用迹运算符和矩阵乘法的定义，重点在第 4 个等式，使用标量乘法的可交换性来反转每个乘积中的项的顺序，以及标量加法的可交换性和相关性，以便重新排列求和的顺序。

5. 范数

向量的范数 $\| x \|$ 是非正式度量的向量的"长度"。例如，有常用的欧几里得或 ℓ_2 范数：

$$\| x \|_2 = \sqrt{\sum_{i=1}^{n} x_i^2}$$

注意 $\| x \|_2^2 = x^{\mathrm{T}} x$。

更正式地，范数是满足4个属性的函数（$f : \mathbb{R}^n \to \mathbb{R}$）：

（1）对于所有 $x \in \mathbb{R}^n$，$f(x) \geqslant 0$（非负）。

（2）当且仅当 $x = 0$ 时，$f(x) = 0$（明确性）。

（3）对于所有 $x \in \mathbb{R}^n$，$t \in \mathbb{R}$，$f(tx) = |t| f(x)$（正齐次性）。

（4）对于所有 $x, y \in \mathbb{R}^n$，$f(x + y) \leqslant f(x) + f(y)$（三角不等式）。

其他范数的例子是 ℓ_1 范数：

$$\| x \|_1 = \sum_{i=1}^{n} |x_i|$$

和 ℓ_∞ 范数：

$$\| x \|_\infty = \max_i |x_i|$$

事实上，到目前为止所提出的 3 个范数都是 ℓ_p 范数族的例子，它们由实数 $p \geqslant 1$ 参数化，并定义为：

$$\| x \|_p = \left(\sum_{i=1}^{n} |x_i|^p \right)^{1/p}$$

也可以为矩阵定义范数，例如弗罗贝尼乌斯（Frobenius）范数：

$$\| A \|_F = \sqrt{\sum_{i=1}^{m} \sum_{j=1}^{n} A_{ij}^2} = \sqrt{\mathrm{tr}\left(A^{\mathrm{T}} A \right)}$$

另外，还有许多其他范数，这里不再给出。

6. 特征值和特征向量

给定一个方阵 $A \in \mathbb{R}^{n \times n}$，认为在以下条件下，$\lambda \in \mathbb{C}$ 是 A 的特征值，$x \in \mathbb{C}^n$ 是相应的特征向量：

$$Ax = \lambda x, x \neq 0$$

直观地说，这个定义意味着将 A 乘以向量 x 会得到一个新的向量，该向量指向与 x 相同的方向，但按系数 λ 缩放。

值得注意的是，对于任何特征向量 $x \in \mathbb{C}^n$ 和标量 $t \in \mathbb{C}$，$A(cx) = cAx = c\lambda x = \lambda(cx)$，$cx$ 也是一个特征向量。因此，当讨论与 λ 相关的特征向量时，通常假设特征向量被标准化为长度为1（这仍然会造成一些歧义，因为 x 和 $-x$ 都是特征向量，但必须接受这一点）。

可以重写上面的等式来说明 (λ, x) 是 A 的特征值和特征向量的组合：

$$(\lambda I - A)x = 0, x \neq 0$$

但是 $(\lambda I - A)x = 0$ 只有当 $(\lambda I - A)$ 有一个非空零空间，同时 $(\lambda I - A)$ 是奇异的，x 才具有非零解，即：

$$|(\lambda I - A)| = 0$$

现在，可以使用行列式先前的定义将表达式 $|(\lambda I - A)|$ 扩展为 λ 中的（非常大的）多项式，其中，λ 的度为 n。它通常被称为矩阵 A 的特征多项式。

然后找到这个特征多项式的 n 个（可能是复数）根，并用 $\lambda_1, \cdots, \lambda_n$ 表示。这些都是矩阵 A 的特征值，但注意它们可能不明显。

为了找到特征值 λ_i 对应的特征向量，只需解线性方程 $(\lambda I - A)x = 0$，因为 $(\lambda I - A)$ 是奇异的，所以保证有一个非零解（但也可能有多个或无穷多个解）。

注意 这不是实际用于数值计算特征值和特征向量的方法（记住行列式的完全展开式有 $n!$ 项），这是一个数学上的争议。

以下是特征值和特征向量的属性（所有假设在 $A \in \mathbb{R}^{n \times n}$ 具有特征值 $\lambda_1, \cdots, \lambda_n$ 的前提下）：

- A 的迹等于其特征值之和：

$$\mathrm{tr}\, A = \sum_{i=1}^{n} \lambda_i$$

- A 的行列式等于其特征值的乘积：

$$|A| = \prod_{i=1}^{n} \lambda_i$$

- A 的秩等于 A 的非零特征值的个数。

- 假设 A 非奇异，其特征值为 λ，特征向量为 x。那么 $1/\lambda$ 是具有相关特征向量 x 的 A^{-1} 的特征值，即 $A^{-1}x = (1/\lambda)x$（要证明这一点，取特征向量方程 $Ax = \lambda x$，两边都左乘 A^{-1}）。
- 对角阵的特征值 $d = \mathrm{diag}(d_1, \cdots, d_n)$，实际上就是对角元素 $d_1, \cdots, d_n$。

7．对称矩阵的特征值和特征向量

通常情况下，一般的方阵的特征值和特征向量的结构可以很细微地表示出来。值得庆幸的是，在机器学习的大多数场景下，处理对称实矩阵就足够了，其处理的对称实矩阵的特征值和特征向量具有显著的特性。

此处，假设 A 是实对称矩阵，具有以下属性：

（1）A 的所有特征值都是实数，用 $\lambda_1, \cdots, \lambda_n$ 表示。

（2）存在一组特征向量 $u_1, \cdots, u_n$，对于所有 i，u_i 是具有特征值 λ_i 和 b 的特征向量。$u_1, \cdots, u_n$ 是单位向量并且彼此正交。

设 U 是包含 u_i 作为列的正交矩阵：

$$U = \begin{bmatrix} | & | & & | \\ u_1 & u_2 & \cdots & u_n \\ | & | & & | \end{bmatrix}$$

设 $\Lambda = \mathrm{diag}(\lambda_1, \cdots, \lambda_n)$ 是包含 $\lambda_1, \cdots, \lambda_n$ 作为对角线上的元素的对角矩阵。可以验证：

$$AU = \begin{bmatrix} | & | & & | \\ Au_1 & Au_2 & \cdots & Au_n \\ | & | & & | \end{bmatrix} = \begin{bmatrix} | & | & & | \\ \lambda_1 u_1 & \lambda_2 u_2 & \cdots & \lambda_n u_n \\ | & | & & | \end{bmatrix} = U\,\mathrm{diag}(\lambda_1, \cdots, \lambda_n) = U\Lambda$$

考虑到正交矩阵 U 满足 $UU^{\mathrm{T}} = I$，利用上面的方程，得到：

$$A = AUU^{\mathrm{T}} = U\Lambda U^{\mathrm{T}}$$

这种 A 的新的表示形式为 $U\Lambda U^{\mathrm{T}}$，通常称为矩阵 A 的对角化。术语对角化是这样来的：通过这种表示，通常可以有效地将对称矩阵 A 视为对角矩阵，这更容易理解。

2.3.4　矩阵微积分

机器学习中将广泛用到矩阵微积分的知识，本节将介绍矩阵微积分的一些基本定义。

1．梯度

假设 $f : \mathbb{R}^{m \times n} \to \mathbb{R}$ 是将维度为 $m \times n$ 的矩阵 $A \in \mathbb{R}^{m \times n}$ 作为输入并返回实数值的函数，然后 f 的梯度（相对于 $A \in \mathbb{R}^{m \times n}$）是偏导数矩阵，定义如下：

$$\nabla_A f(A) \in \mathbb{R}^{m \times n} = \begin{bmatrix} \dfrac{\partial f(A)}{\partial A_{11}} & \dfrac{\partial f(A)}{\partial A_{12}} & \cdots & \dfrac{\partial f(A)}{\partial A_{1n}} \\ \dfrac{\partial f(A)}{\partial A_{21}} & \dfrac{\partial f(A)}{\partial A_{22}} & \cdots & \dfrac{\partial f(A)}{\partial A_{2n}} \\ \vdots & \vdots & \ddots & \vdots \\ \dfrac{\partial f(A)}{\partial A_{m1}} & \dfrac{\partial f(A)}{\partial A_{m2}} & \cdots & \dfrac{\partial f(A)}{\partial A_{mn}} \end{bmatrix}$$

即，对于 $m \times n$ 矩阵：

$$\left(\nabla_A f(A) \right)_{ij} = \frac{\partial f(A)}{\partial A_{ij}}$$

请注意，$\nabla_A f(A)$ 的维度始终与 A 的维度相同。特殊情况下，如果 A 只是向量 $A \in \mathbb{R}^n$，则

$$\nabla_x f(x) = \begin{bmatrix} \dfrac{\partial f(x)}{\partial x_1} \\ \dfrac{\partial f(x)}{\partial x_2} \\ \vdots \\ \dfrac{\partial f(x)}{\partial x_n} \end{bmatrix}$$

重要的是，只有当函数是实值时，即函数返回标量值，才定义函数的梯度。例如，$A \in \mathbb{R}^{m \times n}$ 相对于 x，不能取 Ax 的梯度，因为这个量是向量值。它直接从偏导数的等价性质得出：

- $\nabla_x (f(x) + g(x)) = \nabla_x f(x) + \nabla_x g(x)$。
- 对于 $t \in \mathbb{R}$，$\nabla_x (t f(x)) = t \nabla_x f(x)$。

原则上，梯度是偏导数对多变量函数的自然延伸。然而，在实践中，由于符号的原因，使用梯度有时是很困难的。例如，假设 $A \in \mathbb{R}^{m \times n}$ 是一个固定系数矩阵，$b \in \mathbb{R}^m$ 是一个固定系数向量。设 $f : \mathbb{R}^{m \times n} \to \mathbb{R}$ 为 $f(z) = z^T z$ 定义的函数，因此 $\nabla_z f(z) = 2z$。但现在考虑表达式：

$$\nabla f(Ax)$$

该表达式的解释至少有两种可能：在第一种解释中，回想起 $\nabla_z f(z) = 2z$。在这里，将 $\nabla f(Ax)$ 解释为评估点 Ax 处的梯度，因此：

$$\nabla f(Ax) = 2(Ax) = 2Ax \in \mathbb{R}^m$$

在第二种解释中，将数量 $f(Ax)$ 视为输入变量 x 的函数。更正式地说，设 $g(x) = f(Ax)$。在这个解释中：

$$\nabla f(Ax) = \nabla_x g(x) \in \mathbb{R}^n$$

在这里，可以看到这两种解释确实不同。一种解释产生 m 维向量作为结果，而另一种解释产生 n 维向量作为结果。

这里，关键是要明确需要区分的变量。在第一种解释下，将函数 f 与其参数 z 进行微分，然后替换参数 Ax_0。在第二种解释下，将复合函数 $g(x) = f(Ax)$ 直接与 x 进行微分。

将第一种解释表示为 $\nabla z f(Ax)$，第二种解释表示为 $\nabla x f(Ax)$。

2. 黑塞矩阵

假设 $f : \mathbb{R}^n \to \mathbb{R}$ 是一个函数，它接收 $\mathbb{R}^n$ 中的向量并返回实数。那么关于 x 的黑塞（Hessian Matrix）矩阵（又译作海森矩阵），写作：$\nabla_x^2 f(Ax)$，或者简单地说，H 是 $n \times n$ 矩阵的偏导数：

$$\nabla_x^2 f(x) \in \mathbb{R}^{n \times n} = \begin{bmatrix} \dfrac{\partial^2 f(x)}{\partial x_1^2} & \dfrac{\partial^2 f(x)}{\partial x_1 \partial x_2} & \cdots & \dfrac{\partial^2 f(x)}{\partial x_1 \partial x_n} \\ \dfrac{\partial^2 f(x)}{\partial x_2 \partial x_1} & \dfrac{\partial^2 f(x)}{\partial x_2^2} & \cdots & \dfrac{\partial^2 f(x)}{\partial x_2 \partial x_n} \\ \vdots & \vdots & \ddots & \vdots \\ \dfrac{\partial^2 f(x)}{\partial x_n \partial x_1} & \dfrac{\partial^2 f(x)}{\partial x_n \partial x_2} & \cdots & \dfrac{\partial^2 f(x)}{\partial x_n^2} \end{bmatrix}$$

换句话说，$\nabla_x^2 f(x) \in \mathbb{R}^{n \times n}$，其：

$$\left(\nabla_x^2 f(x) \right)_{ij} = \frac{\partial^2 f(x)}{\partial x_i \partial x_j}$$

注意：黑塞矩阵通常是对称矩阵：

$$\frac{\partial^2 f(x)}{\partial x_i \partial x_j} = \frac{\partial^2 f(x)}{\partial x_j \partial x_i}$$

与梯度相似，只有当 $f(x)$ 为实值时才定义黑塞矩阵。

很自然地认为梯度与向量函数的一阶导数相似，而黑塞矩阵与向量函数的二阶导数相似（使用的符号也暗示了这种关系）。这种直觉通常是正确的，但需要记住以下几个注意事项。

首先，对于一个变量 $f : \mathbb{R} \to \mathbb{R}$ 的实值函数，它的基本定义：二阶导数是一阶导数的导数，即：

$$\frac{\partial^2 f(x)}{\partial x^2} = \frac{\partial}{\partial x} \frac{\partial}{\partial x} f(x)$$

然而，对于向量的函数，函数的梯度是一个向量，不能取向量的梯度，即：

$$\nabla_x f(x) = \nabla_x \begin{bmatrix} \dfrac{\partial f(x)}{\partial x_1} \\ \dfrac{\partial f(x)}{\partial x_2} \\ \vdots \\ \dfrac{\partial f(x)}{\partial x_n} \end{bmatrix}$$

上述表达式没有实际意义。因此，黑塞矩阵不是梯度的梯度。然而，下面这种情况却几乎是正确的：如果看一下梯度 $\left(\nabla_x f(x)\right)_i = \partial f(x) / \partial x_i$ 的第 i 个元素，并取关于 x 的梯度得到：

$$\nabla_x \frac{\partial f(x)}{\partial x_i} = \begin{bmatrix} \dfrac{\partial^2 f(x)}{\partial x_i \partial x_1} \\ \dfrac{\partial^2 f(x)}{\partial x_2 \partial x_2} \\ \vdots \\ \dfrac{\partial f(x)}{\partial x_i \partial x_n} \end{bmatrix}$$

这是黑塞矩阵第 i 行（列），所以：

$$\nabla_x^2 f(x) = \begin{bmatrix} \nabla_x \left(\nabla_x f(x)\right)_1 & \nabla_x \left(\nabla_x f(x)\right)_2 & \cdots & \nabla_x \left(\nabla_x f(x)\right)_n \end{bmatrix}$$

可以说，由于 $\nabla_x^2 f(x) = \nabla_x \left(\nabla_x f(x)\right)^{\mathrm{T}}$，因此这实际上是取 $\nabla_x f(x)$ 的每个元素的梯度，而不是整个向量的梯度。

注意，虽然可以对矩阵 $A \in \mathbb{R}^n$ 取梯度，但本书只考虑对向量 $x \in \mathbb{R}^n$ 取黑塞矩阵。这会方便很多（事实上，所做的任何计算都不要求找到关于矩阵的黑森方程），因为关于矩阵的黑塞方程必须对矩阵所有元素求偏导数 $\partial^2 f(A) / (\partial A_{ij} \partial A_{k\ell})$，将其表示为矩阵相当麻烦。

3. 二次函数和线性函数的梯度和黑塞矩阵

现在尝试确定几个简单函数的梯度和黑塞矩阵。

对于 $x \in \mathbb{R}^n$，设 $f(x) = b^{\mathrm{T}} x$ 的某些已知向量 $b \in \mathbb{R}^n$，则：

$$f(x) = \sum_{i=1}^{n} b_i x_i$$

所以：

2

$$\frac{\partial f(x)}{\partial x_k} = \frac{\partial}{\partial x_k} \sum_{i=1}^{n} b_i x_i = b_k$$

由此可以很容易地看出 $\nabla_x b^\mathrm{T} x = b$。这应该与单变量微积分中的类似情况进行比较，其中 $\partial /(\partial x) ax = a$。

现在考虑 $A \in \mathbb{S}^n$ 的二次函数 $f(x) = x^\mathrm{T} Ax$。记住这一点：

$$f(x) = \sum_{i=1}^{n} \sum_{j=1}^{n} A_{ij} x_i x_j$$

为了取偏导数，将分别考虑包括 x_k 和 x_2^k 因子的项：

$$\begin{aligned}
\frac{\partial f(x)}{\partial x_k} &= \frac{\partial}{\partial x_k} \sum_{i=1}^{n} \sum_{j=1}^{n} A_{ij} x_i x_j \\
&= \frac{\partial}{\partial x_k} \left[\sum_{i \neq k} \sum_{j \neq k} A_{ij} x_i x_j + \sum_{i \neq k} A_{ik} x_i x_k + \sum_{j \neq k} A_{kj} x_k x_j + A_{kk} x_k^2 \right] \\
&= \sum_{i \neq k} A_{ik} x_i + \sum_{j \neq k} A_{kj} x_j + 2 A_{kk} x_k \\
&= \sum_{i=1}^{n} A_{ik} x_i + \sum_{j=1}^{n} A_{kj} x_j \\
&= 2 \sum_{i=1}^{n} A_{ki} x_i
\end{aligned}$$

最后一个等式，是因为 A 是对称的（可以安全地假设，因为它以二次形式出现）。注意，$\nabla_x f(x)$ 的第 k 个元素是 A 和 x 的第 k 行的内积。因此，$\nabla_x x^\mathrm{T} Ax = 2Ax$。同样，应该提醒单变量微积分中的类似事实，即 $\partial /(\partial x) ax^2 = 2ax$。

最后，让我们来看二次函数 $f(x) = x^\mathrm{T} Ax$ 的黑塞矩阵（显然，线性函数 $b^\mathrm{T} x$ 的黑塞矩阵为零）。在这种情况下：

$$\frac{\partial^2 f(x)}{\partial x_k \partial x_\ell} = \frac{\partial}{\partial x_k} \left[\frac{\partial f(x)}{\partial x_\ell} \right] = \frac{\partial}{\partial x_k} \left[2 \sum_{i=1}^{n} A_{\ell i} x_i \right] = 2 A_{\ell k} = 2 A_{k\ell}$$

因此，应该很清楚 $\nabla_x^2 x^\mathrm{T} Ax = 2A$，这应该是完全可以理解的（同样类似于 $\partial^2 /\left(\partial x^2\right) ax^2 = 2a$ 的单变量事实）。

简要概括起来：

- $\nabla_x b^\mathrm{T} x = b$。
- $\nabla_x x^\mathrm{T} Ax = 2Ax$（如果 A 是对称矩阵）。
- $\nabla_x^2 x^\mathrm{T} Ax = 2A$（如果 A 是对称矩阵）。

4．最小二乘法

下面由前面得到的方程来推导最小二乘方程。假设得到矩阵 $A \in \mathbb{R}^{m \times n}$（为了简单起见，假设 A 是满秩的）和向量 $b \in \mathbb{R}^m$，从而使 $b \notin \mathcal{R}(A)$。

在这种情况下，将无法找到向量 $x \in \mathbb{R}^n$，由于 $Ax = b$，因此想要找到一个向量 x，使得 Ax 尽可能接近 b，用欧几里得范数的平方 $\| Ax - b \|_2^2$ 来衡量。

使用公式 $\| x \|^2 = x^{\mathrm{T}} x$ 可以得到：

$$\begin{aligned} \| Ax - b \|_2^2 &= (Ax - b)^{\mathrm{T}} (Ax - b) \\ &= x^{\mathrm{T}} A^{\mathrm{T}} Ax - 2b^{\mathrm{T}} Ax + b^{\mathrm{T}} b \end{aligned}$$

根据 x 的梯度及梯度的性质：

$$\begin{aligned} \nabla_x \left(x^{\mathrm{T}} A^{\mathrm{T}} Ax - 2b^{\mathrm{T}} Ax + b^{\mathrm{T}} b \right) &= \nabla_x x^{\mathrm{T}} A^{\mathrm{T}} Ax - \nabla_x 2b^{\mathrm{T}} Ax + \nabla_x b^{\mathrm{T}} b \\ &= 2A^{\mathrm{T}} Ax - 2A^{\mathrm{T}} b \end{aligned}$$

将最后一个表达式设置为零，然后解出 x，得到正规方程：

$$x = \left(A^{\mathrm{T}} A \right)^{-1} A^{\mathrm{T}} b$$

5．行列式的梯度

现在考虑一种情况，找到一个函数相对于矩阵的梯度，也就是说，对于 $A \in \mathbb{R}^{n \times n}$，要找到 $\nabla_A | A |$。对行列式：

$$| A | = \sum_{i=1}^{n} (-1)^{i+j} A_{ij} \left| A_{\backslash i, \backslash j} \right| (j \in 1, \cdots, n)$$

其中，矩阵 $A_{\backslash i, \backslash j} \in \mathbb{R}^{(n-1) \times (n-1)}$ 是 A 删除 i 行和 j 列的矩阵。

所以：

$$\frac{\partial}{\partial A_{k\ell}} | A | = \frac{\partial}{\partial A_{k\ell}} \sum_{i=1}^{n} (-1)^{i+j} A_{ij} \left| A_{\backslash i, \backslash j} \right| = (-1)^{k+\ell} \left| A_{\backslash k, \backslash \ell} \right| = (\mathrm{adj}(A))_{\ell k}$$

由此可知，该式可以直接从伴随矩阵的性质得出：

$$\nabla_A | A | = (\mathrm{adj}(A))^{\mathrm{T}} = | A | A^{-\mathrm{T}}$$

现在来考虑函数 $f : \mathbb{S}_{++}^n \to \mathbb{R}$，$f(A) = \log | A |$。注意，必须将 f 的域限制为正定矩阵，因为这确保了 $| A | > 0$，因此 $| A |$ 的对数是实数。在这种情况下，可以使用链式法则（即单变量演算中的普通链式法则）来验证：

$$\frac{\partial \log |A|}{\partial A_{ij}} = \frac{\partial \log |A|}{\partial |A|} \frac{\partial |A|}{\partial A_{ij}} = \frac{1}{|A|} \frac{\partial |A|}{\partial A_{ij}}$$

由此可以明显看出：

$$\nabla_A \log |A| = \frac{1}{|A|} \nabla_A |A| = A^{-1}$$

可以在最后一个表达式中删除转置，因为 A 是对称的。注意与单值情况的相似性，其中 $\partial /(\partial x) \log x = 1/x$。

6. 特征值优化

最后，使用矩阵特征值/特征向量分析方式可以求解优化问题。考虑以下等式约束优化问题：

$$\max_{x \in \mathbb{R}^n} x^{\mathrm{T}} A x \ s.t. \ \|x\|_2^2 = 1$$

对于对称矩阵 $A \in \mathbb{S}^n$，求解等式约束优化问题的标准方法是采用拉格朗日形式，一种包含等式约束的目标函数，在这种情况下，拉格朗日函数可由以下公式给出：

$$\mathcal{L}(x, \lambda) = x^{\mathrm{T}} A x - \lambda x^{\mathrm{T}} x$$

其中，λ 被称为与等式约束关联的拉格朗日乘子。可以确定，要使 x^* 成为问题的最佳点，拉格朗日的梯度必须在 x^* 处为零（这不是唯一的条件，但它是必需的）。也就是说：

$$\nabla_x \mathcal{L}(x, \lambda) = \nabla_x \left(x^{\mathrm{T}} A x - \lambda x^{\mathrm{T}} x \right) = 2 A^{\mathrm{T}} x - 2 \lambda x = 0$$

请注意，这只是线性方程 $Ax = \lambda x$。这表明假设 $x^{\mathrm{T}} x = 1$，可能最大化（或最小化）$x^{\mathrm{T}} A x$ 的唯一点是 A 的特征向量。

2.4　概率论基础

概率论是对不确定性的研究，概率论的数学理论非常复杂，本节提供了概率的一些基本理论，以便进行后续的机器学习，但是不会涉及更多复杂的细节，读者如有需求，请参考相关教材。

2.4.1　基本概念和符号

为了定义集合上的概率，需要掌握下面的基本概念。

- 样本空间 Ω：随机实验的所有结果的集合。在这里，每个结果 $w \in \Omega$ 可以被认为是实验结束时现实世界状态的完整描述。

- 事件集（事件空间）$\mathcal{F}$：元素 $A \in \mathcal{F}$ 的集合（称为事件）是 Ω 的子集（即每个 $A \subseteq \Omega$ 是一个实验可能结果的集合）。

备注：$\mathcal{F}$ 需要满足以下3个条件：

（1）$\varnothing \in \mathcal{F}$。

（2）$A \in \mathcal{F} \Rightarrow \Omega \setminus A \in \mathcal{F}$。

（3）$A_1, A_2, \cdots, A_i \in \mathcal{F} \Rightarrow \cup_i A_i \in \mathcal{F}$。

- 概率度量 P：函数 P 是一个 $\mathcal{F} \to \mathbb{R}$ 的映射，满足以下性质：
  - 对于每个 $A \in \mathcal{F}$，$P(A) \geqslant 0$。
  - $P(\Omega) = 1$。
  - 如果 $A_1, A_2, \cdots$ 是互不相交的事件（即当 $i \neq j$ 时，$A_i \cap A_j = \varnothing$），那么：

$$P(\cup_i A_i) = \sum_i P(A_i)$$

假设 B 是一个概率非0的事件，定义在给定 B 的条件下 A 的条件概率为：

$$P(A \mid B) \triangleq \frac{P(A \cap B)}{P(B)}$$

换句话说，$P(A \mid B)$ 是度量已经观测到 B 事件发生的情况下 A 事件发生的概率，两个事件被称为独立事件当且仅当 $P(A \cap B) = P(A)P(B)$（或等价地，$P(A \mid B) = P(A)$）。因此，独立性相当于是说观察到事件 B 对于事件 A 的概率没有任何影响。

2.4.2　随机变量

考虑一个实验，翻转10枚硬币，想知道正面硬币的数量。这里，样本空间 Ω 的元素是长度为10的序列。例如，可能有 $w_0 = \{H, H, T, H, T, H, H, T, T, T\} \in \Omega$。

然而，在实践中，通常不关心获得任何特定正反序列的概率。相反，通常关心结果的实值函数，比如10次投掷中出现的正面数，在某些技术条件下，这些函数被称为随机变量。

1. 累积分布函数

为了指定处理随机变量时使用的概率度量，通常可以方便地指定替代函数（CDF、PDF和PMF），下面将依次描述这些类型的函数。

累积分布函数（CDF）是函数 $F_X : \mathbb{R} \to [0,1]$，它将概率度量指定为：

$$F_X(x) \triangleq P(X \leqslant x)$$

性质：

- $0 \leqslant F_X(x) \leqslant 1$。

- $\lim\limits_{x \to -\infty} F_X(x) = 0$。

- $\lim\limits_{x \to \infty} F_X(x) = 1$。

- $x \leqslant y \Rightarrow F_X(x) \leqslant F_X(y)$。

2. 概率质量函数

当随机变量 X 取有限种可能值（即 X 是离散随机变量）时，表示与随机变量相关联的概率的更简单的方法是直接指定随机变量可以假设的每个值的概率。特别是，概率质量函数（PMF）是函数 $p_X : \Omega \to \mathbb{R}$，这样：

$$p_X(x) \triangleq P(X = x)$$

在离散随机变量的情况下，使用符号 $\mathrm{Val}(X)$ 表示随机变量 X 假设的一组可能值。例如，$X(\omega)$ 是一个随机变量，表示10次投掷硬币中的正面数，那么 $\mathrm{Val}(X) = \{0, 1, 2, \cdots, 10\}$。

性质：

- $0 \leqslant p_X(x) \leqslant 1$。

- $\sum\limits_{x \in \mathrm{Val}(X)} p_X(x) = 1$。

- $\sum\limits_{x \in A} p_X(x) = P(X \in A)$。

3. 概率密度函数

对于一些连续随机变量，累积分布函数 $F_X(x)$ 处可微。在这些情况下，将概率密度函数（PDF）定义为累积分布函数的导数，即：

$$f_X(x) \triangleq \frac{\mathrm{d}F_X(x)}{\mathrm{d}x}$$

注意，连续随机变量的概率密度函数可能并不总是存在的（即它不是处处可微的）。

根据微分的性质，对于很小的 Δx，有

$$P(x \leqslant X \leqslant x + \Delta x) \approx f_X(x)\Delta x$$

当CDF和PDF存在时，都可用于计算不同事件的概率。需要强调的是，任意给定点的概率密度函数（PDF）的值不是该事件的概率，即 $f_X(x) \neq P(X = x)$。例如，$f_X(x)$ 可以取大于1的值（但是 $f_X(x)$ 在 $\mathbb{R}$ 的任何子集上的积分最多为1）。

性质：

- $f_X(x) \geqslant 0$。
- $\int_{-\infty}^{\infty} f_X(x) = 1$。
- $\int_{x \in A}^{\infty} f_X(x) \mathrm{d}x = P(X \in A)$。

4. 期望

假设 X 是一个离散随机变量，其 PMF 为 $p_X(x)$，$g : \mathbb{R} \to \mathbb{R}$ 是一个任意函数。在这种情况下，$g(X)$ 可以被视为随机变量，将 $g(X)$ 的期望值定义为：

$$E[g(X)] \triangleq \sum_{x \in \mathrm{Val}(X)} g(x) p_X(x)$$

如果 X 是一个连续的随机变量，其 PDF 为 $f_X(x)$，那么 $g(X)$ 的期望值被定义为：

$$E[g(X)] \triangleq \int_{-\infty}^{\infty} g(x) f_X(x) \mathrm{d}x$$

直觉上，$g(X)$ 的期望值可以被认为是 $g(x)$ 对于不同的 x 值可以取的值的"加权平均值"，其中权重由 $p_X(x)$ 或 $f_X(x)$ 给出。作为上述情况的特例，请注意，随机变量本身的期望值是通过令 $g(x) = x$ 得到的，这也被称为随机变量的平均值。

性质：

- 对于任意常数 $a \in \mathbb{R}$，$E[a] = a$。
- 对于任意常数 $a \in \mathbb{R}$，$E[af(X)] = aE[f(X)]$。
- 线性期望：$E[f(X) + g(X)] = E[f(X)] + E[g(X)]$。
- 对于一个离散随机变量 X，$E[1\{X = k\}] = P(X = k)$。

5. 方差

随机变量 X 的方差是随机变量 X 的分布围绕其平均值集中程度的度量。形式上，随机变量 X 的方差定义为：

$$\mathrm{Var}[X] \triangleq E\left[(X - E(X))^2 \right]$$

使用上一节中的性质，可以导出方差的替代表达式：

$$\begin{aligned}
E\left[(X - E[X])^2 \right] &= E\left[X^2 - 2E[X]X + E[X]^2 \right] \\
&= E\left[X^2 \right] - 2E[X]E[X] + E[X]^2 \\
&= E\left[X^2 \right] - E[X]^2
\end{aligned}$$

其中第二个等式来自期望的线性，以及 $E[X]$ 相对于外层期望实际上是常数的事实。

性质：

- 对于任意常数 $a \in \mathbb{R}$，$\mathrm{Val}[a] = 0$。
- 对于任意常数 $a \in \mathbb{R}$，$\mathrm{Var}[af(X)] = a^2 \mathrm{Var}[f(X)]$。

举例： 计算均匀随机变量 X 的平均值和方差，任意 $x \in [0,1]$，其PDF为 $p_X(x) = 1$，其他地方为0。

$$E[X] = \int_{-\infty}^{\infty} x f_X(x)\mathrm{d}x = \int_0^1 x\mathrm{d}x = \frac{1}{2}$$

$$E\left[X^2\right] = \int_{-\infty}^{\infty} x^2 f_X(x)\mathrm{d}x = \int_0^1 x^2\mathrm{d}x = \frac{1}{3}$$

$$\mathrm{Var}[X] = E\left[X^2\right] - E[X]^2 = \frac{1}{3} - \frac{1}{4} = \frac{1}{12}$$

举例： 假设对于一些子集 $A \subseteq \Omega$，有 $g(x) = 1\{x \in A\}$，试计算 $E[g(X)]$。

（1）离散情况：

$$E[g(X)] = \sum_{x \in \mathrm{Val}(X)} 1\{x \in A\} P_X(x)\mathrm{d}x = \sum_{x \in A} P_X(x)\mathrm{d}x = P(x \in A)$$

（2）连续情况：

$$E[g(X)] = \int_{-\infty}^{\infty} 1\{x \in A\} f_X(x)\mathrm{d}x = \int_{x \in A} f_X(x)\mathrm{d}x = P(x \in A)$$

2.4.3 两个随机变量

到目前为止，已经学习了单个随机变量。然而，在许多情况下，在随机实验中，可能有不止一个感兴趣的量。在本小节中，考虑两个随机变量的情况。

1. 联合分布和边缘分布

假设有两个随机变量，一个方法是分别考虑它们。如果这样做，只需要 $F_X(x)$ 和 $F_Y(y)$。但是如果想知道在随机实验的结果中，X 和 Y 同时假设的值，需要一个更复杂的结构，称为 X 和 Y 的联合累积分布函数，定义如下：

$$F_{XY}(x, y) = P(X \leqslant x, Y \leqslant y)$$

可以证明，通过了解联合累积分布函数，可以计算出任何涉及 X 和 Y 的事件的概率。

联合CDF：$F_{XY}(x, y)$ 和每个变量的联合分布函数 $F_X(x)$ 和 $F_Y(y)$ 分别由下式关联：

$$F_X(x) = \lim_{y \to \infty} F_{XY}(x, y)\mathrm{d}y$$

$$F_Y(y) = \lim_{y \to \infty} F_{XY}(x, y)\mathrm{d}x$$

这里称 $F_X(x)$ 和 $F_Y(y)$ 为 $F_{XY}(x, y)$ 的边缘累积概率分布函数。

性质：

- $0 \leqslant F_{XY}(x, y) \leqslant 1$。

- $\lim\limits_{x, y \to \infty} F_{XY}(x, y) = 1$。

- $\lim\limits_{x, y \to -\infty} F_{XY}(x, y) = 0$。

- $F_X(x) = \lim\limits_{y \to \infty} F_{XY}(x, y)$。

2. 联合概率和边缘概率质量函数

如果 X 和 Y 是离散随机变量，那么联合概率质量函数 $p_{XY} : \mathbb{R} \times \mathbb{R} \to [0, 1]$ 由下式定义：

$$p_{XY}(x, y) = P(X = x, Y = y)$$

这里，对于任意 x，y，$0 \leqslant P_{XY}(x, y) \leqslant 1$，并且 $\sum\limits_{x \in \mathrm{Val}(X)} \sum\limits_{y \in \mathrm{Val}(Y)} P_{XY}(x, y) = 1$。

两个变量上的联合PMF分别与每个变量的概率质量函数有什么关系？事实上：

$$p_X(x) = \sum_y p_{XY}(x, y)$$

$p_Y(y)$ 与之类似。在这种情况下，称 $p_X(x)$ 为 X 的边际概率质量函数。在统计学中，将一个变量相加形成另一个变量的边缘分布的过程通常称为"边缘化"。

3. 联合概率和边缘概率密度函数

假设 X 和 Y 是两个连续的随机变量，具有联合分布函数 F_{XY}。在 $F_{XY}(x, y)$ 在 x 和 y 中处处可微的情况下，可以定义联合概率密度函数：

$$f_{XY}(x, y) = \frac{\partial^2 F_{XY}(x, y)}{\partial x \partial y}$$

如同在一维情况下，$f_{XY}(x, y) \neq P(X = x, Y = y)$，而是：

$$\iint_{x \in A} f_{XY}(x, y)\mathrm{d}x\mathrm{d}y = P((X, Y) \in A)$$

请注意，概率密度函数 $f_{XY}(x, y)$ 的值总是非负的，但它们可能大于1。尽管如此，可以肯定的是 $\int_{-\infty}^{\infty} \int_{-\infty}^{\infty} f_{XY}(x, y) = 1$。

与离散情况相似，定义：

$$f_X(x) = \int_{-\infty}^{\infty} f_{XY}(x, y)\mathrm{d}y$$

作为 X 的边际概率密度函数（或边际密度），$f_Y(y)$ 也与之类似。

4．条件概率分布

条件分布试图回答这样一个问题，当知道 X 必须取某个值 x 时，Y 上的概率分布是什么？在离散情况下，给定 Y 的条件概率质量函数是简单的：

$$p_{Y|X}(y \mid x) = \frac{p_{XY}(x, y)}{p_X(x)}$$

假设分母不等于0。

在连续的情况下，在技术上要复杂一点，因为连续随机变量的概率等于零。忽略这一技术点，通过类比离散情况，简单地定义给定 $X = x$ 的条件概率密度为：

$$f_{Y|X}(y \mid x) = \frac{f_{XY}(x, y)}{f_X(x)}$$

假设分母不等于0。

5．贝叶斯定理

当试图通过推导一个变量给定另一个变量的条件概率表达式时，多采用贝叶斯定理。

对于离散随机变量 X 和 Y：

$$P_{Y|X}(y \mid x) = \frac{P_{XY}(x, y)}{P_X(x)} = \frac{P_{X|Y}(x \mid y)P_Y(y)}{\sum_{y' \in \mathrm{Val}(Y)} P_{X|Y}(x \mid y')P_Y(y')}$$

对于连续随机变量 X 和 Y：

$$f_{Y|X}(y \mid x) = \frac{f_{XY}(x, y)}{f_X(x)} = \frac{f_{X|Y}(x \mid y)f_Y(y)}{\int_{-\infty}^{\infty} f_{X|Y}(x \mid y')f_Y(y')\mathrm{d}y'}$$

6．独立性

如果对于 X 和 Y 的所有值，$F_{XY}(x, y) = F_X(x)F_Y(y)$，则两个随机变量 X 和 Y 是独立的。等价于：

- 对于离散随机变量，对于任意 $x \in \mathrm{Val}(X)$，$y \in \mathrm{Val}(Y)$，$p_{XY}(x, y) = p_X(x)p_Y(y)$。

- 对于离散随机变量，对于任意 $y \in \text{Val}(Y)$ 且 $p_X(x) \neq 0$，$p_{Y|X}(y|x) = p_Y(y)$。

- 对于连续随机变量，对于任意 $x, y \in \mathbb{R}$，$f_{XY}(x,y) = f_X(x)f_Y(y)$。

- 对于连续随机变量，当 $f_X(x) \neq 0$ 时，对于任意 $y \in \mathbb{R}$，$f_{Y|X}(y|x) = f_Y(y)$。

非正式地说，如果"知道"一个变量的值永远不会对另一个变量的条件概率分布有任何影响，那么两个随机变量 X 和 Y 是独立的，也就是说，只要知道 $f(x)$ 和 $f(y)$，就知道关于这对变量 (X, Y) 的所有信息。下面将这一观察形式化。

如果 X 和 Y 是独立的，那么对于任何 $A, B \subseteq \mathbb{R}$，有：

$$P(X \in A, Y \in B) = P(X \in A)P(Y \in B)$$

利用上述结论，可以证明如果 X 与 Y 无关，那么 X 的任何函数也与 Y 的任何函数无关。

7. 期望和方差

假设有两个离散的随机变量 X 和 Y，并且 $g: \mathbf{R}^2 \to \mathbf{R}$ 是这两个随机变量的函数，那么 g 的期望值以如下方式定义：

$$E[g(X,Y)] \triangleq \sum_{x \in \text{Val}(X)} \sum_{y \in \text{Val}(Y)} g(x,y) p_{XY}(x,y)$$

对于连续随机变量 X 和 Y，类似的表达式是：

$$E[g(X,Y)] = \int_{-\infty}^{\infty} \int_{-\infty}^{\infty} g(x,y) f_{XY}(x,y) \mathrm{d}x \mathrm{d}y$$

可以用期望的概念来研究两个随机变量之间的关系。两个随机变量的协方差定义为：

$$\text{Cov}[X,Y] \triangleq E[(X - E[X])(Y - E[Y])]$$

使用类似于方差的推导，可以将它重写为：

$$\begin{aligned}
\text{Cov}[X,Y] &= E[(X - E[X])(Y - E[Y])] \\
&= E[XY - XE[Y] - YE[X] + E[X]E[Y]] \\
&= E[XY] - E[X]E[Y] - E[Y]E[X] + E[X]E[Y]] \\
&= E[XY] - E[X]E[Y]
\end{aligned}$$

在这里，说明两种协方差形式相等的关键步骤是第三个等号，在这里使用了这样一个事实，即 $E[X]$ 和 $E[Y]$ 实际上是常数，可以被提出来。当 $\text{Cov}[X,Y] = 0$ 时，X 和 Y 不相关。

性质：

- （期望线性）$E[f(X,Y) + g(X,Y)] = E[f(X,Y)] + E[g(X,Y)]$。

- $\text{Var}[X+Y] = \text{Var}[X] + \text{Var}[Y] + 2\text{Cov}[X,Y]$。

- 如果 X 和 Y 相互独立，那么 $\text{Cov}[X,Y]=0$。

- 如果 X 和 Y 相互独立，那么 $E[f(X)g(Y)]=E[f(X)]E[g(Y)]$。

2.4.4 多个随机变量

前面介绍的概念和想法可以推广到两个以上的随机变量。

1. 基本性质

可以定义 $X_1,X_2,\cdots,X_n$ 的联合累积分布函数、联合概率密度函数，以及给定 $X_2,\cdots,X_n$ 时 X_1 的边缘概率密度函数为：

$$F_{X_1,X_2,\cdots,X_n}\left(x_1,x_2,\cdots,x_n\right)=P\left(X_1\leqslant x_1,X_2\leqslant x_2,\cdots,X_n\leqslant x_n\right)$$

$$f_{X_1,X_2,\cdots,X_n}\left(x_1,x_2,\cdots,x_n\right)=\frac{\partial^n F_{X_1,X_2,\cdots,X_n}\left(x_1,x_2,\cdots,x_n\right)}{\partial x_1\cdots\partial x_n}$$

$$f_{X_1}\left(X_1\right)=\int_{-\infty}^{\infty}\cdots\int_{-\infty}^{\infty}f_{X_1,X_2,\cdots,X_n}\left(x_1,x_2,\cdots,x_n\right)\mathrm{d}x_2\cdots\mathrm{d}x_n$$

$$f_{X_1|X_2,\cdots,X_n}\left(x_1\mid x_2,\cdots,x_n\right)=\frac{f_{X_1,X_2,\cdots,X_n}\left(x_1,x_2,\cdots,x_n\right)}{f_{X_2,\cdots,X_n}\left(x_1,x_2,\cdots,x_n\right)}$$

为了计算事件 $A\subseteq\mathbb{R}^n$ 的概率，有：

$$P\left(\left(x_1,x_2,\cdots,x_n\right)\in A\right)=\int_{\left(x_1,x_2,\cdots,x_n\right)\in A}f_{X_1,X_2,\cdots,X_n}\left(x_1,x_2,\cdots,x_n\right)\mathrm{d}x_1\mathrm{d}x_2\cdots\mathrm{d}x_n$$

从多个随机变量的条件概率的定义中，可以看出：

$$\begin{aligned}f\left(x_1,x_2,\cdots,x_n\right)&=f\left(x_n\mid x_1,x_2,\cdots,x_{n-1}\right)f\left(x_1,x_2,\cdots,x_{n-1}\right)\\&=f\left(x_n\mid x_1,x_2,\cdots,x_{n-1}\right)f\left(x_{n-1}\mid x_1,x_2,\cdots,x_{n-2}\right)f\left(x_1,x_2,\cdots,x_{n-2}\right)\\&=\cdots=f\left(x_1\right)\prod_{i=2}^{n}f\left(x_i\mid x_1,\cdots,x_{i-1}\right)\end{aligned}$$

独立性：对于多个事件 $A_1,\cdots,A_k$，如果 $A_1,\cdots,A_k$ 是相互独立的，对于任何子集 $S\subseteq\{1,2,\cdots,k\}$，则有：

$$P\left(\cap_{i\in S}A_i\right)=\prod_{i\in S}P\left(A_i\right)$$

同样，如果定义随机变量 $X_1,X_2,\cdots,X_n$ 是独立的，则：

$$f\left(x_1,\cdots,x_n\right)=f\left(x_1\right)f\left(x_2\right)\cdots f\left(x_n\right)$$

这里，相互独立性的定义只是两个随机变量的独立性到多个随机变量的自然推广。

独立随机变量经常出现在机器学习算法中，其中假设属于训练集的训练样本代表来自某个未知概率分布的独立样本。

为了明确独立性的重要性，考虑一个"坏的"训练集，首先从某个未知分布中抽取一个训练样本 $(x^{(1)}, y^{(1)})$，然后将完全相同的训练样本的 $m-1$ 个副本添加到训练集中。在这种情况下，则：

$$P\left(\left(x^{(1)}, y^{(1)}\right), \cdots, \left(x^{(m)}, y^{(m)}\right)\right) \neq \prod_{i=1}^{m} P\left(x^{(i)}, y^{(i)}\right)$$

尽管训练集的大小为 m，但这些例子并不独立。虽然这里描述的过程显然不是为机器学习算法建立训练集的明智方法，但是事实证明，在实域中，样本的不独立性确实经常出现，并且它具有减小训练集的"有效大小"的效果。

2. 随机向量

假设有 n 个随机变量。当把所有随机变量放在一起工作时，经常会发现把它们放在一个向量中很方便，通常称结果向量为随机向量（更正式地说，随机向量是从 Ω 到 $\mathbb{R}^n$ 的映射）。

注意，随机向量只是处理 n 个随机变量的一种替代符号，因此联合概率密度函数和综合密度函数的概念也将适用于随机向量。

期望：考虑 $g: \mathbb{R}^n \to \mathbb{R}$ 中的任意函数，则该函数的期望值被定义为：

$$E[g(X)] = \int_{\mathbb{R}^n} g(x_1, x_2, \cdots, x_n) f_{X_1, X_2, \cdots, X_n}(x_1, x_2, \cdots, x_n) \mathrm{d}x_1 \mathrm{d}x_2 \cdots \mathrm{d}x_n E[g(X)]$$
$$= \int_{\mathbb{R}^n} g(x_1, x_2, \cdots, x_n) f_{X_1, X_2, \cdots, X_n}(x_1, x_2, \cdots, x_n) \mathrm{d}x_1 \mathrm{d}x_2 \cdots \mathrm{d}x_n$$

其中，$\int_{\mathbb{R}^n}$ 是从 $-\infty$ 到 ∞ 的 n 个连续积分。如果 g 是从 $\mathbb{R}^n$ 到 $\mathbb{R}^m$ 的函数，那么 g 的期望值是输出向量的元素期望值。即，如果 g 是：

$$g(x) = \begin{bmatrix} g_1(x) \\ g_2(x) \\ \vdots \\ g_m(x) \end{bmatrix}$$

则：

$$E[g(X)] = \begin{bmatrix} E[g_1(X)] \\ E[g_2(X)] \\ \vdots \\ E[g_m(X)] \end{bmatrix}$$

协方差矩阵：对于给定的随机向量 $X: \Omega \to \mathbb{R}^n$，其协方差矩阵 Σ 是 $n \times n$ 平方矩阵，其输入由 $\Sigma_{ij} = \text{Cov}[X_i, X_j]$ 给出。从协方差的定义来看，则：

$$
\begin{aligned}
\Sigma &= \begin{bmatrix} \text{Cov}[X_1, X_1] & \cdots & \text{Cov}[X_1, X_n] \\ \vdots & \ddots & \vdots \\ \text{Cov}[X_n, X_1] & \cdots & \text{Cov}[X_n, X_n] \end{bmatrix} \\
&= \begin{bmatrix} E[X_1^2] - E[X_1]E[X_1] & \cdots & E[X_1 X_n] - E[X_1]E[X_n] \\ \vdots & \ddots & \ddots \\ E[X_n X_1] - E[X_n]E[X_1] & \cdots & E[X_n^2] - E[X_n]E[X_n] \end{bmatrix} \\
&= \begin{bmatrix} E[X_1^2] & \cdots & E[X_1 X_n] \\ \vdots & \ddots & \vdots \\ E[X_n X_1] & \cdots & E[X_n^2] \end{bmatrix} - \begin{bmatrix} E[X_1]E[X_1] & \cdots & E[X_1]E[X_n] \\ \vdots & \ddots & \vdots \\ E[X_n]E[X_1] & \cdots & E[X_n]E[X_n] \end{bmatrix} \\
&= E[XX^T] - E[X]E[X]^T = \cdots = E\left[(X - E[X])(X - E[X])^T \right]
\end{aligned}
$$

其中矩阵期望以明显的方式定义。协方差矩阵有许多有用的属性：

- $\Sigma \geqslant 0$：也就是说，Σ 是正半定的。
- $\Sigma = \Sigma^T$：也就是说，Σ 是对称的。

3. 多元高斯分布

随机向量上概率分布的一个特别重要的例子叫作多元高斯或多元正态分布。随机向量 $X \in \mathbb{R}^n$ 被认为具有多元正态（或高斯）分布，当其具有均值 $\mu \in \mathbb{R}^n$ 和协方差矩阵 $\Sigma \in \mathbb{S}_{++}^n$（其中 $\mathbb{S}_{++}^n$ 指对称正定 $n \times n$ 矩阵的空间）时：

$$
f_{X_1, X_2, \cdots, X_n}(x_1, x_2, \cdots, x_n; \mu, \Sigma) = \frac{1}{(2\pi)^{n/2} |\Sigma|^{1/2}} \exp\left(-\frac{1}{2} (x - \mu)^T \Sigma^{-1} (x - \mu) \right)
$$

把它写成 $X \sim \mathcal{N}(\mu, \Sigma)$。请注意，在 $n = 1$ 的情况下，它降维成普通正态分布，其中均值参数为 μ_1，方差为 Σ_{11}。

一般来说，高斯随机变量在机器学习和统计中非常有用，主要有两个原因：

首先，在统计算法中对"噪声"建模时，高斯随机变量非常常见。通常，噪声可以被认为是影响测量过程的大量且小的独立随机扰动的累积；根据中心极限定理，独立随机变量的总和将趋向于"看起来像高斯分布"。

其次，高斯随机变量便于许多分析操作，这是因为实际中出现的许多涉及高斯分布的积分都有简单的封闭形式解。

2.5　小结

本章详细讲解了机器学习的常用术语和数学基础，学习这些术语和数学基础对于初学者是十分必要的。读者通过学习本章内容可以掌握机器学习的常用术语和数学基础知识，方便学习后面章节中的理论以及进行实践。

第 3 章

开发环境和常用模块

本章主要介绍基于Python的机器学习环境配置，初学者需要掌握配置机器学习开发环境的技能，以方便后续学习。本书基于Python语言编写，需要熟悉机器学习中常用的Python库，主要包括NumPy、Pandas、Matplotlib、Scikit-Learn等，为读者可以快速编程实践打下基础。另外，还需要了解常用的深度学习框架，有些框架会在后续学习中进行介绍。

学习目标：

（1）熟悉机器学习常用的Python模块。

（2）掌握机器学习常用的术语。

（3）了解机器学习常用的开发框架。

3.1 环境需求

俗话说，"工欲善其事，必先利其器"。在学习机器学习算法之前，需要做一些准备工作，首先要检查自己的知识体系是否完备，其次要搭建机器学习的开发环境。本书以讲解算法为主，同时还会给出具体的应用案例，在讲解过程中会穿插一些示例代码，这样不仅能够帮助读者理解算法原理，同时又能让读者体会到算法的应用过程。

机器学习的研究方向有很多，比如图像识别、语音识别、自然语言处理以及深度学习等，因此它是一门较为复杂的技术，有一定的"门槛"。如果对编程知识一无所知，就想熟练应用机器学习，这几乎是天方夜谭，这里默认读者已经具备了相应的基础知识，但是本书仍将尽量简明地讲解机器学习的相关知识，以使读者快速进入机器学习领域。

技术发展到今天，Python已经成为机器学习领域最受欢迎的语言，因此本书以Python作为编程语言，这里介绍Python和几个常用的机器学习Python库，以方便读者后续学习。

对于人工智能从业者来说，想到"机器学习"第一个关联起来的编程语言就是Python。近几年，Python之所以成为人工智能的第一语言，与它对"人工智能"领域的飞速发展做的贡献有很大关系。

目前而言，在人工智能领域，由于Python的简洁性、易读性，以及对科学计算和深度学习框架（TensorFlow、PyTorch等）的良好支持等，使得Python的应用处于遥遥领先的位置。

目前为止，Python是机器学习最为友好的一门语言，因此学习机器学习的第一个前提条件就是熟练应用Python语言。关于Python的学习不在本书的介绍范围之内，读者可以参考相关资料进行学习。

Python由荷兰数学和计算机科学研究学会的吉多·范罗苏姆于1990年初设计，作为ABC语言的替代品。Python提供了高效的高级数据结构，还能简单有效地面向对象编程。Python具有独特的语法和动态类型，以及自身解释型语言的本质，使它成为多数平台上写脚本和快速开发应用的编程语言，随着版本的不断更新和语言新功能的添加，逐渐被用于独立的、大型项目的开发。

Python解释器易于扩展，可以使用C或C++（或者其他可以通过C调用的语言）扩展新的功能和数据类型。Python也可用于可定制化软件中的扩展程序语言。Python丰富的标准库提供了适用于各个主要系统平台的源码或机器码。

由于Python语言的简洁性、易读性以及可扩展性，在国外用Python进行科学计算的研究机构日益增多，一些知名大学已经采用Python来教授程序设计课程。例如，卡耐基梅隆大学的编程基础、麻省理工学院的计算机科学及编程导论就是使用Python语言来教授的。

众多开源的科学计算软件包都提供了Python的调用接口，例如著名的计算机视觉库OpenCV、三维可视化库VTK、医学图像处理库ITK。

而Python专用的科学计算扩展库就更多了，比如接下来将会介绍的3个十分经典的科学计算扩展库：NumPy、SciPy和Matplotlib，它们分别为Python提供了快速数组处理、数值运算以及绘图功能。因此，Python语言及其众多的扩展库所构成的开发环境十分适合工程技术、科研人员处理实验数据、制作图表，甚至开发科学计算应用程序。

3.2 NumPy

这里先学习NumPy库，它是Python科学计算库中的基础库，许多其他著名的科学计算库（如Pandas、Scikit-Learn等）都要用到NumPy库的一些功能。

NumPy是Python的一种开源的数值计算扩展。这种工具可用来存储和处理大型矩阵，比Python自身的嵌套列表结构（Nested List Structure）要高效得多（该结构也可以用来表示矩阵），支持大量的维度数组与矩阵运算，此外也针对数组运算提供大量的数学函数库。

一个用Python实现的科学计算包括：① 一个强大的N维数组对象Array；② 比较成熟的（广播）函数库；③ 用于整合C/C++和Fortran代码的工具包；④ 实用的线性代数、傅里叶变换和随机数生成函数。NumPy和稀疏矩阵运算包SciPy配合使用更加方便。

NumPy提供了许多高级的数值编程工具，如矩阵数据类型、矢量处理以及精密的运算库，专为进行严格的数字处理而产生，多为大型金融公司，以及核心的科学计算组织使用，如Lawrence Livermore、NASA，用其处理一些本来使用C++、Fortran或MATLAB等所做的任务。

NumPy的前身为Numeric，最早由Jim Hugunin与其他协作者共同开发。2005年，Travis Oliphant在Numeric中结合了另一个同性质的程序库Numarray的特色，并加入了其他扩展而开发了NumPy。NumPy开放源代码，并且由许多协作者共同维护开发。

3.2.1　NumPy 的安装与查看

NumPy是基于Python的，因此在安装NumPy之前，需要先安装Python。目前建议安装Anaconda，Anaconda是一个用于科学计算的Python工具，支持Linux、macOS、Windows系统，它包含众多流行的用于科学计算、数据分析的Python包。如果已经安装了Anaconda，那么NumPy就已经安装成功了。

Python NumPy在Windows、各种Linux发布版以及macOS上均有二进制安装包。在各个系统境下，安装NumPy的命令都是pip install numpy。下面简要介绍一些NumPy的基本操作，方便读者后续对机器学习方法的学习。

NumPy是一个Python库，部分用Python编写，但是大多数需要快速计算的部分都是用C或C++编写的。

如果已经在系统上安装了Python和pip，那么安装NumPy非常容易。请使用以下这条命令安装它：

```
pip install numpy
```

安装NumPy后，通过添加import关键字将其导入用户的应用程序：

```
import numpy
```

NumPy通常以np别名导入。在Python中，别名是用于引用同一事物的替代名称。请在导入时使用as关键字创建别名：

```
import numpy as np
```

现在，可以将NumPy包称为np而不是numpy。

版本字符串存储在__version__属性中。

【例3-1】 检查NumPy版本。

输入如下代码：

```
import numpy as np
print(np.__version__)
```

运行结果如下：

```
1.21.5
```

3.2.2 NumPy 对象

NumPy最重要的一个特点是其 N 维数组对象ndarray，它是一系列同类型数据的集合，以0下标为开始进行集合中元素的索引。

ndarray对象是用于存放同类型元素的多维数组。ndarray中的每个元素在内存中都有相同存储大小的区域。ndarray内部由以下内容组成：

（1）一个指向数据（内存或内存映射文件中的一块数据）的指针。

（2）数据类型或dtype，描述在数组中的固定大小值的格子。

（3）一个表示数组形状（shape）的元组，表示各维度大小的元组。

（4）一个跨度（stride）元组，其中的整数指的是为了前进到当前维度下一个元素需要"跨过"的字节数。跨度可以是负数，这样会使数组在内存中后向移动，切片中的obj[::-1]或obj[:,::-1]就是如此。

创建一个ndarray只需调用NumPy的array函数即可：

```
numpy.array(object, dtype = None, copy = True, order = None, subok = False, ndmin
= 0)
```

其中参数说明如表3-1所示。

表3-1 numpy.array参数说明

参　　数	说　　明
object	数组或嵌套的数列
dtype	数组元素的数据类型，可选
copy	对象是否需要复制，可选
order	创建数组的样式，C 为行方向，F 为列方向，A 为任意方向（默认）
subok	默认返回一个与基类类型一致的数组
ndmin	指定生成数组的最小维度

【例3-2】 numpy.array应用举例。

输入如下代码：

```
import numpy as np
a = np.array([1,2,3])
print(a)
print('*'*10)
# 多于一个维度
b = np.array([[1, 2], [3, 4]])
print(b)
print('*'*10)
# 最小维度
c = np.array([1, 2, 3, 4, 5], ndmin = 2)
print(c)
print('*'*10)
# dtype 参数
d = np.array([1, 2, 3], dtype = complex)
print(d)
```

运行结果如下：

```
[1 2 3]
**********
[[1 2]
 [3 4]]
**********
[[1 2 3 4 5]]
**********
[1.+0.j 2.+0.j 3.+0.j]
```

ndarray对象由计算机内存的连续一维部分组成，并结合索引模式，将每个元素映射到内存块中的一个位置。内存块以行顺序（C样式）或列顺序（FORTRAN或MATLAB风格，即前述的F样式）来保存元素。

NumPy支持的数据类型比Python内置的类型要多很多，基本上可以和C语言的数据类型对应上，其中部分类型对应Python内置的类型。表3-2列举了NumPy的基本数据类型。

表3-2 NumPy的基本数据类型

类　　型	说　　明
bool_	布尔型（True 或 False）
int_	默认的整数类型（类似于 C 语言中的 long、int32 或 int64）
intc	与 C 语言中的 int 类型一样，一般是 int32 或 int64
intp	用于索引的整数类型（类似于 C 语言中的 ssize_t，一般为 int32 或 int64）
int8	字节（–128～127）
int16	整数（–32 768～32 767）
int32	整数（–2 147 483 648～2 147 483 647）
int64	整数（– 9 223 372 036 854 775 808～9 223 372 036 854 775 807）
uint8	无符号整数（0～255）

（续表）

类　型	说　明
uint16	无符号整数（0～65 535）
uint32	无符号整数（0～4 294 967 295）
uint64	无符号整数（0～18 446 744 073 709 551 615）
float_	float64 类型的简写
float16	半精度浮点数，包括 1 个符号位，5 个指数位，10 个尾数位
float32	单精度浮点数，包括 1 个符号位，8 个指数位，23 个尾数位
float64	双精度浮点数，包括 1 个符号位，11 个指数位，52 个尾数位
complex_	complex128 类型的简写，即 128 位复数
complex64	复数，表示双 32 位浮点数（实数部分和虚数部分）
complex128	复数，表示双 64 位浮点数（实数部分和虚数部分）

NumPy的数值类型实际上是dtype对象的实例，并对应唯一的字符，包括np.bool_、np.int32、np.float32等。

数据类型对象（numpy.dtype类的实例）用来描述与数组对应的内存区域是如何使用的，它描述了数据的以下几个方面：

（1）数据的类型（整数、浮点数或者Python对象）。

（2）数据的大小（例如，整数使用多少字节存储）。

（3）数据的字节顺序（小端法或大端法）。

（4）对于结构化类型，描述字段的名称、每个字段的数据类型和每个字段所取的内存块的部分。

（5）如果数据类型是子数组，则描述其形状和数据类型。

dtype对象是使用以下语法构造的：

```
numpy.dtype(object, align, copy)
```

参数说明如下：

- object：要转换为的数据类型对象。
- align：如果为true，则填充字段使其类似C语言的结构体。
- copy：复制dtype对象，如果为false，则是对内置数据类型对象的引用。

【例3-3】　NumPy数据类型应用举例。

输入如下代码：

```
import numpy as np
# 使用标量类型
dt = np.dtype(np.int32)
```

```
print(dt)
print('*'*10)
# int8, int16, int32, int64四种数据类型可以使用字符串 'i1', 'i2','i4','i8' 代替
s2 = np.dtype('i4')
print(s2)
print('*'*10)
# 字节顺序标注
s3 = np.dtype('<i4')
print(s3)
print('*'*10)
# 首先创建结构化数据类型
s4 = np.dtype([('age',np.int8)])
print(s4)
print('*'*10)
# 将数据类型应用于ndarray对象
w = np.dtype([('age',np.int8)])
s5 = np.array([(10,),(20,),(30,)], dtype = w)
print(s5)
print('*'*10)
# 类型字段名可以用于存取实际的 age 列
y = np.dtype([('age',np.int8)])
s6 = np.array([(10,),(20,),(30,)], dtype = y)
print(s6['age'])
print('*'*10)
student = np.dtype([('name','S20'), ('age', 'i1'), ('marks', 'f4')])
print(student)
print('*'*10)
student = np.dtype([('name','S20'), ('age', 'i1'), ('marks', 'f4')])
s8 = np.array([('abc', 21, 50),('xyz', 18, 75)], dtype = student)
print(s8)
```

运行结果如下：

```
int32
**********
int32
**********
int32
**********
[('age', 'i1')]
**********
[(10,) (20,) (30,)]
**********
[10 20 30]
**********
[('name', 'S20'), ('age', 'i1'), ('marks', '<f4')]
**********
[(b'abc', 21, 50.) (b'xyz', 18, 75.)]
```

每个内置类型都有一个唯一定义它的字符代码，如表3-3所示。

表3-3　内置类型标识符

字　　符	对应类型	字　　符	对应类型
b	Boolean（布尔型）	m	Time Interval（时间间隔）
i	Signed Int（有符号整型）	M	Date Time（日期时间）
u	Unsigned Int（无符号整型）	S, a	String 字符串，S4 表示长度为 4 的字符串
f	Floating Point（浮点型）	U	Unicode 字符串
c	Complex Floating Point（复数浮点型）	V	原始数据（空）
O	Object 对象		

3.2.3　数组

ndarray数组除了可以使用底层ndarray构造器来创建外，也可以通过以下几种方式来创建。

1. numpy.empty

numpy.empty方法用来创建一个指定形状（shape）、数据类型（dtype）且未初始化的数组：

```
numpy.empty(shape, dtype = float, order = 'C')
```

参数说明如下：

- shape：数组形状。
- dtype：数据类型，可选。
- order：有C和F两个选项，分别代表行优先和列优先，是计算机内存中存储元素的顺序。

【例3-4】　numpy.empty创建空数组。

输入如下代码：

```
import numpy as np
s = np.empty([4, 6], dtype = int)
print(s)
```

运行结果如下：

```
[[4128860 6029375 3801155 5570652 6619251 7536754]
 [3670108 3211318 3538999 4259932 6357102 7274595]
 [6553710 3342433 7077980 6422633 6881372 7340141]
 [7471215 7078004 6422633 2752604 2752558       0]]
```

数组元素为随机值，因为它们未初始化。

2. numpy.zeros

创建指定大小的数组，数组元素以0来填充：

```
numpy.zeros(shape, dtype = float, order = 'C')
```

参数说明如下：

- shape：数组形状。
- dtype：数据类型，可选。
- order：C用于C语言的行数组，或者F用于FORTRAN的列数组。

【例3-5】 numpy.zeros应用举例说明。

输入如下代码：

```
import numpy as np
# 默认为浮点数
x = np.zeros(5)
print(x)
# 设置类型为整数
y = np.zeros((5,), dtype=np.int)
print(y)
# 自定义类型
z = np.zeros((2, 2), dtype=[('x', 'i4'), ('y', 'i4')])
print(z)
```

运行结果如下：

```
[0. 0. 0. 0. 0.]
[0 0 0 0 0]
[[(0, 0) (0, 0)]
 [(0, 0) (0, 0)]]
```

3. numpy.ones

创建指定形状的数组，数组元素以1来填充：

```
numpy.ones(shape, dtype = None, order = 'C')
```

参数说明如下：

- shape：数组形状。
- dtype：数据类型，可选。
- order：C用于C语言的行数组，或者F用于FORTRAN语言的列数组。

【例3-6】 numpy.ones应用举例说明。

输入如下代码：

```
import numpy as np
# 默认为浮点数
x = np.ones(5)
print(x)
print('*'*10)
# 自定义类型
```

```
x = np.ones([3, 3], dtype=int)
print(x)
```

运行结果如下：

```
[1. 1. 1. 1. 1.]
**********
[[1 1 1]
 [1 1 1]
 [1 1 1]]
```

还可以从已有数组创建数组。

1）numpy.asarray

numpy.asarray类似于numpy.array，但numpy.asarray的参数只有3个，比numpy.array少两个。

```
numpy.asarray(a, dtype = None, order = None)
```

参数说明如下：

- a：任意形式的输入参数，可以是列表、列表的元组、元组、元组的元组、元组的列表、多维数组。
- dtype：数据类型，可选。
- order：可选，有C和F两个选项，分别代表行优先和列优先，是计算机内存中存储元素的顺序。

【例3-7】　将列表转换为ndarray。

输入如下代码：

```
import numpy as np
x = [4, 5, 6, 10000]
a = np.asarray(x)
print(a)
```

运行结果如下：

```
[    4     5     6 10000]
```

【例3-8】　将元组转换为ndarray。

输入如下代码：

```
import numpy as np

x = (100, 2000, 300000)
a = np.asarray(x)
print(a)
```

运行结果如下：

```
[   100   2000 300000]
```

【例3-9】 元组列表转换为ndarray。

输入如下代码：

```
import numpy as np
x = [(1, 2, 3), (4, 5)]
a = np.asarray(x)
print(a)
print('*'*10)
# 设置了dtype参数
y = [1,2,3]
b = np.asarray(y, dtype = float)
print(b)
```

运行结果如下：

```
[(1, 2, 3) (4, 5)]
**********
[1. 2. 3.]
```

2）numpy.frombuffer

numpy.frombuffer用于实现动态数组。

numpy.frombuffer接收buffer输入的参数，以流的形式读入转化成ndarray对象。

buffer是字符串的时候，Python 3默认str是Unicode类型，所以要转成bytestring需在原str前加上b。

```
numpy.frombuffer(buffer, dtype = float, count = -1, offset = 0)
```

参数说明如下：

- buffer：可以是任意对象，会以流的形式读入。
- dtype：返回数组的数据类型，可选。
- count：读取的数据数量，默认为–1，读取所有数据。
- offset：读取的起始位置，默认为0。

【例3-10】 numpy.frombuffer应用实例。

输入如下代码：

```
import numpy as np
s = b'Hello World'
a = np.frombuffer(s, dtype='S1')
print(a)
```

运行结果如下：

```
[b'H' b'e' b'l' b'l' b'o' b' ' b'W' b'o' b'r' b'l' b'd']
```

3）numpy.fromiter

numpy.fromiter方法从可迭代对象中建立ndarray对象，返回一维数组。

```
numpy.fromiter(iterable, dtype, count=-1)
```

参数说明如下：

- iterable：可迭代对象。
- dtype：返回数组的数据类型。
- count：读取的数据数量，默认为–1，读取所有数据。

【例3-11】 numpy. fromiter应用实例。

输入如下代码：

```
import numpy as np
# 使用 range 函数创建列表对象
List = range(10)
it = iter(List)
# 使用迭代器创建 ndarray
x = np.fromiter(it, dtype=float)
print(x)
```

运行结果如下：

```
[0. 1. 2. 3. 4. 5. 6. 7. 8. 9.]
```

3.2.4 数学计算

NumPy包含大量数学运算函数，包括三角函数、算术函数、舍入函数等。

1. 算术函数

1）加、减、乘、除函数

NumPy的算术函数又包含简单的加、减、乘、除等。参与运算的数组必须具有相同的形状或符合数组广播规则。

【例3-12】 NumPy加、减、乘、除应用举例。

输入如下代码：

```
import numpy as np
a = np.arange(0, 27, 3, dtype=np.float_).reshape(3, 3)
print('第一个数组: ')
print(a)
print('*'*20)
print('第二个数组: ')
b = np.array([3, 6, 9])
print(b)
```

```
print('*'*20)
print('两个数组相加：')
print(np.add(a, b))
print('*'*20)
print('两个数组相减：')
print(np.subtract(a, b))
print('*'*20)
print('两个数组相乘：')
print(np.multiply(a, b))
print('*'*20)
print('两个数组相除：')
print(np.divide(a, b))
```

运行结果如下：

```
第一个数组：
[[ 0.  3.  6.]
 [ 9. 12. 15.]
 [18. 21. 24.]]
********************
第二个数组：
[3 6 9]
********************
两个数组相加：
[[ 3.  9. 15.]
 [12. 18. 24.]
 [21. 27. 33.]]
********************
两个数组相减：
[[-3. -3. -3.]
 [ 6.  6.  6.]
 [15. 15. 15.]]
********************
两个数组相乘：
[[  0.  18.  54.]
 [ 27.  72. 135.]
 [ 54. 126. 216.]]
********************
两个数组相除：
[[0.         0.5        0.66666667]
 [3.         2.         1.66666667]
 [6.         3.5        2.66666667]]
```

2）numpy.reciprocal()函数

numpy.reciprocal()函数返回参数逐元素的倒数。

【例3-13】 numpy.reciprocal()函数应用举例。

输入如下代码：

```
import numpy as np
s = np.array([888, 1000, 20, 0.1])
print('原数组是：')
print(s)
print('*'*20)
print('调用reciprocal函数：')
print(np.reciprocal(s))
```

运行结果如下：

```
原数组是：
[8.88e+02 1.00e+03 2.00e+01 1.00e-01]
********************
调用reciprocal函数：
[1.12612613e-03 1.00000000e-03 5.00000000e-02 1.00000000e+01]
```

3）numpy.power()函数

numpy.power()函数将第一个输入数组中的元素作为底数，计算它与第二个输入数组中的相应元素的幂。

【例3-14】　numpy.power()函数应用举例。

输入如下代码：

```
import numpy as np
s = np.array([2, 4, 8])
print('原数组是；')
print(s)
print('*'*20)
print('调用power函数：')
print(np.power(s, 2))
print('*'*20)
print('power之后数组：')
w = np.array([1, 2, 3])
print(w)
print('*'*20)
print('再次调用power函数：')
print(np.power(s, w))
```

运行结果如下：

```
原数组是；
[2 4 8]
********************
调用power函数：
[ 4 16 64]
********************
power之后数组：
[1 2 3]
********************
再次调用power函数：
```

```
[ 2 16 512]
```

4）numpy.mod()函数

numpy.mod()函数计算输入数组中的相应元素相除后的余数。此外，numpy.remainder()函数也产生相同的结果。

【例3-15】 numpy.mod()函数应用举例。

输入如下代码：

```
import numpy as np
s = np.array([3, 6, 9])
w = np.array([2, 4, 8])
print('第一个数组: ')
print(s)
print('*'*20)
print('第二个数组: ')
print(w)
print('*'*20)
print('调用mod()函数: ')
print(np.mod(s, w))
print('*'*20)
print('调用remainder()函数: ')
print(np.remainder(s, w))
```

运行结果如下：

```
第一个数组:
[3 6 9]
********************
第二个数组:
[2 4 8]
********************
调用mod()函数:
[1 2 1]
********************
调用remainder()函数:
[1 2 1]
```

2. 三角函数

1）sin()、cos()和 tan()函数

NumPy提供了标准的三角函数：sin()、cos()、tan()。

【例3-16】 NumPy三角函数应用举例。

输入如下代码：

```
import numpy as np
a = np.array([0, 30, 45, 60, 90])
print('不同角度的正弦值: ')
```

```
# 通过乘 pi/180 转化为弧度
print(np.sin(a * np.pi / 180))
print('*'*20)
print('数组中角度的余弦值：')
print(np.cos(a * np.pi / 180))
print('*'*20)
print('数组中角度的正切值：')
print(np.tan(a * np.pi / 180))
```

运行结果如下：

```
不同角度的正弦值：
[0.        0.5        0.70710678 0.8660254  1.        ]
********************
数组中角度的余弦值：
[1.00000000e+00 8.66025404e-01 7.07106781e-01 5.00000000e-01
 6.12323400e-17]
********************
数组中角度的正切值：
[0.00000000e+00 5.77350269e-01 1.00000000e+00 1.73205081e+00
 1.63312394e+16]
```

2）arcsin()、arccos()和 arctan()函数

arcsin()、arccos()和arctan()函数返回给定角度的sin()、cos()和tan()的反三角函数。这些函数的结果可以通过numpy.degrees()函数将弧度转换为角度。

【例3-17】　arcsin()、arccos()和arctan()函数应用举例。

输入如下代码：

```
import numpy as np
a = np.array([0, 30, 45, 60, 90])
print('含有正弦值的数组：')
sin = np.sin(a * np.pi / 180)
print(sin)
print('*'*20)
print('计算角度的反正弦，返回值以弧度为单位：')
inv = np.arcsin(sin)
print(inv)
print('*'*20)
print('通过转化为角度制来检查结果：')
print(np.degrees(inv))
print('*'*20)
print('arccos 和 arctan 函数行为类似：')
cos = np.cos(a * np.pi / 180)
print(cos)
print('*'*20)
print('反余弦：')
inv = np.arccos(cos)
print(inv)
```

```
print('*'*20)
print('角度制单位：')
print(np.degrees(inv))
print('*'*20)
print('tan 函数：')
tan = np.tan(a * np.pi / 180)
print(tan)
print('*'*20)
print('反正切：')
inv = np.arctan(tan)
print(inv)
print('*'*20)
print('角度制单位：')
print(np.degrees(inv))
```

运行结果如下：

```
含有正弦值的数组：
[0.         0.5        0.70710678 0.8660254  1.        ]
********************
计算角度的反正弦，返回值以弧度为单位：
[0.         0.52359878 0.78539816 1.04719755 1.57079633]
********************
通过转化为角度制来检查结果：
[ 0. 30. 45. 60. 90.]
********************
arccos 和 arctan 函数行为类似：
[1.00000000e+00 8.66025404e-01 7.07106781e-01 5.00000000e-01
 6.12323400e-17]
********************
反余弦：
[0.         0.52359878 0.78539816 1.04719755 1.57079633]
********************
角度制单位：
[ 0. 30. 45. 60. 90.]
********************
tan 函数：
[0.00000000e+00 5.77350269e-01 1.00000000e+00 1.73205081e+00
 1.63312394e+16]
********************
反正切：
[0.         0.52359878 0.78539816 1.04719755 1.57079633]
********************
角度制单位：
[ 0. 30. 45. 60. 90.]
```

3. 舍入函数

1）numpy.around()函数

numpy.around()函数返回指定数字的四舍五入值。

```
numpy.around(a,decimals)
```

参数说明如下：

- a：数组。
- decimals：舍入的小数位数，默认值为0，如果为负，则整数将四舍五入到小数点左侧的位置。

【例3-18】 numpy.around()函数应用举例。

输入如下代码：

```
import numpy as np
a = np.array([100.0, 100.5, 123, 0.876, 76.998])
print('原数组：')
print(a)
print('*'*20)
print('舍入后：')
print(np.around(a))
print(np.around(a, decimals=1))
print(np.around(a, decimals=-1))
```

运行结果如下：

```
原数组：
[100.    100.5  123.      0.876 76.998]
********************
舍入后：
[100. 100. 123.    1.   77.]
[100. 100.5 123.    0.9 77. ]
[100. 100. 120.    0.   80.]
```

2）numpy.floor()函数

numpy.floor()函数返回小于或者等于指定表达式的最大整数，即向下取整。

【例3-19】 numpy.floor()函数应用举例。

输入如下代码：

```
import numpy as np
s = np.array([-9999.7, 100333.5, -23340.2, 0.987, 10.88888])
print('提供的数组：')
print(s)
print('*'*20)
print('修改后的数组：')
print(np.floor(s))
```

运行结果如下：

```
提供的数组：
[-9.999700e+03  1.003335e+05 -2.334020e+04  9.870000e-01  1.088888e+01]
```

```
********************
修改后的数组：
[-1.00000e+04  1.00333e+05 -2.33410e+04  0.00000e+00  1.00000e+01]
```

3）numpy.ceil()函数

numpy.ceil()函数返回大于或者等于指定表达式的最小整数，即向上取整。

【例3-20】 numpy.ceil()函数应用举例。

输入如下代码：

```
import numpy as np
s = np.array([-100.3, 18.98, -0.49999, 0.563, 10])
print('提供的数组：')
print(s)
print('*'*20)
print('修改后的数组：')
print(np.ceil(s))
```

运行结果如下：

```
提供的数组：
[-100.3      18.98     -0.49999   0.563     10.     ]
********************
修改后的数组：
[-100.  19.  -0.   1.  10.]
```

3.3 Pandas

Pandas是基于NumPy的一种工具，该工具是为解决数据分析任务而创建的。Pandas纳入了大量库和一些标准的数据模型，提供了高效地操作大型数据集所需的工具。Pandas提供了大量能快速便捷地处理数据的函数和方法，它是使Python成为强大而高效的数据分析环境的重要因素之一。

Pandas是Python的一个数据分析包，最初由AQR Capital Management于2008年4月开发，并于2009年底开源出来，目前由专注于Python数据包开发的PyData开发团队继续开发和维护，属于PyData项目的一部分。

Pandas最初被作为金融数据分析工具而开发出来，因此Pandas为时间序列分析提供了很好的支持。Pandas的名称来自面板数据（Panel Data）和Python数据分析（Data Analysis）。面板数据是经济学中关于多维数据集的一个术语，在Pandas中也提供了面板的数据类型，其数据结构包括以下形式：

（1）Series：一维数组，与NumPy中的一维Array类似。二者与Python基本的数据结构List也很相近。Series如今能保存不同的数据类型，如字符串、Boolean值、数字等都能保存在Series中。

（2）Time- Series：以时间为索引的Series。

（3）DataFrame：二维的表格型数据结构，其很多功能与R中的data.frame类似。可以将DataFrame理解为Series的容器。

（4）Panel：三维的数组，可以理解为DataFrame的容器。

（5）Panel4D：是像Panel一样的四维数据容器。

（6）PanelND：拥有factory集合，可以创建像Panel4D一样的*N*维命名容器的模块。

Pandas的安装与NumPy类似，这里不再赘述。

3.3.1　Pandas Series 入门

1．Series结构

Series结构也称Series序列，是Pandas常用的数据结构之一，它是一种类似于一维数组的结构，由一组数据值（Value）和一组标签组成，其中标签与数据值之间是一一对应的关系。

Series可以保存任何数据类型，比如整数、字符串、浮点数、Python对象等，它的标签默认为整数，从0开始依次递增。

Pandas使用Series()函数来创建Series对象，通过这个对象可以调用相应的方法和属性，从而达到处理数据的目的：

```
import pandas as pd
s=pd.Series( data, index, dtype, copy)
```

参数说明如表3-4所示。

表3-4　Series()函数的参数说明

参数名称	说　　明
data	输入的数据，可以是列表、常量、ndarray 数组等
index	索引值必须是唯一的，如果没有传递索引，则默认为 np.arrange(n)
dtype	dtype 表示数据类型，如果没有提供，则会自动判断得出
copy	表示对 data 进行复制，默认为 False

可以使用数组、字典、标量值或者Python对象来创建Series对象。下面举例说明创建Series对象的不同方法。

（1）可以直接使用函数创建一个空的Series对象。

【例3-21】　创建空的Series对象。

输入如下代码：

```
import pandas as pd
# 输出数据为空
```

```
s = pd.Series()
print(s)
```

运行结果如下：

```
Series([], dtype: float64)
```

（2）ndarray创建Series对象。

ndarray是NumPy中的数组类型，之前已经介绍过。当data是ndarray时，传递的索引必须具有与数组相同的长度。假如没有给index参数传参，在默认情况下，索引值将使用range(n)生成，其中n代表数组长度，如下所示：

```
[0,1,2,3… range(len(array))-1]
```

【例3-22】　使用默认索引创建Series序列对象。

输入如下代码：

```
import pandas as pd
import numpy as np
data = np.array(['a','b','c','d'])
s = pd.Series(data)
print (s)
```

运行结果如下：

```
0    a
1    b
2    c
3    d
dtype: object
```

上述示例中没有传递任何索引，所以索引默认从0开始分配，其索引范围为0～len(data)–1，即0～3。这种设置方式被称为"隐式索引"。

除了上述方法外，也可以使用"显式索引"的方法定义索引标签。

【例3-23】　使用"显式索引"的方法定义索引标签。

输入如下代码：

```
import pandas as pd
import numpy as np
data = np.array(['a','b','c','d'])
# 自定义索引标签（即显示索引）
s = pd.Series(data,index=[100,101,102,103])
print(s)
```

运行结果如下：

```
100    a
101    b
```

```
102    c
103    d
dtype: object
```

（3）Dict创建Series对象。

可以把Dict作为输入数据。如果没有传入索引，则会按照字典的键来构造索引；反之，如果传递了索引，则需要将索引标签与字典中的值一一对应。

下面分两种情况进行说明。

【例3-24】　没有传递索引时，Dict创建Series对象。

输入如下代码：

```
import pandas as pd
import numpy as np
data = {'a' : 0., 'b' : 1., 'c' : 2.}
s = pd.Series(data)
print(s)
```

运行结果如下：

```
a    0.0
b    1.0
c    2.0
dtype: float64
```

【例3-25】　index参数传递索引时，Dict创建Series对象。

输入如下代码：

```
import pandas as pd
import numpy as np
data = {'a' : 0., 'b' : 1., 'c' : 2.}
s = pd.Series(data,index=['b','c','d','a'])
print(s)
```

运行结果如下：

```
b    1.0
c    2.0
d    NaN
a    0.0
dtype: float64
```

（4）标量创建Series对象。

如果data是标量值，则必须提供索引，示例如下。

【例3-26】　标量创建Series对象。

输入如下代码：

```
import pandas as pd
import numpy as np
s = pd.Series(5, index=[0, 1, 2, 3])
print(s)
```

运行结果如下：

```
0    5
1    5
2    5
3    5
dtype: int64
```

标量值按照index的数量进行重复，并与其一一对应。

2．访问Series数据

前面讲解了创建Series对象的多种方式，接下来介绍如何访问Series序列中的元素，有两种方式：一种是位置索引访问；另一种是索引标签访问。

1）位置索引访问

这种访问方式与ndarray和List相同，使用元素自身的下标进行访问。知道数组的索引计数从0开始，这表示第一个元素存储在第0个索引位置上，以此类推，就可以获得Series序列中的每个元素。下面举例说明。

【例3-27】　位置索引访问Series序列对象。

输入如下代码：

```
import pandas as pd
s = pd.Series([1,2,3,4,5],index = ['a','b','c','d','e'])
print(s[0])          # 位置下标
print(s['a'])        # 标签下标
```

运行结果如下：

```
1
1
```

也可以通过切片的方式访问Series序列中的数据。

【例3-28】　通过切片的方式访问Series序列中的数据。

输入如下代码：

```
import pandas as pd
s = pd.Series([1,2,3,4,5],index = ['a','b','c','d','e'])
print(s[:3])
```

运行结果如下：

```
a    1
b    2
c    3
dtype: int64
```

如果想要获取最后3个元素，也可以使用下面的方式。

【例3-29】　通过切片的方式访问Series最后的元素。

输入如下代码：

```
import pandas as pd
s = pd.Series([1,2,3,4,5],index = ['a','b','c','d','e'])
print(s[-3:])
```

运行结果如下：

```
c    3
d    4
e    5
dtype: int64
```

2）索引标签访问

Series类似于固定大小的字典，把index中的索引标签作为key，而把Series序列中的元素值当作value，然后通过index索引标签来访问或者修改元素值。

【例3-30】　使用索引标签访问单个元素值。

输入如下代码：

```
import pandas as pd
s = pd.Series([6,7,8,9,10],index = ['a','b','c','d','e'])
print(s['a'])
```

运行结果如下：

```
6
```

也可以使用索引标签访问多个元素值。

【例3-31】　使用索引标签访问多个元素值。

输入如下代码：

```
import pandas as pd
s = pd.Series([6,7,8,9,10],index = ['a','b','c','d','e'])
print(s[['a','c','d']])
```

运行结果如下：

```
a    6
c    8
d    9
```

```
dtype: int64
```

3．Series的常用属性

表3-5介绍了Series的常用属性及其说明。

表3-5 Series()常用属性及其说明

属　　性	说　　明
axes	以列表的形式返回所有行索引标签
dtype	返回对象的数据类型
empty	返回一个空的 Series 对象
ndim	返回输入数据的维数
size	返回输入数据的元素数量
values	以 ndarray 的形式返回 Series 对象
index	返回一个 RangeIndex 对象，用来描述索引的取值范围

下面创建一个Series对象，并演示如何使用上述表格中的属性。

【例3-32】 创建一个Series对象。

输入如下代码：

```
import pandas as pd
import numpy as np
s = pd.Series(np.random.randn(5))
print(s)
```

运行结果如下：

```
0   -1.121376
1   -0.787125
2   -0.065182
3   -1.145803
4   -0.185384
```

上述示例的行索引标签是[0,1,2,3,4]。

1）axes

【例3-33】 应用axes。

输入如下代码：

```
import pandas as pd
import numpy as np
s = pd.Series(np.random.randn(5))
print ("The axes are:")
print(s.axes)
```

运行结果如下：

```
The axes are:
[RangeIndex(start=0, stop=5, step=1)]
```

2）dtype

【例3-34】　应用dtype。

输入如下代码：

```
import pandas as pd
import numpy as np
s = pd.Series(np.random.randn(5))
print("The dtype is:")
print(s.dtype)
```

运行结果如下：

```
The dtype is:
float64
```

3）empty

该属性返回一个布尔值，用于判断数据对象是否为空。

【例3-35】　应用empty。

输入如下代码：

```
import pandas as pd
import numpy as np
s = pd.Series(np.random.randn(5))
print("是否为空对象?")
print(s.empty)
```

运行结果如下：

```
是否为空对象?
False
```

4）ndim

查看序列的维数。根据定义，Series是一维数据结构，因此它始终返回1。

【例3-36】　应用ndim。

输入如下代码：

```
import pandas as pd
import numpy as np
s = pd.Series(np.random.randn(5))
print(s)
print(s.ndim)
```

运行结果如下：

```
0   -0.158846
1    0.769585
2    0.067620
3    0.151813
4   -0.825939
dtype: float64
1
```

5）size

返回Series对象的大小（长度）。

【例3-37】　应用size。

输入如下代码：

```
import pandas as pd
import numpy as np
s = pd.Series(np.random.randn(3))
print (s)
# Series的长度大小
print(s.size)
```

运行结果如下：

```
0   -2.995372
1   -0.410092
2   -1.160335
dtype: float64
3
```

6）values

以数组的形式返回Series对象中的数据。

【例3-38】　应用values。

输入如下代码：

```
import pandas as pd
import numpy as np
s = pd.Series(np.random.randn(6))
print(s)
print("输出Series中的数据")
print(s.values)
```

运行结果如下：

```
0   -0.159337
1    0.521286
2   -0.238876
3    3.222322
```

```
4    -0.528713
5    0.070899
dtype: float64
输出Series中的数据
[-0.15933682  0.52128551 -0.238876    3.22232195 -0.52871315  0.07089917]
```

7）index

该属性用来查看Series中索引的取值范围。

【例3-39】 应用index。

输入如下代码：

```
# 显式索引
import pandas as pd
s=pd.Series([1,2,5,8],index=['a','b','c','d'])
print(s.index)
# 隐式索引
s1=pd.Series([1,2,5,8])
print(s1.index)
```

运行结果如下：

```
Index(['a', 'b', 'c', 'd'], dtype='object')
RangeIndex(start=0, stop=4, step=1)
```

4．Series的常用方法

1）调用 head()或 tail()方法查看数据

如果想要查看Series的某一部分数据，可以调用head()或者tail()方法。其中head()方法返回前n行数据，默认显示前5行数据。

【例3-40】 Series的head()方法。

输入如下代码：

```
import pandas as pd
import numpy as np
s = pd.Series(np.random.randn(5))
print ("The original Series is:")
print (s)
#返回前3行数据
print (s.head(3))
```

运行结果如下：

```
The original Series is:
0    -0.032249
1     0.909748
2     1.285355
3    -0.561070
```

```
4    1.674937
dtype: float64
0   -0.032249
1    0.909748
2    1.285355
dtype: float64
```

tail()方法返回后*n*行数据，默认为后5行。

【例3-41】　Series的tail()方法。

输入如下代码：

```
import pandas as pd
import numpy as np
s = pd.Series(np.random.randn(4))
# 原Series
print(s)
# 输出后两行数据
print (s.tail(2))
```

运行结果如下：

```
0    0.185609
1    0.170239
2   -1.468371
3    1.028744
dtype: float64
2   -1.468371
3    1.028744
dtype: float64
```

2）调用 isnull()或 nonull()方法检测缺失值

isnull()和nonull()方法用于检测Series中的缺失值。所谓缺失值，顾名思义就是值不存在、丢失、缺少。

- isnull()：如果值不存在或者缺失，则返回True。
- notnull()：如果值不存在或者缺失，则返回False。

在实际的数据分析任务中，数据的收集往往要经历一个烦琐的过程。在这个过程中，难免会因为一些不可抗力，或者人为因素导致数据丢失的现象。

这时，可以使用相应的方法对缺失值进行处理，比如均值插值、数据补齐等方法。上述两个方法就是帮助检测是否存在缺失值。

【例3-42】　isnull()和nonull()方法的调用。

输入如下代码：

```
import pandas as pd
```

```
# None代表缺失数据
s=pd.Series([1,2,5,None])
print(pd.isnull(s))          # 是空值返回True
print(pd.notnull(s))         # 是空值返回False
```

运行结果如下：

```
0     False
1     False
2     False
3      True
dtype: bool
0      True
1      True
2      True
3     False
dtype: bool
```

3.3.2   DataFrame 结构

DataFrame是Pandas的重要数据结构之一，也是在使用Pandas进行数据分析的过程中最常用的结构之一，掌握了DataFrame的用法，就拥有了使用机器学习进行数据分析的基本能力。

1. 认识DataFrame结构

DataFrame一个表格型的数据结构，既有行标签（index），又有列标签（columns），它也被称为异构数据表。所谓异构，指的是表格中每列的数据类型可以不同，比如可以是字符串、整型或者浮点型等。

DataFrame的每一行数据都可以看成一个Series结构，只不过DataFrame为这些行中的每个数据值增加了一个列标签。因此，DataFrame其实是在Series的基础上演变而来的。在数据分析任务中，DataFrame的应用非常广泛，因为它描述数据更为清晰、直观。

同Series一样，DataFrame自带行标签索引，默认为"隐式索引"，即从0开始依次递增，行标签与DataFrame中的数据项一一对应。

下面对DataFrame数据结构的特点进行一个简单总结：

- DataFrame每一列的标签值允许使用不同的数据类型。
- DataFrame是表格型的数据结构，具有行和列。
- DataFrame中的每个数据值都可以被修改。
- DataFrame结构的行数、列数允许增加或者删除。
- DataFrame有两个方向的标签轴，分别是行标签和列标签。
- DataFrame可以对行和列执行算术运算。

2. 创建DataFrame对象

创建DataFrame对象的语法格式如下:

```
import pandas as pd
pd.DataFrame( data, index, columns, dtype, copy)
```

参数说明如表3-6所示。

表3-6　DataFrame对象参数说明

参数名称	说　明
data	输入的数据,可以是 ndarray、Series、List、Dict、标量以及一个 DataFrame
index	行标签,如果没有传递 index 值,则默认行标签是 np.arange(n),n 代表 data 的元素个数
columns	列标签,如果没有传递 columns 值,则默认列标签是 np.arange(n)
dtype	dtype 表示每一列的数据类型
copy	默认为 False,表示复制数据 data

Pandas提供了多种创建DataFrame对象的方式,主要包含以下5种。

1)创建空的 DataFrame 对象

创建一个空的DataFrame,这是DataFrame最基本的创建方法。

【例3-43】　创建空的DataFrame对象。

输入如下代码:

```
import pandas as pd
df = pd.DataFrame()
print(df)
```

运行结果如下:

```
Empty DataFrame
Columns: []
Index: []
```

2)使用列表创建 DataFame 对象

可以使用单一列表或嵌套列表来创建一个DataFrame。

【例3-44】　使用单一列表创建DataFrame。

输入如下代码:

```
import pandas as pd
data = [1,2,3,4,5]
df = pd.DataFrame(data)
print(df)
```

运行结果如下：

```
   0
0  1
1  2
2  3
3  4
4  5
```

【例3-45】　使用嵌套列表创建DataFrame对象。

输入如下代码：

```
import pandas as pd
data = [['Alex',10],['Bob',12],['Clarke',13]]
df = pd.DataFrame(data,columns=['Name','Age'])
print(df)
```

运行结果如下：

```
      Name  Age
0     Alex   10
1      Bob   12
2   Clarke   13
```

3）使用字典嵌套列表创建 DataFrame 对象

在data字典中，键对应的值的元素长度必须相同（也就是列表长度相同）。如果传递了索引，那么索引的长度应该等于数组的长度；如果没有传递索引，那么默认情况下，索引将是range(n)，其中n代表数组长度。

【例3-46】　使用字典嵌套列表创建DataFrame对象。

输入如下代码：

```
import pandas as pd
data = {'Name':['Tom', 'Jack', 'Steve', 'Ricky'],'Age':[28,34,29,42]}
df = pd.DataFrame(data)
print(df)
```

运行结果如下：

```
    Name  Age
0    Tom   28
1   Jack   34
2  Steve   29
3  Ricky   42
```

【例3-47】　给自定义行添加标签。

输入如下代码：

```
import pandas as pd
data = {'Name':['Tom', 'Jack', 'Steve', 'Ricky'],'Age':[28,34,29,42]}
df = pd.DataFrame(data, index=['rank1','rank2','rank3','rank4'])
print(df)
```

运行结果如下：

```
        Name  Age
rank1    Tom   28
rank2   Jack   34
rank3  Steve   29
rank4  Ricky   42
```

index参数为每行分配了一个索引。

4）使用列表嵌套字典创建 DataFrame 对象

列表嵌套字典可以作为输入数据传递给DataFrame构造函数。默认情况下，字典的键被用作列名。

【例3-48】　使用列表嵌套字典创建DataFrame对象。

输入如下代码：

```
import pandas as pd
data = [{'a': 1, 'b': 2},{'a': 5, 'b': 10, 'c': 20}]
df = pd.DataFrame(data)
print(df)
```

运行结果如下：

```
   a   b     c
0  1   2   NaN
1  5  10  20.0
```

【例3-49】　给列表嵌套字典创建DataFrame对象添加标签。

输入如下代码：

```
import pandas as pd
data = [{'a': 1, 'b': 2},{'a': 5, 'b': 10, 'c': 20}]
df = pd.DataFrame(data, index=['first', 'second'])
print(df)
```

运行结果如下：

```
        a   b     c
first   1   2   NaN
second  5  10  20.0
```

【例3-50】　使用列表嵌套字典以及行、列索引表创建一个DataFrame对象。

输入如下代码：

```
import pandas as pd
data = [{'a': 1, 'b': 2},{'a': 5, 'b': 10, 'c': 20}]
df1 = pd.DataFrame(data, index=['first', 'second'], columns=['a', 'b'])
df2 = pd.DataFrame(data, index=['first', 'second'], columns=['a', 'b1'])
print(df1)
print(df2)
```

运行结果如下：

```
        a   b
first   1   2
second  5   10
        a   b1
first   1   NaN
second  5   NaN
```

因为b1在字典键中不存在，所以对应值为NaN。

5）使用 Series 创建 DataFrame 对象

可以传递一个字典形式的Series创建一个DataFrame对象，其输出结果的行索引是所有index的合集。

【例3-51】　使用Series创建DataFrame对象。

输入如下代码：

```
import pandas as pd
d = {'one' : pd.Series([1, 2, 3], index=['a', 'b', 'c']),
   'two' : pd.Series([1, 2, 3, 4], index=['a', 'b', 'c', 'd'])}
df = pd.DataFrame(d)
print(df)
```

运行结果如下：

```
   one  two
a  1.0  1
b  2.0  2
c  3.0  3
d  NaN  4
```

3. 使用列索引操作DataFrame

DataFrame可以使用列索引（Column Index）来完成数据的选取、添加和删除操作。下面依次对这些操作进行介绍。

1）使用列索引选取数据列

可以使用列索引轻松实现数据选取。

【例3-52】 使用列索引选取数据列。

输入如下代码：

```
import pandas as pd
d = {'one' : pd.Series([1, 2, 3], index=['a', 'b', 'c']),
   'two' : pd.Series([1, 2, 3, 4], index=['a', 'b', 'c', 'd'])}
df = pd.DataFrame(d)
print(df ['one'])
```

运行结果如下：

```
a    1.0
b    2.0
c    3.0
d    NaN
Name: one, dtype: float64
```

2）使用列索引添加数据列

使用列索引表标签可以实现添加新的数据列。

【例3-53】 使用列索引表标签实现添加新的数据列。

输入如下代码：

```
import pandas as pd
d = {'one' : pd.Series([1, 2, 3], index=['a', 'b', 'c']),
   'two' : pd.Series([1, 2, 3, 4], index=['a', 'b', 'c', 'd'])}
df = pd.DataFrame(d)
# 使用df['列']=值插入新的数据列
df['three']=pd.Series([10,20,30],index=['a','b','c'])
print(df)
# 对已经存在的数据列进行相加运算
df['four']=df['one']+df['three']
print(df)
```

运行结果如下：

```
   one  two  three
a  1.0    1   10.0
b  2.0    2   20.0
c  3.0    3   30.0
d  NaN    4    NaN
   one  two  three  four
a  1.0    1   10.0  11.0
b  2.0    2   20.0  22.0
c  3.0    3   30.0  33.0
d  NaN    4    NaN   NaN
```

3）使用列索引删除数据列

通过del和pop()都能够删除DataFrame中的数据列。

【例3-54】 使用列索引删除数据列。

输入如下代码：

```
import pandas as pd
d = {'one' : pd.Series([1, 2, 3], index=['a', 'b', 'c']),
    'two' : pd.Series([1, 2, 3, 4], index=['a', 'b', 'c', 'd']),
    'three' : pd.Series([10,20,30], index=['a','b','c'])}
df = pd.DataFrame(d)
print ("Our dataframe is:")
print(df)
# 使用del删除
del df['one']
print(df)
# 调用pop()方法删除
df.pop('two')
print (df)
```

运行结果如下：

```
Our dataframe is:
   one  two  three
a  1.0    1   10.0
b  2.0    2   20.0
c  3.0    3   30.0
d  NaN    4    NaN
   two  three
a    1   10.0
b    2   20.0
c    3   30.0
d    4    NaN
   three
a   10.0
b   20.0
c   30.0
d    NaN
```

4. 使用行索引操作DataFrame

行索引的操作与列索引的操作类似，下面具体介绍。

1）标签索引选取

将行标签传递给loc函数，可以用来选取数据。

【例3-55】 将行标签传递给loc函数来选取数据。

输入如下代码：

```
import pandas as pd
d = {'one' : pd.Series([1, 2, 3], index=['a', 'b', 'c']),
    'two' : pd.Series([1, 2, 3, 4], index=['a', 'b', 'c', 'd'])}
```

```
df = pd.DataFrame(d)
print(df.loc['b'])
```

运行结果如下：

```
one    2.0
two    2.0
Name: b, dtype: float64
```

Loc函数允许接收两个参数，分别是行和列，参数之间需要使用逗号隔开，但该函数只能接收标签索引。

2）整数索引选取

通过将数据行所在的索引位置传递给iloc函数，也可以实现数据行选取。

【例3-56】 通过将数据行所在的索引位置传递给iloc函数实现数据行选取。

输入如下代码：

```
import pandas as pd
d = {'one' : pd.Series([1, 2, 3], index=['a', 'b', 'c']),
    'two' : pd.Series([1, 2, 3, 4], index=['a', 'b', 'c', 'd'])}
df = pd.DataFrame(d)
print(df.iloc[2])
```

运行结果如下：

```
one    3.0
two    3.0
Name: c, dtype: float64
```

iloc允许接收两个参数，分别是行和列，参数之间使用逗号隔开，但该函数只能接受整数索引。

3）使用切片操作进行多行选取

使用切片的方式可以同时选取多行。

【例3-57】 使用切片操作进行多行选取。

输入如下代码：

```
import pandas as pd
d = {'one' : pd.Series([1, 2, 3], index=['a', 'b', 'c']),
    'two' : pd.Series([1, 2, 3, 4], index=['a', 'b', 'c', 'd'])}
df = pd.DataFrame(d)
# 左闭右开
print(df[2:4])
```

运行结果如下：

```
   one  two
c  3.0    3
d  NaN    4
```

4）添加数据行

调用append()函数可以将新的数据行添加到DataFrame中，该函数会在行末追加数据行。

【例3-58】 调用append()函数添加数据行。

输入如下代码：

```
import pandas as pd
df = pd.DataFrame([[1, 2], [3, 4]], columns = ['a','b'])
df2 = pd.DataFrame([[5, 6], [7, 8]], columns = ['a','b'])
# 在行末追加新数据行
df = df.append(df2)
print(df)
```

运行结果如下：

```
   a  b
0  1  2
1  3  4
0  5  6
1  7  8
```

5）删除数据行

使用行索引标签可以从DataFrame中删除某一行数据。如果索引标签存在重复，那么它们将被一起删除。

【例3-59】 使用行索引标签删除数据行。

输入如下代码：

```
import pandas as pd
df = pd.DataFrame([[1, 2], [3, 4]], columns = ['a','b'])
df2 = pd.DataFrame([[5, 6], [7, 8]], columns = ['a','b'])
df = df.append(df2)
print(df)
# 注意此处调用了drop()方法
df = df.drop(0)
print (df)
```

运行结果如下：

```
   a  b
0  1  2
1  3  4
0  5  6
1  7  8

   a  b
1  3  4
1  7  8
```

5．常用属性和方法

DataFrame的属性和方法与Series类似，如表3-7所示。

表3-7 DataFrame的属性和方法

属性和方法	说　　明
T	行和列转置
axes	返回一个仅以行标签和列标签为成员的列表
dtypes	返回每列数据的数据类型
empty	若 DataFrame 中没有数据或者任意坐标轴的长度为 0，则返回 True
ndim	轴的数量，也指数组的维数
shape	返回一个元组，表示 DataFrame 的维度
size	DataFrame 中的元素数量
values	使用 NumPy 数组表示 DataFrame 中的元素值
head()	返回前 *n* 行数据
tail()	返回后 *n* 行数据
shift()	将行或列移动指定的步幅长度

以下实例演示DataFrame的属性和方法。

1）T（Transpose，转置）

返回DataFrame的转置，也就是把行和列进行交换。

【例3-60】 DataFrame的转置。

输入如下代码：

```
import pandas as pd
import numpy as np
d = {'Name':pd.Series(['大家好','爱中国',"战疫情",'第一名','流云','飞雪','天外天']),
   'years':pd.Series([5,6,15,28,3,19,23]),
   'Rating':pd.Series([4.23,3.24,3.98,2.56,3.20,4.6,3.8])}
# 构建DataFrame
df = pd.DataFrame(d)
# 输出DataFrame的转置
print(df.T)
```

运行结果如下：

```
          0      1      2      3     4     5     6
Name     大家好    爱中国   战疫情    第一名    流云    飞雪   天外天
years     5      6      15     28     3     19    23
Rating  4.23   3.24   3.98   2.56   3.2   4.6   3.8
```

2）axes

返回一个行标签、列标签组成的列表。

【例3-61】 DataFrame的axes。

输入如下代码：

```
import pandas as pd
import numpy as np
d = {'Name':pd.Series(['大家好','爱中国',"战疫情",'第一名','流云','飞雪','天外天']),
    'years':pd.Series([5,6,15,28,3,19,23]),
    'Rating':pd.Series([4.23,3.24,3.98,2.56,3.20,4.6,3.8])}
# 构建DataFrame
df = pd.DataFrame(d)
# 输出行标签、列标签
print(df.axes)
```

运行结果如下：

```
            0     1      2     3     4    5     6
Name      大家好   爱中国   战疫情   第一名   流云   飞雪   天外天
years      5     6     15    28    3    19    23
Rating    4.23  3.24  3.98  2.56  3.2  4.6  3.8
[RangeIndex(start=0, stop=7, step=1), Index(['Name', 'years', 'Rating'],
dtype='object')]
```

3）dtypes

返回每一列的数据类型。

【例3-62】 DataFrame的dtypes。

输入如下代码：

```
import pandas as pd
import numpy as np
d = {'Name':pd.Series(['大家好','爱中国',"战疫情",'第一名','流云','飞雪','天外天']),
    'years':pd.Series([5,6,15,28,3,19,23]),
    'Rating':pd.Series([4.23,3.24,3.98,2.56,3.20,4.6,3.8])}
# 构建DataFrame
df = pd.DataFrame(d)
# 输出行标签、列标签
print(df.dtypes)
```

运行结果如下：

```
Name      object
years      int64
Rating   float64
dtype: object
```

4）empty

返回一个布尔值，判断输出的数据对象是否为空，若为True，则表示对象为空。

【例3-63】　DataFrame的empty。

输入如下代码：

```python
import pandas as pd
import numpy as np
d = {'Name':pd.Series(['大家好','爱中国',"战疫情",'第一名','流云','飞雪','天外天']),
    'years':pd.Series([5,6,15,28,3,19,23]),
    'Rating':pd.Series([4.23,3.24,3.98,2.56,3.20,4.6,3.8])}
# 构建DataFrame
df = pd.DataFrame(d)
print(df.empty)
```

运行结果如下：

```
False
```

5）ndim

返回数据对象的维数。DataFrame是一个二维数据结构。

【例3-64】　DataFrame的ndim。

输入如下代码：

```python
import pandas as pd
import numpy as np
d = {'Name':pd.Series(['大家好','爱中国',"战疫情",'第一名','流云','飞雪','天外天']),
    'years':pd.Series([5,6,15,28,3,19,23]),
    'Rating':pd.Series([4.23,3.24,3.98,2.56,3.20,4.6,3.8])}
# 构建DataFrame
df = pd.DataFrame(d)
# DataFrame的维度
print(df.ndim)
```

运行结果如下：

```
2
```

6）shape

返回一个带DataFrame维度的元组。返回值为元组(a,b)，其中a表示行数，b表示列数。

【例3-65】　DataFrame的shape。

输入如下代码：

```python
import pandas as pd
import numpy as np
d = {'Name':pd.Series(['大家好','爱中国',"战疫情",'第一名','流云','飞雪','天外天']),
```

```
    'years':pd.Series([5,6,15,28,3,19,23]),
    'Rating':pd.Series([4.23,3.24,3.98,2.56,3.20,4.6,3.8])}
# 构建DataFrame
df = pd.DataFrame(d)
# DataFrame的形状
print(df.shape)
```

运行结果如下：

```
(7, 3)
```

7）size

返回DataFrame中的元素数量。

【例3-66】　DataFrame的size。

输入如下代码：

```
import pandas as pd
import numpy as np
d = {'Name':pd.Series(['大家好','爱中国',"战疫情",'第一名','流云','飞雪','天外天']),
    'years':pd.Series([5,6,15,28,3,19,23]),
    'Rating':pd.Series([4.23,3.24,3.98,2.56,3.20,4.6,3.8])}
# 构建DataFrame
df = pd.DataFrame(d)
# DataFrame的size
print(df.size)
```

运行结果如下：

```
21
```

8）values

以ndarray数组的形式返回DataFrame中的数据。

【例3-67】　DataFrame的values。

输入如下代码：

```
import pandas as pd
import numpy as np
d = {'Name':pd.Series(['大家好','爱中国',"战疫情",'第一名','流云','飞雪','天外天']),
    'years':pd.Series([5,6,15,28,3,19,23]),
    'Rating':pd.Series([4.23,3.24,3.98,2.56,3.20,4.6,3.8])}
# 构建DataFrame
df = pd.DataFrame(d)
#DataFrame的values
print(df.values)
```

运行结果如下：

```
[['大家好' 5 4.23]
 ['爱中国' 6 3.24]
```

```
['战疫情' 15 3.98]
['第一名' 28 2.56]
['流云' 3 3.2]
['飞雪' 19 4.6]
['天外天' 23 3.8]]
```

9）head()和 tail()

如果想要查看DataFrame的一部分数据，可以使用head()或者tail()方法。其中head()返回前 n 行数据，默认显示前5行数据。

【例3-68】　　head()返回前 n 行数据。

输入如下代码：

```
import pandas as pd
import numpy as np
d = {'Name':pd.Series(['大家好','爱中国',"战疫情",'第一名','流云','飞雪','天外天']),
    'years':pd.Series([5,6,15,28,3,19,23]),
    'Rating':pd.Series([4.23,3.24,3.98,2.56,3.20,4.6,3.8])}
# 构建DataFrame
df = pd.DataFrame(d)
# 获取前3行数据
print(df.head(3))
```

运行结果如下：

```
  Name  years  Rating
0  大家好      5    4.23
1  爱中国      6    3.24
2  战疫情     15    3.98
```

【例3-69】　　tail()返回后 n 行数据。

输入如下代码：

```
import pandas as pd
import numpy as np
d = {'Name':pd.Series(['大家好','爱中国',"战疫情",'第一名','流云','飞雪','天外天']),
    'years':pd.Series([5,6,15,28,3,19,23]),
    'Rating':pd.Series([4.23,3.24,3.98,2.56,3.20,4.6,3.8])}
#构建DataFrame
df = pd.DataFrame(d)
#获取后3行数据
print(df.tail(3))
```

运行结果如下：

```
   Name  years  Rating
4   流云      3     3.2
5   飞雪     19     4.6
6  天外天     23     3.8
```

10）shift()

如果想要移动DataFrame中的某一行或者列，可以调用shift()函数来完成。它提供了一个periods参数，该参数表示在特定的轴上移动指定的步幅。

shif()函数的语法格式如下：

```
DataFrame.shift(periods=1, freq=None, axis=0)
```

参数说明如表3-8所示。

表3-8   shift()函数参数说明

参数名称	说　　明
periods	类型为 int，表示移动的幅度，可以是正数，也可以是负数，默认值为 1
freq	日期偏移量，默认值为 None，适用于时间序。取值为符合时间规则的字符串
axis	如果是 0 或者 index 则上下移动，如果是 1 或者 columns 则会左右移动
fill_value	该参数用来填充缺失值

该函数的返回值是移动后的DataFrame副本。

【例3-70】   DataFrame的shift()。

输入如下代码：

```
import pandas as pd
info= pd.DataFrame({'a_data': [40, 28, 39, 32, 18],
'b_data': [20, 37, 41, 35, 45],
'c_data': [22, 17, 11, 25, 15]})
# 移动幅度为3
print(info.shift(periods=3))
```

运行结果如下：

```
   a_data  b_data  c_data
0    NaN     NaN     NaN
1    NaN     NaN     NaN
2    NaN     NaN     NaN
3    40.0    20.0    22.0
4    28.0    37.0    17.0
```

【例3-71】   使用fill_value参数填充DataFrame中的缺失值。

输入如下代码：

```
import pandas as pd
info= pd.DataFrame({'a_data': [40, 28, 39, 32, 18],
'b_data': [20, 37, 41, 35, 45],
'c_data': [22, 17, 11, 25, 15]})
# 移动幅度为3
print(info.shift(periods=3))
```

```
# 将缺失值和原数值替换为52
info.shift(periods=3,axis=1,fill_value= 52)
```

运行结果如下：

```
   a_data  b_data  c_data
0    NaN     NaN     NaN
1    NaN     NaN     NaN
2    NaN     NaN     NaN
3   40.0    20.0    22.0
4   28.0    37.0    17.0
```

fill_value参数不仅可以填充缺失值，还可以对原数据进行替换。

3.4 Matplotlib

如果将文本数据与图表数据相比较，人类的思维模式更适合理解后者，原因在于图表数据更加直观且形象化，它对于人类视觉的冲击更强，这种使用图表来表示数据的方法叫作数据可视化。

当使用图表来表示数据时，可以更有效地分析数据，并根据分析做出相应的决策。在学习Matplotlib之前，了解什么是数据可视化是非常有必要的。图表为更好地探索、分析数据提供了一种直观的方法，它对最终分析结果的展示具有重要的作用。

数据可视化是一个新兴名词，它表示用图表的形式对数据进行展示。当对一个数据集进行分析时，如果使用数据可视化的方式，那么很容易确定数据集的分类模式、缺失数据、离群值等。数据可视化主要有以下应用场景：

（1）企业领域：利用直观多样的图表展示数据为企业决策提供支持。

（2）股票走势预测：通过对股票涨跌数据的分析给股民提供更合理化的建议。

（3）商超产品销售：对客户群体和所购买产品进行数据分析，促使商超制定更好的销售策略。

（4）预测销量：对产品销量的影响因素进行分析，可以预测出产品的销量走势。

其实无论是在日常生活还是工作中，都会根据过往的经验做出某些决定，这种做法也叫作"经验之谈"。数据分析和其类似，通过对过往数据的大量分析，从而对数据的未来走势做出预测。

3.4.1 安装与简介

1．Matplotlib的安装

Matplotlib是Python的第三方绘图库，在使用Matplotlib软件包之前，需要先安装该软件包。本小节以Windows 10系统为例，介绍Matplotlib的几种安装方式。

1）使用 pip 安装

使用Python包管理器pip来安装Matplotlib是一种最轻量级的方式。打开CMD命令提示符窗口，输入以下命令即可：

```
pip install matplotlib
```

2）使用 Anaconda 安装

安装Matplotlib最好的方法是下载Python的Anaconda发行版，因为Matplotlib被预先安装在Anaconda中，访问Anaconda的官方网站，然后选择相应的安装包下载并安装。

可以通过以下方式查看是否安装成功：

```
import matplotlib
matplotlib.__version__
```

2. Matplotlib.pyplot接口汇总

Matplotlib中的pyplot模块是一个类似于命令风格的函数集合，其提供了可以用来绘图的各种函数，比如创建一个画布，在画布中创建一个绘图区域，或者在绘图区域添加一些线、标签等。表3-9~表3-12对这些函数做了简单介绍。

表3-9　Matplotlib.pyplot的绘图接口

函数名称	说　明	函数名称	说　明
Bar	绘制条形图	Polar	绘制极坐标图
Barh	绘制水平条形图	Scatter	绘制 x 与 y 的散点图
Boxplot	绘制箱型图	Stackplot	绘制堆叠图
Hist	绘制直方图	Stem	绘制二维离散数据（火柴棒图）
his2d	绘制 2D 直方图	Step	绘制阶梯图
Pie	绘制饼状图	Quiver	绘制一个二维矢量场（按箭头）
Plot	在坐标轴上画线或者标记		

表3-10　Matplotlib.pyplot的图像函数接口

函数名称	说　明
Imread	从文件中读取图像的数据并形成数组
Imsave	将数组另存为图像文件
Imshow	在数轴区域内显示图像

表3-11　Matplotlib.pyplot的Axis函数

函数名称	说　明	函数名称	说　明
Axes	在画布中添加轴	Xticks	获取或设置 x 轴的刻度和相应标签
Text	向轴添加文本	Ylabel	设置 y 轴的标签

（续表）

函数名称	说　明	函数名称	说　明
Title	设置当前轴的标题	Ylim	获取或设置 y 轴的区间大小
Xlabel	设置 x 轴的标签	Yscale	设置 y 轴的缩放比例
Xlim	获取或者设置 x 轴的区间大小	Yticks	获取或设置 y 轴的刻度和相应标签
Xscale	设置 x 轴的缩放比例		

表 3-12　Matplotlib.pyplot 的绘图接口

函数名称	说　明	函数名称	说　明
Figtext	在画布上添加文本	Savefig	保存当前画布
Figure	创建一个新画布	Close	关闭画布窗口
Show	显示数字		

3.4.2　图形对象

1. 简单的图形对象

matplotlib.pyplot模块能够快速地生成图像，但如果使用面向对象的编程思想，就可以更好地控制和自定义图像。

在Matplotlib中，面向对象编程的核心思想是创建图形对象（Figure Object）。通过图形对象来调用其他的方法和属性，这样有助于更好地处理多个画布。在这个过程中，pyplot负责生成图形对象，并通过该对象来添加一个或多个axes对象（即绘图区域）。

Matplotlib提供了matplotlib.figure图形类模块，它包含创建图形对象的方法。通过调用pyplot模块中的figure()函数来实例化figure对象。具体方法如下：

```
from matplotlib import pyplot as plt
# 创建图形对象
fig = plt.figure()
```

该函数的参数值如表3-13所示。

表3-13　Matplotlib.pyplot函数参数说明

函数名称	说　明
figsize	指定画布的大小，即（宽度，高度），单位为英寸
dpi	指定绘图对象的分辨率，即每英寸多少个像素，默认值为80
facecolor	背景颜色
dgecolor	边框颜色
frameon	是否显示边框

【例3-72】 绘制简单的图形对象。

输入如下代码：

```
from matplotlib import pyplot as plt
import numpy as np
import math
x = np.arange(0, math.pi*2, 0.05)
y = np.sin(x)
fig = plt.figure()
ax = fig.add_axes([0,0,1,1])
ax.plot(x,y)
ax.set_title("sine wave")
ax.set_xlabel('angle')
ax.set_ylabel('sine')
plt.show()
```

运行结果如图3-1所示。

add_axes()的参数值是一个序列，序列中的4个数字分别对应图形的左侧、底部、宽度和高度，且每个数字必须介于0和1之间。

设置x轴和y轴的标签以及标题，代码如下：

```
ax.set_title("sine wave")
ax.set_xlabel('angle')
ax.set_ylabel('sine')
```

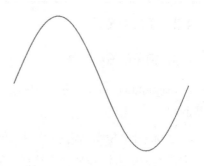

图3-1　简单的图形对象

调用axes对象的plot()方法，对x、y数组执行绘图操作：

```
ax.plot(x,y)
```

2．axes类的使用方法

Matplotlib定义了一个axes类（轴域类），该类的对象被称为axes对象（即轴域对象），它指定了一个有数值范围限制的绘图区域。在一个给定的画布中可以包含多个axes对象，但是同一个axes对象只能在一个画布中使用。

2D绘图区域（axes）包含两个轴（axis）对象，如果是3D绘图区域，则包含3个。

通过调用add_axes()方法能够将axes对象添加到画布中，该方法用来生成一个axes轴域对象，对象的位置由参数rect决定。

rect是位置参数，接收一个由4个元素组成的浮点数列表，形如[left, bottom, width, height]，它表示添加到画布中的矩形区域的左下角坐标(x, y)，以及宽度和高度。如下所示：

```
ax=fig.add_axes([0.5,0.6,0.8,0.8])
```

注意 每个元素的值是与画布宽、高的比值，即将画布的宽、高作为1个单位，比如[0.1, 0.1, 0.8, 0.8]代表着从画布10%的位置开始绘制，宽、高是画布的80%。

下面介绍axes类的其他成员函数，这些函数在绘图过程中都承担着不同的作用。

axes类的legend()方法负责绘制画布中的图例，它需要3个参数，如下所示：

```
ax.legend(handles, labels, loc)
```

- handles：参数，是一个序列，它包含所有线型的实例。
- loc：是指定图例位置的参数，其参数值可以用字符串或整数来表示。
- labels：是一个字符串序列，用来指定标签的名称。

表3-14是loc参数的表示方法，分为字符串和整数两种。

表3-14　Matplotlib.pyplot绘图接口

位　　置	字符串表示	整数数字表示	位　　置	字符串表示	整数数字表示
自适应	best	0	居中靠左	center left	6
右上方	upper right	1	居中靠右	center right	7
左上方	upper left	2	底部居中	lower center	8
左下	lower left	3	上部居中	upper center	9
右下	lower right	4	中部	center	10
右侧	right	5			

axes.plot()是axes类的基本方法，它将一个数组的值与另一个数组的值绘制成线或标记，plot()方法具有可选格式的字符串参数，用来指定线型、标记颜色、样式以及大小。

颜色代码如表3-15所示。

表3-15　颜色代码

代　　码	颜　　色	代　　码	颜　　色
'b'	蓝色	'm'	品红色
'g'	绿色	'y'	黄色
'r'	红色	'k'	黑色
'c'	青色	'w'	白色

标记符号如表3-16所示。

表3-16　标记符号

标记符号	说　　明	标记符号	说　　明
'.'	点标记	'H'	六角标记
'o'	圆圈标记	's'	正方形标记

（续表）

标记符号	说　　明	标记符号	说　　明
'x'	'X'标记	'+'	加号标记
'D'	钻石标记		

线型表示符号如表3-17所示。

表3-17　线型表示符号

线型表示符号	说　　明	线型表示符号	说　　明
'-'	实线	':'	虚线
'--'	虚线	'H'	六角标记
'-.'	点划线		

下面以直线图的形式展示电视、智能手机广告费与其所带来的产品销量的关系图。其中描述电视的是带有黄色和方形标记的实线，而代表智能手机的则是绿色和圆形标记的虚线。

【例3-73】 以直线图展示销量关系。

输入如下代码：

```
import matplotlib.pyplot as plt
y = [1, 4, 9, 16, 25,36,49, 64]
x1 = [1, 16, 30, 42,55, 68, 77,88]
x2 = [1,6,12,18,28, 40, 52, 65]
fig = plt.figure()
ax = fig.add_axes([0,0,1,1])
# 使用简写的形式: color/标记符/线型
l1 = ax.plot(x1,y,'ys-')
l2 = ax.plot(x2,y,'go--')
ax.legend(labels = ('tv', 'Smartphone'), loc = 'lower right') # legend placed at
lower right
ax.set_title("Advertisement effect on sales")
ax.set_xlabel('medium')
ax.set_ylabel('sales')
plt.show()
```

运行结果如图3-2所示。

3. subplot()函数用法详解

在使用Matplotlib绘图时，大多数情况下，需要将一张画布划分为若干个子区域，之后就可以在这些区域上绘制不同的图形。这里，将学习如何在同一画布上绘制多个子图。

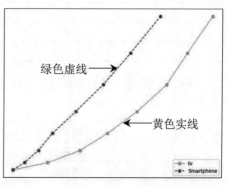

图 3-2　销量关系展示

matplotlib.pyplot模块提供了一个subplot()函数，它可以均等地划分画布，该函数的参数格式如下：

```
plt.subplot(nrows, ncols, index)
```

nrows与ncols表示要划分几行几列的子区域（nrows*nclos表示子图数量），index的初始值为1，用来选定具体的某个子区域。

如果新建的子图与现有的子图重叠，那么重叠部分的子图将会被自动删除，因为它们不可以共享绘图区域。

【例3-74】　新建的子图与现有的子图重叠。

输入如下代码：

```
import matplotlib.pyplot as plt
plt.figure(1)
plt.plot([1,2,3])
# 现在创建一个子图，它表示一个有2行1列的网格的顶部图
# 因为这个子图将与第一个重叠，所以之前创建的图将被删除
plt.subplot(211)
plt.plot(range(12))
# 创建带有黄色背景的第二个子图
plt.subplot(212, facecolor='y')
plt.plot(range(12))
plt.show()
```

运行结果如图3-3所示。

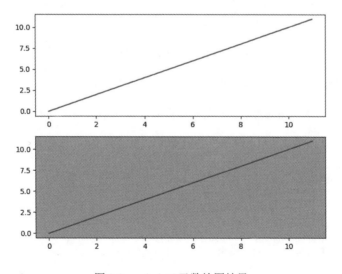

图 3-3　subplot()函数绘图结果

如果不想覆盖之前的图，则需要调用add_subplot()函数。

【例3-75】　add_subplot()函数的调用。

输入如下代码：

```
import matplotlib.pyplot as plt
plt.figure(1)
plt.plot([1,2,3])
# 现在创建一个子图，它表示一个有2行1列的网格的顶部图
# 因为这个子图将与第一个重叠，所以之前创建的图将被删除
plt.subplot(211)
plt.plot(range(12))
# 创建带有黄色背景的第二个子图
plt.subplot(212, facecolor='y')
plt.plot(range(12))
plt.show()
```

运行结果如图3-4所示。

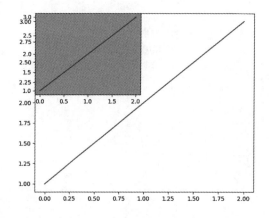

图 3-4　add_subplot()函数的绘图结果

通过给画布添加axes对象可以实现在同一画布中插入另外的图像。

【例3-76】　通过给画布添加axes对象实现在同一画布中插入另外的图像。

输入如下代码：

```
import matplotlib.pyplot as plt
import numpy as np
import math
x = np.arange(0, math.pi*2, 0.05)
fig=plt.figure()
axes1 = fig.add_axes([0.1, 0.1, 0.8, 0.8]) # main axes
axes2 = fig.add_axes([0.55, 0.55, 0.3, 0.3]) # inset axes
y = np.sin(x)
axes1.plot(x, y, 'b')
axes2.plot(x,np.cos(x),'r')
axes1.set_title('sine')
```

```
axes2.set_title("cosine")
plt.show()
```

运行结果如图3-5所示。

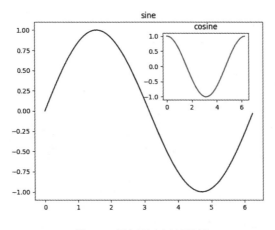

图 3-5　添加画布运行结果

4．subplots()函数用法详解

subplots()函数的使用方法和subplot()函数类似，其不同之处在于，subplots()函数既可以创建一个包含子图区域的画布，又可以创建一个图形对象，而subplot()只创建一个包含子图区域的画布。

subplots()函数的使用格式如下：

```
fig , ax = plt.subplots(nrows, ncols)
```

nrows与ncols表示两个整数参数，它们指定子图所占的行数、列数。

该函数的返回值是一个元组，包括一个图形对象和所有的axes对象。其中axes对象的数量等于nrows×ncols，且每个axes对象均可通过索引值访问（从1开始）。

【例3-77】　创建一个2行2列的子图，并在每个子图中显示4个不同的图像。

输入如下代码：

```
import matplotlib.pyplot as plt
fig,a = plt.subplots(2,2)
import numpy as np
x = np.arange(1,5)
# 绘制平方函数
a[0][0].plot(x,x*x)
a[0][0].set_title('square')
# 绘制平方根图像
a[0][1].plot(x,np.sqrt(x))
```

```
a[0][1].set_title('square root')
# 绘制指数函数
a[1][0].plot(x,np.exp(x))
a[1][0].set_title('exp')
# 绘制对数函数
a[1][1].plot(x,np.log10(x))
a[1][1].set_title('log')
plt.show()
```

运行结果如图3-6所示。

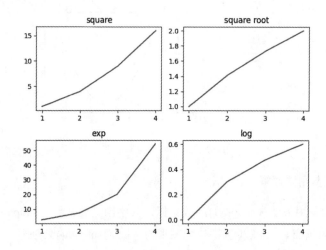

图 3-6 创建一个 2 行 2 列的子图，并在每个子图中显示 4 个不同的图像

5. 坐标轴格式

在一个函数图像中，有时自变量 x 与因变量 y 是指数对应关系，这时需要将坐标轴刻度设置为对数刻度。Matplotlib通过axes对象的xscale和yscale属性来实现对坐标轴的格式设置。

【例3-78】 显示坐标轴刻度。

输入如下代码：

```
import matplotlib.pyplot as plt
import numpy as np
fig, axes = plt.subplots(1, 2, figsize=(10,4))
x = np.arange(1,5)
axes[0].plot( x, np.exp(x))
axes[0].plot(x,x**2)
axes[0].set_title("Normal scale")
axes[1].plot (x, np.exp(x))
axes[1].plot(x, x**2)
# 设置y轴
axes[1].set_yscale("log")
axes[1].set_title("Logarithmic scale (y)")
```

```
axes[0].set_xlabel("x axis")
axes[0].set_ylabel("y axis")
axes[0].xaxis.labelpad = 10
# 设置x、y轴标签
axes[1].set_xlabel("x axis")
axes[1].set_ylabel("y axis")
plt.show()
```

运行结果如图3-7所示。

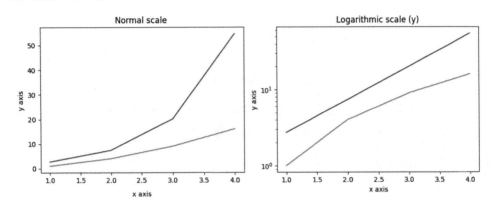

图 3-7　显示坐标轴刻度

轴是连接刻度的线，也就是绘图区域的边界，在绘图区域（axes对象）的顶部、底部、左侧和右侧都有一个边界线（轴）。通过指定轴的颜色和宽度，从而对其显示格式进行设置，比如将所有轴的颜色设置为None，那么它们都会成为隐藏状态，也可以对轴添加相应的颜色。以下示例为左侧轴、底部轴分别设置了红色、蓝色。

【例3-79】　坐标轴颜色显示。

输入如下代码：

```
import matplotlib.pyplot as plt
fig = plt.figure()
ax = fig.add_axes([0,0,1,1])
# 为左侧轴、底部轴添加颜色
ax.spines['bottom'].set_color('blue')
ax.spines['left'].set_color('red')
ax.spines['left'].set_linewidth(2)
# 将右侧轴、顶部轴设置为None
ax.spines['right'].set_color(None)
ax.spines['top'].set_color(None)
ax.plot([1,2,3,4,5])
plt.show()
```

运行结果如图3-8所示。

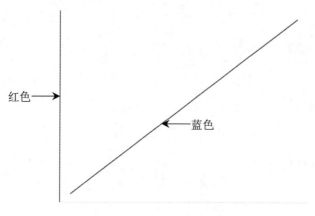

图 3-8　坐标轴颜色显示

Matplotlib可以根据自变量与因变量的取值范围自动设置x、y轴的数值大小。当然，也可以用自定义的方式，通过set_xlim()和set_ylim()对x、y轴的数值范围进行设置。

【例3-80】　Matplotlib设置坐标轴。

输入如下代码：

```
# 生成信号
fs = 1000
f = 10
t = List(range(0, 1000))
t = [x / fs for x in t]
a = [math.sin(2 * math.pi * f * x) for x in t]

# 作图
plt.figure()
plt.subplot(2, 2, 1)
plt.plot(a)
plt.title('Figure-1')
plt.subplot(2, 2, 2)
plt.plot(a)
plt.xticks([])
plt.title('Figure-2')
plt.subplot(2, 2, 3)
plt.plot(a)
plt.yticks([])
plt.title('Figure-3')
plt.subplot(2, 2, 4)
plt.plot(a)
plt.axis('off')
plt.title('Figure-4')
plt.show()
```

运行结果如图3-9所示。

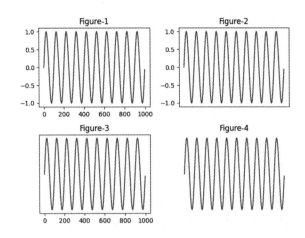

图 3-9　设置坐标轴

刻度指的是轴上数据点的标记，Matplotlib能够自动在*x*、*y*轴上绘制出刻度。这一功能的实现得益于Matplotlib内置的刻度定位器和格式化器（两个内建类）。

在大多数情况下，这两个类完全能够满足日常的绘图需求，但是在某些情况下，刻度标签或刻度也需要满足特定的要求，比如将刻度设置为"英文数字形式"或者"大写阿拉伯数字"，此时就需要对它们进行重新设置。

xticks()和yticks()函数接收一个列表对象作为参数，列表中的元素表示对应数轴上要显示的刻度。如下所示：

```
ax.set_xticks([2,4,6,8,10])
```

*x*轴上的刻度标记依次为2, 4, 6, 8, 10。也可以分别通过set_xticklabels()和set_yticklabels()函数设置与刻度线相对应的刻度标签。

【例3-81】　刻度和标签的使用。

输入如下代码：

```
import matplotlib.pyplot as plt
import numpy as np
import math
x = np.arange(0, math.pi*2, 0.05)
# 生成画布对象
fig = plt.figure()
# 添加绘图区域
ax = fig.add_axes([0.1, 0.1, 0.8, 0.8])
y = np.sin(x)
ax.plot(x, y)
# 设置x轴标签
ax.set_xlabel('angle')
```

```
ax.set_title('sine')
ax.set_xticks([0,2,4,6])
# 设置x轴刻度标签
ax.set_xticklabels(['zero','two','four','six'])
# 设置y轴刻度
ax.set_yticks([-1,0,1])
plt.show()
```

运行结果如图3-10所示。

6．调用grid()设置网格格式

通过Matplotlib axes对象提供的grid()函数可以开启或者关闭画布中的网格（即是否显示网格）以及网格的主、次刻度。除此之外，grid()函数还可以设置网格的颜色、线型以及线宽等属性。

grid()函数的调用格式如下：

```
grid(color='b', ls = '-.', lw = 0.25)
```

参数含义如下：

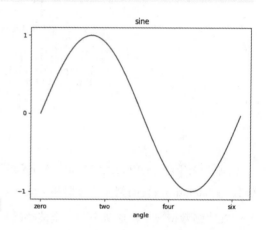

图 3-10　刻度和标签的使用

- color：表示网格线的颜色。
- ls：表示网格线的样式。
- lw：表示网格线的宽度。

网格在默认状态下是关闭的，通过调用上述函数，网格会自动开启，如果只是想开启不带任何样式的网格，则可以通过grid(True)来实现。

【例3-82】　使用grid()设置网格格式。

输入如下代码：

```
import matplotlib.pyplot as plt
import numpy as np
# fig：画布，axes：子图区域
fig, axes = plt.subplots(1,3, figsize = (12,4))
x = np.arange(1,11)
axes[0].plot(x, x**3, 'g',lw=2)
# 开启网格
axes[0].grid(True)
axes[0].set_title('default grid')
axes[1].plot(x, np.exp(x), 'r')
# 设置网格的颜色、线型、线宽
axes[1].grid(color='b', ls = '-.', lw = 0.25)
axes[1].set_title('custom grid')
axes[2].plot(x,x)
```

```
axes[2].set_title('no grid')
fig.tight_layout()
plt.show()
```

运行结果如图3-11所示。

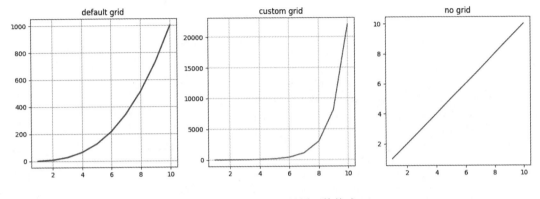

图 3-11　调用 grid()设置网格格式

3.4.3　绘制图形

Matplotlib提供了大量绘制图形的函数，这里选择其中常用的几个函数举例说明。

1．柱状图

柱状图是一种用矩形柱来表示数据分类的图表，柱状图可以垂直绘制，也可以水平绘制，它的高度与其所表示的数值成正比关系。柱状图显示了不同类别之间的比较关系，图表的水平轴x指定被比较的类别，垂直轴y则表示具体的类别值。

Matplotlib提供了bar()函数来绘制柱状图，它可以应用在MATLAB样式以及面向对象的绘图方法中。当它与axes对象一起使用时，其语法格式如下：

```
ax.bar(x, height, width, bottom, align)
```

该函数的参数说明如表3-18所示。

表3-18　bar()函数参数说明

参　　数	说　　明
x	一个标量序列，代表柱状图的 x 坐标，默认 x 取值是每个柱状图所在的中点位置，也可以是柱状图左侧边缘位置
height	一个标量或者标量序列，代表柱状图的高度
width	可选参数，标量或类数组，柱状图的默认宽度值为 0.8
bottom	可选参数，标量或类数组，柱状图的 y 坐标默认为 None
algin	有两个可选项 {"center","edge"}，默认为 'center'，该参数决定 x 值位于柱状图的位置

该函数的返回值是一个Matplotlib容器对象，该对象包含所有柱状图。

【例3-83】　Matplotlib柱状图的简单示例。

输入如下代码：

```
import numpy as np
import matplotlib.pyplot as plt
countries = ['USA', 'India', 'China', 'Russia', 'Germany']
bronzes = np.array([38, 17, 26, 19, 15])
silvers = np.array([37, 23, 18, 18, 10])
golds = np.array([46, 27, 26, 19, 17])
# 此处的下画线 "_" 表示将循环取到的值放弃，只得到[0,1,2,3,4]
ind = [x for x, _ in enumerate(countries)]
# 绘制堆叠图
plt.bar(ind, golds, width=0.5, label='golds', color='gold',
        bottom=silvers+bronzes)
plt.bar(ind, silvers, width=0.5, label='silvers', color='silver', bottom=bronzes)
plt.bar(ind, bronzes, width=0.5, label='bronzes', color='#CD853F')
# 设置坐标轴
plt.xticks(ind, countries)
plt.ylabel("Medals")
plt.xlabel("Countries")
plt.legend(loc="upper right")
plt.title("2019 Olympics Top Scorers")
plt.show()
```

运行结果如图3-12所示。

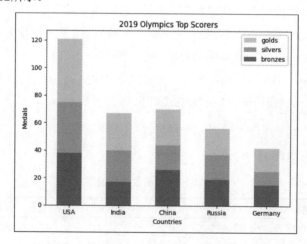

图3-12　柱状图的简单示例

在以上代码中，第一次调用plt.bar()绘制了黄色柱状图，第二次调用plot.bar()绘制了灰色柱状图，最后一次调用plt.bar()则绘制了最底部的柱状图。两个柱状图相接触的位置就是顶部与底部的位置，这样就构成了柱状堆叠图。

2．直方图

直方图（Histogram）又称质量分布图，它是一种条形图，由一系列高度不等的纵向线段来表示数据分布的情况。直方图的横轴表示数据类型，纵轴表示分布情况。

首先，需要了解柱状图和直方图的区别。直方图用于概率分布，它显示了一组数值序列在给定的数值范围内出现的概率；而柱状图则用于展示各个类别的频数。

如果想要构建直方图，必须遵循以下步骤：

（1）将整个值范围划分为一系列区间。

（2）区间值（bin）的取值，不可以遗漏数据。

（3）计算每个区间有多少个值。

通常将bin指定为连续且不重叠的数值区间，而bin值指区间开始和结束的数值。

可以使用下面的函数来绘制直方图：

```
matplotlib.pyplot.hist ()
```

该函数的参数说明如表3-19所示。

表3-19　直方图函数参数说明

参　　数	说　　明
x	必填参数，数组或者数组序列
bins	可选参数，整数或者序列，bins 表示每一个间隔的边缘（起点和终点），默认会生成 10 个间隔
range	指定全局间隔的下限与上限值（min,max），元组类型，默认值为 None
density	如果为 True，则返回概率密度直方图；默认为 False，返回相应区间元素的个数的直方图
histtype	要绘制的直方图类型，默认值为 bar，可选值有 barstacked（堆叠条形图）、step（未填充的阶梯图）、stepfilled（已填充的阶梯图）

以下举例说明如何绘制直方图，定义了4个区间（bins），分别是0～25、26～50、51～75和76～100。直方图显示了相应范围的人数。

【例3-84】　直方图绘图举例。

输入如下代码：

```
from matplotlib import pyplot as plt
import numpy as np
# 创建图形对象和轴域对象
fig,ax = plt.subplots(1,1)
a = np.array([22,87,5,43,56,73,55,54,11,20,51,5,79,31,27])
# 绘制直方图
```

```
ax.hist(a, bins = [0,25,50,75,100])
# 设置坐标轴
ax.set_title("histogram of result")
ax.set_xticks([0,25,50,75,100])
ax.set_xlabel('marks')
ax.set_ylabel('no.of students')
plt.show()
```

运行结果如图3-13所示。

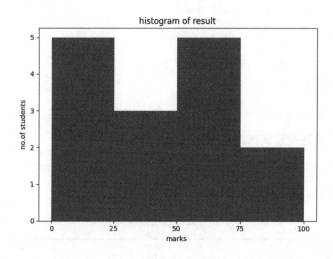

图3-13　直方图绘图举例

3. 饼状图

饼状图用来显示一个数据系列，具体来说，饼状图显示一个数据系列中各项目占项目总和的百分比。

Matplotlib提供了一个pie()函数，该函数可以生成数组中数据的饼状图。可使用x/sum(x)来计算各个扇形区域占饼图总和的百分比。pie()函数的参数说明如表3-20所示。

表3-20　饼状图函数参数说明

参　　数	说　　明
x	数组序列，数组元素对应扇形区域的数量大小
labels	列表字符串序列，为每个扇形区域备注一个标签名字
color	为每个扇形区域设置颜色，默认按照颜色周期自动设置
autopct	格式化字符串"fmt%pct"，使用百分比的格式设置每个扇形区的标签，并将其放置在扇形区内

【例3-85】　饼状图应用举例。

输入如下代码：

```
from matplotlib import pyplot as plt
import numpy as np
# 添加图形对象
fig = plt.figure()
ax = fig.add_axes([0,0,1,1])
# 使得x/y轴的间距相等
ax.axis('equal')
# 准备数据
langs = ['Wang', 'Zhang', 'Li', 'Sun', 'Qian']
students = [23,17,35,29,12]
# 绘制饼状图
ax.pie(students, labels = langs,autopct='%1.2f%%')
plt.show()
```

运行结果如图3-14所示。

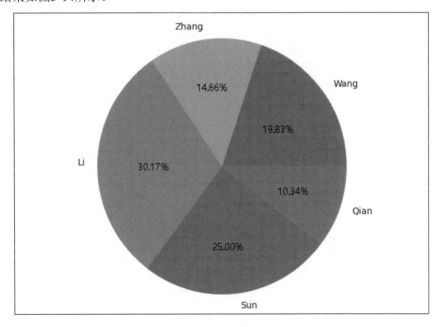

图3-14　饼状图应用举例

4．折线图

折线图（Line Chart）是日常工作、学习中经常使用的一种图表，它可以直观地反映数据的变化趋势。与绘制柱状图、饼状图等图形不同，Matplotlib并没有提供直接绘制折线图的函数，因此这里讲解如何通过编写代码绘制一幅折线图。

1）绘制单条折线图

【例3-86】 绘制单条折线图。

输入如下代码：

```
import matplotlib.pyplot as plt
# 准备绘制数据
x = ["Mon", "Tues", "Wed", "Thur", "Fri","Sat","Sun"]
y = [20, 40, 35, 55, 42, 80, 50]
# "g" 表示红色，marksize用来设置'D'菱形的大小
plt.plot(x, y, "g", marker='D', markersize=5, label="周活")
# 绘制坐标轴标签
plt.xlabel("x")
plt.ylabel("y")
plt.title("figure")
# 显示图例
plt.legend(loc="lower right")
# 调用 text()在图像上绘制注释文本
# x1、y1表示文本所处的坐标位置，ha参数控制水平对齐方式，va控制垂直对齐方式，str(y1)表示要绘制的文本
for x1, y1 in zip(x, y):
    plt.text(x1, y1, str(y1), ha='center', va='bottom', fontsize=10)
# 显示图片
plt.show()
```

运行结果如图3-15所示。

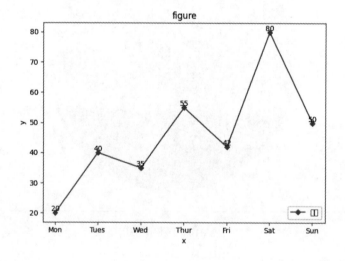

图3-15 单条折线图

2）绘制多条折线图

学会了如何绘制单条折线图，再绘制多条折线图就容易很多，只要准备好绘制多条折线图的数据即可。

【例3-87】　绘制多条折线图。

输入如下代码：

```
import matplotlib.pyplot as plt
# 对比两天内同一时刻温度的变化情况
x = [5, 8, 12, 14, 16, 18, 20]
y1 = [18, 21, 29, 31, 26, 24, 20]
y2 = [15, 18, 24, 30, 31, 25, 24]
# 绘制折线图，添加数据点，设置点的大小
# * 表示绘制五角星。此处也可以不设置线条颜色，matplotlib会自动为线条添加不同的颜色
plt.plot(x, y1, 'r',marker='*', markersize=10)
plt.plot(x, y2, 'b', marker='*',markersize=10)
plt.title('Figure')              # 折线图标题
plt.xlabel('Time(h)')            # x轴标题
plt.ylabel('Tem(℃)')            # y轴标题
# 给图像添加注释，并设置样式
for a, b in zip(x, y1):
    plt.text(a, b, b, ha='center', va='bottom', fontsize=10)
for a, b in zip(x, y2):
    plt.text(a, b, b, ha='center', va='bottom', fontsize=10)
# 绘制图例
plt.legend(['day1', 'day2'])
# 显示图像
plt.show()
```

运行结果如图3-16所示。

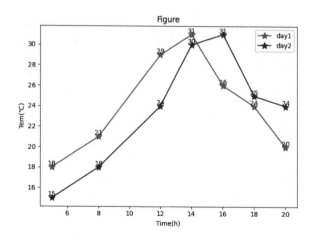

图3-16　多条折线图

5．散点图

散点图用于在水平轴和垂直轴上绘制数据点，它表示因变量随自变量变化的趋势。通俗地讲，它反映的是一个变量受另一个变量的影响程度。

散点图将序列显示为一组点，其中每个散点值都由该点在图表中的坐标位置表示。对于不同类别的点，则由图表中不同形状或颜色的标记符表示。同时，也可以设置标记符的颜色或大小。

【例3-88】 绘制散点图。

输入如下代码：

```
import matplotlib.pyplot as plt
girls_grades = [89, 90, 70, 89, 100, 80, 90, 100, 80, 34]
boys_grades = [30, 29, 49, 48, 100, 48, 38, 45, 20, 30]
grades_range = [10, 20, 30, 40, 50, 60, 70, 80, 90, 100]
fig=plt.figure()
# 添加绘图区域
# ax=fig.add_axes([0,0,1,1])
plt.scatter(grades_range, girls_grades, color='r',label="girls")
plt.scatter(grades_range, boys_grades, color='b',label="boys")
plt.xlabel('成绩范围')
plt.ylabel('得分')
plt.title('散点图')
# ax.set_xlabel('Grades Range')
# ax.set_ylabel()
# ax.set_title('scatter plot')
# 添加图例
plt.legend()
plt.show()
```

运行结果如图3-17所示。

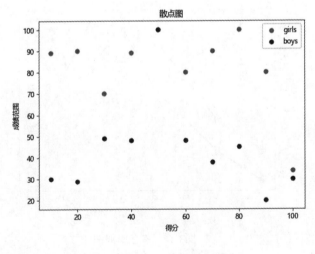

图3-17   绘制散点图

6．3D绘图

最初开发的Matplotlib仅支持绘制2D图形，后来随着版本的不断更新，Matplotlib在二维绘图的基础上构建了一部分较为实用的3D绘图程序包，比如mpl_toolkits.mplot3d，通过调用该程序包的一些接口可以绘制3D散点图、3D曲面图、3D线框图等。

1）3D 线图绘制

【例3-89】　3D绘图入门。

输入如下代码：

```
from mpl_toolkits import mplot3d
import numpy as np
import matplotlib.pyplot as plt
fig = plt.figure()
# 创建3D绘图区域
ax = plt.axes(projection='3d')
# 从3个维度构建
z = np.linspace(0, 1, 100)
x = z * np.sin(20 * z)
y = z * np.cos(20 * z)
# 调用ax.plot3D创建三维线图
ax.plot3D(x, y, z, 'gray')
ax.set_title('3D 线绘制')
plt.show()
```

上述代码中的ax.plot3D()函数可以绘制各种三维图形，这些三维图形都要根据(*x*, *y*, *z*)三元组类来创建。

运行结果如图3-18所示。

2）3D 散点图

通过ax.scatter3D()函数可以绘制3D散点图。

【例3-90】　绘制3D散点图。

输入如下代码：

```
from mpl_toolkits import mplot3d
import numpy as np
import matplotlib.pyplot as plt
fig = plt.figure()
# 创建绘图区域
ax = plt.axes(projection='3d')
# 构建x、y、z数据
z = np.linspace(0, 1, 100)
x = z * np.sin(20 * z)
y = z * np.cos(20 * z)
c = x + y
ax.scatter3D(x, y, z, c=c)
ax.set_title('3D 散点图')
plt.show()
```

运行结果如图3-19所示。

3D 线图

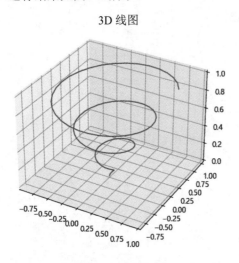

图 3-18   3D 线图

3D 散点图

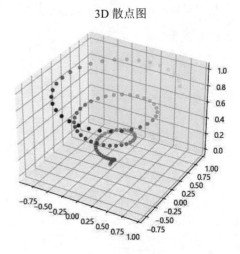

图 3-19   3D 散点图

3）3D 等高线图

ax.contour3D()函数可以用来创建3D等高线图，该函数要求输入数据均采用二维网格式的矩阵坐标。同时，它可以在每个网格点(x,y)处计算出一个z值。

【例3-91】   绘制3D正弦等高线图。

输入代码如下：

```
from mpl_toolkits import mplot3d
import numpy as np
import matplotlib.pyplot as plt
def f(x, y):
    return np.sin(np.sqrt(x ** 2 + y ** 2))
# 构建x、y数据
x = np.linspace(-6, 6, 30)
y = np.linspace(-6, 6, 30)
# 将数据网格化处理
X, Y = np.meshgrid(x, y)
Z = f(X, Y)
fig = plt.figure()
ax = plt.axes(projection='3d')
# 50表示在z轴方向等高线的高度层级，binary颜色从白色变成黑色
ax.contour3D(X, Y, Z, 50, cmap='binary')
ax.set_xlabel('x')
ax.set_ylabel('y')
ax.set_zlabel('z')
ax.set_title('3D 等高线')
plt.show()
```

运行结果如图3-20所示。

3D 等高线

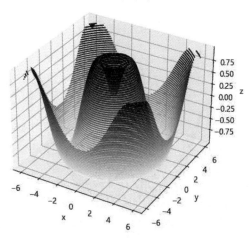

图 3-20　3D 正弦等高线图

4）3D 线框图

线框图同样要采用二维网格形式的数据，与绘制等高线图类似。线框图可以将数据投影到指定的三维表面上，并输出可视化程度较高的三维效果图。通过plot_wireframe()函数可以绘制3D线框图。

【例3-92】　绘制3D线框图。

输入如下代码：

```python
from mpl_toolkits import mplot3d
import numpy as np
import matplotlib.pyplot as plt
# 绘制函数图像
def f(x、y):
    return np.sin(np.sqrt(x ** 2 + y ** 2))
# 准备x、y数据
x = np.linspace(-6, 6, 30)
y = np.linspace(-6, 6, 30)
# 生成x、y网格化数据
X, Y = np.meshgrid(x, y)
# 准备z值
Z = f(X, Y)
# 绘制图像
fig = plt.figure()
ax = plt.axes(projection='3d')
# 调用绘制线框图的函数plot_wireframe()
ax.plot_wireframe(X, Y, Z, color='black')
```

```
ax.set_title('3D线框图')
plt.show()
```

运行结果如图3-21所示。

3D 线框图

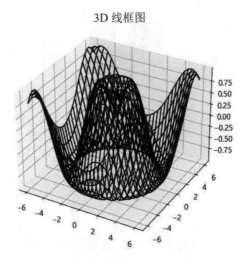

图 3-21　3D 线框图

5）3D 曲面图

曲面图表示一个指定的因变量y与两个自变量x和z之间的函数关系。3D曲面图是一个三维图形，它类似于线框图。不同之处在于，线框图的每个面都由多边形填充而成。

Matplotlib提供的plot_surface()函数可以绘制3D曲面图，该函数需要接收3个参数值：x、y和z。

【例3-93】　绘制3D曲面图。

输入如下代码：

```
from mpl_toolkits import mplot3d
import numpy as np
import matplotlib.pyplot as plt
# 求向量积(outer()方法又称外积)
x = np.outer(np.linspace(-2, 2, 30), np.ones(30))
# 矩阵转置
y = x.copy().T
#数据z
z = np.cos(x ** 2 + y ** 2)
# 绘制曲面图
fig = plt.figure()
ax = plt.axes(projection='3d')
# 调用plot_surface()函数
ax.plot_surface(x, y, z,cmap='viridis', edgecolor='none')
ax.set_title('3D曲面图')
plt.show()
```

运行结果如图3-22所示。

3D 曲面图

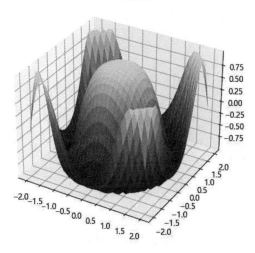

图 3-22 3D 曲面图

3.5 Scikit-Learn

Scikit-Learn（以前称为scikits.learn，也称为sklearn）是针对Python编程语言的免费软件机器学习库。它具有各种分类、回归和聚类算法，包括支持向量机、随机森林、梯度提升、k均值和DBSCAN等。

Scikit-Learn主要是用Python编写的，并且广泛使用NumPy进行高性能的线性代数和数组运算。此外，用Cython编写了一些核心算法来提高性能。

Scikit-Learn可与许多其他Python库很好地集成在一起，例如Matplotlib、Plotly、NumPy、Pandas、SciPy等。

Scikit-Learn最初由David Cournapeau于2007年在Google的夏季代码项目中开发，后来Matthieu Brucher加入该项目，并开始将其用作论文的一部分。2010年，法国计算机科学与自动化研究所（简称INRIA）参与其中，并于2010年1月下旬发布了第一个公开版本（v0.1 beta）。

这里将简要介绍Scikit-Learn，并介绍如何安装它，因为该包中含有大量机器学习算法，后续将会反复用到该模块，这里不再进行深入讨论。

在Windows环境下可以使用包管理器pip进行安装：

```
pip install -U scikit-learn
```

可以使用以下语句来检查：

```
python -m pip show scikit-learn # 查看scikit-learn安装的位置及安装的版本
python -m pip freeze # 查看所有在虚拟环境中已下载的包
python -c "import sklearn; sklearn.show_versions()"
```

在Windows环境下还可以使用conda进行安装：

```
conda install scikit-learn
```

可以使用以下语句来检查：

```
conda List scikit-learn # 查看scikit-learn安装的位置及安装的版本
conda List # 查看所有在虚拟环境中已下载的包
python -c "import sklearn; sklearn.show_versions()"
```

3.6　深度学习框架简介

在本章的最后有必要简单介绍一下目前学术界和工业界常用的深度学习框架，以便读者选出适合自己的框架。深度学习是目前机器学习的重要发展方向，在开始深度学习项目之前，选择一个合适的框架是非常重要的，因为选择一个合适的框架能起到事半功倍的效果。

在深度学习初始阶段，每个深度学习研究者都需要写大量的重复代码。为了提高工作效率，这些研究者就将这些代码写成了一个框架放到网上让所有研究者一起使用。随着时间的推移，最为好用的几个框架被大量的人使用从而流行了起来。全世界最为流行的深度学习框架有PaddlePaddle（飞桨）、TensorFlow、Caffe、Theano、MXNet、Torch和PyTorch。

1. PaddlePaddle

PaddlePaddle以百度多年的深度学习技术研究和业务应用为基础，是中国首个自主研发、功能完备、开源开放的产业级深度学习平台，集深度学习核心训练和推理框架、基础模型库、端到端开发套件和丰富的工具组件于一体。

目前，PaddlePaddle已凝聚超过265万开发者，服务企业10万家，基于PaddlePaddle开源深度学习平台产生了34万个模型。PaddlePaddle可助力开发者快速实现AI想法，快速上线AI业务，帮助越来越多的行业完成AI赋能，实现产业智能化升级。

PaddlePaddle在业内率先实现了动静统一的框架设计，兼顾灵活性与高性能，并提供一体化设计的高层API和基础API，确保用户可以同时享受开发的便捷性和灵活性。

在大规模分布式训练技术上，PaddlePaddle率先支持千亿稀疏特征、万亿参数、数百节点并行训练的能力，并推出了业内首个通用异构参数服务器架构，已达到国际领先水平。

PaddlePaddle拥有强大的多端部署能力，支持云端服务器、移动端以及边缘端等不同平台设备的高速推理。PaddlePaddle推理引擎支持广泛的AI芯片，已经适配和正在适配的芯片或IP达到29款，处于业界领先地位。

PaddlePaddle围绕企业实际研发流程量身定制打造了大规模的官方模型库，算法总数达到270多个，服务企业遍布能源、金融、工业、农业等多个领域。

2. TensorFlow

Google开源的TensorFlow是一款使用C++语言开发的开源数学计算软件，使用数据流图的形式进行计算。图中的节点代表数学运算，而图中的线条表示多维数据数组之间的交互。

TensorFlow灵活的架构可以部署在一个或多个CPU、GPU的台式机服务器中，或者使用单一的API应用在移动设备中。TensorFlow最初是由研究人员和Google Brain团队针对机器学习和深度神经网络进行研究而开发的，开源之后几乎适用于各个领域。

TensorFlow是全世界使用人数最多、社区最为庞大的一个框架，因为是Google公司出品的，所以维护与更新比较频繁，并且有着Python和C++的接口，教程也非常完善，同时很多论文复现的第一个版本都是基于TensorFlow写的，所以是深度学习界框架默认的老大。

3. Caffe

和TensorFlow名气一样大的是深度学习框架Caffe，由加州大学伯克利分校的贾扬清博士开发，全称是Convolutional Architecture for Fast Feature Embedding，是一个清晰而高效的开源深度学习框架，由伯克利视觉中心（Berkeley Vision and Learning Center，BVLC）进行维护。

从Caffe的名字就可以看出其对于卷积网络的支持特别好，同时也是用C++写的，提供了C++接口，也提供了MATLAB接口和Python接口。

Caffe之所以流行，是因为之前很多ImageNet比赛里面使用的网络都是用Caffe写的，所以如果想使用这些比赛的网络模型，就只能使用Caffe，这也就导致很多人转而使用Caffe框架。

Caffe的缺点是不够灵活，同时内存占用高。Caffe的升级版本Caffe 2已经开源了，修复了一些问题，同时工程水平得到了进一步的提高。

4. Theano

Theano于2008年诞生于蒙特利尔理工学院，其派生出了大量的深度学习Python软件包，最著名的是Blocks和Keras。Theano的核心是一个数学表达式的编译器，用于操作和评估数学表达式，尤其是矩阵值表达式。在Theano中，计算使用NumPy语法表示，经编译后可以在CPU或GPU架构上高效运行。

Theano是为深度学习中处理大型神经网络算法所需的计算而专门设计的，是这类库的首创之一，被认为是深度学习研究和开发的行业标准。

由于开发Theano的研究人员大多去了Google参与TensorFlow的开发，所以，某种程度来讲，TensorFlow就像Theano的孩子。

5. MXNet

MXNet的主要作者是李沐，最早就是几个人抱着纯粹对技术和开发的热情做起来的，如今已成为亚马逊的官方框架，有非常好的分布式支持，而且性能特别好，占用显存低，同时其开发的语言接口不仅有Python和C++，还有R、MATLAB、Scala、JavaScript等，可以说能够满足使用任何语言的人。

但是MXNet的缺点也很明显，教程不够完善，使用的人不多，导致社区不大，同时每年很少有比赛和论文是基于MXNet实现的，这就使得MXNet的推广力度和知名度不高。

6. Torch

Torch是一个有大量机器学习算法支持的科学计算框架，其诞生已有10年之久，但是真正起势得益于Facebook开源了大量Torch的深度学习模块和扩展。

Torch的特点在于特别灵活，另一个特殊之处是采用了编程语言Lua，在深度学习大部分以Python为编程语言的大环境之下，一个以Lua为编程语言的框架有着更多的劣势，这个小众的语言增加了学习使用Torch这个框架的成本。

7. PyTorch

PyTorch的前身便是Torch，其底层和Torch框架一样，但是使用Python重新写了很多内容，不仅更加灵活，支持动态图，而且提供了Python接口。它是一个以Python优先的深度学习框架，不仅能够实现强大的GPU加速，同时还支持动态神经网络，这是很多主流深度学习框架（比如TensorFlow等）都不支持的。

PyTorch既可以看作是加入了GPU支持的NumPy，又可以看作是一个拥有自动求导功能的强大的深度神经网络。除了Facebook外，PyTorch还被Twitter、CMU和Salesforce等机构采用。

深度学习框架的出现降低了深度学习入门的门槛，不需要从复杂的神经网络开始编写代码，可以根据需要选择已有的模型，通过训练得到模型参数，也可以在已有模型的基础上增加层（layer），或者在顶端选择自己需要的分类器和优化算法（比如常用的梯度下降算法）。

当然，也正因如此，没有什么框架是完美的，就像一套积木里可能没有需要的那一种积木，所以不同的框架适用的领域不完全一致。总的来说，深度学习框架提供了一系列的深度学习组件（对于通用的算法，里面会有实现），当需要使用新的算法的时候，就需要用户自己去定义，然后调用深度学习框架的函数接口使用用户自定义的新算法。

经过这些年的发展，PyTorch和TensorFlow已经成为业界主流的深度学习框架，受到越来越多从业者的使用和青睐。

3.7　小结

本章详细讲解了机器学习的环境需求和常用模块，读者通过学习本章内容和编程实践可以掌握机器学习常用Python模块的用法，方便后续章节学习中的编程实践和理解。

## 第 4 章

特 征 工 程

本章主要介绍机器学习的特征工程，包括特征工程的概念和意义、数据清洗的概念和方法、常见的特征提取和选择方法、数据集划分等，为后续深入进行机器学习打下基础。特征工程是机器学习算法效果好的重要前提，希望读者可以认真学习本章，虽然有些枯燥，但却非常有用。

学习目标：

（1）掌握特征工程的概念和意义。

（2）熟悉特征工程的常用方法。

（3）常见的特征提取方法。

4.1 特征工程概述

机器学习的进步是模型带来的还是数据带来的，这可能是一个鸡生蛋还是蛋生鸡的问题。机器学习"大牛"吴恩达对此的看法是，一个机器学习团队80%的工作应该放在数据准备上，确保数据质量是最重要的工作，每个人都知道应该如此做，但没人在乎。

如果更多地强调以数据为中心而不是以模型为中心，那么机器学习的发展会更快，这就是著名的二八定律。当我们去arXiv网站上查找机器学习相关的研究资料时，发现所有模型都在围绕基准测试展示自己模型的能力，例如Google的BERT、OpenAI的GPT-3，实际上，这些模型仅解决了20%的业务问题，在具体的业务场景中，想取得更好的效果，则需要更好的数据，也就是大部分模型还需要在具体的业务场景中再次训练才能使用。

机器学习的进步一直是由提高基准数据集性能的努力所推动的，这是全世界学术界全力以赴在做的事情。对于机器学习问题，数据一般决定了结果的上限，而机器学习模型和算法在逐渐接近这个上限。顾名思义，特征工程就是对原始数据进行一系列的加工和处理，从数据集中提取出适合输入机器学习网络的特征。

数据特征将会直接影响模型的预测性能。换句话说："从数据集中选择的特征越好，最终得到的机器学习模型性能也就越好"。这句话说得没错，但也会造成误解。事实上，得到的实验结果取决于选择的模型、获取的数据以及使用的特征，甚至问题的形式和用来评估精度的客观方法也扮演了重要角色，最终模型是各方面综合的结果。

此外，实验结果还受到许多相互依赖的属性的影响，需要能够很好地描述数据内部结构特征，主要有以下原则：

1）特征越好，灵活性越强

只要特征选得好，即使是一般的模型（或算法），也能获得很好的性能，因为大多数模型（或算法）在好的数据特征下表现的性能都还不错。好特征的灵活性在于它允许选择不复杂的模型，同时运行速度也更快，也更容易理解和维护。

2）特征越好，构建的模型越简单

有了好的特征，即便模型参数不是最优的，模型性能仍然会表现得很好，所以就不需要花太多的时间去寻找最优参数，这大大地降低了模型的复杂度，使模型趋于简单。

目前机器学习的特征工程主要包含以下内容。

1．数据清洗

通常会通过数据可视化（Data Visualization）技术直观地查看数据的特性，比如数据的分布是否是线性的，数据中是否包含异常值，特征是否符合高斯分布，等等。最后，才会对数据进行处理，也就是数据清洗，来解决这些数据可能存在的数据缺失、有异常值、数据不均衡、量纲不一致等问题。算法工程师还可以通过删除缺失值或者补充缺失值的手段来解决这些问题。

对于数据不均衡的问题，因为数据偏差可能导致后面训练的模型过拟合或者欠拟合，所以处理数据偏差问题也是数据清洗阶段需要考虑的。

2．特征提取

在清洗好数据之后，算法工程师就需要对数据进行特征提取，一般提取出的特征会有4类常见的形式，分别是数值型特征数据、标签或者描述类数据、非结构化数据、网络关系型数据。接下来，分别来看它们的提取方法。

1）数值型特征数据

数据一般包含大量的数值特征。这类特征可以直接从数据仓库中获取，操作起来非常简单，为了能更多地提取特征，通常会先提取主体特征，再提取其他维度特征。

2）标签或描述类数据

这类数据的特点是包含的类别相关性比较低，并且不具备大小关系。这类特征的提取方法也非常简单，一般就是将这类数据转化为特征，每个特征值用0、1来表示，如是否有车[0, 1]、是否有人[0, 1]等。

3）非结构化数据

非结构化数据一般存在于用户生成内容（User Generated Content，UGC）数据中。提取非结构化特征的一般做法就是，对文本数据进行清洗和挖掘，挖掘出在一定程度上反映用户属性的特征。

4）网络关系型数据

网络关系型数据和前3类数据的差别非常大，前3类数据描述的都是个人，而网络关系型数据描述的是这个人和周围人的关系。比如说，在网络购物时，某个人和另一个人在同一收货地址上，如果这个收货地址是家庭地址，那么这两个人很可能就是家人。如果在同一单位地址上，那么这两个人很可能就是同事，这代表着一个关系的连接。

3. 特征选择

算法工程师会对希望输入模型的特征设置对应的覆盖度等指标，这是特征选择的第一步。然后，依据这些指标和按照经验定下来的阈值对特征进行筛选。最后，还要看特征的稳定性，将不稳定的特征去掉。这些都属于特征选择的范畴。

4. 数据集划分

特征选择完成后，就进入最后的生成训练和测试集阶段了。这一步也是模型正式开始训练前需要做的，简单来说，就是算法工程师需要把数据分成训练集和测试集，然后使用训练集来进行模型训练，使用测试集验证模型效果。

一定要重视模型设计阶段，因为特征工程实际就决定了模型目标变量的定义和数据样本的抽取，它们是模型构建的基础，也是模型设计环节最需要注意的。因为建立特征工程这个环节的工作基本可以占到机器学习模型开发时间的60%以上，所以它的核心步骤也是机器学习从业者要知道和了解的。这其中最重要的就是数据清洗和特征提取，因为数据和特征的质量决定了模型最后的效果表现。

简而言之，特征工程就是一个把原始数据转变成特征的过程，这些特征可以很好地描述这些数据，并且利用它们建立的模型在未知数据上的表现性能可以达到最优（或者接近最优性能）。从数学的角度来看，特征工程就是人工地去设计输入变量。

特征工程是一门艺术，跟编程一样。导致许多机器学习项目成功和失败的主要因素就是使用了不同的特征。特征工程主要包括以下常用方法。

1）表示时间戳

时间戳属性通常需要分离成多个维度，比如年、月、日、小时、分钟、秒钟。但是在很多应用中，大量的信息是不需要的。比如在一个监督系统中，尝试利用一个"位置+时间"的函数预测一个城市的交通故障程度，这个实例中，大部分情况会受到误导只通过不同的秒数去学习趋势，这其实是不合理的，并且维度"年"也不能很好地给模型增加值的变化，可能仅仅需要小时、日、月等维度。因此，在呈现时间的时候，试着保证提供的所有数据是模型所需要的。同时别忘了时区，假如数据来自不同的地理数据源，别忘了利用时区将数据标准化。

2）分解类别属性

一些属性是类别型而不是数值型的，举一个简单的例子，由（红，绿，蓝）组成的颜色属性，最常用的方式是把每个类别属性转换成二元属性，即从（0，1）取一个值。因此，基本上增加的属性等于相应数目的类别，并且对于数据集中的每个实例，只有一个是1（其他的为0），这也就是独热（one-hot）编码方式（类似于转换成哑变量）。

如果不了解这个编码的话，可能会觉得分解会增加不必要的麻烦（因为编码大量地增加了数据集的维度）。相反，可以尝试将类别属性转换成一个标量值，例如颜色属性可以用（1，2，3）表示（红，绿，蓝）。

这里存在两个问题。首先，对于一个数学模型，这意味着某种意义上红色和绿色相比，和蓝色更"相似"。除非类别拥有排序的属性（比如铁路线上的站），这样可能会误导模型。

其次，可能会导致统计指标（比如均值）无意义，更糟糕的情况是，会误导模型。还是颜色的例子，假如数据集包含相同数量的红色和蓝色的实例，但是没有绿色的，那么颜色的均值可能还是得到2，也就是绿色。

能够将类别属性转换成一个标量，最有效的场景应该是只有两个类别的情况，即（0，1）对应（类别1，类别2）。在这种情况下，不需要排序，并且可以将属性的值理解成属于类别1或类别2的概率。

3）分箱和分区

有时候，将数值型属性转换成类别呈现更有意义，同时通过将一定范围内的数值划分成确定的块，能使算法减少噪声的干扰。举个例子，预测一个人是否拥有某款衣服，这里年龄是一个确切的因子。其实年龄组是更为相关的因子，所以可以将年龄分布划分成1～10、11～18、19～25、26～40等。而且，不是将这些类别分解成两个点，可以使用标量值，因为相近的年龄组会表现出相似的属性。

只有在了解属性领域知识的基础上，确定属性能够划分成简洁的范围，分区才有意义，即所有的数值落入一个分区时能够呈现出共同的特征。在实际应用中，当不想让模型总是尝试区分值之间是否太近时，分区能够避免出现过拟合。例如，如果想将一个城市作为整体，这时可以将所有落入该城市的维度值整合成一个整体。分箱也能减小错误的影响，通过将一个给定值划入最近的块中实现。如果划分范围的数量和所有可能值相近，或准确率很重要的话，此时分箱就不适合了。

4）特征交叉

特征交叉是将两个或更多子类别属性组合成一个，当组合特征比单个特征更好时，这是一项非常有用的技术。从数学上来说，特征交叉是对类别特征的所有可能值进行交叉相乘。

假如拥有一个特征A，A有两个可能值$\{A1, A2\}$，拥有一个特征B，存在$\{B1, B2\}$等可能值。然后，A和B的交叉特征为：$\{（A1, B1），（A1, B2），（A2, B1），（A2, B2）\}$，并且可以给这些组合特征取任何名字。但是需要明白的是，每个组合特征其实代表着A和B各自信息的协同作用。

5）特征选择

为了得到更好的模型，可以使用某些算法自动选出原始特征的子集。这个过程不会构建或修改拥有的特征，但是会通过修剪特征来达到减少噪声和冗余的目的。

在数据特征中存在一些对于提高模型的准确率比其他特征更重要的特征，也有一些特征与其他特征放在一起会出现冗余，特征选择通过自动选出对于解决问题最有用的特征子集来解决上述问题。

特征选择算法可能会用到评分方法来排名和选择特征，比如相关性或其他确定特征重要性的方法，还可以进一步通过试错来搜索出特征子集。

还可以通过构建辅助模型的方法进行特征选择，逐步回归就是在模型构造过程中自动执行特征选择算法的一个实例，还有像Lasso回归和岭回归等正则化方法也被归入特征选择，通过将额外的约束或者惩罚项加到已有模型（损失函数）上，以防止过拟合并提高泛化能力。

6）特征缩放

有时候，可能会注意到某些特征比其他特征拥有高得多的跨度值。例如，将一个人的收入和其年龄进行比较，比如某些模型（像岭回归）要求必须将特征值缩放到相同的范围值内。通过缩放可以避免某些特征与其他特征获得的权重值大小非常悬殊。

7）特征提取

特征提取涉及从原始属性中自动生成一些新的特征集的一系列算法，降维算法就属于这一类。特征提取是一个自动将观测值降维到足够建模的小数据集的过程。对于列表数据，可使用一些投影方法，如主成分分析和无监督聚类算法。对于图形数据，可使用一些直线检测和边缘检测。对于不同领域有各自的方法。

特征提取的关键点在于这些方法是自动的（虽然可能需要从简单方法中设计和构建得到），还能够解决不受控制的高维数据的问题。在大部分情况下，是将这些不同类型的数据（如图、语言、视频等）存成数字格式来进行模拟观察。

4.2 数据清洗

数据清洗（Data Cleaning）是对数据进行重新审查和校验的过程，目的在于删除重复信息，纠正存在的错误，并提供数据一致性。

例如，数据仓库中的数据是面向某一主题的数据的集合，这些数据从多个业务系统中抽取而来，而且包含历史数据，这样就避免不了有的数据是错误数据，有的数据相互之间有冲突，这些错误的或有冲突的数据显然是不想要的，称为"脏数据"。

要按照一定的规则把"脏数据""洗掉"，这就是数据清洗。而数据清洗的任务是过滤那些不符合要求的数据，将过滤的结果交给业务主管部门，确认是过滤掉还是由业务单位修正之后再进行抽取。

数据清洗是发现并纠正数据文件中可识别的错误的最后一道程序，包括检查数据的一致性、处理无效值和缺失值等。与问卷审核不同，录入后的数据清洗一般是由计算机而不是人工完成的。

1. 一致性检查

一致性检查（Consistency Check）是根据每个变量的合理取值范围和相互关系检查数据是否合乎要求，发现超出正常范围、逻辑上不合理或者相互矛盾的数据。例如，用1～7级量表测量的变量出现了0值，体重出现了负数，都应视为超出正常值域范围。

SPSS、SAS和Excel等计算机软件都能够根据定义的取值范围自动识别每个超出范围的变量值。在逻辑上不一致的答案可能以多种形式出现，例如，许多调查对象说自己开车上班，又报告没有汽车；或者调查对象报告自己是某品牌的重度购买者和使用者，但同时又在熟悉程度量表上给了很低的分值。发现不一致时，要列出问卷序号、记录序号、变量名称、错误类别等，以便于进一步核对和纠正。

2. 无效值和缺失值的处理

由于调查、编码和录入误差，数据中可能存在一些无效值和缺失值，需要给予适当的处理。常用的处理方法有估算、整例删除、变量删除和成对删除。

- 估算（Estimation）：最简单的办法就是用某个变量的样本均值、中位数或众数代替无效值和缺失值。这种办法很简单，但没有充分考虑数据中已有的信息，误差可能较大。另一种办法是根据调查对象对其他问题的答案，通过变量之间的相关分析或逻辑推论进行估计。例如，某一物品的拥有情况可能与家庭收入有关，可以根据调查对象的家庭收入推算拥有这一产品的可能性。

- 整例删除（Casewise Deletion）：即剔除含有缺失值的样例。由于很多问卷都可能存在缺失值，这种做法可能导致有效样本量大大减少，无法充分利用已经收集到的数据。因此，该方法只适合关键变量缺失，或者含有无效值或缺失值的样本比重很小的情况。

- 变量删除（Variable Deletion）：如果某一变量的无效值和缺失值很多，而且该变量对于所研究的问题不是特别重要，则可以考虑将该变量删除。这种做法减少了供分析用的变量数目，但没有改变样本量。

- 成对删除（Pairwise Deletion）：即用一个特殊码（通常是9、99、999等）代表无效值和缺失值，同时保留数据集中的全部变量和样本。但是，在具体计算时只采用有完整答案的样本，因而不同的分析因涉及的变量不同，其有效样本量也会有所不同。这是一种保守的处理方法，最大限度地保留了数据集中的可用信息。

采用不同的处理方法可能对分析结果产生不同的影响，尤其是当缺失值的出现并非随机且变量之间明显相关时。因此，在调查中应当尽量避免出现无效值和缺失值，以保证数据的完整性。

3. 需要清洗的数据类型

不符合要求的数据主要包括不完整的数据、错误的数据、重复的数据三大类。

1）残缺数据

这类数据主要是一些应该有的信息缺失，如供应商的名称、分公司的名称、客户的区域信息缺失，业务系统中主表与明细表不能匹配等。这类数据过滤后，按缺失的内容分别写入不同Excel文件向客户提交，要求在规定的时间内补全，补全后才能写入数据仓库。

2）错误数据

这类错误是业务系统不够健全，在接收输入后没有进行判断，直接写入后台数据库造成的，比如数值数据输成全角数字字符，字符串数据后面有一个回车操作，日期格式不正确，日期越界等。这类数据也要分类，对于全角字符、数据前后有不可见字符等问题，只能通过写SQL语句的方式找出来，然后要求客户在业务系统修正之后抽取。

日期格式不正确或者日期越界这类错误会导致ETL运行失败，这类错误需要去业务系统数据库用SQL的方式挑出来，交给业务主管部门限期修正，修正之后再抽取。

3）重复数据

对于这类数据（特别是维表中会出现这种情况）需要将重复数据记录的所有字段导出来，让客户确认并整理。

数据清洗是一个反复的过程，不可能一次完成，需要不断发现问题，解决问题。需要注意的是，不要将有用的数据过滤掉，对于每个过滤规则要认真进行验证，并让用户确认。

4. 数据清洗方法

一般来说，数据清洗是将数据集精简以除去重复记录，并使剩余部分转换成标准可接收格式的过程。数据清洗标准模型是将数据输入数据清洗处理器，通过一系列步骤"清理"数据，然后以期望的格式输出清理过的数据。

数据清洗从数据的准确性、完整性、一致性、唯一性、适时性、有效性6个方面来处理数据的丢失值、越界值、不一致代码、重复数据等。

数据清洗一般针对具体应用，因而难以归纳成统一的方法和步骤，但是根据数据的不同，可以给出相应的数据清洗方法。

1）解决不完整数据（值缺失）的方法

大多数情况下，缺失的值必须手工填入（手工清洗）。当然，某些缺失的值可以从本数据源或其他数据源推导出来，这就可以用平均值、最大值、最小值或更为复杂的概率估计代替缺失的值，从而达到清洗的目的。

2）错误值的检测及解决方法

用统计分析的方法识别可能的错误值或异常值，如偏差分析、识别不遵守分布或回归方程的值，也可以用简单规则库（常识性规则、业务特定规则等）检查数据值，或使用不同属性间的约束、外部的数据来检测和清洗数据。

3）重复记录的检测及消除方法

数据库中属性值相同的记录被认为是重复记录，通过判断记录间的属性值是否相等来检测记录是否相等，相等的记录合并为一条记录（合并、清除）。合并、清除是消重的基本方法。

4）不一致性（数据源内部及数据源之间）的检测及解决方法

从多数据源集成的数据可能有语义冲突，可定义完整性约束用于检测不一致性，也可通过分析数据发现联系，从而使得数据保持一致。

可以借助数据清洗工具提高数据清洗的效率。例如，数据迁移工具允许指定简单的转换规则，如将字符串gender替换成sex，sex公司的Prism Warehouse属于这类工具。

某一类数据清洗工具使用领域特有的知识（如邮政地址）对数据进行清洗，它们通常采用语法分析和模糊匹配技术完成对多数据源数据的清洗，某些工具可以指明源的"相对清洁程度"。Integrity和Trillum工具就属于这一类。

4.3　特征选择和提取

特征选择是从原始特征数据集中选择出可以代表数据的特征子集，特征选择则是把原始数据从高维空间转换到低维空间中，将原始特征合并成一些新的特征类型进行表示。与特征提取相比，特征选择保留了原始数据的物理意义，在后续的数据分析中往往更加方便。

特征提取主要是通过属性间的关系，如组合不同的属性得到新的属性，这样就改变了原来的特征空间。

这两者达到的效果是一样的，就是试图减少特征数据集中属性（或者称为特征）的数目，但是两者所采用的方式却不同。特征提取的方法主要是通过属性间的关系，如组合不同的属性得到新的属性，这样就改变了原来的特征空间。

特征选择的方法是从原始特征数据集中选择出子集，是一种包含的关系，没有更改原始的特征空间。两者都会减少特征数据集中属性（或者称为特征）的数目。

根据使用数据标签信息的程度，特征选择方法大致可以分为有监督、半监督和无监督3种。

- 有监督特征选择利用已知的数据标签获取判别信息，然后检验每个数据类特征之间的相关性，从而确定每个特征的重要性。但是获取这样的标签信息需要很多资源，比如人工注释，而且在许多问题中标签是不可用的。
- 半监督特征选择只需要用少量的数据标签就可以提高选择的准确性。
- 无监督特征选择不使用标签信息，仅通过数据集的内在信息来确定每个特征的重要性。在实际应用中，数据的标签信息大多是未知的，因此无监督特征选择尤为重要。

4.3.1　特征选择

在描述对象的时候，模式识别中把每个对象都量化为一组特征来描述，构建特征空间是解决模式识别问题的第一步，其中通过直接测量得到的特征称为原始特征。

例如人体的各种生理指标（用来描述健康状况），数字图像中每点的灰度值（用来描述图像内容）。

原始特征一般包含三大类：物理特征、结构特征和数学特征。

- 物理特征和结构特征：易于被人的直觉感知，但是有时难以定量描述，因此不利于机器判别。

- 数学特征：易于用机器判别和分析，如统计特征。

原始特征是直接测量获得的，但是往往不用于模式识别，主要有以下几个原因：

（1）原始特征不能反映对象的本质特征。

（2）高维的原始特征不利于分类器的设计，主要原因是：

- 计算量大，如对于一幅 1024×768 的灰度图像，灰度级为 256 级，直接表示需要 786432 bytes，进行训练识别所需的空间、时间和计算量都无法接受。
- 冗余，原始特征空间中，大量的特征都是相关性强的冗余特征。
- 样本分布十分稀疏，对于有限训练样本而言，在高维的原始特征空间中分布十分 稀疏。

如果不对数目过多的测量值进行分析，直接用于分类特征，不但耗时，而且会影响分类效果，产生"维数灾难"等问题。

针对原始特征的以上特性和不足，为了设计出更好的分类器，通常需要对原始特征的测量值集合进行分析，经过选择和变换处理，组成有效的识别特征。处理方式如下：

（1）在保证一定分类精度的前提下，减少特征维数，进行"降维"处理，使分类器实现快速、准确、高效地分类。

（2）去掉模棱两可、不利于分类的特征，使得提供的特征具有更好的可分性，使分类器容易判别。

（3）提供的特征不应重复，即去掉相关性强但是没有增加更多分类信息的特征，即特征选择。

对于一个特定的学习算法来说，需要能够判断哪一个特征是有效的。因此，需要从所有特征中选择出对于学习算法有益的特征。

进行特征选择主要有以下目的：

（1）降维。

（2）降低学习任务的难度。

（3）提升模型的效率。

特征选择想要做的是：选择尽可能少的子特征，这样模型的效果不会显著下降，并且结果的类别分布尽可能接近真实的类别分布。

特征选择是指从已有的特征集合中按某一分类准则选出一组子特征集和作为降维的分类特征使用。通俗的理解就是从原始特征中挑选出一组最有代表性、分类性能好的特征。

特征选择主要包括4个过程：

（1）生成过程：生成候选的特征子集。从原始特征集中选择特征的过程，选择出的特征叫特征子集。

生成过程是一个搜索过程，这个过程主要有以下3个策略：

① 完全搜索：根据评价函数进行完全搜索。完全搜索主要有两种：穷举搜索和非穷举搜索。

② 启发式搜索：根据一些启发式规则，在每次迭代时决定剩下的特征应该被选择还是被拒绝。这种方法很简单，并且速度很快。

③ 随机搜索：每次迭代时会设置一些参数，参数的选择会影响特征选择的效果。例如设置最大迭代次数。

（2）评价函数：评价特征子集的好坏。

评价函数主要用来评价选出的特征子集的好坏，一个特征子集是最优的往往是相对于特定的评价函数来说的。评价函数主要用来度量一个特征（或者特征子集）可以区分不同类别的能力。根据具体的评价方法主要有4类：

① 过滤式（Filter）：先进行特征选择，再训练学习器，所以特征选择的过程与学习器无关。相当于先对特征进行过滤操作，再用特征子集来训练分类器。

其主要思想是：对每一维的特征"打分"，即给每一维的特征赋予权重，这样的权重代表着该维特征的重要性，然后依据权重排序。

其主要方法有卡方检验（Chi-Squared Test）、信息增益（ID3）、相关系数得分（Correlation Coefficient Scores）。

② 包裹式（Wrapper）：直接把最后要使用的分类器作为特征选择的评价函数，对于特定的分类器选择最优的特征子集。

其主要思想是：将子集的选择看作是一个搜索寻优问题，先生成不同的组合，对组合进行评价，再与其他的组合进行比较。这里有很多优化算法可以选择，尤其是一些启发式的优化算法，如GA、PSO、DE、ABC等。

其主要方法有：递归特征消除算法（Recursive Feature Elimination Algorithm）。

③ 过滤式和包裹式组合：先使用Filter进行特征选择，去掉不相关的特征，降低特征维度；然后利用Wrapper进行特征选择。

④ 嵌入式（Embedding）：把特征选择的过程与分类器学习的过程融合在一起，在学习的过程中进行特征选择。

其主要思想是：在模型既定的情况下学习对提高模型准确性最好的属性。这句话并不是很好理解，其实是说在确定模型的过程中，挑选出那些对模型的训练有重要意义的属性。如L1、L2正则化。

其主要方法有：正则化，如岭回归就是在基本线性回归的过程中加入了正则项。

一般有5种比较常见的评价函数：

① 距离度量：如果X在不同类别中能产生比Y大的差异，那么就说明X要好于Y。

② 信息度量：主要是计算一个特征的信息增益（度量先验不确定性和期望，后验不确定性之间的差异）。

③ 依赖度量：主要用来度量从一个变量的值预测另一个变量的值的能力。最常见的是相关系数，用来发现一个特征和一个类别的相关性。如果X和类别的相关性高于Y与类别的相关性，那么X优于Y。对相关系数做一点改变，用来计算两个特征之间的依赖性，值代表着两个特征之间的冗余度。

④ 一致性度量：对于两个样本，如果它们的类别不同，但是特征值是相同的，那么它们是不一致的；否则是一致的。

其主要思想是：找到与全集具有同样区分能力的最小子集，尽可能保留原始特征的辨识能力，一种严重依赖于特定的训练集和最小特征偏见（Min-Feature Bias）的用法；或找到满足可接受的不一致率（用户指定的参数）的最小规模的特征子集。

⑤ 误分类率度量：主要用于包裹式的评价方法中。使用特定的分类器，利用选择的特征子集来预测测试集的类别，用分类器的准确率来作为指标。这种方法准确率很高，但是计算开销较大。

（3）停止条件：决定什么时候该停止。

停止条件用来决定迭代过程什么时候停止，生成过程和评价函数可能会对于怎么选择停止条件产生影响。停止条件有以下4种选择：

① 达到预定义的最大迭代次数。

② 达到预定义的最大特征数。

③ 增加（删除）任何特征不会产生更好的特征子集。

④ 根据评价函数产生最优特征子集。

（4）验证过程：验证特征子集是否有效。

4.3.2 特征提取

特征提取是通过属性间的关系，组合不同的属性得到新的属性，最终改变原来的特征空间，本质是一种映射。目前图像特征的提取主要有两种方法：

（1）传统提取方法：基于图像本身的特征进行提取。

（2）深度学习方法：基于样本自动训练出区分图像的特征分类器。

传统的图像特征提取一般分为3个步骤：预处理、特征提取、特征处理，然后利用机器学习等方法对特征进行分类等操作。

预处理：预处理的目的主要是排除干扰因素，突出特征信息，主要的方法有：

（1）图片标准化：调整图片尺寸，调整图片大小。

（2）图片归一化：调整图片重心为0，每个像素值都减去平均像素值。

特征提取：对图像的特征进行提取。

特征处理：目的是排除信息量少的特征，以减少计算量等，常见的特征处理方法就是降维。关于降维方法见第6章内容。

4.4　数据集划分

机器学习需要大量的数据来训练模型，尤其是训练神经网络。对于模型来说，其在训练集上面的误差称为训练误差或者经验误差，而在测试集上的误差称为测试误差。

因为测试集用来测试学习器对新样本的学习能力，因此可以把测试误差作为泛化误差（在新样本上的误差）的近似。

对于开发者来说，更关心的是模型对于新样本的学习能力，即希望通过对已有样本的学习，尽可能将所有潜在样本的普遍规律学到手，而如果模型对训练样本学得太好，则有可能把训练样本自身所具有的一些特点看作所有潜在样本的普遍特点，这时候就会出现过拟合的问题。

因此，在这里通常将已有的数据集划分为训练集和测试集两部分，其中训练集用来训练模型，而测试集用来评估模型对于新样本的判别能力。

对于数据集划分，通常要满足以下两个条件：

- 训练集和测试集的分布要与样本真实分布一致，即训练集和测试集都要保证是从样本的真实分布中独立同分布采样而得的。
- 训练集和测试集要互斥。

数据集的划分一般有3种方法：留出法、交叉验证法和自助法。

1. 留出法

留出法是直接将数据集D划分为两个互斥的集合，其中一个集合作为训练集S，另一个集合作

为测试集 T，需要注意的是在划分的时候要尽可能保证数据分布的一致性，即避免因数据划分过程引入额外的偏差而对最终结果产生影响。

为了保证数据分布的一致性，通常采用分层采样的方式对数据进行采样。

假设数据中有 $m1$ 个正样本，$m2$ 个负样本，而 S 占 D 的比例为 p，那么 T 占 D 的比例为 $1-p$，可以通过在 $m1$ 个正样本中采 $m1 \times p$ 个样本作为训练集中的正样本，通过在 $m2$ 个负样本中采 $m2 \times p$ 个样本作为训练集中的负样本，其余的作为测试集中的样本。样本的不同划分方式会导致模型评估的相应结果也会有差别。

这种方法也称为保留法。通常取 8:2、7:3、6:4、5:5 的比例划分，直接将数据随机划分为训练集和测试集，然后使用训练集生成模型，再用测试集测试模型的正确率和误差，以验证模型的有效性。这种方法常见于决策树、朴素贝叶斯分类器、线性回归和逻辑回归等任务中。

2. 交叉验证法

交叉验证一般采用 k 折交叉验证，往往 k 取值为 10。在这种数据集划分方法中，将数据集划分为 k 个子集，每个子集均做一次测试集，每次将其余的作为训练集。在交叉验证时，重复训练 k 次，每次选择一个子集作为测试集，并将 k 次的平均交叉验证的正确率作为最终的结果。

与留出法类似，通常会进行多次划分得到多个 k 折交叉验证，最终的评估结果是这多次交叉验证的平均值。

当 $k=1$ 的时候，称之为留一法。

3. 自助法

首先将数据集划分为训练集和测试集，由于在模型的构建过程中需要检验模型的配置以及训练程度（过拟合还是欠拟合），因此会将训练数据再划分为两个部分，一部分是用于训练的训练集，另一部分是进行检验的验证集。

验证集可以重复使用，主要用来辅助构建模型。

训练集用于训练得到神经网络模型，然后用验证集验证模型的有效性，挑选获得最佳效果的模型，直到得到一个满意的模型为止。最后，当模型"通过"验证集之后，再使用测试集测试模型的最终效果，评估模型的准确率和误差等。

测试集只在模型检验时使用，绝对不能根据测试集上的结果来调整网络参数配置，以及选择训练好的模型，否则会导致模型在测试集上过拟合。

对于部分机器学习任务，划分的测试集必须是模型从未见过的数据，比如语音识别中一个完全不同的人的说话声，图像识别中一个完全不同的识别个体。这时，一般来说，训练集和验证集的数据分布是同分布的，而测试集的数据分布与前两者略有不同。在这种情况下，通常测试集的正确率会比验证集的正确率低得多，这样就可以看出模型的泛化能力，进而预测出实际应用中的真实效果。

4．模型拟合问题

如果训练集和测试集（验证集）上的正确率都很低，那么说明模型处于欠拟合状态，需要调整超参数。如果训练集上的正确率很低，测试集（或验证集）上的正确率较高，则说明数据集有问题。

如果训练集上的正确率很高，测试集（以及验证集）上的正确率较低，则说明模型过拟合，需要进行正则化或者Dropout来抑制过拟合。

如果训练集和验证集上的正确率都很高，但是测试集上的正确率较低，那么说明模型的泛化能力不足，调整方法可参考之前的过拟合情况。

4.5   小结

本章详细讲解了机器学习的特征工程，主要包括特征工程的意义、特征工程的常见方法等，本章简要介绍了特征提取和特征选择等内容，后续章节将会进行更详细的介绍。读者通过学习本章内容可以掌握机器学习的特征工程的相关知识，以便于理解后续章节的内容。

## 第 5 章

模 型 评 估

模型评估是评价机器学习模型效果的重要参考，是机器学习算法产业化的重要前提，不同的评估方法对于机器学习算法评估效果差异很大。本章分门别类，总结常见模型的评估算法，包括分类模型、排序模型、回归模型、预测模型等。

学习目标：

（1）掌握常见的模型评估方法。

（2）熟悉超参数调优。

（3）熟悉评估指标的局限性。

5.1　常见的评估指标

机器学习的目的是使学得的模型能很好地适用于"新样本"，即使得模型具有泛化能力。但太好的模型可能因为机器学习模型学习能力过于强大，把训练样本本身的特有性质看作所有潜在样本都会具有的一般性质，进而导致泛化能力减小，出现"过拟合"的情况。"欠拟合"是由于学习器没有通过训练样本学习到一般性质。

P问题：在多项式时间内可解的问题。有效的学习算法必须是P问题，即在多项式时间内可以运行完成。NP难（NP-hard）问题：不知道该问题是否存在多项式时间内的算法。

可选的学习算法很多，在模型选择时，训练误差由于过拟合的存在不适合作为评价标准，泛化误差无法直接获得，因此"训练数据"的存在就很有必要，通常选择训练误差较小的模型。

5.1.1　回归模型

回归模型是一种预测性的建模技术，它研究的是因变量（目标）和自变量（预测器）之间的关系。这种技术通常用于预测分析、时间序列模型以及发现变量之间的因果关系。例如，要研究司机的鲁莽驾驶与道路交通事故数量之间的关系，最好的方法就是回归。回归表明自变量和因变量之间的显著关系，也可以表明多个自变量对一个因变量的影响强度。

回归模型的主要评估方法如表5-1所示。

表5-1　回归模型的主要评估方法

方　　法	Python 代码
平均绝对误差	from sklearn.metrics import mean_absolute_error
平均方差	from sklearn.metrics import mean_squared_error
R 平方值	from sklearn.metrics import r2_score
交叉验证	from sklearn cross_validation import cross_val_score

下面详细说明回归模型的各种评估方法。

1. 平均绝对误差

平均绝对误差（Mean Absolute Error，MAE）是指预测值与真实值之间平均相差多大。

$$MAE = \frac{1}{m}\sum_{i=1}^{m}|f_i - y_i|$$

平均绝对误差能更好地反映预测值误差的实际情况。

【例5-1】　回归模型平均绝对误差评价。

输入如下代码：

```
# 创建数据集，其中矩阵X表示特征值，向量y表示所属类目标记值
import numpy as np
from sklearn.metrics import mean_absolute_error
X = np.random.random((10, 5))
y = np.random.randn(10, 1)
# 数据切分为训练集和测试集
from sklearn.model_selection import train_test_split
X_train, X_test, y_train, y_test = train_test_split(X, y, random_state=0)
# 利用线性回归模型对数据进行拟合
from sklearn.linear_model import LinearRegression
lr = LinearRegression(normalize=True)
lr.fit(X_train, y_train)
# 对测试集进行数据预测
y_pred = lr.preDict(X_test)
print(y_pred)
print('*'*10)
print('平均绝对误差（MAE）')
print(mean_absolute_error(y_test, y_pred))
```

运行结果如下：

```
[[-1.39986686]
 [-3.68249052]
 [ 2.85873048]]
**********
平均绝对误差（MAE）
2.5172881367951754
```

2. 平均方差

平均方差（Mean Square Error，MSE）是观测值与真值偏差的平方和与观测次数的比值。

$$\mathrm{MSE} = \frac{1}{m} \sum_{i=1}^{m} (f_i - y_i)^2$$

这也是线性回归中最常用的损失函数，在线性回归中尽量让该损失函数最小。模型之间的对比也可以用它来比较。

平均方差可以评价数据的变化程度，平均方差的值越小，说明预测模型描述实验数据具有更好的精确度。

【例5-2】　回归模型平均方差评价。

输入如下代码：

```
# 创建数据集，其中矩阵X表示特征值，向量y表示所属类目标记值
import numpy as np
from sklearn.metrics import mean_squared_error
X = np.random.random((10, 5))
y = np.random.randn(10, 1)
# 数据切分为训练集和测试集
from sklearn.model_selection import train_test_split
X_train, X_test, y_train, y_test = train_test_split(X, y, random_state=0)
# 利用线性回归模型对数据进行拟合
from sklearn.linear_model import LinearRegression
lr = LinearRegression(normalize=True)
lr.fit(X_train, y_train)
# 对测试集进行数据预测
y_pred = lr.preDict(X_test)
print(y_pred)
print('*'*10)
print('平均方差')
print(mean_squared_error(y_test, y_pred))
```

运行结果如下：

```
[[-2.3219437 ]
 [ 1.13750332]
 [-2.40746807]]
```

```
**********
平均方差
7.172437349491766
```

3. R平方值

$$R^2 = 1 - \frac{\sum \left(Y\_actual - Y\_predict \right)^2}{\sum \left(Y\_actual - Y\_mean \right)^2}$$

其中，分母可以理解为原始数据的离散程度，分子为预测数据和原始数据的误差，二者相除可以消除原始数据的离散程度的影响。

其实"决定系数"是通过数据的变化来表征一个拟合的好坏的。理论上，取值范围为$(-\infty, 1]$，正常取值范围为$[0,1]$。在实际操作中，通常会选择拟合较好的曲线计算R^2，因此很少出现$-\infty$。越接近1，表明方程的变量对y的解释能力越强，这个模型对数据拟合得越好。越接近0，表明模型拟合得越差。根据经验，一般取大于0.4，拟合效果较好。

当然，数据集的样本越大，R^2越大。因此，不同数据集的模型结果比较会有一定的误差。

【例5-3】　回归模型R^2评价。

输入如下代码：

```python
# 创建数据集，其中矩阵x表示特征值，向量y表示所属类目标记值
import numpy as np
from sklearn.metrics import r2_score
X = np.random.random((10, 5))
y = np.random.randn(10, 1)

# 数据切分为训练集和测试集
from sklearn.model_selection import train_test_split
X_train, X_test, y_train, y_test = train_test_split(X, y, random_state=0)
# 利用线性回归模型对数据进行拟合
from sklearn.linear_model import LinearRegression
lr = LinearRegression(normalize=True)
lr.fit(X_train, y_train)

# 对测试集进行数据预测
y_pred = lr.preDict(X_test)
print(y_pred)
print('*'*10)
print('R平方值')
print(r2_score(y_test, y_pred))
```

运行结果如下：

```
[[ 0.7694573 ]
 [-0.44641735]
 [ 0.08339656]]
**********
```

```
R平方值
-3.5544826448053257
```

4. 交叉验证

交叉验证（Cross-Validation）有的时候也称作循环估计（Rotation Estimation），是一种统计学上将数据样本切割成较小子集的实用方法，该理论是由Seymour Geisser提出的。

在给定的建模样本中，拿出大部分样本创建模型，留小部分样本用刚建立的模型进行预报，并求小部分样本的预报误差，记录它们的平方和。

这个过程一直进行，直到所有的样本都被预报了一次且仅被预报一次。计算每个样本的预报误差平方和，称为PRESS（PreDicted Error Sum of Squares）。

交叉验证的基本思想是在某种意义下对原始数据集（Dataset）进行分组，一部分作为训练集，另一部分作为验证集。首先用训练集对分类器进行训练，再利用验证集来测试训练得到的模型，以此来作为评价分类器的性能指标。

示例如下：

```
from sklearn.cross_validation import cross_val_score
print(cross_val_score(knn, x_train, y_train, cv=4))
print(cross_val_score(lr, x, y, cv=2))
```

5.1.2 分类模型

分类模型主要使用精确率（Precision）、召回率（Recall）、准确率（Accuracy）、F1值（f1_score）、ROC曲线、混淆矩阵、AUC、KS曲线等指标进行评估。

首先定义以下4个概念：

（1）TP：Ture Positive，真正例。

（2）FP：False Positive，假正例。

（3）TN：True Negative，真反例。

（4）FN：False Negative，假反例。

其中，TP+FP+TN+FN=总样本集。

下面详细介绍各个指标的定义。

1. 精确率

精确率是指分类正确的正样本个数占分类器判定为正样本的样本个数的比例。

$$P = \frac{TP}{TP + FP}$$

精确率是对预测结果而言的，表示预测为正的结果中有多少是真正例。

2．召回率

召回率是指分类正确的正样本个数占真正的正样本个数的比例。

$$R = \frac{TP}{TP + FN}$$

召回率是对样本而言的，表示共有TP + FN个样本，其中被正确分类的有多少。

3．准确率

准确率指的是在所有的分类样本中，分类正确的有多少。

$$A = \frac{TP + TN}{TP + TN + FN + FP}$$

4．$F1$值

精确率和召回率是一对矛盾的指标。召回率高意味着其中的一类被尽可能地分出来了，那么极端情况下，学习器把正负两类全分为正例，此时正例全部被区分出来，召回率很高，但是精确率很低。可以看出单纯使用一种指标并不是很好的模型评价策略，因此提出了$F1$值。

$$F1 = \frac{2 \times P \times R}{P + R} = \frac{2 \times TP}{\text{样列总数} + TP - TN}$$

$F1$值为精确率和召回率的调和平均值。

5．ROC曲线

受试者工作特征曲线（Receiver Operating Characteristic Curve，ROC曲线）又称为感受性曲线（Sensitivity Curve）。

ROC曲线的纵轴是"真正例率"（TPR）正例被正确区分出来的概率，横轴是"假正例率"（FPR）反例被错误分类的概率。

$$TPR = \frac{TP}{TP + FN} \qquad FPR = \frac{FP}{TN + FP}$$

【例5-4】 分类评价标准应用举例。

输入如下代码：

```
# 1.准确率
import numpy as np
```

```
from sklearn.metrics import accuracy_score
y_pred = [0, 2, 1, 3, 9, 9, 8, 5, 8]
y_true = [0, 1, 2, 3, 2, 6, 3, 5, 9]
accuracy_score(y_true, y_pred)
accuracy_score(y_true, y_pred, normalize=False)  # 类似于海明距离，每个类别求准确后，再求
微平均

# 2.分类报告：输出包括precision/recall/fi-score/均值/分类个数
from sklearn.metrics import classification_report
y_true = [0, 1, 2, 2, 0]
y_pred = [0, 0, 2, 2, 0]
target_names = ['class 0', 'class 1', 'class 2']
print(classification_report(y_true, y_pred, target_names=target_names))
```

运行结果如下：

	precision	recall	f1-score	support
class 0	0.67	1.00	0.80	2
class 1	0.00	0.00	0.00	1
class 2	1.00	1.00	1.00	2
accuracy			0.80	5
macro avg	0.56	0.67	0.60	5
weighted avg	0.67	0.80	0.72	5

6. 混淆矩阵

混淆矩阵也称误差矩阵，是表示精度评价的一种标准格式，用 n 行 n 列的矩阵形式来表示。具体评价指标有总体精度、制图精度、用户精度等，这些精度指标从不同的侧面反映了图像分类的精度。

【例5-5】 混淆矩阵应用举例。

输入如下代码：

```
# 有一个模型在测试集上得到的预测结果
y_true = [1, 0, 0, 2, 1, 0, 3, 3, 3]        # 实际的类别
y_pred = [1, 1, 0, 2, 1, 0, 1, 3, 3]        # 模型预测的类别
# 使用sklearn 模块计算混淆矩阵
from sklearn.metrics import confusion_matrix
confusion_mat = confusion_matrix(y_true, y_pred)
print(confusion_mat) # 混淆矩阵
```

运行结果如下：

```
[[2 1 0 0]
 [0 2 0 0]
 [0 0 1 0]
 [0 1 0 2]]
```

还可以对混淆矩阵进行可视化。

【例5-6】 混淆矩阵可视化。

```
# 有一个模型在测试集上得到的预测结果
y_true = [1, 0, 0, 2, 1, 0, 3, 3, 3]          # 实际的类别
y_pred = [1, 1, 0, 2, 1, 0, 1, 3, 3]          # 模型预测的类别
# 使用sklearn 模块计算混淆矩阵
from sklearn.metrics import confusion_matrix
confusion_mat = confusion_matrix(y_true, y_pred)
# print(confusion_mat)                          # 混淆矩阵
import matplotlib.pyplot as plt
import numpy as np
def plot_confusion_matrix(confusion_mat):
    '''''将混淆矩阵画图并显示出来'''
    plt.imshow(confusion_mat, interpolation='nearest', cmap=plt.cm.gray)
    plt.title('Confusion matrix')
    plt.colorbar()
    tick_marks = np.arange(confusion_mat.shape[0])
    plt.xticks(tick_marks, tick_marks)
    plt.yticks(tick_marks, tick_marks)
    plt.ylabel('True label')
    plt.xlabel('PreDicted label')
    plt.show()
plot_confusion_matrix(confusion_mat)
```

运行结果如图5-1所示。

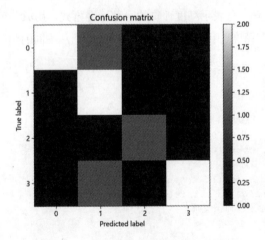

图5-1 混淆矩阵可视化

7. AUC

AUC就是ROC曲线下的面积，通常情况下数值介于0.5和1之间，可以评价分类器的好坏，数值越大说明越好。

AUC值是一个概率值，随机挑选一个正样本和一个负样本，当前的分类算法根据计算得到的Score值将这个正样本排在负样本前面的概率就是AUC值。当然，AUC值越大，当前的分类算法越有可能将正样本排在负样本前面，即能够更好地分类。

AUC评价如下：

（1）AUC=1，采用这个预测模型时，无论设定什么阈值都能得出完美预测。在绝大多数预测的场合，不存在完美分类器。

（2）0.5<AUC<1，优于随机猜测。这个分类器（模型）妥善设定阈值的话，能有预测价值。

（3）AUC=0.5，跟随机猜测一样，模型没有预测价值。

（4）AUC<0.5，比随机猜测还差，但只要总是反预测而行，就优于随机猜测，因此不存在AUC<0.5的情况。

【例5-7】 AUC评价示例。

输入如下代码：

```
import numpy as np
from sklearn.metrics import roc_auc_score
y_true = np.array([0, 0, 1, 1])
y_scores = np.array([0.1, 0.4, 0.35, 0.8])
print(roc_auc_score(y_true, y_scores))
```

运行结果如下：

```
0.75
```

8. KS曲线

KS曲线（也称为鱼眼图）是将每一组的好客户和坏客户的累计占比连接起来的两条线，KS值是好客户减去坏客户的数量最大的点。体现了模型对违约对象的区分能力。

KS的计算步骤如下：

（1）计算每个评分区间的好坏账户数。

（2）计算每个评分区间的累计好账户数占总好账户数的比率（good%）和累计坏账户数占总坏账户数的比率（bad%）。

（3）计算每个评分区间累计坏账户占比与累计好账户占比差的绝对值（累计good%–累计bad%），然后对这些绝对值取最大值，即得此评分卡的KS值。

KS值评价如下：

（1）KS<20%，差。

（2）KS为20%～40%，一般。

（3）KS为41%～50%，好。

（4）KS为51%～75%，非常好。

（5）KS>75%，过高，需要谨慎地验证模型。

KS值的不足：KS值只能区分最好分数的区分度，不能衡量其他分数。

5.1.3　排序模型

排队任务可以当作一个分类任务来处理，对目标对象打分之后，按照分数规则返回一个序列结果，在工作中可以通过定义分数规则来确定目标对象属于哪一类。

搜索引擎就是一个典型的排序系统，当输入关键词时，系统按一定顺序返回一系列与关键词相关的搜索结果。

搜索引擎对每个关键词打分，即将对象池中的对象分为正类（与查询关键词相关）和负类（与查询关键词不相关），并且每个对象都有一个得分，即其属于正类的置信度，然后按照这个置信度对正类进行排序并返回。

另一个和排序相关的场景是用户的个性化推荐。在对用户进行用户画像分析之后，打出一系列的标签，将推荐的项目按照标签的相关度进行排序，从而可得到给用户推荐的兴趣列表。

1. CG

CG（Cumulative Gain，累积增益）并不考虑在搜索结果页面结果的位置信息，它是在这个搜索结果页面所有的结果等级对应的得分的总和。例如一个搜索结果页面有P个结果，CG被定义为：

$$CG_p = \sum_{i=1}^{p} rel_i$$

rel_i是第i位结果的得分。CG的统计并不能影响搜索结果的排序，CG得分高只能说明这个结果页面总体的质量比较高，并不能说明这个算法排序好或差。什么是好的排序？也就是说要把Good结果排到Fair结果上面，Fair结果排到Bad结果上面，如果有Bad的结果排在了Good结果上面，当然排序就不好了。到底排序好不好，需要一个指标来衡量，DCG就是这样一个指标。

上面的例子$CG=3+2+1+3+2=11$，如果调换第二个结果和第三个结果的位置：$CG=3+1+2+3+2=11$，并没有改变总体的得分。

2. DCG

在一个搜索结果页面，比如有两个结果的打分都是Good，但是有一个排在第一位，另一个排在第40位，虽然这两个结果都是Good，但是排在第40位的那个结果因为被用户看到的概率比较小，所以对整个搜索结果页面的贡献值相对于排在第一位的结果来说要小一些。

DCG（Discounted Cumulative Gain，折扣累积增益）的思想是等级比较高的结果却排到了后面，那么在统计分数时，就应该对这个结果的得分进行打折。例如一个有 p（$p \geqslant 2$）个搜索结果的页面的DCG定义为：

$$\mathrm{DCG}_p = \mathrm{rel}_1 + \sum_{i=2}^{p} \frac{\mathrm{rel}_i}{\log_2 i}$$

要用以2为底的对数函数并没有明确的科学依据，大概是根据大量的用户点击与其所点商品的位置信息模拟出一条衰减的曲线。

说明：这里，理想的IDCG（Ideal DCG）是按照得分高低排序，即rel越高，$1/\log_2 i$ 越高。如果不是理想排序，得分虽高，但 $1/\log_2 i$ 很低，DCG值就低。

IDCG就是理想的DCG。计算时首先要拿到搜索的结果，人工对这些结果进行排序，排到最好的状态后，计算这个排列下本查询的DCG，就是IDCG。

DCG公式的另一种形式是：

$$\mathrm{DCG}_p = \sum_{i=1}^{p} \frac{2^{\mathrm{rel}_i} - 1}{\log_2(1+i)}$$

这个公式在一些搜索文档中经常会被提到，它的作用和之前那个公式一样，但是这个公式只适合打分分两档的评测。

3. NDCG

因为不同查询的搜索结果有多有少，所以不同查询的NDCG（Normalize DCG）值就没有办法来进行对比。NDCG定义为：

$$\mathrm{NDCG} = \frac{\mathrm{DCG}}{\mathrm{IDCG}}$$

5.1.4 偏差与方差

偏差－方差分解是解释学习器泛化性能的重要工具。在学习算法中，偏差指的是预测的期望值与真实值的偏差，方差则是每一次预测值与预测值的期望之间的差均方。实际上，偏差体现了学习器预测的准确度，而方差体现了学习器预测的稳定性。通过对泛化误差进行分解，可以得到：

- 期望泛化误差=方差+偏差。
- 偏差刻画学习器的拟合能力。
- 方差体现学习器的稳定性。

方差和偏差具有矛盾性，这就是常说的偏差－方差窘境（Bias-Variance Dilemma），随着训练程度的提升，期望预测值与真实值之间的差异越来越小，即偏差越来越小，但是另一方面，随着训练程度加大，学习算法对数据集的波动越来越敏感，方差值越来越大。

换句话说，在欠拟合时，偏差主导泛化误差，而训练到一定程度后，偏差越来越小，方差主导泛化误差。因此，训练也不要贪杯，适可而止。

5.2　超参数调优

在机器学习模型中，需要人工选择的参数称为超参数。例如随机森林中决策树的个数，人工神经网络模型中隐藏层的层数和每层的节点个数，正则项中的常数大小等，这些参数都需要事先指定。

超参数选择不恰当，就会出现欠拟合或者过拟合的问题。而在选择超参数的时候，有两个途径：一个是凭经验微调；另一个是选择不同大小的参数，代入模型中，挑选表现最好的参数。

超参数是在建立模型时用来控制算法行为的参数。这些参数不能从正常的训练过程中学习，需要在训练模型之前被分配。机器学习中最难的部分之一就是为模型寻找最佳的超参数。机器学习模型的性能与超参数直接相关。

超参数调优越好，得到的模型就越好。在这里进行简单总结。

1．传统或手动调参

这种方法就是通过观察结果手动设置参数。请看以下代码。

【例5-8】　超参数手动调优。

输入如下代码：

```
# 导入所需的库
from sklearn.neighbors import KNeighborsClassifier
from sklearn.model_selection import train_test_split
from sklearn.model_selection import KFold , cross_val_score
from sklearn.datasets import load_wine
wine = load_wine()
X = wine.data
y = wine.target
# 将数据分割为训练集和测试集
X_train, X_test,y_train,y_test = train_test_split(X,y,test_size = 0.3,random_state = 14)

# 声明参数网格
k_value = List(range(2,11))
algorithm = ['auto','ball_tree','kd_tree','brute']
scores = []
```

```
best_comb = []
kfold = KFold(n_splits=5)

# 超参数调整
for algo in algorithm:
  for k in k_value:
    knn = KNeighborsClassifier(n_neighbors=k,algorithm=algo)
    results = cross_val_score(knn,X_train,y_train,cv = kfold)

    print(f'Score:{round(results.mean(),4)} with algo = {algo} , K = {k}')
    scores.append(results.mean())
    best_comb.append((k,algo))

best_param = best_comb[scores.index(max(scores))]
print(f'\nThe Best Score : {max(scores)}')
print(f"['algorithm': {best_param[1]} ,'n_neighbors': {best_param[0]}]")
```

运行结果如下：

```
Score:0.6697 with algo = auto , K = 2
Score:0.6773 with algo = auto , K = 3
Score:0.7177 with algo = auto , K = 4
Score:0.734 with algo = auto , K = 5
Score:0.7017 with algo = auto , K = 6
Score:0.7417 with algo = auto , K = 7
Score:0.7017 with algo = auto , K = 8
Score:0.6533 with algo = auto , K = 9
Score:0.6613 with algo = auto , K = 10
Score:0.6697 with algo = ball_tree , K = 2
Score:0.6773 with algo = ball_tree , K = 3
Score:0.7177 with algo = ball_tree , K = 4
Score:0.734 with algo = ball_tree , K = 5
Score:0.7017 with algo = ball_tree , K = 6
Score:0.7417 with algo = ball_tree , K = 7
Score:0.7017 with algo = ball_tree , K = 8
Score:0.6533 with algo = ball_tree , K = 9
Score:0.6613 with algo = ball_tree , K = 10
Score:0.6697 with algo = kd_tree , K = 2
Score:0.6773 with algo = kd_tree , K = 3
Score:0.7177 with algo = kd_tree , K = 4
Score:0.734 with algo = kd_tree , K = 5
Score:0.7017 with algo = kd_tree , K = 6
Score:0.7417 with algo = kd_tree , K = 7
Score:0.7017 with algo = kd_tree , K = 8
Score:0.6533 with algo = kd_tree , K = 9
Score:0.6613 with algo = kd_tree , K = 10
Score:0.6697 with algo = brute , K = 2
Score:0.6773 with algo = brute , K = 3
Score:0.7177 with algo = brute , K = 4
Score:0.734 with algo = brute , K = 5
Score:0.7017 with algo = brute , K = 6
Score:0.7417 with algo = brute , K = 7
```

```
Score:0.7017 with algo = brute , K = 8
Score:0.6533 with algo = brute , K = 9
Score:0.6613 with algo = brute , K = 10

The Best Score : 0.7416666666666667
['algorithm': auto ,'n_neighbors': 7]
```

这种方法的缺点是：

（1）不能保证得到最佳的参数组合。

（2）这是一种反复试验的方法，因此会消耗更多时间。

2. 网格搜索

网格搜索（GridSearchCV）算法是一种通过拆分给定的参数组合来优化模型表现的方法。网格搜索搜索的是参数，即在指定的参数范围内，按步长依次调整参数，利用调整的参数训练学习器，从所有的参数中找到在验证集上精度最高的参数，这其实是一个训练和比较的过程。但这也是网格搜索的缺陷所在，它要求遍历所有可能参数的组合，在面对大数据集和多参数的情况下，非常耗时。

网格搜索是一种调参手段，即穷举搜索：在所有候选的参数选择中，通过循环遍历尝试每一种可能性，表现最好的参数就是最终的结果，其原理就像是在数组里找到最大值。

所以网格搜索适用于三四个（或者更少）超参数的情况（当超参数的数量增长时，网格搜索的计算复杂度会呈指数增长，这个时候则使用随机搜索），用户列出一个较小的超参数值域，这些超参数值域的笛卡尔积（排列组合）为一组组超参数。网格搜索算法使用每组超参数训练模型并挑选验证集误差最小的超参数组合。

下面以随机森林为例说明网格搜索的应用。

【例5-9】　网格搜索——两个参数调优。

输入如下代码：

```
from sklearn.datasets import load_iris
from sklearn.svm import SVC
from sklearn.model_selection import train_test_split
iris_data = load_iris()
X_train, X_test, y_train, y_test = train_test_split(iris_data.data, iris_data.target,
random_state=0)

# 开始网格搜索
best_score = 0
for gamma in [0.001, 0.01, 1, 10, 100]:
  for c in [0.001, 0.01, 1, 10, 100]:
    # 对于每种参数可能的组合进行一次训练
    svm = SVC(gamma=gamma, C=c)
    svm.fit(X_train, y_train)
    score = svm.score(X_test, y_test)
```

```
  # 找到表现最好的参数
  if score > best_score:
    best_score = score
    best_parameters = {'gamma': gamma, "C": c}
print('Best score:{:.2f}'.format(best_score))
print('Best parameters:{}'.format(best_parameters))
```

运行结果如下：

```
Best socre:0.97
Best parameters:{'gamma': 0.001, 'C': 100}
```

5

例5-9的程序调参会出现以下问题，原始数据集划分成训练集和测试集后，其中测试集除了用作调整参数外，也用来测量模型的好坏，这样做会导致最终的评分结果比实际效果好。

可以通过划分数据集的方式解决，即对训练集再进行一次划分，分为训练集和验证集，这样划分的结果就是：原始数据划分为3份，分别为训练集、验证集和测试集。其中训练集用来模型训练，验证集用来调整参数，而测试集用来衡量模型表现好坏。

【例5-10】 网格搜索——划分数据集。

输入如下代码：

```
from sklearn.datasets import load_iris
from sklearn.svm import SVC
from sklearn.model_selection import train_test_split
iris_data = load_iris()
# X_train,X_test,y_train,y_test = train_test_split(iris_data.data, iris_data.target,
random_state=0)
X_trainval, X_test, y_trainval, y_test = train_test_split(iris_data.data,
iris_data.target, random_state=0)
X_train, X_val, y_train, y_val = train_test_split(X_trainval, y_trainval,
random_state=1)
# 开始网格搜索
best_score = 0
for gamma in [0.001, 0.01, 1, 10, 100]:
  for c in [0.001, 0.01, 1, 10, 100]:
    # 对于每种参数可能的组合进行一次训练
    svm = SVC(gamma=gamma, C=c)
    svm.fit(X_train, y_train)
    score = svm.score(X_val, y_val)
    # 找到表现最好的参数
    if score > best_score:
      best_score = score
      best_parameters = {'gamma': gamma, "C": c}
# 使用最佳参数构建新的模型
svm = SVC(**best_parameters)
# 使用训练集和验证集进行训练（数据越多，训练越好）
svm.fit(X_trainval, y_trainval)
# evaluation 模型评估
```

```
test_score = svm.score(X_test, y_test)
print('Best socre:{:.2f}'.format(best_score))
print('Best parameters:{}'.format(best_parameters))
print('Best score on test set:{:.2f}'.format(test_score))
```

运行结果如下：

```
Best socre:0.96
Best parameters:{'gamma': 0.001, 'C': 10}
Best score on test set:0.92
```

这种简洁的网格搜索方法最终表现的好坏与初始数据的划分结果有很大的关系，为了处理这种情况，可采用交叉验证的方式来减少偶然性。

【例5-11】 网格搜索——交叉验证方法。

输入如下代码：

```
from sklearn.datasets import load_iris
from sklearn.svm import SVC
from sklearn.model_selection import train_test_split, cross_val_score
iris_data = load_iris()
# X_train,X_test,y_train,y_test = train_test_split(iris_data.data,
iris_data.target,random_state=0)
X_trainval, X_test, y_trainval, y_test = train_test_split(iris_data.data,
iris_data.target, random_state=0)
X_train, X_val, y_train, y_val = train_test_split(X_trainval, y_trainval,
random_state=1)
# 网格搜索开始
best_score = 0
for gamma in [0.001, 0.01, 1, 10, 100]:
  for c in [0.001, 0.01, 1, 10, 100]:
    # 对于每种参数可能的组合进行一次训练
    svm = SVC(gamma=gamma, C=c)
    # 5 折交叉验证
    scores = cross_val_score(svm, X_trainval, y_trainval, cv=5)
    score = scores.mean()
    # 找到表现最好的参数
    if score > best_score:
      best_score = score
      best_parameters = {'gamma': gamma, "C": c}
# 使用最佳参数构建新的模型
svm = SVC(**best_parameters)
# 使用训练集和验证集进行训练（数据越多，训练越好）
svm.fit(X_trainval, y_trainval)
# evaluation 模型评估
test_score = svm.score(X_test, y_test)
print('Best socre:{:.2f}'.format(best_score))
print('Best parameters:{}'.format(best_parameters))
print('Best score on test set:{:.2f}'.format(test_score))
```

运行结果如下：

```
Best socre:0.96
Best parameters:{'gamma': 0.01, 'C': 100}
Best score on test set:0.97
```

交叉验证经常与网格搜索结合使用，作为参数评价的一种方法，这种方法叫作Grid Search with Cross Validation。

sklearn因此设计了一个GridSearchCV类，这个类可实现fit、preDict、score等方法，被当作一个estimator，比如使用fit方法的过程是：

（1）搜索到最佳参数。

（2）实例化一个最佳参数的模型estimator。

3. 随机搜索

在搜索超参数的时候，如果超参数个数较少（三四个或者更少），那么可以采用网格搜索，这是一种穷尽式的搜索方法。但是当超参数个数比较多的时候，如果仍然采用网格搜索，那么搜索所需的时间将会呈指数级上升。

所以有人就提出了随机搜索（RandomizedSearchCV）的方法，即随机在超参数空间中搜索成千上万个点，其中就有可能有比较小的值。这种做法比前面稀疏化网格的做法快，而且实验证明随机搜索比稀疏网格法稍好。

RandomizedSearchCV的使用方法和GridSearchCV很相似，但它不是尝试所有可能的组合，而是选择每一个超参数的一个随机值的特定数量的随机组合。GridSearchCV的原理很简单，就是程序去挨个尝试每一组超参数，然后选取最好的那一组。可以想象，这个算法是比较费时间的，面临着维度灾难。因此，James Bergstra和Yoshua Bengio在2012年提出了超参数优化的RandomizedSearchCV方法。

这个方法的优点是：如果让随机搜索运行多次，比如1000次，它会探索每个超参数的1000个不同的值（而不是像网格搜索那样，只搜索每个超参数的几个值），可以方便地通过设定搜索次数控制超参数搜索的计算量。

RandomizedSearchCV以在参数空间中随机采样的方式代替了GridSearchCV对参数的网格搜索，对于有连续变量的参数，RandomizedSearchCV会将其看作一个分布进行采样，这是网格搜索做不到的，它的搜索能力取决于设定的n_iter参数。

【例5-12】　随机搜索举例。

输入如下代码：

```
import numpy as np
from scipy.stats import randint as sp_randint
```

```
from sklearn.model_selection import RandomizedSearchCV
from sklearn.datasets import load_digits
from sklearn.ensemble import RandomForestClassifier
# 载入数据
digits = load_digits()
X, y = digits.data, digits.target
# 建立一个分类器或者回归器
clf = RandomForestClassifier(n_estimators=20)
# 给定参数搜索范围: List or distribution
param_dist = {"max_depth": [3, None],                    # 给定List
              "max_features": sp_randint(1, 11),         # 给定distribution
              "min_samples_split": sp_randint(2, 11),    # 给定distribution
              "bootstrap": [True, False],                # 给定List
              "criterion": ["gini", "entropy"]}          # 给定List
# 用RandomSearch+CV选取超参数
n_iter_search = 20
random_search = RandomizedSearchCV(clf, param_distributions=param_dist,
                                   n_iter=n_iter_search, cv=5, iid=False)
random_search.fit(X, y)
```

在实际应用中，建议使用随机搜索。

4．贝叶斯优化

贝叶斯优化的主要思想是：给定优化的目标函数（广义的函数，只需要指定输入和输出，无须知道内部结构以及数学性质），通过不断地添加样本点来更新目标函数的后验分布。简单来说，就是考虑上一次参数的信息，从而更好地调整当前的参数。

贝叶斯优化与常规的网格搜索的区别是：

（1）贝叶斯调参采用高斯过程，考虑之前的参数信息，不断地更新先验；网格搜索未考虑之前的参数信息。

（2）贝叶斯调参迭代次数少，速度快；网格搜索速度慢，参数多时容易导致维度爆炸。

（3）贝叶斯调参针对非凸问题依旧稳健；网格搜索针对非凸问题容易陷入局部最小值。

【例5-13】 贝叶斯优化搜索。

输入如下代码：

```
from matplotlib import pyplot as plt
import numpy as np
# 目标函数
objective = np.vectorize(lambda x, sigma_n=0: 0.001775 * x**5 - 0.055 * x**4 + 0.582
* x**3 - 2.405 * x**2 + 3.152 * x + 4.678 + np.random.normal(0, sigma_n))
# 采样函数 - GP-UCB
GPUCB = np.vectorize(lambda mu, sigma, t, ld, delta=0.1: mu + (1 * 2 * np.log(ld *
t**2 * np.pi**2 / (6 * delta)))**0.5 * sigma)
# 超参数
```

```python
mean, l, sigma_f, sigma_n = 5, 1, 1, 0.0001
# 迭代次数
max_iter = 3
# SE协方差函数
kernel = lambda r_2, l: np.exp(-r_2 / (2 * l**2))
# 初始训练样本，以一维输入为例
X = np.arange(0.5, 10, 3.0)
X = X.reshape(X.size, 1)
Y = objective(X).flatten()
plt.figure(figsize=(8,5))
for i in range(max_iter):
    Xs = np.arange(0, 10, 0.1)
    Xs = Xs.reshape(Xs.size, 1)
    n, d = X.shape
    t = np.repeat(X.reshape(n, 1, d), n, axis=1) - X
    r_2 = np.sum(t**2, axis=2)
    Kf = sigma_f**2 * kernel(r_2, l)
    Ky = Kf + sigma_n**2 * np.identity(n)
    Ky_inv = np.linalg.inv(Ky)
    m = Xs.shape[0]
    t = np.repeat(Xs.reshape(m, 1, d), n, axis=1) - X
    r_2 = np.sum(t**2, axis=2).T
    kf = sigma_f**2 * kernel(r_2, l)
    mu = mean + kf.T @ Ky_inv @ (Y - mean)
    sigma = np.sqrt(sigma_f**2 - np.sum(kf.T @ Ky_inv * kf.T, axis=1))
    y_acf = GPUCB(mu, sigma, i + 1, n)
    sample_x = Xs[np.argmax(y_acf)]
    x_test = Xs.flatten()
    y_obj = objective(x_test).flatten()
    ax = plt.subplot(2, max_iter, i + 1)
    ax.set_title('t=%d' % (i + 1))
    plt.ylim(3, 8)
    plt.plot(x_test, mu, c='black', lw=1)
    plt.fill_between(x_test, mu + sigma, mu - sigma, alpha=0.2, color='#9FAEB2', lw=0)
    plt.plot(x_test, y_obj, c='red', ls='--', lw=1)
    plt.scatter(X, Y, c='red', marker='o', s=20)
    plt.subplot(2, max_iter, i + 1 + max_iter)
    plt.ylim(3.5, 9)
    plt.plot(x_test, y_acf, c='#18D766', lw=1)
    X = np.insert(X, 0, sample_x, axis=0)
    Y = np.insert(Y, 0, objective(sample_x))
plt.show()
```

运行结果如图5-2所示。

　　找到参数的最佳组合需要保证和计算时间之间有一个权衡。如果超参数空间（超参数个数）非常大，那么可以先使用随机搜索找到超参数的潜在组合，再使用该局部的网格搜索（超参数的潜在组合）来选择最优特征。

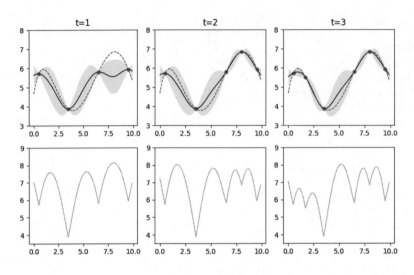

图5-2　贝叶斯优化搜索运行结果

5.3　评估指标的局限性

在模型评估过程中，往往对于不同的模型需要不同的指标进行评估，在众多评估指标中，大部分指标只能反映模型的部分性能，如果不能合理地利用指标进行评估，往往达不到好的效果，甚至还会起到副作用。本节说明评估指标的局限性。

1．准确率的局限性

当不同类别的样本比例非常不均衡时，占比大的类别往往成为影响准确率最主要的因素。例如当负样本占99%时，分类器把所有样本都预测为负样本，也可以获得99%的准确率。

读者可以使用更为有效的平均准确率（每个类别下的样本准确率的算术平均）作为模型评估的指标。对于模型的好坏，标准答案其实也不限于指标的选择，即使评估指标选择对了，仍会存在模型过拟合或欠拟合、测试集和训练集划分不合理、线下评估与线上测试的样本分布存在差异等一系列问题。

事实上，这个问题不易解决，需要具体问题具体分析，可以根据遇到的问题一步一步排查原因，但评估指标的选择是最容易被发现，也是最可能影响评估结果的因素。

2．精确率与召回率的权衡

在排序问题中，通常没有一个确定的阈值把得到的结果直接判定为正样本或负样本，而是采用Top N返回结果的Precision值和Recall值来衡量排序模型的性能，即认为模型返回的Top N的结果就是模型判定的正样本，然后计算前N个位置的准确率Precision@N和前N个位置的召回率Recall@N。

精确率和召回率是既矛盾又统一的两个指标，为了提高精确率，分类器需要尽量在更有把握时才把样本预测为正样本，但此时往往会因为过于保守而漏掉很多没有把握的正样本，导致召回率降低。

回到问题中来，模型返回的Precision@5的结果非常好，也就是说排序模型Top 5的返回值的质量是很高的。但在实际应用中，比如网络购物，用户为了找一些不常用的商品，往往会寻找排在较靠后位置的结果，甚至翻页去查找商品。

但根据用户需求，用户经常找不到想要的商品，这说明模型没有把相关的商品都找出来呈现给用户。显然，问题出现在召回率上。

如果相关结果有1000个，即使Precision@5达到了100%，Recall@5也只有5%，在模型评估时，是否应该同时关注精确率和召回率呢？进一步而言，是否应该选取不同的Top N的结果进行观察，是否应该选取更高阶的评价指标来更全面地反映模型在精确率和召回率两方面的表现？

这里给出一种解决方案，为了评估一个排序模型的好坏，不仅要观察模型在不同Top N下的Precision@N和Recall@N，而且最好绘出模型的P－R（Precision－Recall）曲线。除此之外，F1和ROC曲线也能综合反映一个排序模型的性能。

3．平方根误差的意外

RMSE（平方根误差）能够很好地反映回归模型预测值与真实值的偏离程度。但是，如果存在个别偏离程度非常大的离群点，即使离群点数量非常少，也会让RMSE指标变得很差。

针对这种现象，解决方案有三：第一，通过数据预处理过滤掉属于噪点声的离群点；第二，进一步提高模型的预测能力，将离群点产生的机制建模进去；第三，找一个更合适的指标评估模型，比如平均绝对百分比误差（MAPE），相当于把每个点的误差进行归一化，降低个别离群点带来的绝对误差的影响。

5.4　小结

本章详细讲解了机器学习的模型评估方法，主要包括分类、回归、排序模型评估指标，超参数调优，评估指标局限性等。本章的内容是机器学习的基础，读者需要结合公式和代码仔细理解各种评估方法，为后续章节的学习打下坚实基础。

第 6 章

降 维 方 法

在机器学习中，数据通常被表示成向量形式以输入模型进行训练。但对向量进行处理时，会产生巨大的资源消耗，甚至产生维度灾难。因此，用一个低维度的特征表示原来高维度的特征就尤为重要，即进行降维。本章主要学习机器学习常见的降维方法。

学习目标：

（1）熟悉降维思想。
（2）掌握主成分分析降维方法。
（3）掌握线性判别分析降维方法。
（4）掌握奇异值分解降维方法。

6.1 降维概述

在机器学习和统计学领域，降维是指在某些限定条件下，降低随机变量的个数，得到一组"不相关"主变量的过程。

换言之，降维其更深层次的意义在于有效信息的提取综合及无用信息的摒弃。数据降维算法是机器学习算法中的大家族，与分类、回归、聚类等算法不同，它的目标是将向量投影到低维空间，以达到某种目的，如可视化、分类等。

当特征选择完成后，就可以直接训练模型了，但是可能由于特征矩阵过大，导致计算量大、训练时间长的问题，因此降低特征矩阵维度是必不可少的。

在现实生活中，很多机器学习问题有上千维甚至上万维特征，这不仅影响训练速度，通常还很难找到比较好的解。这样的问题成为维数灾难。幸运的是，理论上降低维度是可行的，比如MNIST数据集大部分像素总是白的，因此可以去掉这些特征，而相邻的像素之间是高度相关的，如果变为一个像素，相差也并不大。

需要注意，降低维度肯定会损失一些信息，这可能会让机器学习模型的表现稍微变差。因此，应该先用原维度训练一次，如果训练速度太慢，再选择降维。虽然有时候降维能去除噪声和一些不必要的细节，但通常不会，主要是能加快训练速度。

降维除了能提高训练速度以外，还能用于数据可视化。把高维数据降到二维（或三维），然后就能把特征在二维空间（或三维空间）表示出来，进而直观地发现一些数据本身的规则。

数据降维主要有以下优势：

（1）降低无效、错误数据对建模的影响，提高建模的准确性。

（2）少量且具有代表性的数据将大幅缩减挖掘所需的时间。

（3）降低存储数据的成本。

通常情况下，以下情形需要对数据进行降维处理：

（1）有明确的维度数量，降维的基本前提是高维。

（2）建模输出是否必须保留原始维度。如果需要最终的建模输出是能够分析、解释和应用，则只能通过特征筛选或聚类等方式降维。

（3）对模型的计算效率和建模时效性有要求。

（4）是否需要保留完整的数据特征。

降维方法目前主要分为线性方法和非线性方法，具体如图6-1所示。

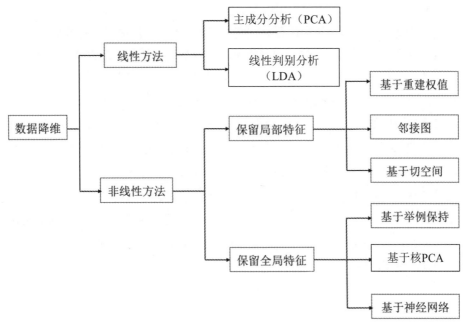

图 6-1　降维方法

接下来将详细讲解一些常用的经典降维算法，附有详尽的例子和代码，以便读者更深入地理解降维的思想和过程。

6.2　主成分分析

主成分分析（Principal Component Analysis，PCA）是一种统计方法，作为降维中最经典的方法，已经有100多年的历史，属于一种线性、非监督、全局的降维方法。主成分分析通过正交变换将一组可能存在相关性的变量转换为一组线性不相关的变量，转换后的这组变量叫主成分。

6.2.1　主成分分析的发展历史

在实际问题中，为了全面分析问题，往往会提出很多与此有关的变量（或因素），每个变量都在不同程度上反映这个问题的某些信息。

主成分分析起初是由K.皮尔森（Karl Pearson）对非随机变量引入的，后来H.霍特林（Harold Hotelling）将此方法推广到随机向量的情形。信息的大小通常用离差平方和或方差来衡量。

1846年，Bracais提出旋转多元正态椭球到"主坐标"上，使得新变量之间相互独立。皮尔森（1901）、霍特林（1933）都对主成分的发展做出了贡献，霍特林的推导模式被视为主成分模型的成熟标志。主成分分析被广泛应用于区域经济发展评价、服装标准制定、满意度测评、模式识别、图像压缩等领域。

在用统计分析方法研究多变量的课题时，变量个数太多就会增加课题的复杂性。人们自然希望变量个数较少，而得到的信息较多。在很多情形下，变量之间是有一定的相关关系的，当两个变量之间有一定相关关系时，可以解释为这两个变量反映此课题的信息有一定的重叠。主成分分析是对于原先提出的所有变量，将重复的变量（关系紧密的变量）删除，建立尽可能少的新变量，使得这些新变量是两两不相关的，而且这些新变量在反映课题的信息方面尽可能保持原有的信息。

主成分分析设法将原来的变量重新组合成一组新的互相无关的几个综合变量，同时根据实际需要从中取出几个较少的综合变量，尽可能多地反映原来变量的信息。

主成分分析作为基础的数学分析方法，其实际应用十分广泛，比如人口统计学、数量地理学、分子动力学模拟、数学建模、数理分析等学科中均有应用，是一种常用的多变量分析方法。

主成分分析是一种线性方法，由于主成分分析只是简单地对输入数据进行变换，因此它既可以用于分类问题，也可以用于回归问题。

6.2.2 主成分分析的实现和应用

从线性代数的角度来看，主成分分析的目标就是使用另一组基去重新描述得到的数据空间。而新的基要能尽量揭示原有的数据间的关系，这个基即最重要的"主元"。主成分分析的目标就是找到这样的"主元"，最大限度地去除冗余和噪声的干扰。

通俗地理解，如果把所有的点都映射到一起，那么几乎所有的信息（如点和点之间的距离关系）都丢失了，而如果映射后方差尽可能大，那么数据点则会分散开来，以此来保留更多的信息。可以证明,主成分分析是丢失原始数据信息最少的一种线性降维方式（实际上就是最接近原始数据，但是主成分分析并不试图去探索数据的内在结构）。

设 n 维向量 w 为目标子空间的一个坐标轴方向（称为映射向量），最大化数据映射后的方差，有：

$$\max_{W} \frac{1}{m-1} \sum_{i=1}^{m} \left(W^{\tau} \left(x_i - \bar{x} \right) \right)^2$$

其中 m 是数据实例的个数，x_i 是数据实例 i 的向量表达，$\bar{x}$ 是所有数据实例的平均向量。定义 W 为包含所有映射向量为列向量的矩阵，经过线性代数变换，可以得到如下优化目标函数：

$$\min_{W} \mathrm{tr} \left(W^{\mathsf{T}} A W \right), \text{ s.t. } W^{\mathsf{T}} W = I$$

其中tr表示矩阵的迹，$A = \frac{1}{m-1} \sum_{i=1}^{n} \left(x_i - \bar{x} \right) \left(x_i - \bar{x} \right)^r$，$A$ 是数据协方差矩阵。

得到的最优 W 是由数据协方差矩阵前 k 个最大的特征值对应的特征向量作为列向量构成的。这些特征向量形成一组正交基，并且最好地保留了数据中的信息。

主成分分析的输出就是 $Y = W'x$，由 x 的原始维度降低到了 k 维。

主成分分析追求的是在降维之后能够最大化保持数据的内在信息，并通过衡量在投影方向上的数据方差的大小来衡量该方向的重要性。但是这样投影以后对数据的区分作用并不大，反而可能使得数据点糅杂在一起而无法区分。这也是主成分分析存在的最大的一个问题。这导致使用主成分分析在很多情况下的分类效果并不好。

如图6-2所示，若使用主成分分析将数据点投影到一维空间上时，主成分分析会选择2轴，这使得原本很容易区分的两簇点被糅杂在一起变得无法区分；而这时若选择1轴，则会得到很好的区分结果。

设对某一事物的研究涉及 p 个指标，分别用 $X_1, X_2, \cdots, X_p$ 表示，这 p 个指标构成的 p 维随机向量为 $X = \left(X_1, X_2, \cdots, X_p \right)'$。设随机向量 X 的均值为 μ，协方差矩阵为 Σ。

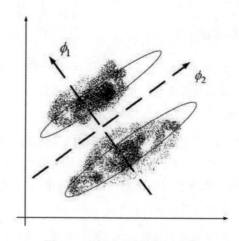

图 6-2　主成分分析数据点投影

对 X 进行线性变换，可以形成新的综合变量，用 Y 表示，也就是说，新的综合变量可以由原来的变量线性表示，即满足下式：

$$\begin{cases} Y_1 = u_{11}X_1 + u_{12}X_2 + \cdots + u_{1p}X_p \\ Y_2 = u_{21}X_1 + u_{22}X_2 + \cdots + u_{2p}X_p \\ \qquad\qquad\qquad\vdots \\ Y_P = u_{P1}X_1 + u_{P2}X_2 + \cdots + u_{AP}X_p \end{cases}$$

由于可以任意地对原始变量进行上述线性变换，由不同的线性变换得到的综合变量 Y 的统计特性也不尽相同。因此，为了取得较好的效果，总是希望 $Y_i = u_i' X$ 的方差尽可能大，且各 Y_i 之间互相独立，由于

$$\mathrm{var}(Y_i) = \mathrm{var}(u_i' X) = u_i' \Sigma u_i$$

而对于任意的常数 c，有

$$\mathrm{var}(cu_i' X) = cu_i' \Sigma u_i c = c^2 u_i' \Sigma u_i$$

因此，对于 u_i 不加限制时，可使 $\mathrm{var}(Y_i)$ 任意增大，问题将变得没有意义。将线性变换约束在下面的原则之下：

（1）$u_i' u_i = 1$，即 $u_{i1}^2 + u_{i2}^2 + \cdots + u_{ip}^2 = 1(i = 1, 2, \cdots, p)$。

（2）Y_i 与 Y_j 相互无关（$i \neq j$；$i, j = 1, 2, \cdots, p$）。

（3）Y_i 是 $X_1, X_2, \cdots, X_p$ 的一切满足原则（1）的线性组合中方差最大者，Y_2 是与 Y_1 不相关的 $X_1, X_2, \cdots, X_p$ 所有线性组合中方差最大者，以此类推，Y_p 是与 $Y_1, Y_2, \cdots, Y_{p-1}$ 都不相关的 $X_1, X_2, \cdots, X_p$ 的所有线性组合中方差最大者。

【例6-1】　主成分分析应用实例。

输入如下代码:

```
import numpy as np
import matplotlib.pyplot as plt
from sklearn import linear_model, decomposition, datasets
from sklearn.pipeline import Pipeline
from sklearn.model_selection import GridSearchCV
logistic = linear_model.LogisticRegression()
pca = decomposition.PCA()
pipe = Pipeline(steps=[('pca', pca), ('logistic', logistic)])
digits = datasets.load_digits()
X_digits = digits.data
y_digits = digits.target
pca.fit(X_digits)
plt.figure(1, figsize=(4, 3))
plt.clf()
plt.axes([.2, .2, .7, .7])
plt.plot(pca.explained_variance_, linewidth=2)
plt.axis('tight')
# plt.xlabel('n_components')
# plt.ylabel('explained_variance_')
plt.ylabel('解释变量')
n_components = [20, 40, 64]
Cs = np.logspace(-4, 4, 3)
#Parameters of pipelines can be set using '__' separated parameter names:
estimator = GridSearchCV(pipe,Dict(pca__n_components=n_components,
                         logistic__C=Cs))
estimator.fit(X_digits, y_digits)
# plt.axvline(estimator.best_estimator_.named_steps['pca'].n_components,
#             linestyle=':', label='n_components chosen')
plt.axvline(estimator.best_estimator_.named_steps['pca'].n_components,
            linestyle=':', label='选择成分')
plt.legend(prop=Dict(size=12))
plt.show()
```

运行结果如图6-3所示。

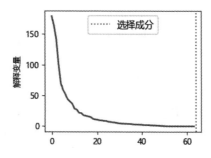

图 6-3　主成分分析选择的运行结果

最后得出结论，在20、40、64三个主成分的数量选择中，通过与逻辑回归的交叉选择，最后认为40个主要成分在后面的逻辑回归上有更好的选择。

这个例子说明，虽然主成分分析是一种无监督的降维方法，在最后选择合适的维度的时候，还是要通过在训练集上验证得到。所以主成分的个数n可以看成是一个超参数。

6.3　线性判别分析

线性判别分析（Linear Discriminant Analysis，LDA）也叫作Fisher线性判别（Fisher Linear Discriminant，FLD）分析，是模式识别的经典算法，它是在1996年由Belhumeur引入模式识别和人工智能领域的。

6.3.1　线性判别分析的原理

线性判别分析的基本思想是将高维的模式样本投影到最佳鉴别矢量空间，以达到抽取分类信息和压缩特征空间维数的效果，投影后保证模式样本在新的子空间有最大的类间距离和最小的类内距离，即模式在该空间中有最佳的可分离性。

因此，它是一种有效的特征抽取方法。使用这种方法能够使投影后的模式样本的类间散布矩阵最大，并且同时类内散布矩阵最小。

也就是说，它能够保证投影后的模式样本在新的空间中有最小的类内距离和最大的类间距离，即模式样本在该空间中有最佳的可分离性。

假设对于一个 R^n 空间有 m 个样本，分别为 $x_1, x_2, \cdots, x_m$，即每个 X 是一个 n 行的矩阵，其中 n_i 表示属于类的样本个数，假设有 C 个类，则 $n_1 + n_2 + \cdots + n_i \cdots + n_c = m$。

约定数学符号及表达式如下：

- S_b：类间离散度矩阵。
- S_w：类内离散度矩阵。
- n_i：属于 i 类的样本个数。
- x_i：第 i 个样本。
- u：所有样本的均值。
- u_i：类 i 的样本均值。

根据符号说明可得类 i 的样本均值为：

$$u_i = \frac{1}{n_i} \sum_{x \in classi} X$$

同理，也可以得到总体样本均值：

$$u = \frac{1}{m} \sum_{i=1}^{m} x_i$$

根据类间离散度矩阵和类内离散度矩阵的定义，可以得到下式：

$$S_b = \sum_{i=1}^{c} n_i \left(u_i - u \right) \left(u_i - u \right)^{\mathrm{T}} \tag{1}$$

$$S_w = \sum_{i=1}^{c} \sum_{x_k \in \mathrm{class}i} \left(u_i - x_k \right) \left(u_i - x_k \right)^{\mathrm{T}} \tag{2}$$

当然，还有另一种类间的离散度矩阵表达方式：

$$S_b = \sum_{i=1}^{c} P(i) \left(u_i - u \right) \left(u_i - u \right)^{\mathrm{T}}$$

$$S_w = \sum_{i=1}^{c} \frac{P(i)}{n_i} \sum_{x_k \in \mathrm{class}i} \left(u_i - x_k \right) \left(u_i - x_k \right)^{\mathrm{T}} = \sum_{i=1}^{c} P(i) E \left\{ \left(u_i - x \right) \left(u_i - x \right)^{\mathrm{T}} \mid x \in \mathrm{class}i \right\}$$

其中，$P(i)$ 是指 i 类样本的先验概率，即样本中属于 i 类的概率 $p(i) = \frac{n_i}{m}$，把 $P(i)$ 代入 S_w 的第二个等式中，可以发现第一个等式只是比第二个等式少乘了 $1/m$，其实对于是否乘以 $1/m$，对于算法本身并没有影响。

矩阵 $(u_i - u)(u_i - u)^{\mathrm{T}}$ 实际上是一个协方差矩阵，刻画的是该类与样本总体之间的关系。该矩阵对角线上的函数代表的是该类相对样本总体的方差（即分散度），而非对角线上的元素代表的是该类样本总体均值的协方差（即该类和总体样本的相关联度，或称冗余度），所以（1）式是所有样本中各个样本根据自己所属的类计算出样本与总体的协方差矩阵的总和，这从宏观上描述了所有类和总体之间的离散冗余程度。

同理，可以得出（2）式中为分类内各个样本和所属类之间的协方差矩阵之和，它所刻画的是从总体来看类内各个样本与类之间（这里所刻画的类特性是由类内各个样本的平均值矩阵构成）的离散度，其实从中可以看出无论是类内的样本期望矩阵还是总体样本期望矩阵，它们都只是充当一个媒介，类内和类间的离散度矩阵都是从宏观上刻画类与类之间的样本的离散度以及类内样本和样本之间的离散度。

线性判别分析作为一个分类的算法，当然希望它所分的类之间的耦合度低，类内的聚合度高，即类内的离散度矩阵中的数值要小，而类间的离散矩阵中的数值要大，这样分类的效果才好。

6.3.2 线性判别分析的实现和应用

下面来看线性判别分析的应用实例。

【例6-2】   线性判别分析的应用实例。

输入如下代码：

```
from sklearn.linear_model import LogisticRegression
from sklearn.discriminant_analysis import LinearDiscriminantAnalysis as LDA
from sklearn.preprocessing import StandardScaler
from sklearn.model_selection import train_test_split
from matplotlib.colors import ListedColormap
import matplotlib.pyplot as plt
import pandas as pd
import numpy as np

def plot_decision_regions(x, y, classifier, resolution=0.02):
    markers = ['s', 'x', 'o', '^', 'v']
    colors = ['r', 'g', 'b', 'gray', 'cyan']
    cmap = ListedColormap(colors[:len(np.unique(y))])
    x1_min, x1_max = x[:, 0].min() - 1, x[:, 0].max() + 1
    x2_min, x2_max = x[:, 1].min() - 1, x[:, 1].max() + 1
    xx1, xx2 = np.meshgrid(np.arange(x1_min, x1_max, resolution), np.arange(x2_min,
x2_max, resolution))
    z = classifier.preDict(np.array([xx1.ravel(), xx2.ravel()]).T)
    z = z.reshape(xx1.shape)
    plt.contourf(xx1, xx2, z, alpha=0.4, cmap=cmap)

    for idx, cc in enumerate(np.unique(y)):
        plt.scatter(x=x[y == cc, 0],
                    y=x[y == cc, 1],
                    alpha=0.6,
                    c=cmap(idx),
                    edgecolor='black',
                    marker=markers[idx],
                    label=cc)
def main():
    # load data
    df_wine = pd.read_csv(r'J:\pyproject\machine_learning\wine.data', header=None)  #
本地加载
    # df_wine = pd.read_csv('https://archive.ics.uci.edu/ml/machine-learning-
databases/wine/wine.data', header=None)  # 服务器加载
    # split the data, train: test=7:3
    x, y = df_wine.iloc[:, 1:].values, df_wine.iloc[:, 0].values
    x_train, x_test, y_train, y_test = train_test_split(x, y, test_size=0.3, stratify=y,
random_state=0)
    # standardize the feature 标准化单位方差
    sc = StandardScaler()
    x_train_std = sc.fit_transform(x_train)
    x_test_std = sc.fit_transform(x_test)
```

```
lda = LDA(n_components=2)
lr = LogisticRegression()
x_train_lda = lda.fit_transform(x_train_std, y_train) # LDA是有监督方法，需要用到标签
x_test_lda = lda.fit_transform(x_test_std, y_test) # 测试特征向量正负，乘-1表示反转镜像
lr.fit(x_train_lda, y_train) # 拟合
plt.figure(figsize=(6, 7), dpi=100)  # 画图时的高、宽和像素
plt.subplot(2, 1, 1)
plot_decision_regions(x_train_lda, y_train, classifier=lr)
# plt.title('Training Result')
plt.title('训练结果')
plt.xlabel('LD1')
plt.ylabel('LD2')
plt.legend(loc='lower left')
plt.subplot(2, 1, 2)
plot_decision_regions(x_test_lda, y_test, classifier=lr)
# plt.title('Testing Result')
plt.title('测试结果')
plt.xlabel('LD1')
plt.ylabel('LD2')
plt.legend(loc='lower left')
plt.tight_layout()  # 子图间距
plt.show()
if __name__ == '__main__':
    main()
```

运行结果如图6-4所示。

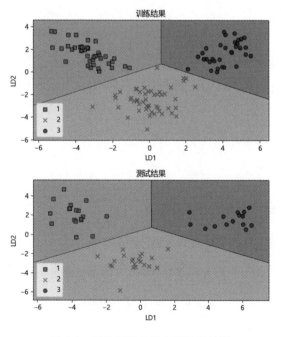

图 6-4　线性判别分析实例运行结果

6.4　奇异值分解

奇异值分解（Singular Value Decomposition）是线性代数中的一种重要的矩阵分解，是特征分解在任意矩阵上的推广。奇异值分解在信号处理、统计学等领域有重要应用。

6.4.1　奇异值分解的原理

奇异值分解在某些方面与对称矩阵或Hermite矩阵基于特征向量的对角化类似。然而这两种矩阵分解尽管有其相关性，但还是有明显的不同。谱分析的基础是对称阵特征向量的分解，而奇异值分解则是谱分析理论在任意矩阵上的推广。

假设 M 是一个 $m \times n$ 阶矩阵，其中的元素全部属于域 K ，也就是实数域或复数域。如此，存在一个分解使得

$$M = U \Sigma V^*$$

其中，U 是 $m \times m$ 阶酉矩阵；Σ 是半正定 $m \times n$ 阶对角矩阵；而 V^*（V 的共轭转置）是 $n \times n$ 阶酉矩阵。这样的分解就称作 M 的奇异值分解。Σ 对角线上的元素 $\Sigma_{i,i}$ 即为 M 的奇异值。

常见的做法是将奇异值由大而小排列，如此 Σ 便能由 M 唯一确定了（虽然 U 和 V 仍然不能确定）。

1．直观的解释

在矩阵 M 的奇异值分解中，$M = U \Sigma V^*$。

U 的列向量（左奇异向量）组成一套对 M 的正交"输入"或"分析"的基向量。这些向量是 $MM*$ 的特征向量。

V 的列向量（右奇异向量）组成一套对 M 的正交"输出"的基向量。这些向量是 M^*M 的特征向量。

Σ 对角线上的元素是奇异值，可视为在输入与输出间进行的标量的"膨胀控制"。这些是 $M*M$ 及 $MM*$ 的奇异值，并与 U 和 V 的列向量相对应。

2．奇异值和奇异向量，以及它们与奇异值分解的关系

一个非负实数 σ 是 M 的一个奇异值仅当存在 K^m 的单位向量 u 和 K^n 的单位向量 v 如下：

$$Mv = \sigma u \text{ 及 } M*u = \sigma v$$

其中，向量 u 和 v 分别为 σ 的左奇异向量和右奇异向量。

对于任意的奇异值分解 $M = U\Sigma V^*$，矩阵 Σ 的对角线上的元素等于 M 的奇异值。U 和 V 的列分别是奇异值中的左、右奇异向量。因此：

（1）一个 $m \times n$ 的矩阵最多有 $p = \min(m, n)$ 个不同的奇异值。

（2）总是在 K^m 可以找到一个正交基 U，组成 M 的左奇异向量。

（3）总是在 K^n 可以找到一个正交基 V，组成 M 的右奇异向量。

如果一个奇异值中可以找到两个左（或右）奇异向量是线性相关的，则称为退化。

非退化的奇异值具有唯一的左、右奇异向量，取决于所乘的单位相位因子 $e_i\varphi$（根据实际信号）。因此，如果 M 的所有奇异值都是非退化的且非零，则它的奇异值分解是唯一的，因为 U 中的一列要乘以一个单位相位因子且同时 V 中相应的列也要乘以同一个相位因子。

根据定义，退化的奇异值具有不唯一的奇异向量。因为，如果 u_1 和 u_2 为奇异值 σ 的两个左奇异向量，则两个向量的任意规范线性组合也是奇异值 σ 的一个左奇异向量，类似地，右奇异向量具有相同的性质。因此，如果 M 具有退化的奇异值，则它的奇异值分解是不唯一的。

3. 几何意义

因为 U 和 V 向量都是单位化的向量，其中 U 的列向量 $u_1, \cdots, u_m$ 组成了 K 空间的一组标准正交基。同样，V 的列向量 $v_1, \cdots, v_n$ 也组成了 K 空间的一组标准正交基（根据向量空间的标准点积法则）。

可以通过线性变换 T：即 $K^n \to K^m$，把向量 X 变换为 MX。考虑到这些标准正交基，这个变换描述起来很简单：

$$T(V_i) = \sigma_i u_i, \quad i = 1, \cdots, \min(m, n)$$

其中 σ_i 是对角阵 Σ 中的第 i 个元素，当 $i > \min(m, n)$ 时，$T(v_i) = 0$。

这样，奇异值分解理论的几何意义可以做如下归纳：对于每一个线性映射 $T: K^n \to K^m$，T 把 K^n 的第 i 个基向量映射为 K^m 的第 i 个基向量的非负倍数，然后将 K^n 中余下的基向量映射为零向量。对照这些基向量，映射 T 就可以表示为一个非负对角阵。

4. 应用

（1）求伪逆。奇异值分解可以被用来计算矩阵的伪逆。若矩阵 M 的奇异值分解为 $M = U\Sigma V^*$，则 M 的伪逆为 $M^+ = V\Sigma^+ U^*$。

其中 Σ^+ 是 Σ 的伪逆，是将其主对角线上每个非零元素都求倒数之后再转置得到的。求伪逆通常可以用来求解线性最小平方、最小二乘法问题。

（2）平行奇异值。对频率选择性衰落信道进行分解。

（3）矩阵近似值。奇异值分解在统计中的主要应用为主成分分析，是一种数据分析方法，用来找出大量数据中隐含的"模式"，多用在模式识别、数据压缩等方面。

PCA算法的作用是把数据集映射到低维空间中去。数据集的特征值（在奇异值分解中用奇异值表征）按照重要性排列，降维的过程就是舍弃不重要的特征向量的过程，而剩下的特征向量组成的空间即为降维后的空间。

6.4.2　奇异值分解的实现和应用

以下是一个使用奇异值分解进行图像分解的实例，参考前面的理论部分，读者可以结合代码进行理解。

【例6-3】　奇异值分解的应用实例。

输入如下代码：

```python
import numpy as np
import matplotlib.image as mping
import matplotlib.pyplot as plt
import matplotlib as mpl
import pylab

def image_svd(n, pic):
    a, b, c = np.linalg.svd(pic)
    svd = np.zeros((a.shape[0], c.shape[1]))
    for i in range(0, n):
        svd[i, i] = b[i]
    img = np.matmul(a, svd)
    img = np.matmul(img, c)
    img[img >= 255] = 255
    img[0 >= img] = 0
    img = img.astype(np.uint8)
    return img

if __name__ == '__main__':
    mpl.rcParams['font.sans-serif'] = ['SimHei']
    mpl.rcParams['axes.unicode_minus'] = False

    path = './Au_ani_00059.jpg'
    img = mping.imread(path)
    print(img.shape)

    r = img[:, :, 0]
    g = img[:, :, 1]
    b = img[:, :, 2]
    # plt.figure(1)
    # plt.figure(figsize=(50, 100))
    for i in range(1, 6):
```

```
        r_img = image_svd(i, r)
        g_img = image_svd(i, g)
        b_img = image_svd(i, b)
        pic = np.stack([r_img, g_img, b_img], axis=2)
        # print(i)
        font = {'size': 6}
        plt.subplot(2, 3, i)
        plt.title("图像的SVD分解, 使用前 %d 个特征值" % (i),fontDict=font)
        plt.axis('off')
        plt.imshow(pic)
        # plt.show()
    plt.suptitle("图像的SVD分解")
    plt.subplots_adjust()
    print('done')
    plt.show()
    # pylab.show()
```

运行结果如图6-5所示。

　　奇异值跟特征分解中的特征值类似，在奇异值矩阵中也是按照从大到小的顺序排列的，而且奇异值的减少特别的快，在很多情况下，前10%甚至1%的奇异值的和就占了全部奇异值之和的99%以上。也就是说，可以用最大的k个奇异值和对应的左右奇异向量来近似描述矩阵。

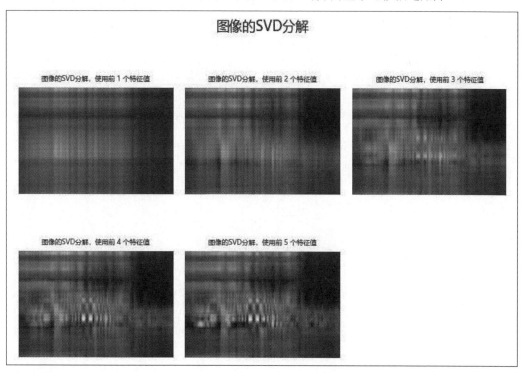

图 6-5　奇异值分解实例运行结果

6.5 小结

本章详细讲解了机器学习的降维方法，如主成分分析、线性判别分析、奇异值分解等。本章内容是机器学习数据处理的基础，读者需要结合公式和代码仔细理解各种机器学习的降维方法，为后续章节的学习打下坚实的基础。

## 第 2 篇

算法应用

细说机器学习
从理论到实践

## 第 7 章

K-Means聚类

本章主要介绍*K*-Means算法，*K*-Means算法是硬聚类算法，是典型的基于原型的目标函数聚类方法的代表，它是将数据点到原型的某种距离作为优化的目标函数，利用函数求极值的方法得到迭代运算的调整规则。该算法是一种经典的机器学习算法。

学习目标：

（1）掌握*K*-Means算法的原理。

（2）掌握*K*-Means算法的程序编写。

7.1 *K*-Means 算法的原理

机器学习算法主要分为两大类：有监督学习和无监督学习，它们在算法思想上存在本质的区别。本节从有监督学习入手，介绍*K*-Means算法。

7.1.1 *K*-Means 算法介绍

有监督学习主要是指对有标签的数据集（有"参考答案"）构建机器学习模型，但在实际的生产环境中，大量数据处于没有被标注的状态，这时因为"贴标签"的工作需要耗费大量的人力，如果数据量巨大，或者调研难度大的话，生产出一份有标签的数据集是非常困难的。即使使用人工来标注，标注的速度也比数据生产的速度慢得多。因此，要想对没有被标注的数据进行分类，就要使用无监督学习算法。

常见的无监督学习算法包括*K*-Means算法、均值漂移算法、EM算法（期望最大化算法）等。这里介绍无监督学习中最为经典的*K*-Means算法，它是聚类算法簇中的一个，其原理简单，容易理解，因此得到了广泛的应用。通过对该算法的学习，将掌握什么是聚类问题，以及如何解决聚类问题。

聚类算法与分类算法的最终目的都是将数据区分开来，但是两者的实现过程完全不同。分类问题通过对已有标签的数据进行训练来确定最佳预测模型，然后对新样本所属的类别进行预测，在这个过程中，算法模型只要尽可能实现最佳拟合就可以了。与分类问题不同，聚类问题没有任何标签。

俗话说，"物以类聚，人以群分"。从这句话中就能体会到"找相似"的奥妙，兴趣相投的人总会相互吸引，相似的事物也总会放在一起。同样的道理，在一份数据集中拥有相似特征的数据也要聚集在一起，这样才便于将这些数据区分开来，但世界上并不存在完全相同的两片叶子，因此聚类算法在实现分类时，只能尽可能找相同点，相同点越多，说明这些数据就属于同一类，而不同点越多，则说明这些数据不是同一类。

众所周知，动物的种类可以按照科属进行划分，比如豹子、老虎、猫咪都属于猫科动物，有时可能无法相信，温顺的猫咪竟然和凶猛的老虎同属猫科动物，这就说明这些动物身上有相似的地方，比如都善于攀爬和跳跃、皮毛柔软、爪子锋利并可伸缩等。其实，科学家们最初对于什么是"猫科动物"也没有一个明确的答案，通过找相似特征的方法，最终将动物分门别类，这个过程也可以看作是无监督学习。

通过对上述知识的学习，发现解决聚类问题的关键就是"找相似"。下面详细介绍K-Means算法如何在数据集中寻找相同点。

K-Means算法是最为经典的，也是使用最为广泛的一种基于划分的聚类算法，它属于基于距离的聚类算法。所谓基于距离的聚类算法，是指采用距离作为相似性度量的评价指标，也就是说，当两个对象离得近，二者之间的距离比较小时，那么它们之间的相似性就比较大。这类算法通常是由距离比较相近的对象组成簇，把得到紧凑且独立的簇作为最终目标。

接下来重点对K-Means算法的初始中心的随机选取进行分析与研究，给出K-Means算法的思想和原理、优缺点介绍以及现有的关于初始聚类中心选取的改进措施。

K-Means算法的基本思想：首先指定需要划分的簇的个数k；然后随机选择k个初始数据对象点作为初始的聚类中心；接着计算其余的各个数据对象到这k个初始聚类中心的距离（这里一般采用距离作为相似性度量），把数据对象划归到距离它最近的那个中心所处的簇类中；最后调整新类并且重新计算新类的中心，如果两次计算出来的聚类中心未曾发生变化，就说明数据对象的调整已经结束，也就是说聚类采用的准则函数是收敛的，表示算法结束（这里采用的是误差平方和的准则函数）。

K-Means算法属于一种动态聚类算法，也称作逐步聚类法，该算法的一个比较显著的特点是迭代过程，每次都要考察对每个样本数据的分类正确与否，如果不正确，就要进行调整。当调整完全部的数据对象之后，再来修改中心，最后进入下一次迭代的过程。如果在一个迭代中，所有的数据对象都已经被正确地分类，那么就不会有调整，聚类中心也不会改变，聚类准则函数也表明已经收敛，那么该算法就成功结束。

1. 理解簇和 K

在聚类问题中，有一个非常重要的概念"簇"（Cluster），到底什么是簇呢？样本数据集通过聚类算法最终会聚集成一个个"类"，这些类在机器学习中的术语称为"簇"（注意，这里的前提是使用"聚类算法"），因此"簇"是解决聚类问题的表现形式，数据集中的数据样本最终会以"簇"的形式分开。

对于分类问题而言，由于有参考答案，因此要分成多少类是已知的，但是聚类则不同，由于没有参考答案，因此形成多少个簇事先无法预知。

举一个简单的例子，有同样大小的正方形和圆形各3个，每个正方形和圆形的颜色两两相同，分别是黄色、红色、绿色，如果按照形状分类的话，可以分为圆形和正方形两个簇，如果按照颜色分类的话，可以分为黄色、红色、绿色3个簇。由此可见，选择的分簇条件不同，形成的簇的数量也不同，从而聚类的结果也不同。

不同聚类算法采取了不同的思路，主要分为划分法、层次法、密度法和网格法，这些方法大致可总结为两类，一类是预先设定多少个簇，另一类则是在聚类的过程中形成的。

K-Means就是一种采用了划分法的聚类算法，机器学习喜欢用字母K来表示"多"，就像数学中常用字母n来表示一样。接下来讲解如何理解K-Means中的K。

对于K-Means中的K，由于该算法是没有参考标准的，如果不加以限定的话，它会形成任意数量的"簇"，这就需要预先设定"簇"的数量，因此K-Means中K就是聚集成几个"簇"，形成几个"类"的意思。

2. 量化"相似"

解决"聚类问题"的关键是找到"相似"之处，只有找到了相同点，才可以实现类别的划分，说得直白一点，聚类的过程就是让相似的样本互相抱团的过程，这个过程看上去很简单，但实际上要使用具体的算法去实现。

注意，这里所说的"相似"有时也称为"相似度"。与之相反的是"相异度"，相异度越低，相似度就越高，这些指标主要用于衡量对象之间的相似程度。

在聚类算法中，"相似"其实并不是一个具体的指标，就像"人以群分"这句成语，它没有提供具体的划分标准，即"以什么分"，可能是性格、爱好，也可能是志向，因此量化相似也要根据具体的场景，也就是确定比较的标准（即度量相似的标准）。

聚类算法是无监督学习，因此数据中的样本点完全不知道自己属于哪一个簇，就更别谈缺点"质心"了，为了解决这一问题，K-Means算法通过随机选择方式来确定质心，但由于是随机选择，因此无法保证随机选择的K个质心恰好是完成聚类后的K个簇的中心点，这时就要用到Mean，它是

"均值"的意思，通过均值可以不断调整质心，由此可知，质心在K-Means算法中是不断改变的。

假设现在通过随机K个质心得到K个簇，K-Means算法选择通过求平均计算这K个簇形成新的质心。每个簇都有若干数据点，求出这些数据点的坐标值均值，就得到了新质心的坐标点。这其实也是一种变相的多数表决。根据全体拥有表决权的数据点的坐标来共同决定新的质心在哪里，而表决权则由簇决定。

在K-Means聚类的过程中会经历多次质心计算，数据点到底归属于哪个簇可能会频繁变动，比如同一个数据点可能在本轮与一群样本点进行簇A的质心计算，而在下一轮就与另一群样本点进行簇B的质心计算。

3. 算法流程

对于K-Means算法而言，找到质心是一项既核心又重要的任务，找到质心才可以划分出距离质心最近的样本点。从数学角度来讲，就是让簇内的样本点到达各自质心的距离总和最小。

通过数学定义，将"质心"具象化，既然要使"距离总和最小"，那么第一步就是确定如何度量距离，K-Means算法通过"欧几里得距离"来衡量质心与样本点之间的距离。由闵可夫斯基距离公式可知：

$$d_P(x, y) = \left(\sum_{i=1}^{n} |x_i - y_i|^P \right)^{1/P}$$

上述式子中，Σ为求和符号，与sum函数的功能一致。闵氏距离是一组代数形式的公式，通过给P设定不同的值，就能用闵氏距离得到不同的距离表达式。

当$P = 1$时，可以得到曼哈顿街区距离（简称"曼哈顿距离"）；当$P = 2$时，可以得到欧几里得距离，该公式常用于度量两点之间的直线距离，表达式和L_2范式相同，如下所示：

$$d(x, y) = \sqrt{\sum_{i=1}^{n} (x_i - y_i)^2}$$

举一个简单的例子，如果第j个簇内有若干个数据点（比如m个），根据上述欧几里得距离公式就可以计算出簇中各个点到质心z的距离总和，如下所示：

$$\sum_{i=0}^{n} \left(\|x_i - z_j\|^2 \right)$$

注意，上述公式中的z_j是簇内所有样本点求均值的结果。

通过定义知道K-Means算法中会有K个簇，因此要使每个簇内的数据点到质心的距离都可以达到最小，最终使得距离的总和最小。读者可以这样理解，K个簇共同组成了一个集合（这里定义为A集合），在A集合中每个簇的样本点到各自质心的距离都是最小的，因此可得如下表达式：

$$\sum_{i=0}^{n} \min_{z_j \in A} \left(\left\| x_i - z_j \right\|^2 \right)$$

（1）给出 n 个数据样本，令 $I=1$，随机选择 K 个初始聚类中心 $Z_j(I)$，$j=1,2,3,\cdots,K$。

（2）求解每个数据样本与初始聚类中心的距离 $D\left(x_i, Z_j(I)\right)$，$i=1,2,3,\cdots,n$，$j=1,2,3,\cdots,K$，若满足 $D\left(x_i, Z_j(I)\right) = \min\left\{D\left(x_i, Z_j(I)\right), i=1,2,\cdots,n\right\}$，则 $x_i \in w_k$。

（3）令 $I=I+1$，计算新聚类中心 $Z_j(2) = \dfrac{1}{n} \sum_{i=1}^{n_j} x_i^{(j)}$，$j=1,2,\cdots,K$，误差平方和准则函数 J_c 的值：$J_c(2) = \sum_{j=1}^{K} \sum_{k=1}^{n_j} \left\| x_k^{(j)} - Z_j(2) \right\|^2$。

（4）判断：如果 $\left| J_c(I+1) - J_c(I) \right| < \xi$，那么表示算法结束；反之，$I=I+1$，重新返回第（2）步执行。

传统的 *K*-Means 算法的基本工作过程：首先随机选择 k 个数据作为初始中心，计算各个数据到所选出来的各个中心的距离，将数据对象指派到最近的簇中；然后计算每个簇的均值，循环往复执行，直到满足聚类准则函数收敛为止。通常采用的是平方误差准则函数，这个准则函数试图使生成的 k 个结果簇尽可能紧凑和独立。其具体的工作步骤如下：

输入：初始数据集 DATA（n 个数据样本）和簇的数目 k。

输出：k 个簇，满足平方误差准则函数收敛。

（1）任意选择 k 个数据对象作为初始聚类中心。
（2）根据簇中对象的平均值，将每个对象赋给最类似的簇。
（3）更新簇的平均值，即计算每个对象簇中对象的平均值。
（4）计算聚类准则函数 E。
（5）直到准则函数 E 的值不再变化。

K-Means 算法的工作流程如图 7-1 所示。

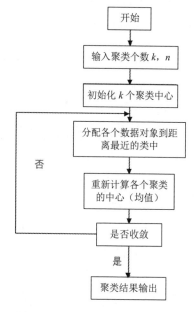

图 7-1　*K*-Means 算法的工作流程

7.1.2　*K*-Means 算法的优缺点

K-Means 算法的优点：算法快速、简单；对大数据集有较高的效率并且可伸缩；时间复杂度近于线性，而且适合挖掘大规模数据集。

K-Means 算法的时间复杂度是 $O(nkt)$；其中 n 代表数据集中对象的数量，t 代表算法迭代的次数，k 代表簇的数目。

到目前为止，*K*-Means算法也存在许多缺点，在应用中面临着许多问题，有待进一步优化。

1. *K*-Means算法中需要用户事先指定聚类的个数（*k*值）

很多时候，在对数据集进行聚类的时候，用户起初并不清楚该数据集应该分多少类才合适，即聚类个数*k*值难以估计。

有些算法（如ISODATA算法）是通过类的自动分裂和合并来得到较为理想的*k*的簇的个数的。有学者提出了一种基于半监督*K*-Means的*k*值全局寻优算法，它的思想是将*k*值从原始类别数递增，在完整的数据集{U,L}上进行Constrained-*K*-Means聚类，当聚类后得到的空簇（空簇指的是某一簇中不包含任何标记的数据）的频率大于设定值时，算法结束，计算*k*取不同值时被错误标记的数据总数*N*，找出最优参数*k*。

还有学者采用RLC算法，结合全协方差矩阵，逐步删除只含少量数据的类。更好的算法是采用一种竞争学习规则：次胜者受罚机制，来自动生成适当数量的类，其思想是：针对输入的聚类个数*k*值，一方面用修正获胜单元权值的方法来适应输入的*k*值，另一方面针对次胜单元采取惩罚，使它与输入的*k*值尽可能远离。

2. 对初始聚类中心的选取具有极大的依赖性，选取不当会使算法陷入局部最优解

K-Means算法利用迭代的重定位技术，通过随机选取初始中心来寻找最优的聚类中心，从而使准则函数达到收敛的效果。因此，这种随机选取初始中心的做法会导致算法不稳定。

另外，由于*K*-Means选择的聚类准则函数是常用的误差平方和准则函数，它是一个非凸函数，存在多个局部极小值，只有一个是全局最小的。加上*K*-Means算法随机选取的初始中心往往会落入非凸函数曲面的位置，从而导致与全局最优解的搜索范围存在一定偏离，因此通过迭代技术往往使聚类准则函数达到局部最优而非全局最优。所以，初始聚类中心的选择会对聚类结果产生较大的影响，容易使聚类结果陷入局部最优解，造成聚类结果不稳定和不准确。

有学者提出了多中心聚类算法，首先运用两阶段的最大、最小距离方法搜索出最佳的初始中心，再用合并算法将最初已经划分成小类的数据集合并形成终类，也就是说利用多个中心来共同代表一个较大形状的簇。另外，有学者提出通过求解每个数据点的密度参数，而后选取*k*个高密度点作为初始聚类中心，有效地解决了算法随机选取初始聚类中心造成的聚类结果不稳定和不准确的问题。

3. 对噪声和孤立点数据敏感

K-Means算法将簇的质心看成聚类中心加入下一轮的计算中，从而导致聚类中心远离真正的数据密集区，趋向噪声孤立点数据，导致聚类结果不准确。因此，如果需要聚类的数据中含有大量噪声点，那么将会在很大程度上受到影响，导致结果不稳定甚至出现错误。

消除*K*-Means算法对噪声点的敏感性可采用*K*-Medoid算法，*K*-Medoid算法是基于最小化所有对象与其参照点（不使用簇中对象的均值，选用簇中位置最中心的对象（即中心点）作为参照点）之间的相异度之和的原则来执行的。

PAM算法就是一种*K*-Medoid算法，该算法提出得比较早，它的主要思想是：将*n*个对象划分为*k*个子集，然后随机选出*k*个中心，PAM算法为了找到更好的聚类中心，反复地进行迭代，然后分析所有可能的数据，将每个数据对中的一个看作中心点（而另一个对象不是）。对于这些所有可能的组合，计算估计聚类的质量。

将簇的中心点和簇的均值点相分离的思想，也就是说，在进行第*k*轮迭代的时候，在簇中计算与第 *k* − 1轮聚类中心点相似度较高的点的均值，把它作为第*k*轮的聚类中心点，这样的操作就可以消除孤立点的负面影响。

还有一种新的基于参考点和密度的改进算法，该算法的思想是首先通过参考点来准确反映数据对象的空间特征，而后基于参考点对数据进行分析与处理（前提是参考点能够准确地反映数据特征）。

4. 针对大的数据量，算法开销大

K-Means算法需要不断地进行迭代调整，计算调整后新得到的中心，所以，如果遇到的数据量比较大，算法的开销就会很大。因此，需要分析算法的时间复杂度并对其加以改进，从而提高算法的应用范围。

通过一定的相似性准则来去掉聚类中心的候选集，进而改进算法的时间复杂度。*K*-Means算法对样本数据进行聚类的时候，将选择初始中心和一次迭代完成对数据的调整建立在随机选择样本数据的基础上，这样就可以提高算法收敛的速度。

5. 无法发现任意的簇，一般只能发现球状簇

K-Means算法多采用欧氏距离函数度量数据对象之间的相似度，并且采用误差平方和作为准则函数。采用欧氏距离作为相似性度量的聚类算法，通常只能发现数据对象分布较均匀的球状簇。

采用误差平方和准则函数的聚类算法，当类簇大小差别较大且形状较不规则时，容易造成对较大的类簇进行分割来达到目标函数取极小值的目的，从而造成聚类结果不准确。

针对非球状簇，可以采用多中心代表的思想，将多个中心点分配给同一个类，用Huffman树来体现非球状簇的伸长方向，这种算法被称为多种子的非层次聚类。

7.2　*K*-Means 算法的实现和应用

K-Means算法属于无监督学习，它会将相似的对象归到同一个簇中，该算法原理简单，执行效率高，并且容易实现，是解决聚类问题的经典算法。

尽管如此，任何一个算法都不可能做到完美无瑕，*K*-Means算法也有自身的不足之处，比如*K*-Means算法需要通过算术平均数来度量距离，因此数据集的维度属性必须转换为数值类型，同时*K*-Means算法使用随机选择的方式来确定*K*的数量和初始化质心，因此不同的随机选择会对最终的分簇结果产生一定程度的影响。

每一种算法都有各自适用的场景，*K*-Means算法也不例外，它适合解决特征维度为数值型的聚类问题。

K-Means算法也适用于文本聚类，比如新闻网站会将相同话题的新闻聚集在一起，并自动生成一个个不同话题的新闻专栏，其实这就是利用聚类算法实现的，但是文本的特征维度并非数值型，因此需要对其进行数值转换操作，将文本数据转换为数值信息。

在sklearn机器学习库中就有*K*-Means算法。下面对KMeans()的常用参数进行简单介绍，如表7-1所示。

表7-1　KMeans()参数说明

参　　数	说　　明
algorithm	字符串参数值，有3种选择： ① 'auto'：默认值，自动根据数据值是否稀疏来决定使用'full'还是'elkan'，采用默认值即可。 ② 'full'：表示使用传统的 *K*-Means 算法。 ③ 'elkan'：表示使用 Elkan-Means 算法，该算法可以减少不必要的距离计算，提高计算效率
n_cluster	整型参数，表示分类簇的数量，默认值为8
max_iter	整型参数，表示最大的迭代次数，默认值为300
n_init	整型参数，表示用不同的质心初始化值运行算法的次数，默认值为10
init	字符串参数，有3个可选参数： ① 'k-means++'：默认值，用一种特殊的方法选定初始质心，从而能加速迭代过程的收敛，效果最好 ② 'random'：表示从数据中随机选择 *K* 个样本作为初始质心点 ③ 提供一个 ndarray 数组，形如(n_cluster,n_features)，以该数组作为初始质心点
precompute_distance	有3个可选值，分别是 auto、True、False： ① auto：如果样本数乘以聚类数大于 1200 万，则不予计算距离。 ② True：总是预先计算距离。 ③ False：永远不预先计算距离
tol	浮点型参数，表示算法收敛的阈值，默认值为 1e–4

（续表）

参　　数	说　　明
n_jobs	整型参数，指定计算所用的进程数量。 ① 若值为–1，则用所有 CPU 进行运算。 ② 若值为 1，则不进行并行运算，以方便调试。 ③ 若值小于–1，则用到的 CPU 数为(n_cpus+1+n_jobs)，因此若为–2，则用到的 CPU 数为总 CPU 数减去 1
random_state	表示随机数生成器的种子，参数值为整型或 numpy.RandomState 类型
verbose	整型参数，默认值为 0，表示不输出日志信息；1 表示每隔一段时间打印一次日志信息；如果大于 1，则打印变得频繁

最后通过数据集实例来说明 *K*-Means 算法。

【例7-1】　*K*-Means 算法应用于鸢尾花数据集分类。

输入如下代码：

```python
import matplotlib.pyplot as plt
import matplotlib
from sklearn.cluster import KMeans
from sklearn.datasets import load_iris
# 设置 matplotlib rc配置文件
# matplotlib.rcParams['font.sans-serif'] = [u'SimHei']  # 用来设置字体样式以正常显示中文标签
# matplotlib.rcParams['axes.unicode_minus'] = False  # 设置为False来解决负号的乱码问题
# 加载鸢尾花数据集
# 数据的特征分别是 sepal length(花萼长度)、sepal width(花萼宽度)、petal length (花瓣长度)、
petal width (花瓣宽度)
iris = load_iris()
X = iris.data[:, :2]  # 通过花萼的两个特征（长度和宽度）来聚类
k = 3  # 假设聚类为3类，默认分为8个簇
# 构建算法模型
km = KMeans(n_clusters=k)  # n_clusters参数表示分成几个簇（此处k=3）
km.fit(X)
# 获取聚类后样本所属簇的对应编号（label_pred）
label_pred = km.labels_  # labels_属性表示每个点的分簇号，会得到一个关于簇编号的数组
centroids = km.cluster_centers_  # cluster_center属性用来获取簇的质心点，得到一个关于质心的二维数组，形如[[x1,y1],[x2,y2],[x3,x3]]
# 未聚类前的数据分布图
plt.subplot(121)
plt.scatter(X[:, 0], X[:, 1], s=50)
plt.xlabel('花萼长度')
plt.ylabel('花萼宽度')
plt.title("未聚类之前")
# wspace 两个子图之间保留的空间宽度
plt.subplots_adjust(wspace=0.5) # subplots_adjust()用于调整边距和子图间距
# 聚类后的分布图
```

```
plt.subplot(122)
# c：表示颜色和色彩序列，此处与cmap颜色映射一起使用（cool是颜色映射值），s表示散点的大小，marker
表示标记样式（散点样式）
plt.scatter(X[:, 0], X[:, 1], c=label_pred, s=50, cmap='cool')
# 绘制质心点
plt.scatter(centroids[:,0],centroids[:,1],c='red',marker='o',s=100)
plt.xlabel('花萼长度')
plt.ylabel('花萼宽度')
plt.title("K-Means算法聚类结果")
plt.show()
```

运行结果如图7-2所示。

通过绘图结果可以看出，在没有“参考答案”的前提下，K-Means算法完成了样本的分簇任务，其中红色圆点是质心点。

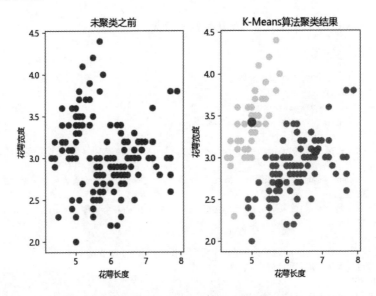

图 7-2　K-Means 算法应用运行结果

7.3　小结

本章详细讲解了K-Means算法的原理和实现过程。K-Means算法属于无监督学习算法，常用于解决聚类问题，通过给算法模型输入一个包含多种特征信息的样本点，会返回一个相应的类别编号（或称簇别），从而完成样本数据点的类别划分。

## 第 8 章

K 最 近 邻

K最近邻（K-Nearest Neighbor，KNN）算法是数据挖掘分类技术中最简单的方法之一。所谓K最近邻，就是K个最近的邻居的意思，说的是每个样本都可以用它最接近的K个邻近值来表示。在学习K最近邻算法的过程中，需要牢记两个关键词：一个是"少数服从多数"，另一个是"距离"，它们是实现K最近邻算法的核心知识。

学习目标：

（1）掌握K最近邻算法的原理。

（2）掌握K最近邻算法的实际数据应用方法。

8.1 K 最近邻算法的原理

K最近邻算法是有监督学习分类算法的一种。所谓K近邻，就是K个最近的邻居。比如对一个样本数据进行分类，可以用与它最邻近的K个样本来表示它。

K最近邻算法是1967年由Cover T和Hart P提出的一种基本分类与回归方法。它的工作原理是：

存在一个样本数据集合，也称为训练样本集，样本集中每个数据都存在标签，即知道样本集中每一个数据与所属分类的对应关系。输入没有标签的新数据后，将新数据的每个特征与样本集中数据对应的特征进行比较，然后算法提取样本最相似数据（最近邻）的分类标签。一般来说，只选择样本数据集中前K个最相似的数据，这就是K最近邻算法中K的出处，通常K是不大于20的整数。最后，选择K个最相似数据中出现次数最多的分类，作为新数据的分类。为了判断未知样本的类别，以所有已知类别的样本作为参照来计算未知样本与所有已知样本的距离，然后从中选取与未知样本距离最近的K个已知样本，并根据少数服从多数的投票法则（Majority Voting），将未知样本与K个最邻近样本中所属类别占比较多的归为一类。

K最近邻算法的原理可归纳为：如果一个样本在特征空间中存在K个与其相邻的样本，其中某一类别的样本数目较多，则待预测样本就属于这一类，并具有这个类别相关的特性。该方法在确定分类决策上只依据最邻近的一个或者几个样本的类别来决定待分类样本所属的类别。

K最近邻算法简单，易于理解，无须估计参数与训练模型，适合解决多分类问题。但它的不足是，当样本不平衡时，如一个类的样本容量很大，而其他类的样本容量很小时，有可能导致当输入一个新样本时，该样本的K个邻居中大容量类的样本占多数，而此时只依照数量的多少去预测未知样本的类型，可能会增加预测错误的概率。此时，就可以采用对样本取"权值"的方法来改进。

下面对K最近邻算法的流程进行简单介绍，主要包括以下4个步骤：

（1）准备数据，对数据进行预处理。

（2）计算测试样本点（也就是待分类点）到其他每个样本点的距离（选定度量距离的方法）。

（3）对每个距离进行排序，然后选择出距离最小的K个点。

（4）对K个点所属的类别进行比较，按照少数服从多数的原则（多数表决思想），将测试样本点归入K个点中占比最高的一类中。

K最近邻算法主要是利用"多数表决思想"与"距离"来达到分类的目的，不同的K值会影响分类结果。

K最近邻算法适用于多分类、OCR光学模式识别、文本分类等领域。

在scikit-learn中，K最近邻算法的K值是通过n_neighbors参数来调节的，默认值是5。

8.2 K最近邻算法的应用

作为机器学习中最基础的算法，K最近邻算法在简单分类问题上有其独特的优势，其理念类似于中国的成语"近朱者赤，近墨者黑"，这种将特征数字转化为空间距离判断的方法也是机器学习的重要思想之一。

sklearn.neighbors中的NeighborsClassifier类用来进行最近邻分类，其中的KNeighborsClassifier的具体参数如表8-1所示。

表8-1   KNeighborsClassifier参数说明

参　　数	说　　明
n_neighbors	默认值为5。 　　表示K最近邻算法中选取离测试数据最近的k个点。 weight：str 或 callable，默认值为 uniform。 　　表示k近邻点对分类结果的影响，一般情况下是选取k近邻点中类别数目最多的作为分类结果，这种情况下默认k个点的权重相等，但在很多情况下，k近邻点的权重并不相等，可能近的点权重，大对分类结果影响大

参　数	说　明
n_neighbors	默认值为 uniform，还可以是 distance 和自定义函数。 • 'uniform'：表示所有点的权重相等。 • 'distance'：表示权重是距离的倒数，意味着 *k* 个点中距离近的点对分类结果的影响大于距离远的点。 • [callable]：用户自定义函数，接收一个距离数组，返回一个同维度的权重数
algorithm	取值范围是{'ball_tree','kd_tree','brute','auto'}。计算找出 *k* 近邻点的算法。 • 'ball_tree'：BallTree 维数大于 20 时建议使用。 • 'kd_tree'：使用 KDTree，其原理是数据结构中的二叉树理论，以中值为划分，每个节点是一个超矩形，在维数小于 20 时效率高。 • 'brute'：暴力算法，线性扫描。 • 'auto'：自动选取最合适的算法
leaf_size	默认值为 30，用于构造 BallTree 和 KDTree。 leaf_size 参数设置会影响的树构造和询问的速度，同样也会影响树存储需要的内存，这个值的设定取决于问题本身
metric	默认使用'minkowski'（闵可夫斯基距离）。度的函数为：$d = \sqrt[p]{\sum_{k=1}^{n} \lvert a_k - b_k \rvert^p}$，其中 *p* 是一个变参数，也就是上一个介绍的参数 *p*。 当 *p*=1 时，就是曼哈顿距离。 当 *p*=2 时，就是欧氏距离。 当 *p*→∞时，就是切比雪夫距离
metric_params	度量函数的其他关键参数，一般不用设置
n_jobs	用于搜索 *k* 近邻点并行任务数量，–1 表示任务数量设置为 CPU 的核数，即 CPU 的所有 Core 都并行工作，不会影响 fit（拟合）函数

下面举例说明K最近邻算法的应用。

1. 鸢尾花分类

下面介绍鸢尾花分类案例，这个案例也是机器学习中的一个经典案例，它的数据集内置于 sklearn库中，可以直接导入使用，程序代码和注释如例8-1所示。

【例8-1】　*K*最近邻算法应用于鸢尾花数据分类。

输入如下代码：

```
# K最近邻算法应用于鸢尾花分类
from sklearn.preprocessing import StandardScaler
from sklearn.datasets import load_iris
```

```
from sklearn.model_selection import train_test_split,GridSearchCV
from sklearn.neighbors import KNeighborsClassifier
# 获取数据集
iris = load_iris()
# 数据集特征名称
print('数据集特征为: ')
print(iris.feature_names)
print('*'*20)
# 将数据集划分为训练集和测试集，按7:3的比例划分，并将训练集和测试集的特征数据进行标准化
# 数据预处理
# 数据分割
x_train,x_test,y_train,y_test =
train_test_split(iris.data,iris.target,test_size=0.3,random_state=2)
# 标准化
transfer = StandardScaler()
x_train = transfer.fit_transform(x_train)
x_test = transfer.fit_transform(x_test)
# 实例化分类器，使用交叉验证网格搜索，进行模型训练
# 模型训练
# 实例化分类器
estimator = KNeighborsClassifier(n_neighbors=9)
# 使用交叉验证网格搜索
# estimator-->分类器
# param_grid-->指定的数据
# cv=5-->5折交叉验证
params_grid = {"n_neighbors":[1,3,5,7,9,11]}
estimator = GridSearchCV(estimator,param_grid=params_grid,cv=5)
# 模型训练
estimator.fit(x_train,y_train)
# 对模型进行评估，传入测试集数据，预测出来的结果跟实际的测试集结果和真实结果进行比较
y_pre = estimator.preDict(x_test)
print('预测结果输出: ')
print(y_pre)
print(y_test)
# 计算预测结果的准确率
# 输出准确率，注意：X-->测试集特征, y-->测试集真实结果
ret = estimator.score(x_test,y_test)
print("准确率: ", ret)
# 查看最好的模型、最好的得分、最好的结果
print('最好的模型: ',estimator.best_estimator_)
print('最好的得分: ',estimator.best_score_)
print('最好的结果: ',estimator.cv_results_)
```

运行结果如下：

```
数据集特征为:
['sepal length (cm)', 'sepal width (cm)', 'petal length (cm)', 'petal width (cm)']
********************
预测结果输出:
[0 0 2 0 0 2 0 2 2 0 0 0 0 0 2 1 0 1 2 1 2 1 2 1 2 0 0 0 2 0 2 2 2 0 1 2 1 0 2
 1 1 2 1 1 2 1 0]
```

```
[0 0 2 0 0 2 0 2 2 0 0 0 0 0 1 1 0 1 2 1 1 1 2 1 1 0 0 2 0 2 2 0 1 2 1 0 2 1 1 2 1
 1 2 1 0]
    准确率: 0.9333333333333333
    最好的模型: KNeighborsClassifier(n_neighbors=11)
    最好的得分: 0.9523809523809523
    最好的结果: {'mean_fit_time': array([0.00099692, 0.      , 0.00019951, 0.00019956,
 0.00039902,
        0.00019937]), 'std_fit_time': array([0.00154483, 0.      , 0.00039902,
 0.00039911, 0.00048869,
        0.00039873]), 'mean_score_time': array([0.00139666, 0.00099726, 0.00079789,
 0.0007978 , 0.00059838,
        0.00079803]), 'std_score_time': array([1.35405472e-03, 7.13664510e-07,
 3.98945819e-04, 3.98898249e-04,
        4.88577702e-04, 3.99017334e-04]), 'param_n_neighbors': masked_array(data=[1, 3,
 5, 7, 9, 11],
              mask=[False, False, False, False, False, False],
        fill_value='?',
              dtype=object), 'params': [{'n_neighbors': 1}, {'n_neighbors': 3},
 {'n_neighbors': 5}, {'n_neighbors': 7}, {'n_neighbors': 9}, {'n_neighbors': 11}],
 'split0_test_score': array([0.85714286, 0.85714286, 0.85714286, 0.9047619 , 0.9047619 ,
        0.9047619 ]), 'split1_test_score': array([1., 1., 1., 1., 1., 1.]),
 'split2_test_score': array([1.      , 0.95238095, 0.95238095, 0.95238095, 1.      ,
        1.      ]), 'split3_test_score': array([0.80952381, 0.85714286, 0.85714286,
 0.9047619 , 0.85714286,
        0.9047619 ]), 'split4_test_score': array([0.95238095, 0.95238095, 0.95238095,
 0.95238095, 0.95238095,
        0.95238095]), 'mean_test_score': array([0.92380952, 0.92380952, 0.92380952,
 0.94285714, 0.94285714,
        0.95238095]), 'std_test_score': array([0.07737179, 0.05714286, 0.05714286,
 0.03563483, 0.05553288,
        0.04259177]), 'rank_test_score': array([4, 5, 5, 3, 2, 1])}
```

从输出结果可以看到,n_neighbors=11时模型效果最好,最好的得分为95.23%。

2. 自制数据分类

【**例8-2**】 *K*最近邻算法应用于自制数据分类。

输入如下代码:

```python
from pylab import mpl
mpl.rcParams['font.sans-serif']=['SimHei']
mpl.rcParams['axes.unicode_minus']=False
import numpy as np
import matplotlib.pyplot as plt
from sklearn.neighbors import KNeighborsClassifier
# 训练样本(前4个为A类,后3个为B类)
x_train = np.array([[4, 5], [6, 7], [4.8, 7], [5.5, 8], [7, 8], [10, 11], [9, 14]])
y_train = ['A', 'A', 'A', 'A', 'B', 'B', 'B']
# 测试样本(6个)
```

```
x_test = np.array([[3.5, 7], [9, 13], [8.7, 10], [5, 6], [7.5, 8], [9.5, 12]])
# K最近邻算法分类预测
knn = KNeighborsClassifier(n_neighbors=3,p=2)
knn.fit(x_train, y_train)
y_preDict = knn.preDict(x_test) #T=0/1
# 显示结果
plt.xlabel('X'); plt.ylabel('Y'); plt.title('KNN')
plt.plot(x_train[0:4,0], x_train[0:4,1], color='red', marker='o', label='One Class
(A)', linestyle='') # 显示A类
plt.plot(x_train[4:8,0], x_train[4:8,1], color='blue', marker='s', label='Two Class
(B)', linestyle='') # 显示B类
for i in range(len(x_test)): # 显示预测结果
    if y_preDict[i] == 'A':
        plt.plot(x_test[i,0], x_test[i,1], color='green', marker='o')
        plt.text(x_test[i,0]-0.3, x_test[i,1]+0.3, str(i) + '->A')
    else:
        plt.plot(x_test[i,0], x_test[i,1], color='green', marker='s')
        plt.text(x_test[i,0]-0.3, x_test[i,1]+0.3, str(i) + '->B')
plt.legend(loc='upper left')
plt.grid(True)
plt.show()
```

运行结果如图8-1所示。

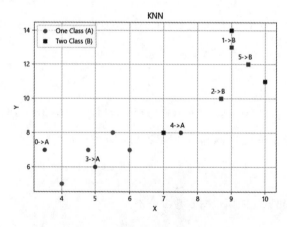

图8-1　数据分类

3. 丁香花数据分类

丁香花的数据集可以通过网络直接下载得到，例子中的代码已经给出了具体的网址。

【例8-3】　K最近邻算法应用于丁香花数据分类。

输入如下代码：

```
import pandas as pd
import matplotlib.pyplot as plt
```

```
import numpy as np
lilac_data = pd.read_csv(
    'https://labfile.oss.aliyuncs.com/courses/1081/course-9-syringa.csv')
print('数据预览')
print(lilac_data.head())  # 预览前5行
print('*'*20)
# 训练测试数据划分
from sklearn.model_selection import train_test_split
# 得到 lilac 数据集中 feature 的全部序列
sepal_length,sepal_width,petal_length,petal_width
feature_data = lilac_data.iloc[:, :-1]
label_data = lilac_data["labels"]  # 得到 lilac 数据集中 label 的序列
X_train, X_test, y_train, y_test = train_test_split(
    feature_data, label_data, test_size=0.3, random_state=2)
print('输出 lilac_test 查看')
print(X_test[:6])
print('*'*20)
# 训练模型
from sklearn.neighbors import KNeighborsClassifier
def sklearn_classify(train_data, label_data, test_data, k_num):
    # 使用 sklearn 构建K最近邻算法预测模型
    knn = KNeighborsClassifier(n_neighbors=k_num)
    # 训练数据集
    knn.fit(train_data, label_data)
    # 预测
    preDict_label = knn.preDict(test_data)
    # 返回预测值
    return preDict_label
# 模型预测
# 使用测试数据进行预测
y_preDict = sklearn_classify(X_train, y_train, X_test, 3)
# print(y_preDict)
# 计算准确率
def get_accuracy(test_labels, pred_labels):
    # 准确率计算函数
    correct = np.sum(test_labels == pred_labels)  # 计算预测正确的数据个数
    n = len(test_labels)  # 总测试集的数据个数
    accur = correct/n
    return accur
get_accuracy(y_test, y_preDict)
# k值选择
normal_accuracy = []  # 建立一个空的准确率列表
k_value = range(2, 11)
for k in k_value:
    y_preDict = sklearn_classify(X_train, y_train, X_test, k)
    accuracy = get_accuracy(y_test, y_preDict)
    normal_accuracy.append(accuracy)
plt.xlabel("k")
plt.ylabel("准确率")
new_ticks = np.linspace(0.6, 0.9, 10)  # 设定 y 轴显示，从 0.6 到 0.9
```

```
plt.yticks(new_ticks)
plt.plot(k_value, normal_accuracy, c='r')
plt.grid(True)  # 给画布增加网格
plt.show()
```

运行结果如下：

```
数据预览
    sepal_length  sepal_width  petal_length  petal_width  labels
0       5.1          3.5          2.4           2.1        daphne
1       4.9          3.0          2.7           1.7        daphne
2       4.7          3.2          2.2           1.4        daphne
3       4.6          3.1          1.6           1.7        daphne
4       5.0          3.6          1.6           1.4        daphne
*********************
输出 lilac_test 查看
     sepal_length  sepal_width  petal_length  petal_width
6        4.6          3.4          2.5           1.6
3        4.6          3.1          1.6           1.7
113      5.1          2.5          4.6           2.0
12       4.8          3.0          2.2           1.5
24       4.8          3.4          2.1           2.2
129      6.2          3.0          4.0           1.6
*********************
```

得到的k值选择曲线如图8-2所示。

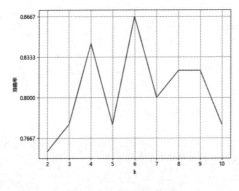

图 8-2   k 值选择曲线

8.3   小结

本章详细讲解了K最近邻算法的原理和实现过程。K最近邻算法可以说是一个非常经典且原理十分容易理解的算法，作为一个简单的机器学习算法，可以帮助读者在未来更好地理解其他的算法模型。不过K最近邻算法在实际使用中会遇到很多问题，所以在目前的应用场景中，K最近邻算法的使用并不多见。

第 9 章

回　归

回归模型是一类广泛应用于机器学习领域的预测模型,在过去的几十年中,有大量学者对其进行深入研究。线性模型是使用输入数据集的特征进行建模,并对结果进行预测的方法。本章将会介绍几种常用的回归模型。

学习目标:

(1)掌握线性模型的基本概念。
(2)掌握线性回归模型。
(3)掌握岭回归模型。
(4)掌握套索(LASSO)回归模型。
(5)二元分类器中的逻辑回归。

9.1　线性模型

本节讲解回归算法中的"线性模型",所谓"线性",其实就是一条"直线"。线性模型原本是统计学中的术语,近年来越来越多地应用于机器学习领域中。

线性模型不是指某个特定的模型,而是指一类模型。在机器学习中,常用的线性模型包括线性回归、岭回归、套索回归等。这些回归模型将在本章后续章节逐个讲解。

通常线性模型或多元回归模型是一个统计线性模型。公式为:

$$Y = XB + U$$

其中,Y是具有一系列多变量测量的矩阵(每列是一个因变量的测量集合),X是独立变量的观察矩阵,其可以是设计矩阵(每列是一个自变量),B是包含通常要被估计的参数的矩阵,并且U是包含误差(噪声)的矩阵。

错误通常被认为是不相关的测量，并遵循多元正态分布。如果错误不遵循多元正态分布，则广义线性模型可以用来放宽关于Y和U的假设。

多重线性回归是一个一般化的线性回归，通过考虑多于一个的独立变量，以形成一个一般的线性模型。线性回归的基本模型是：

$$Y_i = \beta_0 + \beta_1 X_{i1} + \beta_2 X_{i2} + \cdots + \beta_p X_{ip} + \epsilon_i$$

在上面的公式中，要考虑 n 个因变量和 p 个自变量的观察值。因此，Y_i 是因变量的观察，X_{ij} 是进行观察的独立变量，$j = 1, 2, \cdots, p$。值 β 表示参数进行估计，ε 是独立同分布正常的误差。

在回归问题中，通常使用"线性方程"来最大限度地"拟合数据"，线性方程预测的结果具有连续性。下面举例说明。

假设小朋友前年6岁，去年7岁，今年8岁，那么小朋友明年多大呢？这里从机器学习的角度去研究这个问题。首先年龄、时间是一组连续性的数据，也就是说，因变量随着自变量规律性地连续增长，显然它是一个回归问题。把上述数据以二维数组的形式表示出来，构建一个数据集，如下所示：

```
[[2022,8],
 [2021,7],
 [2020,6]]
```

众所周知，两个点就可以确定一条直线，可以采用线性模型来预测这个问题。这个问题比较简单，这里只做说明，不再给出具体解法。

9.2 线性回归

通过前一节的学习，读者对线性回归算法已经有了初步的认识。对于实际问题，回归模型要做的就是让线性方程的"直线"尽可能"拟合"周围的数据点。本节将从数学角度解析线性回归模型。

9.2.1 线性回归的原理

线性回归的目标值预期是输入变量的线性组合。简单来说，就是选择一条线性函数来很好地拟合已知数据并预测未知数据。经典的线性回归模型主要用来预测一些存在着线性关系的数据集。回归模型可以理解为：存在一个点集，用一条曲线去拟合它分布的过程。如果拟合曲线是一条直线，则称为线性回归；如果是一条二次曲线，则称为二次回归；如果包括两个或两个以上的自变量，且因变量和自变量之间是线性关系，则称为多元线性回归。线性回归是回归模型中最简单的一种。线性回归的过程主要需要假设函数和损失函数。

1. 假设函数

这里假设函数是用来预测结果的。前面讲述时为了让读者更容易理解"线性回归",以"直线方程"进行了类比讲解,然而线性方程并不等同于"直线方程",线性方程描绘的是多维空间内的一条"直线",并且每一个样本都会以向量数组的形式输入函数中,因此假设函数也会发生些许变化,函数表达式如下:

$$Y_1 = w^T X_1 + b$$

其实它和 $Y = wX + b$ 类似,只不过这个标量公式换成了向量的形式。如果有线性代数的基础,那么这个公式很好理解,Y_1 仍然表示预测结果,X_1 表示数据样本,b 表示用来调整预测结果的"偏差度量值",而 w^T 表示权值系数的转置。矩阵相乘法是一个求两个向量点积的过程,也就是按位相乘,然后求和。

也可以将假设函数写成关于 x 的函数表达式,如下所示:

$$f(x) = w^T X_1 + b$$

2. 损失函数

在线性回归模型中,数据样本散落在线性方程的周围,如图9-1所示。

损失函数就像一个衡量尺,这个函数的返回值越大,就表示预测结果与真实值的偏差越大。其实计算单个样本的误差值非常简单,只需用预测值减去真实值即可:

单样本误差值 = 样本预测值-样本真值

但是上述方法只适用于二维平面的直线方程。线性方程更加复杂,要更严谨一些,因此这里采用数学中的均方误差公式来计算单样本误差:

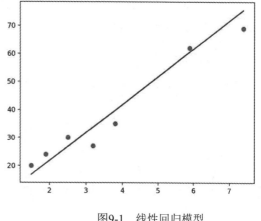

图9-1 线性回归模型

$$\frac{(Y_1 - Y)^2}{2}$$

公式是求距离,因此要使用平方来消除负数,分母2代表样本的数量,这样就求出了单样本误差值。当知道单样本误差后,总样本误差就非常好计算了:

$$\frac{\sum (Y_1 - Y)^2}{n}$$

最后，将假设函数代入上述损失函数，就会得到一个关于 w 与 b 的损失函数，如下所示：

$$\text{loss} = \frac{\sum \left(w^{\mathrm{T}} X_1 + b - Y \right)^2}{n}$$

在机器学习中，使用损失函数是为了使用"优化方法"来求得最小的损失值，这样才能使预测值最逼近真实值。

在上述函数中，n、Y、X_1 都是已知的，因此只需找到一组 w 与 b 使得上述函数取得最小值即可，这就转变成了数学上二次函数求极值的问题，这个求极值的过程也就是所说的"优化方法"。

9.2.2　线性回归的应用

普通最小二乘的系数估计依赖于特征的独立性。当特征相关且设计矩阵的列之间具有近似线性相关性时，设计矩阵趋于奇异矩阵，最小二乘估计对观测目标的随机误差高度敏感，可能产生很大的方差。下面用两个实例说明线性回归的具体用法。

scikit-learn包含常用的机器学习算法，比如回归、分类、聚类、支持向量机、随机森林等。同时，它使用NumPy库进行高效的科学计算，比如线性代数、矩阵等。对于常用的机器学习算法，scikit-learn都做了良好的API封装，以供直接调用，我们可以根据不同的模型进行针对性的选择。

下面简要介绍sklearn中常用的算法库。

- linear_model：线性模型算法族库包含线性回归算法和Logistic回归算法，它们都是基于线性模型的。
- naiv_bayes：朴素贝叶斯模型算法库。
- tree：决策树模型算法库。
- svm：支持向量机模型算法库。
- neural_network：神经网络模型算法库。
- neightbors：最近邻模型算法库。

这里给出了sklearn中常用的算法库，后续章节将会陆续用到这些库。

基于sklearn实现线性回归算法，大概可以分为3步。首先，从sklearn库中导入线性模型中的线性回归算法，代码如下：

```
from sklearn import linear_model
```

其次，训练线性回归模型。调用fit()输入训练数据，代码如下：

```
model = linear_model.LinearRegression()
model.fit(x, y)
```

最后，对训练好的模型进行预测。调用preDict()预测输出结果，代码如下：

```
model.preDict(x_)
```

其中，x_为输入的测试数据。

使用sklearn算法库实现线性回归就是这样简单，不过上述代码只是一个基本的框架，要想真正运行起来，还要给模型输入数据，因此准备数据集是必不可少的环节。数据集的整理也是一门专业的知识，会涉及数据的收集、清洗，也就是预处理的过程，比如均值移除、归一化等操作，这些前面的章节已经讲过。

下面举一个使用sklearn中封装的线性回归算法实现线性回归的实例。

【例9-1】　使用sklearn实现自制数据简单线性回归。

输入如下代码：

```
# 使用NumPy准备数据集
import numpy as np
# 准备自变量x
x = np.linspace(3,6.40)
# 准备因变量y，这是一个关于x的假设函数
y = 4 * x + 6
# 使用Matplotlib绘制图像，使用NumPy准备数据集
import matplotlib.pyplot as plt
import numpy as np
from sklearn import linear_model
# 准备自变量x，生成数据集
x = np.linspace(3,6.40)
# 准备因变量y，这是一个关于x的假设函数
y = 4 * x + 6
# 由于fit需要传入二维矩阵数据，因此需要处理x、y的数据格式，将每个样本信息单独作为矩阵的一行
x=[[i] for i in x]
y=[[i] for i in y]
# 构建线性回归模型
model=linear_model.LinearRegression()
# 训练模型，输入数据
model.fit(x,y)
# 准备测试数据x_，这里准备了3组
x_=[[4],[5],[6]]
# 打印预测结果
y_=model.preDict(x_)
print(y_)
# 查看w和b的值
print("w值为:",model.coef_)
print("b截距值为:",model.intercept_)
# 绘制散点图，图像满足假设函数图像
plt.scatter(x,y)
plt.show()
```

运行结果如下：

```
[[22.]
 [26.]
 [30.]]
w值为：[[4.]]
b截距值为：[6.]
```

运行结果如图9-2所示。

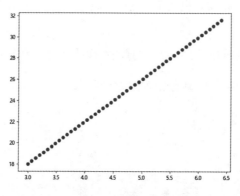

图 9-2   sklearn 实现简单线性回归

下面再举一个使用sklearn.datasets中的load_boston进行线性回归预测房价的实例。

【例9-2】   使用sklearn完成房价的线性回归预测。

输入如下代码：

```
import numpy as np                                  # 导入NumPy库
import pandas as pd                                 # 导入Pandas库
from sklearn.datasets import load_boston            # 从sklearn数据集库导入boston数据
boston =load_boston()                               # 将读取的房价数据存储在boston变量中
print(boston.keys())                                # 打印boston包含的元素
print(boston.feature_names)                         # 打印boston变量名
bos = pd.DataFrame(boston.data)                     # 将data转换为DataFrame格式以方便展示
print (bos[5].head())                               # data的第6列数据为RM
bos_target = pd.DataFrame(boston.target)            # 将target转换为DataFrame格式以方便展示
print(bos_target.head())
from sklearn.model_selection import train_test_split     # 导入数据划分包
# 以25%的数据构建测试样本，剩余作为训练样本
X_train ,X_test ,y_train ,y_test = train_test_split(bos ,bos_target ,test_size=0.25)
print(X_train.shape)
print(X_test.shape)
print(y_train.shape)
print(y_test.shape)
from sklearn.linear_model import LinearRegression         # 使用LinearRegression库
lr = LinearRegression()                             # 设定回归算法
lr.fit(X_train, y_train)                            # 使用训练数据进行参数求解
```

```
print('求解截距项为: ', lr.intercept_)                    # 打印截距的值 w= lr.coef_
# print(w.shape)
print('求解系数为: ', lr.coef_)                           # 打印权重向量的值
y_hat = lr.preDict(X_test)                              # 对测试集的预测
print(y_hat[0:9])
from sklearn import metrics
from sklearn.metrics import r2_score
# 拟合优度R2的输出方法一
print("r2:", lr.score(X_test, y_test))   # 基于Linear-Regression()的回归算法得分函数来对
预测集的拟合优度进行评价
# 拟合优度R2的输出方法二
print("r2_score:", r2_score(y_test, y_hat))   # 使用metrics的r2_score来对预测集的拟合优度
进行评价
# 用scikit-learn计算MAE
print("MAE:", metrics.mean_absolute_error(y_test, y_hat))        # 计算平均绝对误差
# 用scikit-learn计算MSE
print("MSE:", metrics.mean_squared_error(y_test, y_hat))        # 计算均方误差
# 用scikit-learn计算RMSE
print("RMSE:", np.sqrt(metrics.mean_squared_error(y_test, y_hat)))  # 计算均方根误差
```

运行结果如下:

```
Dict_keys(['data', 'target', 'feature_names', 'DESCR', 'filename', 'data_module'])
['CRIM' 'ZN' 'INDUS' 'CHAS' 'NOX' 'RM' 'AGE' 'DIS' 'RAD' 'TAX' 'PTRATIO' 'B' 'LSTAT']
0    6.575
1    6.421
2    7.185
3    6.998
4    7.147
Name: 5, dtype: float64
       0
0  24.0
1  21.6
2  34.7
3  33.4
4  36.2
(379, 13)
(127, 13)
(379, 1)
(127, 1)
求解截距项为: [35.90015339]
求解系数为: [[-1.11392468e-01  4.21088338e-02 -1.28963369e-02  2.61201020e+00
  -1.84763941e+01  4.15338479e+00 -2.07176831e-03 -1.56119524e+00
   3.19856387e-01 -1.09873371e-02 -9.77751608e-01  9.05849120e-03
  -5.39303824e-01]]
[[22.56224286]
 [21.36114158]
 [18.21351754]
 [25.00265345]
 [24.47076019]
 [19.10155435]
```

```
 [15.02994692]
 [33.42859365]
 [22.47952042]]
r2: 0.6604107248225921
r2_score: 0.6604107248225921
MAE: 3.2450672533503373
MSE: 19.891982580331288
RMSE: 4.460042889965441
```

前面通过两个实例学习了如何使用Python的sklearn库实现线性回归，下面从总体出发再次总结线性回归算法的具体步骤。

线性回归适用于有监督学习的回归问题。在构建线性模型前，需要准备待输入的数据集。数据集按照需要可划分为训练集和测试集，使用训练集中的向量X与向量Y进行模型的训练，其中向量Y表示对应X的结果数值（也就是真值）；输出时需要使用测试集，输入测试向量X，输出预测结果向量Y。

其实线性回归主要解决了以下3个问题：

（1）为假设函数设定了参数w，通过假设函数画出线性"拟合"直线。

（2）将预测值代入损失函数，计算出一个损失值。

（3）通过得到的损失值，利用梯度下降等优化方法，不断调整w参数，使得损失值取得最小值。把这个优化参数值的过程叫作"线性回归"的学习过程。

线性回归算法简单，容易理解，但不影响它的应用广泛，比如经济金融领域实现股票的预测，著名的波士顿房价预测（例9-2已经举例实现），都是线性回归的典型应用。因此，学习机器学习时要走出一个误区，不要感觉算法简单就不重要，机器学习虽然算法众多，但每一种算法都有其存在的理由。

9.3　岭回归

岭回归是一种专用于供线性数据分析的有偏估计回归方法，实质上是一种改良的最小二乘估计法，通过放弃最小二乘法的无偏性，以损失部分信息、降低精度为代价获得回归系数更符合实际，也是更可靠的回归方法，其对病态数据的拟合要强于最小二乘法。

岭回归又称脊回归、吉洪诺夫正则化（Tikhonov Regularization），是对不适定问题（Ill-Posed Problem）进行回归分析时最常使用的一种正则化方法。

9.3.1　岭回归的原理

对于有些矩阵，矩阵中某个元素的一个很小的变动，就会引起最后计算结果出现很大误差，这种矩阵称为"病态矩阵"。有时不正确的计算方法也会使一个正常的矩阵在运算中表现出病态。对于高斯消去法来说，如果主元（即对角线上的元素）上的元素很小，在计算时就会表现出病态的特征。

回归分析中常用的最小二乘法是一种无偏估计。对于一个适定问题，X通常是列满秩的，即：

$$X\theta = y$$

采用最小二乘法，定义损失函数为残差的平方，最小化损失函数为：

$$\| X\theta - y \|^2$$

上述优化问题可以采用梯度下降法进行求解，也可以采用如下公式直接求解：

$$\theta = \left(X^{\mathrm{T}} X\right)^{-1} X^{\mathrm{T}} y$$

当X不是列满秩时，或者某些列之间的线性相关性比较高时，$X^{\mathrm{T}} X$ 的行列式接近于0，即 $X^{\mathrm{T}} X$ 接近于奇异，上述问题变为一个不适定问题。此时，计算 $(X^{\mathrm{T}} X)^{-1}$ 时误差会很大，传统的最小二乘法缺乏稳定性与可靠性。

为了解决上述问题，需要将不适定问题转化为适定问题，为上述损失函数加上一个正则化项，变为：

$$\| X\theta - y \|^2 + \| \Gamma\theta \|^2$$

其中，定义 $\Gamma = \alpha I$，于是：

$$\theta(\alpha) = \left(X^{\mathrm{T}} X + \alpha I\right)^{-1} X^{\mathrm{T}} y$$

上式中，I 是单位矩阵。

随着 α 的增大，$\theta(\alpha)$ 各元素 $\theta(\alpha)_i$ 的绝对值均不断变小，它们相对于正确值 θ_i 的偏差越来越大。α 趋于无穷大时，$\theta(\alpha)$ 趋于0。其中，$\theta(\alpha)$ 随 α 的改变而变化的轨迹，就称为岭迹。在实际计算中，可选的 α 值非常多，做出一个岭迹图，看看这个图在取哪个值的时候变稳定了，就可以确定 α 值了。

岭回归是对最小二乘回归的一种补充，它损失了无偏性，来换取高的数值稳定性，从而得到较高的计算精度。

通常岭回归方程的R平方值会稍低于普通回归分析，但回归系数的显著性往往明显高于普通回归，在存在共线性问题和病态数据偏多的研究中有较大的实用价值。

9.3.2 岭回归的应用

下面举例说明岭回归。一个例子是根据公式实现岭回归，另一个例子是使用sklearn库实现岭回归。

1. 手动实现岭回归

手动实现，就是根据岭回归公式的推导，一步一步来实现岭回归。

【例9-3】   自制数据手动实现岭回归。

输入如下代码：

```python
import numpy as np
import matplotlib.pyplot as plt
from sklearn.preprocessing import PolynomialFeatures
from sklearn.metrics import mean_squared_error

# data
data = np.array([[-2.95507616, 10.94533252],
                [-0.44226119,  2.96705822],
                [-2.13294087,  6.57336839],
                [1.84990823,  5.44244467],
                [0.35139795,  2.83533936],
                [-1.77443098,  5.6800407],
                [-1.8657203,  6.34470814],
                [1.61526823,  4.77833358],
                [-2.38043687,  8.51887713],
                [-1.40513866,  4.18262786]])
n = data.shape[0]  # 样本大小
x_matrix = data[:, 0].reshape(-1, 1)  # 将array转换成矩阵
y_matrix = data[:, 1].reshape(-1, 1)

# 代价函数
def loss_omega(omega_matrix_param, x_matrix_param, y_matrix_param, lambda_param):
    """
    omega_matrix_param: (k+1, 1)
    x_matrix_param: (n, k+1)
    y_matrix_param: (n, 1)
    """
    f = np.dot(x_matrix_param, omega_matrix_param)  # np.dot 表示矩阵乘法: f = (n, 1)
    omega_without_w0 = omega_matrix_param[1:]
    L_omega = 0.5 * mean_squared_error(f, y_matrix_param) + 0.5 * lambda_param * np.sum(np.square(omega_without_w0))
    return L_omega

# 梯度下降
def GD(omega_matrix_param, x_matrix_param, y_matrix_param, lambda_param, alpha_param):
    for i in range(T):
        h = np.dot(x_matrix_param, omega_matrix_param)
        omega_w0 = np.r_[np.zeros([1, 1]), omega_matrix_param[1:]] # set omega_w0 = 0
        omega_matrix_param -= (alpha_param * 1/n * np.dot(x_matrix_param.T, h - y_matrix_param) + lambda_param*(omega_w0))  # 求导
        if i%50000 == 0:
            print(loss_omega(omega_matrix_param=omega_matrix_param, x_matrix_param=\
```

```
            x_matrix_param, y_matrix_param=y_matrix_param,
lambda_param=lambda_param))
    return omega_matrix_param
# 初始训练参数
T = 1200000  # 迭代次数
degree = 11
omega = np.ones((degree + 1, 1))
alpha = 0.0000000006  # 学习率
lamb = 0.0001
# 训练——岭回归
demo1 = PolynomialFeatures(degree=degree, include_bias=False)
x_matrix_nihe = demo1.fit_transform(x_matrix)
x_matrix_x0 = np.c_[np.ones((n, 1)), x_matrix_nihe] # 就是按列叠加两个矩阵，把两个矩阵左
右组合，x_matrix加了一列，位置为第0位
omega = GD(lambda_param=lamb, x_matrix_param=x_matrix_x0, omega_matrix_param=omega,
y_matrix_param=y_matrix, alpha_param=alpha)
# 画图
"""画岭回归线"""
x_plot = np.linspace(-2.99, 1.9, 1000).reshape(-1, 1)
demo2 = PolynomialFeatures(degree=degree, include_bias=True) # 12个参数，布尔值只产生
交互项
x_matrix_wait = demo2.fit_transform(x_plot) # 先拟合数据，然后转化为标准形式
y_plot_preDict = np.dot(x_matrix_wait, omega)
plt.plot(x_plot, y_plot_preDict, 'r-')

"""画data数据集的点"""
plt.plot(x_matrix, y_matrix, 'b.')

"""标志x轴和y轴"""
plt.xlabel('x')
plt.ylabel('y')

"""画"""
plt.show()
```

运行结果如图9-3所示。

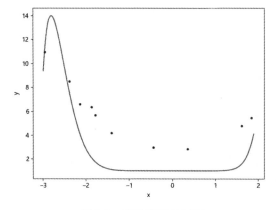

图 9-3 手动实现岭回归

2. sklearn库函数实现岭回归

【例9-4】　　sklearn库函数实现岭回归。

输入如下代码：

```python
import numpy as np
import matplotlib.pyplot as plt
from sklearn.metrics import mean_squared_error
from sklearn.preprocessing import PolynomialFeatures
from sklearn.linear_model import Ridge
# data
data = np.array([[-2.95507616, 10.94533252],
                 [-0.44226119,  2.96705822],
                 [-2.13294087,  6.57336839],
                 [1.84990823,   5.44244467],
                 [0.35139795,   2.83533936],
                 [-1.77443098,  5.6800407],
                 [-1.8657203,   6.34470814],
                 [1.61526823,   4.77833358],
                 [-2.38043687,  8.51887713],
                 [-1.40513866,  4.18262786]])
n = data.shape[0]  # 样本大小
x_matrix = data[:, 0].reshape(-1, 1)  # 将array转换成矩阵
y_matrix = data[:, 1].reshape(-1, 1)
# 代价函数
def loss_omega(intercept, omega_matrix_param, x_matrix_param, y_matrix_param,
lambda_param):
    """
    omega_matrix_param: (k+1, 1)
    x_matrix_param: (n, k+1)
    y_matrix_param: (n, 1)
    """
    f = np.dot(x_matrix_param, omega_matrix_param) + intercept  # np.dot 表示矩阵乘法,
f = (n, 1)
    omega_without_w0 = omega_matrix_param[1:]
    L_omega = 0.5 * mean_squared_error(f, y_matrix_param) + 0.5 * lambda_param *
np.sum(np.square(omega_without_w0))
    return L_omega
# 初始训练参数
lamb = 10
degree = 11
demo = PolynomialFeatures(degree=degree, include_bias=False)
x_matrix_nihe = demo.fit_transform(x_matrix)
# 使用sklearn
ridge = Ridge(alpha=lamb, solver="cholesky")
ridge.fit(x_matrix_nihe, y_matrix)
omega = ridge.coef_.T
# 打印
print(ridge.intercept_, ridge.coef_)
```

```
print(loss_omega(intercept=ridge.intercept_, \
    omega_matrix_param=omega, \
        x_matrix_param=x_matrix_nihe, \
            y_matrix_param=y_matrix, \
                lambda_param=lamb))
# 画图
"""画岭回归线"""
x_plot = np.linspace(-3, 2, 1000).reshape(-1, 1)
x_plot_ploy = demo.fit_transform(x_plot) # 先拟合数据，然后转化为标准形式
y_plot_preDict = np.dot(x_plot_ploy, ridge.coef_.T) + ridge.intercept_
plt.plot(x_plot, y_plot_preDict, 'r-')
"""画data数据集的点"""
plt.plot(x_matrix, y_matrix, 'b.')
"""标志x轴和y轴"""
plt.xlabel('x')
plt.ylabel('y')
"""画"""
plt.show()
```

运行结果如图9-4所示。

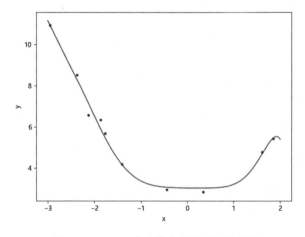

图 9-4　sklearn 库函数实现岭回归的结果

运行发现，sklearn库函数实现岭回归的速度明显快于手动实现岭回归的速度。

9.4　LASSO 回归

LASSO是1996年由Robert Tibshirani首次提出的，全称是Least Absolute Shrinkage and Selection Operator。该方法是一种压缩估计。它通过构造一个惩罚函数得到一个较为精炼的模型，使得它压缩一些回归系数，即强制系数绝对值之和小于某个固定值，同时设定一些回归系数为零。因此，保留了子集收缩的优点，是一种处理具有复共线性数据的有偏估计。

9.4.1　LASSO 回归的原理

LASSO回归是一种正则化的线性回归。LASSO回归使用的是L1正则化，也是约束系数使其接近于0，但会使某些系数刚好为0，这说明某些特征被模型完全忽略。

LASSO是一个估计稀疏系数的线性模型。它在某些情况下是有用的，因为它倾向于给出非零系数较少的解，从而有效地减少给定解所依赖的特征数。因此，LASSO及其变体是压缩感知领域的基础。在一定条件下，可以恢复非零系数的精确集合。

从数学上讲，它由一个带有正则项的线性模型组成。最小化的目标函数是：

$$\min_{w} \frac{1}{2n_{\text{samples}}} \| Xw - y \|_2^2 + \alpha \| w \|_1$$

这样，LASSO估计器就解决了最小二乘损失加惩罚项 $\alpha \| w \|_1$ 的最优化问题，其中 α 是常数，$\| w \|_1$ 是系数向量的 ℓ_1 范数。在LASSO类中实现采用坐标下降法作为拟合系数的算法。

9.4.2　LASSO 回归的应用

在sklearn中，与LASSO回归算法相关的sklearn.linear_model.Lasso库的应用语法为：

```
sklearn.linear_model.Lasso (alpha=1.0, fit_intercept=True, normalize=False,
precompute=False, copy_X=True, max_iter=1000, tol=0.0001, warm_start=False,
positive=False, random_state=None, selection='cyclic')
```

下面举例说明LASSO回归的应用。

1．加利福尼亚房屋数据集3种回归算法应用

【例9-5】　加利福尼亚房屋数据集回归算法应用。

输入如下代码：

```
import numpy as np
import pandas as pd
from sklearn.linear_model import Ridge, LinearRegression, Lasso
from sklearn.model_selection import train_test_split
from sklearn.model_selection import KFold, cross_val_score as CVS, train_test_split
as TTS
from sklearn.datasets import fetch_california_housing as fch
import matplotlib.pyplot as plt
housevalue = fch()
X = pd.DataFrame(housevalue.data)
y = housevalue.target
X.columns = ["住户收入中位数","房屋使用年代中位数","平均房间数目","平均卧室数目","街区人口","
平均入住率","街区的纬度","街区的经度"]
X.head()
```

```
Xtrain,Xtest,Ytrain,Ytest = TTS(X,y,test_size=0.3,random_state=420)
# 恢复索引
for i in [Xtrain,Xtest]:
    i.index = range(i.shape[0])
# 线性回归拟合
reg = LinearRegression().fit(Xtrain,Ytrain)
print((reg.coef_*100).toList())
# 岭回归拟合
Ridge_ = Ridge(alpha=0.01).fit(Xtrain,Ytrain)
print((Ridge_.coef_*100).toList())
# LASSO回归拟合
lasso_ = Lasso(alpha=0.01).fit(Xtrain,Ytrain)
print((lasso_.coef_*100).toList())
# 加大正则项系数，观察模型的系数发生了什么变化
Ridge_ = Ridge(alpha=10**4).fit(Xtrain,Ytrain)
print((Ridge_.coef_*100).toList())
lasso_ = Lasso(alpha=10**4).fit(Xtrain,Ytrain)
print((lasso_.coef_*100).toList())
# 减小正则项系数
lasso_ = Lasso(alpha=1).fit(Xtrain,Ytrain)
print((lasso_.coef_*100).toList())
plt.figure(figsize=(10,6))
plt.plot(range(1,9),(reg.coef_*100).toList(),color="green",label="LR")
plt.plot(range(1,9),(Ridge_.coef_*100).toList(),color="blue",label="Ridge")
plt.plot(range(1,9),(lasso_.coef_*100).toList(),color="red",label="Lasso")
plt.plot(range(1,9),[0]*8,color="grey",linestyle="--")
# plt.ylabel("weight 'w'")              # 横坐标是每一个特征所对应的系数
# plt.xlabel("feature 'x'")
plt.ylabel("权重 'w'")                   # 横坐标是每一个特征所对应的系数
plt.xlabel("特征 'x'")
plt.legend()
plt.show()
```

运行结果如下：

```
# 线性回归拟合系数
[43.73589305968401, 1.0211268294493672, -10.780721617317635, 62.64338275363785,
5.2161253534123096e-05, -0.33485096463336794, -41.3095937894771,
-42.62109536208483]
# 岭回归拟合系数
[43.735757206216086, 1.0211292318121772, -10.7804603362518, 62.64202320775749,
5.2170680732407906e-05, -0.33485065170676187, -41.30957143229145,
-42.621053889324116]
# LASSO回归拟合系数
[40.10568371834486, 1.0936292607860143, -3.742376361024454, 26.524037834897207,
0.0003525368511503957, -0.3207129394887796, -40.06483047344844, -40.81754399163317]
# 加大正则项系数后的拟合系数
[34.62081517607697, 1.5196170869238694, 0.39686105292101204, 0.9151812510354913,
0.0021739238012248438, -0.34768660148100994, -14.736963474215276, -13.43557610252694]
# 经过拟合之后，系数均变为0，看来10**4对于LASSO来说是一个过于大的取值
[0.0, 0.0, 0.0, -0.0,-0.0, -0.0, -0.0, -0.0]
```

```
# Lasson会将系数压缩至0
[14.581141247629423, 0.6209347344423873, 0.0, -0.0, -0.00028065986329010016, -0.0,
-0.0, -0.0]
```

运行结果可视化如图9-5所示。

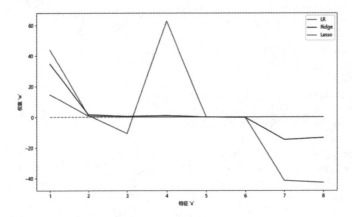

图 9-5　加利福尼亚房屋数据集回归可视化

2. 波士顿房价数据LASSO回归应用

【例9-6】　波士顿房价数据LASSO回归应用。

输入如下代码：

```
from sklearn.datasets import load_boston
from sklearn.linear_model import Lasso
from pylab import *
from sklearn.model_selection import train_test_split
def train_pred(X_train, X_test, y_train, y_test):
    alphas = [0.00001,0.01, 0.02, 0.05, 0.1, 0.2, 0.5, 1, 2, 5, 10, 20, 50, 100, 200,
500, 1000]
    score = []
    for i in alphas:
        la = Lasso(alpha=i)
        la.fit(X_train, y_train)
        score.append(la.score(X_test,y_test))
    return score,alphas
# 加载数据
X = load_boston().data
y = load_boston().target
X_train, X_test, y_train, y_test = train_test_split(X,y)
score , alphas = train_pred(X_train, X_test, y_train, y_test)
# 画图
plt.plot(score)
plt.title('Lasso')
plt.xscale('log')
```

```
plt.xlabel(r'$\alpha$')
plt.ylabel(r'score')
plt.show()
```

运行结果如图9-6所示。

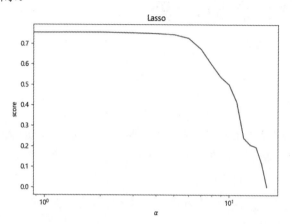

图 9-6 波士顿房价数据 LASSO 回归应用

通过以上例子简单总结一下常用的回归算法。在实践中，岭回归常常是比较优选的算法，但是如果数据特征比较多，而且其中一部分是真正重要的，那么LASSO回归是比较好的算法。同时，如果需要对模型进行解释的话，那么LASSO回归模型更容易被人理解，因为这种回归算法只使用了输入的特征值的一部分。

9.5 小结

本章详细讲解了回归算法的原理和实现过程。虽然回归模型是一个历史相当悠久的算法模型，但是目前它们的应用依然非常普遍，这主要是因为线性模型的训练速度非常快，尤其对于大型数据集而言，其过程非常容易理解。但是回归算法也有一定的局限性，当数据集的特征比较少的时候，回归模型的表现就会差一些。

## 第 10 章

朴素贝叶斯

本章主要介绍朴素贝叶斯算法（Naive Bayesian Algorithm），这是一种基于贝叶斯定理的有监督学习算法。之所以叫作朴素，是因为该算法是基于样本特征之间互相独立的朴素假设。正因为如此，用于不需要考虑样本特征之间的关系时，朴素贝叶斯分离器的效率非常高。本章将学习朴素贝叶斯算法的基本概念和用法。

学习目标：

（1）掌握贝叶斯的概念和原理。

（2）掌握贝叶斯方法在实际问题中的应用流程。

10.1　基本概念和原理

朴素贝叶斯是一种有监督学习的分类算法，它基于贝叶斯定理实现，该定理的提出人是英国著名数学家托马斯·贝叶斯。本节介绍一些有助于理解朴素贝叶斯的基本概念和朴素贝叶斯的原理。

10.1.1　基本概念

贝叶斯定理是基于概率论和统计学的相关知识实现的。贝叶斯定理已经在之前的数学基础章节介绍过，这里重点介绍条件概率、先验概率、后验概率等概念。

1. 条件概率

条件概率是贝叶斯公式的关键所在，这里从"相关性"这一词语出发，举例说明条件概率。例如，小明和小红是同班同学，他们各自准时回家的概率是$P(小明回家)=1/2$和$P(小红回家)=1/2$，但是假如小明和小红是好朋友，每天都会一起回家，那么$P(小红回家|小明回家)=1$（理想状态下）。

上述示例就是条件概率的应用，小红和小明之间产生了某种关联性，本来两个相互独立的事件变得不再独立。还有一种情况，比如小亮每天准时到家的概率是P(小亮回家)=1/2，但是小亮喜欢独来独往，如果计算P(小亮回家|小红回家)的概率，就会发现这两者之间不存在"相关性"，小红是否准时到家，不会影响小亮准时到家的概率，因此小亮准时到家的概率仍然是1/2。

贝叶斯定理的核心是条件概率，譬如$P(B|A)$，就表示当A发生时，B发生的概率，$P(B|A)$的值越大，说明一旦发生了A，B发生的概率就越大，两者存在较高的相关性。

2. 先验概率

在贝叶斯看来，世界不是静止不动的，而是动态和相对的，贝叶斯希望利用已知经验来进行判断，在利用经验判断之前，必须引入"先验"和"后验"这两个词语。这里先讲解"先验"。其实"先验"就相当于"未卜先知"，在事情发生之前做一个概率预判。比如从远处驶来了一辆车，这辆车是轿车的概率是45%，是货车的概率是35%，是客车的概率是20%，在没有看清之前基本只能猜测，此时把这个概率就叫作先验概率。

3. 后验概率

在理解了先验概率的基础上，接下来研究后验概率。

众所周知，每一个事物都有自己的特征，比如前面所说的轿车、货车、客车，它们都有着各自不同的特征，距离太远的时候，无法用肉眼分辨，而当距离达到一定范围内，就可以根据各自的特征再次做出概率预判，这就是后验概率。

比如轿车的速度相比于另外两者更快，可以记作P(轿车|速度快)=55%，而客车体型可能更大，可以记作P(客车|体型大)=35%。

如果用条件概率来表述P(体型大|客车)=35%，这种通过"车辆类别"推算出"类别特征"发生的概率的方法叫作"似然度"。这里的似然就是"可能性"的意思。

4. 朴素贝叶斯

实际上，贝叶斯定理就是求解后验概率的过程，而核心方法是通过似然度预测后验概率，通过不断提高似然度，最后就达到了提高后验概率的目的。

朴素贝叶斯是一种简单的贝叶斯算法，因为贝叶斯定理涉及概率学、统计学，其应用相对复杂，这里朴素地认为，所有事物之间的特征都是相互独立的，彼此互不影响。

10.1.2 朴素贝叶斯分类原理

解决分类问题时，需要根据数据各自的特征来进行判断，比如区分"一对双胞胎的不同之处"，虽然看起来相似，但是仍然可以根据细微的特征来区分双胞胎，并准确地叫出各自的名字。就像一句非常有哲理的话，"世界上没有完全相同的两片树叶"，被分类的事物总会存在许多特征。

比如有$A1$和$A2$两个类，其中$A1$具有b、c两个特征，$A2$具有b、d两个特征，现在需要区分这两个类。简单看看是否存在c，存在的就是$A1$，反之则是$A2$。但是现实情况要复杂得多，比如10 000个$A1$样本中有80%的样本具有特征c，剩余的20%具有特征d，那么要区分它们就变得比较复杂，其实只要多加判断还是可以分清的，不过如果是纯手工分类，就需要耗费大量资源。

1. 多分类问题

统计学是通过搜索、整理、分析、描述数据等手段，以达到推断、预测对象的本质的目的。统计学用到了大量的数学及其他学科的专业知识，其应用范围几乎覆盖社会科学和自然科学的各个领域，这些问题通常使用统计学知识采用计算机技术进行解决，换一种说法，就是使用机器学习技术解决。

使用统计学的相关知识解决上述分类问题，分类问题的样本数据大致如下：

```
[特征 X1 的值,特征 X2 的值,特征 X3 的值,…,类别 A1]
[特征 X1 的值,特征 X2 的值,特征 X3 的值,…,类别 A2]
```

解决思路：这里先简单地采用1和0代表特征值的有无，比如当特征$X1$的值为1时，该样本属于$A1$的类别概率；当特征$X2$的值为1时，该样本属于类别$A1$的类别概率。以此类推，最终算出该样本对于各个类别的概率值，哪个概率值最大，就可能是哪个类。

上述思路就是贝叶斯定理的典型应用，使用条件概率表达则如下：

```
P(类别A1|特征X1，特征X2，特征X3，…)
```

上述式子表达的意思是：在特征$X1$、$X2$、$X3$等共同发生的条件下，类别$A1$发生的概率，也就是后验概率，依据贝叶斯公式，可以使用似然度求解后验概率，某个特征的似然度如下：

```
P(特征X1|类别A1，特征X2，特征X3，…)
```

但是要收集多个特征值共同发生的情况，这并不容易，因此需要使用朴素贝叶斯算法。

2. 朴素贝叶斯算法

前面基础部分已经学习了贝叶斯公式，这里使用贝叶斯公式将多特征分类问题表达出来，如下所示：

$$P(y \mid x_1, \cdots, x_n) = \frac{P(y)P(x_1, \cdots, x_n \mid y)}{P(x_1, \cdots, x_n)}$$

数据集有时并不是很全的，总会因为某些原因存在一些缺失和收集不全的现象，所以特征x越多，这个问题就会越突出，统计这些特征出现的概率就越困难。为了避免这一问题，朴素贝叶斯算法做了一个假设，即特征之间相互独立，互不影响，这样一来，就可以简化为以下式子来求解某个特征的似然度：

$$P\left(x_i \mid y, x_1, \cdots, x_{i-1}, x_{i+1}, \cdots, x_n\right) = P\left(x_i \mid y\right)$$

朴素贝叶斯算法利用后验概率进行预测，其核心方法是通过似然度预测后验概率。使用朴素贝叶斯算法解决分类问题，其实就是不断提高似然度的过程，可以理解为后验概率正比于似然度，如果提高了似然度，那么也会达到提高后验概率的目的，记作如下式子：

$$P\left(y \mid x_1, \cdots, x_n\right) \propto P(y)\prod_{i=1}^{n} P\left(x_i \mid y\right)$$

上述式子中，$\propto$ 表示正比于，而 Π 则是连乘符号（即概率相乘），表示不同特征同时发生的概率。

3．朴素贝叶斯优化方法

这里在学习朴素贝叶斯的过程中，没有提到"假设函数"和"损失函数"，其实这并不难理解。朴素贝叶斯算法更像是一种统计方法，通过比较不同特征与类之间的似然度关系，最后把似然度最大的类作为预测结果。

每个类与特征的似然度是不同的，也就是$P(x_i|y)$不同，因此某一类别中某个特征的概率越大，就越容易对该类别进行分类。根据求解后验概率的公式，可以得出以下优化方法：

$$y = P(y)\prod_{i=1}^{n} P\left(x_i \mid y\right)$$

此时，将后验概率记作类别y，知道 $P(y)$ 是一个固定的概率值，因此要想让y取得最大值，只能通过 $P(x; y)$ 实现，不妨把被统计的数据看成是一张大表格，朴素贝叶斯算法就是从中找到 $P\left(x_i \mid y\right)$ 值最大的那一项，该项对应的y是什么，最终输出的预测结果就是什么。

10.2　实现算法

朴素贝叶斯算法包含多种方法，在scikit-learn中，朴素贝叶斯有3种方法，分别是伯努利朴素贝叶斯（Bernoulli Naïve Bayes）、高斯朴素贝叶斯（Gaussian Naïve Bayes）和多项式朴素贝叶斯（Multinomial Naïve Bayes），本节将详细介绍这3种贝叶斯方法。

10.2.1　伯努利朴素贝叶斯

伯努利朴素贝叶斯适用于符合伯努利分布的数据集，伯努利分布也被称为"二项分布"或者0

－1分布。例如，最经典的抛硬币游戏，硬币落下只有两种可能的结果，即正面或者反面，这种情况下，抛硬币的结果就符合伯努利分布。

伯努利分布就是数据集中每个特征都只有0和1两个数值，在这种情况下，伯努利朴素贝叶斯的预测结果大多数情况下还是不错的。这里使用sklearn.datasets中自带的数据集举例说明。

【例10-1】　伯努利朴素贝叶斯make_blobs数据应用举例。

输入如下代码：

```
# 导入数据集
from sklearn.datasets import make_blobs
# 导入数据集拆分工具
from sklearn.model_selection import train_test_split
from sklearn.naive_bayes import BernoulliNB
# 生成样本数据，分类数据集
X, y = make_blobs(n_samples=500, centers=5, random_state=8)
# 将数据拆分成训练集和测试集
X_train, X_test, y_train, y_test = train_test_split(X, y, random_state=8)
# 使用伯努利贝叶斯拟合数据
nb = BernoulliNB()
nb.fit(X_train, y_train)
print('运行结果为')
print('*'*20)
print('模型得分: {}'.format(nb.score(X_test, y_test)))
print('*'*20)
```

运行结果如下：

```
运行结果为
********************
模型得分: 0.544
********************
```

这里使用了常用的make_blobs来构建数据集，样本量为500，分类个数为5个，也就是参数Centers为5。

从运行结果可以看到，这里模型得分为0.544，也就是数据集比较复杂的时候，运行结果并不理想。只有约一半的数据被正确分类，以下可视化分析原因。

【例10-2】　伯努利朴素贝叶斯分类可视化举例。

输入如下代码：

```
import numpy as np
# 导入数据集
from sklearn.datasets import make_blobs
# 导入数据集拆分工具
from sklearn.model_selection import train_test_split
```

```python
# 导入伯努利贝叶斯
from sklearn.naive_bayes import BernoulliNB
# 导入可视化工具
import matplotlib.pyplot as plt
# 生成样本数据，分类数据集
X, y = make_blobs(n_samples=500, centers=5, random_state=8)
# 将数据拆分成训练集和测试集
X_train, X_test, y_train, y_test = train_test_split(X, y, random_state=8)
# 使用伯努利贝叶斯拟合数据
nb = BernoulliNB()
nb.fit(X_train, y_train)
# 限定横轴和纵轴的最大值
# x_min, x_max = X[:, 0].min() - 0.5, X[:, 0].max() + 0.5
# y_min, y_max = y[:, 0].min() - 0.5, y[:, 0].max() + 0.5
x_min, x_max = X.min() - 0.5, X.max() + 0.5
y_min, y_max = y.min() - 0.5, y.max() + 0.5
# 用不同的背景颜色表示不同的分类
xx, yy = np.meshgrid(np.arange(x_min, x_max, .02),
                     np.arange(y_min, y_max, .02))
z = nb.preDict(np.c_[(xx.ravel(), yy.ravel())]).reshape(xx.shape)
plt.pcolormesh(xx, yy, z, cmap=plt.cm.Pastel1)
# 将测试集和训练集用散点图表示
plt.scatter(X_train[:, 0], X_train[:, 1], c = y_train, cmap = plt.cm.cool, edgecolor
='k')
plt.scatter(X_test[:, 0], X_test[:, 1], c= y_test, cmap = plt.cm.cool,
marker='*',edgecolors='k')
plt.xlim(xx.min(), xx.max())
plt.ylim(yy.min(), yy.max())
# 图形题目
plt.title('伯努利贝叶斯分类')
# 显示结果
plt.show()
```

运行结果如图10-1所示。

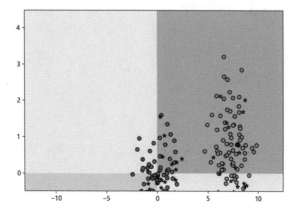

图 10-1　伯努利朴素贝叶斯分类可视化举例

从运行结果可以看出，伯努利朴素贝叶斯的模型十分简单，它分别在横轴等于0和纵轴等于0的位置画了两条直线，再用这两条直线形成的4个象限对数据进行分类。

因为使用了朴素贝叶斯的默认参数，所以模型对于数据的判读是，如果特征1大于或等于0，并且特征2大于或等于0，则将数据归为第一类，如果特征1小于0，并且特征2也小于0，则归为第二类，其余的数据全部归为第三类，所以导致模型的分类结果不好。

在这种情况下，就要考虑使用其他的分类方法了，而不再使用伯努利朴素贝叶斯分类方法。

10.2.2　高斯朴素贝叶斯

高斯朴素贝叶斯，顾名思义，是假设样本的特征符合高斯分布（或者正态分布）时所用的贝叶斯分类算法。这里举例说明高斯朴素贝叶斯算法。

【例10-3】　高斯朴素贝叶斯make_blobs数据分类应用举例。

输入如下代码：

```
# 导入数据集
from sklearn.datasets import make_blobs
# 导入数据集拆分工具
from sklearn.model_selection import train_test_split
from sklearn.naive_bayes import GaussianNB
# 生成样本数据，分类数据集
X, y = make_blobs(n_samples=500, centers=5, random_state=8)
# 将数据拆分成训练集和测试集
X_train, X_test, y_train, y_test = train_test_split(X, y, random_state=8)
# 使用高斯朴素贝叶斯拟合数据
nb = GaussianNB()
nb.fit(X_train, y_train)
print('运行结果为')
print('*'*20)
print('模型得分: {}'.format(nb.score(X_test, y_test)))
print('*'*20)
```

运行结果如下：

```
运行结果为
********************
模型得分: 0.968
********************
```

可以看到，同样的数据，采用高斯朴素贝叶斯算法比采用伯努利朴素贝叶斯算法效果要好得多。

下面对高斯朴素贝叶斯分类进行可视化。

【例10-4】　高斯朴素贝叶斯分类可视化举例。

输入如下代码：

```
import numpy as np
# 导入数据集
from sklearn.datasets import make_blobs
# 导入数据集拆分工具
from sklearn.model_selection import train_test_split
# 导入高斯朴素贝叶斯
from sklearn.naive_bayes import GaussianNB
# 导入可视化工具
import matplotlib.pyplot as plt
# 生成样本数据，分类数据集
X, y = make_blobs(n_samples=500, centers=5, random_state=8)
# 将数据拆分成训练集和测试集
X_train, X_test, y_train, y_test = train_test_split(X, y, random_state=8)
# 使用高斯朴素贝叶斯拟合数据
nb = GaussianNB()
nb.fit(X_train, y_train)
# 限定横轴和纵轴的最大值
# x_min, x_max = X[:, 0].min() - 0.5, X[:, 0].max() + 0.5
# y_min, y_max = y[:, 0].min() - 0.5, y[:, 0].max() + 0.5
x_min, x_max = X.min() - 0.5, X.max() + 0.5
y_min, y_max = y.min() - 0.5, y.max() + 0.5
# 用不同的背景颜色表示不同的分类
xx, yy = np.meshgrid(np.arange(x_min, x_max, .02),
        np.arange(y_min, y_max, .02))
z = nb.preDict(np.c_[(xx.ravel(), yy.ravel())]).reshape(xx.shape)
plt.pcolormesh(xx, yy, z, cmap=plt.cm.Pastel1)
# 将测试集和训练集用散点图表示
plt.scatter(X_train[:, 0], X_train[:, 1], c = y_train, cmap = plt.cm.cool, edgecolor
='k')
plt.scatter(X_test[:, 0], X_test[:, 1], c= y_test, cmap = plt.cm.cool,
marker='*',edgecolors='k')
plt.xlim(xx.min(), xx.max())
plt.ylim(yy.min(), yy.max())
# 图形题目
plt.title('高斯贝叶斯分类')
# 显示结果
plt.show()
```

运行结果如图10-2所示。

从运行结果可以看出，高斯朴素贝叶斯的分类边界比伯努利朴素贝叶斯的分类边界要复杂得多，但基本上把点都放进正确的分类中了。

事实上，高斯朴素贝叶斯确实能够适应大多数的分类任务，这是因为在自然界中，大部分现象都符合正态分布。

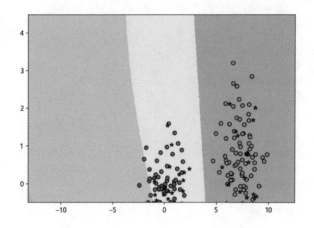

图 10-2   高斯朴素贝叶斯分类可视化举例

10.2.3   多项式朴素贝叶斯

多项式朴素贝叶斯，顾名思义主要用于拟合符合多项式分布的数据集。可能多项式分布相对于高斯分布和二项分布会少一些。这里从理解二项分布的角度来扩展理解多项式分布，二项分布可以从抛硬币的角度来理解，多项式分布可以从抛骰子的角度理解。

硬币只有正反两面，而骰子有6面，因此每抛一次骰子，结果都可能是从1～6中的数字，如果抛掷多次，每面朝上的分布情况就是一个多项式分布。

这里继续使用上面的数据集来研究多项式朴素贝叶斯。需要注意的是，与伯努利朴素贝叶斯和高斯朴素贝叶斯不同的是，多项式朴素贝叶斯的输入必须是非负的，因此在代码中需要首先对数据进行特殊处理。

【例10-5】   多项式朴素贝叶斯make_blobs数据分类应用举例。

输入如下代码：

```
# 导入数据集
from sklearn.datasets import make_blobs
# 导入数据集拆分工具
from sklearn.model_selection import train_test_split
from sklearn.naive_bayes import MultinomialNB
# 导入数据处理工具
from sklearn.preprocessing import MinMaxScaler
# 生成样本数据，分类数据集
X, y = make_blobs(n_samples=500, centers=5, random_state=8)
# 将数据拆分成训练集和测试集
X_train, X_test, y_train, y_test = train_test_split(X, y, random_state=8)
# 使用MinMaxScaler对数据进行预处理，使数据全部为非负值
scaler = MinMaxScaler()
scaler.fit(X_train)
```

```
X_train_scaled = scaler.transform(X_train)
X_test_scaled = scaler.transform(X_test)
# 使用多项式贝叶斯拟合数据
nb = MultinomialNB()
nb.fit(X_train_scaled, y_train)
print('运行结果为')
print('*'*20)
print('模型得分: {}'.format(nb.score(X_test, y_test)))
print('*'*20)
```

运行结果如下:

```
运行结果为
********************
模型得分: 0.24
********************
```

下面可视化显示多项式朴素贝叶斯的运行结果。

【例10-6】 多项式朴素贝叶斯分类可视化举例。

输入如下代码:

```
import numpy as np
# 导入数据集
from sklearn.datasets import make_blobs
# 导入数据处理工具
from sklearn.preprocessing import MinMaxScaler
# 导入数据集拆分工具
from sklearn.model_selection import train_test_split
# 导入多项式贝叶斯
from sklearn.naive_bayes import MultinomialNB
# 导入可视化工具
import matplotlib.pyplot as plt
# 生成样本数据,分类数据集
X, y = make_blobs(n_samples=500, centers=5, random_state=8)
# 将数据拆分成训练集和测试集
X_train, X_test, y_train, y_test = train_test_split(X, y, random_state=8)
# 使用MinMaxScaler对数据进行预处理,使数据全部为非负值
scaler = MinMaxScaler()
scaler.fit(X_train)
X_train_scaled = scaler.transform(X_train)
X_test_scaled = scaler.transform(X_test)
# 使用多项式贝叶斯拟合数据
nb = MultinomialNB()
nb.fit(X_train_scaled, y_train)
x_min, x_max = X.min() - 0.5, X.max() + 0.5
y_min, y_max = y.min() - 0.5, y.max() + 0.5
# 用不同的背景颜色表示不同的分类
xx, yy = np.meshgrid(np.arange(x_min, x_max, .02),np.arange(y_min, y_max, .02))
z = nb.preDict(np.c_[(xx.ravel(), yy.ravel())]).reshape(xx.shape)
```

```
    plt.pcolormesh(xx, yy, z, cmap=plt.cm.Pastel1)
    # 将测试集和训练集用散点图表示
    plt.scatter(X_train[:, 0], X_train[:, 1], c = y_train, cmap = plt.cm.cool, edgecolor
='k')
    plt.scatter(X_test[:, 0], X_test[:, 1], c= y_test, cmap = plt.cm.cool,
marker='*',edgecolors='k')
    plt.xlim(xx.min(), xx.max())
    plt.ylim(yy.min(), yy.max())
    # 图形题目
    plt.title('多项式朴素贝叶斯分类')
    # 显示结果
    plt.show()
```

运行结果如图10-3所示。

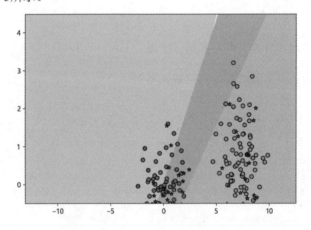

图 10-3　多项式朴素贝叶斯分类可视化举例

从运行结果可以看出，多项式朴素贝叶斯的分类结果比伯努利朴素贝叶斯的结果还要差一点，大部分数据都被放到错误的分类中了。

这是因为多项式朴素贝叶斯只适合用来对非负离散值特征进行分类，典型的例子就是对转化为向量后的数据进行分类。以上例子中使用了MinMaxScaler对数据进行预处理，MinMaxScaler的作用是将数据集中的特征值全部转化到0～1。

10.3　实际应用

通过前面的学习，读者对朴素贝叶斯算法应该有了初步的掌握，接下来将实际应用朴素贝叶斯算法处理实际数据，结合具体案例和代码带领读者继续学习朴素贝叶斯算法。

10.3.1　算法简单应用和应用流程

1．算法简单应用

假设一个学校有45%的男生和55%的女生，学校规定不能穿奇装异服，男生的裤子只能穿长筒裤，而女生可以穿裙子或者长筒裤，已知该学校穿长筒裤的女生和穿裙子的女生数量相等，所有男生都必须穿长筒裤，请问如果从远处看到一个穿裤子的学生，那么请计算这个学生是女生的概率。

看完上述问题，下面一起来分析一下，根据贝叶斯公式，列出要用到的事件概率：

```
学校女生的概率：P（女生）= 0.55
女生中穿裤子的概率：P（裤子|女）= 0.5
学校中穿裤子的概率：P（裤子）= 0.45 + 0.275= 0.725
```

知道了上述概率，下面使用贝叶斯公式求解P(女生|裤子)的概率：

$$P(女|裤子)=P(裤子|女生)\times P(女生)/P(裤子)=0.5\times 0.55/0.725=0.379$$

利用上述公式计算除了后验概率P(女生|裤子)的概率，这里的P(女生)和P(裤子)叫作先验概率，而P(裤子|女生)就是经常提起的条件概率似然度。

2．应用流程

在sklearn库中，基于贝叶斯定理的算法集中在sklearn.naive_bayes包中。算法使用流程主要分为3步：

（1）统计样本数，即统计先验概率 $P(y)$ 和似然度 $P(x\,|\,y)$ 。

（2）根据待测样本所包含的特征，对不同类分别计算后验概率。

（3）比较 $y_1, y_2, \cdots, y_n$ 的后验概率，哪个的概率值最大，就将其作为预测输出。

10.3.2　医学病情数据分析

威斯康星乳腺肿瘤数据集是一个非常经典的医学病情分析数据集，该数据集包含569个病例的数据样本，每个样本有30个特征值，而样本共分为两类，分别是恶性和良性。下面使用该数据集来进行朴素贝叶斯实战。

【例10-7】　医学病情数据breast_cancer贝叶斯分析。

输入如下代码：

```
# 导入数据集
from sklearn.datasets import load_breast_cancer
from sklearn.model_selection import train_test_split
from sklearn.naive_bayes import GaussianNB
cancer = load_breast_cancer()
```

```
# 打印数据集键值
print('*'*20)
print(cancer.keys())
print('*'*20)
print('打印数据集中标注好的肿瘤分类')
print('肿瘤分类：{}'.format(cancer['target_names']))
print('*'*20)
# 打印数据集中的肿瘤特征名称
print('数据集中的肿瘤特征名称')
print('肿瘤的特征：{}'.format(cancer['feature_names']))
print('*'*20)
# 使用高斯朴素贝叶斯进行建模
# 将数据集的数值和分类目标赋值给x和y
X, y = cancer.data, cancer.target
# 使用数据集拆分工具拆分为训练集和测试集
X_train, X_test, y_train, y_test = train_test_split(X, y, random_state=38)
# 查看训练集和测试集的大小
print('*'*20)
print('查看训练集和测试集的大小')
print('训练集的大小：{}'.format(X_train.shape))
print('测试集的大小：{}'.format(X_test.shape))
print('*'*20)
# 使用高斯朴素贝叶斯拟合数据集
gnb = GaussianNB()
gnb.fit(X_train, y_train)
print('*'*20)
print('打印高斯模型评分')
print('训练集得分：{}'.format(gnb.score(X_train, y_train)))
print('测试集得分：{}'.format(gnb.score(X_test, y_test)))
print('*'*20)
# 查看数据预测分类和真实分类
print('查看数据预测分类和真实分类')
print('模型预测的分类是：{}'.format(gnb.preDict([X[211]])))
print('真实的分类是：{}'.format(y[211]))
print('*'*20)
```

运行结果如下：

```
********************
Dict_keys(['data', 'target', 'frame', 'target_names', 'DESCR', 'feature_names',
'filename', 'data_module'])
********************
打印数据集中标注好的肿瘤分类
肿瘤分类：['malignant' 'benign']
********************
数据集中的肿瘤特征名称
肿瘤的特征：['mean radius' 'mean texture' 'mean perimeter' 'mean area'
 'mean smoothness' 'mean compactness' 'mean concavity'
 'mean concave points' 'mean symmetry' 'mean fractal dimension'
 'radius error' 'texture error' 'perimeter error' 'area error'
 'smoothness error' 'compactness error' 'concavity error'
```

```
    'concave points error' 'symmetry error' 'fractal dimension error'
    'worst radius' 'worst texture' 'worst perimeter' 'worst area'
    'worst smoothness' 'worst compactness' 'worst concavity'
    'worst concave points' 'worst symmetry' 'worst fractal dimension']
********************
********************
查看训练集和测试集的大小
训练集的大小： (426, 30)
测试集的大小： (143, 30)
********************
********************
打印高斯模型评分
训练集得分： 0.9483568075117371
测试集得分： 0.9440559440559441
********************
查看数据预测分类和真实分类
模型预测的分类是： [1]
真实的分类是： 1
********************
```

从运行结果可以看出，数据集中包含良性肿瘤数据和恶性肿瘤数据，其有很多特征，例如周长、表面积、平滑度等，这些特征涉及医学专业知识，无须理解，作为特征使用即可。使用train_test_split工具拆分后，训练集中有326个样本，测试集中有143个样本，每个样本的特征都是30个。

使用模型拟合后，发现模型在训练集和测试集上的结果都不错。另外，选取了第211个样本，查看了预测结果和真实结果，发现模型可以得到正确的预测结果。

10.4　小结

本章学习了朴素贝叶斯算法，相比线性模型来说，朴素贝叶斯算法的效率要高一些，这是因为朴素贝叶斯算法会把数据集的各个特征看作是完全独立的，而不需要考虑特征之间的关系。但同时模型的泛化能力会稍微弱一点，不过一般情况下不影响实际使用。尤其是现在是大数据时代，很多数据集的样本特征可能成千上万，在这种情况下，模型的效率要比模型泛化性能多零点几个百分点重要得多。

第 11 章

决策树与随机森林

本章主要介绍决策树（Decision Tree）和随机森林（Random Forest），决策树和随机森林都是机器学习中常用的算法。决策树是一种基本的分类与回归方法，决策树模型呈树形结构。随机森林是一个包含多个决策树的分类器，其输出的类别由个别树输出的类别的众数而定。

学习目标：

（1）掌握决策树的原理。
（2）掌握决策树算法的应用。
（3）掌握随机森林的原理。
（4）掌握随机森林算法的应用。

11.1 决策树

决策树是在已知各种情况发生的概率的基础上，通过构成决策树来求取净现值的期望值大于等于零的概率，评价项目风险，判断其可行性的决策分析方法，是直观运用概率分析的一种图解法。由于这种决策分支画成图形很像一棵树的枝干，故称决策树。在机器学习中，决策树是一个预测模型，该模型代表的是对象属性与对象值之间的一种映射关系。

决策树是一种树形结构，其中每个内部节点表示一个属性上的测试，每个分支代表一个测试输出，每个叶节点代表一种类别。

分类树（决策树）是一种十分常用的分类方法。它是一种监督学习，所谓监督学习，就是给定一堆样本，每个样本都有一组属性和一个类别，这些类别是事先确定的，通过学习得到一个分类器，这个分类器能够对新出现的对象给出正确的分类。这样的机器学习就被称为监督学习。

11.1.1　决策树分类算法

决策树算法在"决策"领域有着广泛的应用，比如个人决策、公司管理决策等。其实更准确地来讲，决策树算法是一类算法，这类算法的逻辑模型以"树形结构"呈现，因此它比较容易理解，并不是很复杂，因为可以清楚地掌握分类过程中的每一个细节。

要掌握决策树分类算法，可以从最简单的if-else原理出发来详细探索。如果你学过编程，一定对if-else的原理并不陌生，它是条件判断的常用语句。

下面简单描述一下if-else的用法。if后跟判断条件，如果判断为真，即满足条件，就执行if下的代码段，否则执行else下的代码段，因此if-else可以简单地理解为"如果满足条件就……，否则就……"。

if-else有两个特性：一是能够利用if-else进行条件判断，但需要首先给出判断条件；二是能无限嵌套，也就是在一个if-else的条件执行体中，能够嵌套另一个if-else，从而实现无限循环嵌套。

下面使用一个简单的例子进行说明，相信读者能从中体会到决策树算法的特点。古人有"伯乐识别千里马"，"伯乐"进行"相马"的过程就可以使用决策树算法进行描述。表11-1列出了*A*、*B*、*C*、*D*四匹马及其特征。

表11-1　四匹马的特征

马	体　型	腿	蹄	眼　睛	叫　声
甲	肥胖	长	小	有神	优美
乙	消瘦	短	大	有神	优美
丙	肥硕	长	小	无神	嘶哑
丁	俊美	短	大	无神	嘶哑

这里要根据马的特征判断马是不是千里马，因此根据马的特征构建一个简单的if-else流程来判断，如图11-1所示。

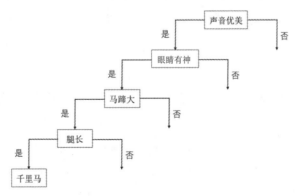

图 11-1　千里马识别流程

如图11-1所示是一个典型的树形结构"二叉树"。该图展示了识别千里马的全过程，根据特征值的有无（if-else的原理）最终找出千里马。

了解了if-else的原理，接下来进一步认识决策树算法。决策树算法涉及几个重要的知识点：决策树的分类方法、分支节点划分问题以及纯度的概念。当然，在学习过程中还会涉及信息熵、信息增益、基尼指数的概念，相关知识在后面会逐一介绍。

众所周知，分类问题的数据集由许多样本构成，而每个样本数据又会有多个特征维度，比如前面例子中马的声音、眼睛都属于特征维度，在决策算法中，这些特征维度属于一个集合，称为特征维度集。数据样本的特征维度与最终样本的分类都可能存在着某种关联，因此决策树的判别条件将从特征维度集中产生。

在机器学习中，决策树算法是一种有监督的分类算法。机器学习其实主要完成两件事，一个是模型的训练与测试，另一个是数据预测（分类问题，预测类别），因此对于决策树算法而言，要考虑如何自动选择最合适的判别条件。

11.1.2　选择决策树判别条件

选择什么判别条件可以让决策树既快又准确地实现分类，这是本小节介绍的重点知识。

1. 纯度的概念

决策树算法引入了"纯度"的概念，"纯"指的是单一，而"度"则指的是"度量"。"纯度"是对单一类样本在子集内占比的度量。

在每一次判别结束后，集合中归属于同一类别的样本越多，就说明这个集合的纯度越高。比如，二元分类问题的数据集都会被分成两个子集，通过自己的纯度就可以判断分类效果的好与坏，子集的纯度越高，就说明分类效果越好。

著名的决策树算法有3种，分别是ID3、C4.5和CART。虽然这些算法都属于决策树算法，但它们之间也存在着一些细微的差别，主要体现在衡量"纯度"的方法上，它们分别采用了信息增益、增益率和基尼指数。

2. 纯度的度量规则

要想明确纯度的衡量方法，首先要知道一些度量"纯度"的规则。这里将类别分为正类与负类，如下所示：

- 某个分支节点下所有样本都属于同一个类别，纯度达到最高值。
- 某个分支节点下样本所属的类别一半是正类，一半是负类，此时纯度取得最低值。
- 纯度代表一个类在子集中占比多少，它并不在乎该类究竟是正类还是负类。比如，某个分支下，无论是正类占比80%，还是负类占比80%，其纯度的度量值都是一样的。

决策树算法中使用了大量的二叉树进行判别，在一次判别后，最理想的情况是分支节点下包含的类完全相同，也就是说不同的类别完全分开，但有时无法只用一个判别条件就让不同的类之间完全分开，因此选择合适的判别条件去划分类是要重点掌握的。

3. 纯度的度量方法

根据机器学习算法，如果要求得子集内某一类别占比最大或者最小，就需要使用求极值的方法。因此，接下来探讨使得纯度能够达到最大值和最小值的"纯度函数"。

1）纯度函数

这里画一个函数图像，横轴表示某个类的占比，纵轴表示纯度值，然后根据前面提出的纯度的度量规则来绘制函数图像。

当某个类的占比达到最大值或者最小值时，纯度达到最高值；当某一个类的占比达到0.5时，纯度将取得最低值。由这两个条件，可以画出图中的3个点，最后用一条平滑的曲线将这3个点连接起来。

如图11-2所示，画出了一条类似于抛物线的图像，可以把它看作"椭圆"的下半部分。当在 a 点时，某一类的占比最小，但是对于二元分类来说，一个类占比小，另一个类占比就会大，因此 a 点的纯度也最高（与 b 相反），当在 c 点时，对于二元分类来说，两个类占比相同，此时的纯度最低，通过 c 点无法判断一个子集所属的类别。

2）纯度度量函数

前面在学习线性回归算法时，简单接触过损失函数，它的目的是用来计算损失值，从而调整参数值，使其预测值不断逼近误差最小，而纯度度量函数的要求正好与纯度函数的要求相反，因为纯度值越低，意味着损失值越高，反之则越低。所以纯度度量函数的图像与纯度函数正好相反，如图11-3所示。

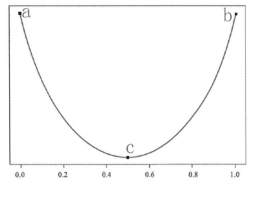

图 11-2　纯度函数的图像

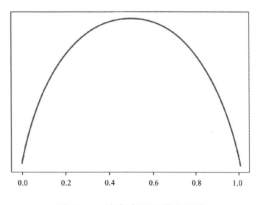

图 11-3　纯度度量函数的图像

纯度度量函数适用于所有决策树算法，比如ID3、C4.5、CART等经典算法。

11.1.3　信息熵

通过前面的学习，读者对于决策树算法有了大致的认识，但只是有了感性的认识，机器需要具体的量化信息才能真正实现机器学习，这里将从数学角度解析如何选择合适的特征作为判别条件，重点掌握"信息熵"的相关知识。

信息熵这一概念由克劳德·香农于1948年提出。香农是美国著名的数学家、信息论创始人，他提出的"信息熵"的概念为信息论和数字通信奠定了基础。

在理解"信息熵"这个术语前，应该理解什么是"信息"。信息是一个很抽象的概念，比如别人说的一段话就包含某些"信息"，或者人们所看到的一个新闻也包含"信息"，人们常常说信息很多，或者信息很少，但却很难说清楚信息到底有多少，比如一本400页的英文图书包含的信息的量化值。信息熵就是用来解决对信息的量化问题的。

"熵"这一词语是从热力学中引用过来的，热力学中的"热熵"是表示分子状态混乱程度的物理量，香农使用"信息熵"这一概念来量化"信息量"。信息的计算是非常复杂的，具有多重前提条件的信息更是无法计算，但由于信息熵和热力熵紧密相关，因此信息熵可以在衰减的过程中被测定出来。

1．熵的解释

"信息熵"的详细解释需要结合物理知识，相信读者对基础物理知识都有所了解，这里不再赘述。为了简单起见，这里只要理解香农给出的相关结论即可。

信息熵是用于衡量不确定性的指标，也就是离散随机事件出现的概率，简单地说，"情况越混乱，信息熵就越大，反之则越小"。

为了便于读者理解，通过以下示例进一步说明。

比如"美国和英国是盟友"和"美国和英国盟友关系破裂"，这里比较两句话的信息量，简单比较当然是后者信息量大，因为前者属于既定事实，而后者若要发生的话，可能是发生了巨大的变革而导致的。如果一件事100%发生，那么这件事就是确定的事情，其信息熵无限接近最小，但如果这件事具有随机性，比如掷骰子，其结果可能出现6种结果，那么这件事就很不确定，此时的信息熵就无限接近最大值。

再比如，封闭的房间一直不打扫，那么房间不可能越来越干净，只能不断地落灰和结下蜘蛛网，如果想要让房间变得整洁、有序，就需要外力介入去打扫。这个过程中，趋向于混乱的房间其信息熵不断增大，而打扫后的房间则信息熵最小。香农给出了信息熵的计算公式：

$$H(X) = -\sum_{k=1}^{N} p_k \log_2 \left(p_k \right)$$

其中，p 代表概率，这里 X 表示进行信息熵计算的集合。在决策树分类算法中，可以按各个类别的占比（占比越高，该类别纯度越高）来理解，其中 N 表示类别数目，而 P_k 表示类别 K 在子集中的占比。理解了上述内容，再理解信息熵的计算过程就非常简单了，分为3次四则运算，即相乘、求和与取反。

2. ID3算法

根据前面学习的知识，知道决策树算法是以包含所有类别的集合为计算对象，并通过条件判别，从中筛选出纯度较高的类别，这里考虑使用信息熵从特征集合中选择决策的条件，因此引入了ID3算法，并举例说明。

ID3算法是决策树算法的一种，它是基于奥卡姆剃刀原理实现的，这个原理的核心思想是：大道至简，用尽量少的东西去做更多的事情。

把奥卡姆剃刀原理应用到决策树中，就有了ID3算法的核心思想：越小型的决策树越优于大的决策树，也就是使用尽可能少的判别条件。ID3算法使用信息增益实现判别条件的选择，从香农的"信息论"中可以得知，ID3算法选择信息增益最大的特征维度进行if-else判别。

这里考虑如何计算特征维度信息增益值的大小。

简单来讲，信息增益是针对一个具体的特征而言的，某个特征的有无对于整个系统、集合的影响程度就可以用信息增益来描述。经过一次if-else判别后，原来的类别集合就被分裂成两个集合，而算法的目的是让其中一个集合的某一类别的"纯度"尽可能高，如果分裂后子集的纯度比原来集合的纯度要高，就说明这次if-else划分是有效的。通过比较得到"纯度"最高的那个划分条件，也就是算法要找的"最合适"的特征维度判别条件。

计算信息增益值可以采用信息熵来计算。通过比较划分前后集合的信息熵来判断，也就是做减法，用划分前集合的信息熵减去按特征维度属性划分后的信息熵，就可以得到信息增益值，即：

$$G(S,t) = H(x) - \sum_{k=1}^{K} \frac{\left| S^k \right|}{\left| S \right|} H\left(S^k \right)$$

$G(S,t)$ 表示集合 S 选择特征属性 t 来划分子集时的信息增益。$H(x)$ 表示集合的信息熵。上面的减数看着有点复杂，下面重点讲解一下减数的含义。

- 大写字母 K：表示按特征维度 t 划分后，产生了几个子集，比如划分后产生了5个子集，那么 $K = 5$。

- 小写字母 k：表示按特征维度 t 划分后，5个子集中的某一个子集，$k=1$ 指的是从第一个子集开始求和计算。

- $|S|$ 与 $|S^k|$：$|S|$ 表示集合 S 中元素的个数，这里的 $||$ 并不是绝对值符号；而 $|S^k|$ 表示划分后，集合的元素个数。

- $|S^k|\big/|S|$：表示一个子集的元素个数在原集合的总元素个数中的占比，指该子集信息熵所占的权重，占比越大，权重就越高。

最后，比较不同特征属性的信息增益，增益值越大，说明子集的纯度越高，分类的效果就越好，把效果最好的特征属性选为if-else的最佳判别条件。

ID3算法是一个相当不错的决策树算法，能够有效解决分类问题，其原理比较容易理解。C4.5算法是ID3算法的增强版，这个算法使用"信息增益比"来代替"信息增益"。而CART算法则采用"基尼指数"来选择判别条件，"基尼指数"并不同于"信息熵"，但却与信息熵有着异曲同工之妙，这些将作为扩展知识。

11.1.4　决策树的画法和剪枝

在机器学习中，决策树是一个预测模型，它代表的是对象属性与对象值之间的一种映射关系。树中每个节点表示某类对象，而每个分叉路径则代表某个可能的属性值，每个叶节点对应从根节点到该叶节点所经历的路径所表示的对象的值。

决策树仅有单一输出，若欲有复数输出，则可以建立独立的决策树以处理不同输出。在数据挖掘中，决策树是一种经常要用到的技术，可以用于分析数据，也可以用来进行预测。

1．画法

从数据产生决策树的机器学习技术叫作决策树学习，通俗地说就是决策树。

一个决策树包含3种类型的节点：

- 决策节点：通常用矩形框来表示。
- 机会节点：通常用圆圈来表示。
- 终节点：通常用三角形来表示。

决策树学习也是数据挖掘中的一个普通的方法，每个决策树都表述了一种树形结构，由其分支来对该类型的对象依靠属性进行分类。每个决策树可以依靠对源数据库的分割进行数据测试。这个过程可以递归式地对树进行修剪。当不能再进行分割或一个单独的类可以被应用于某一分支时，递归过程就完成了。另外，随机森林分类器可将许多决策树结合起来以提升分类的正确率。

决策树同时也可以依靠计算条件概率来构造。决策树如果依靠数学的计算方法，则可以取得更加理想的效果。

2．剪枝

剪枝是决策树停止分支的方法之一，剪枝分为预先剪枝和后剪枝两种。预先剪枝是在树的生长过程中设定一个指标，当达到该指标时就停止生长，这样做容易产生"视界局限"，就是一旦停止分支，使得节点N成为叶节点，就断绝了其后继节点进行"好"的分支操作的任何可能性。

不严格地说，这些已停止的分支会误导学习算法，导致产生的树不纯度增加，分类最大的地方过分靠近根节点。在后剪枝中，树首先要充分生长，直到叶节点都有最小的不纯度值为止，因而可以克服"视界局限"。然后考虑是否消去所有相邻的成对叶节点，如果消去能引起令人满意的不纯度增长，那么执行消去，并令它们的公共父节点成为新的叶节点。这种"合并"叶节点的做法和节点分支的过程恰好相反，经过剪枝后，叶节点常常会分布在很宽的层次上，树也变得非平衡。

后剪枝技术的优点是克服了"视界局限"效应，而且无须保留部分样本用于交叉验证，所以可以充分利用全部训练集的信息。但后剪枝的计算量比预先剪枝大得多，特别是在大样本集中，不过对于小样本的情况，后剪枝还是优于预先剪枝的。

3．算法的优缺点

决策树算法主要有以下优点：

（1）决策树易于理解和实现，在学习过程中不需要使用者了解很多背景知识，它能直接体现数据的特点，只要通过简单解释后很容易理解决策树所表达的意义。

（2）对于决策树，数据的准备往往很简单或者不必要，而且能够同时处理数据型和常规型属性，在相对短的时间内对大型数据源能得出可行且效果良好的结果。

（3）易于通过静态测试来对模型进行评测，可以测定模型的可信度，如果给定一个观察的模型，那么根据所产生的决策树很容易推出相应的逻辑表达式。

决策树算法主要有以下缺点：

（1）对连续的字段比较难预测。

（2）对有时间顺序的数据，需要做很多预处理的工作。

（3）当类别太多时，错误可能会增加得比较快。

（4）一般算法分类的时候，只是根据一个字段来分类。

11.1.5　主要算法概述

本小节简要介绍两种经典的决策树算法。

1．C4.5算法

ID3算法前面已经学习过，C4.5算法继承了ID3算法的优点，并在以下几个方面对ID3算法进行了改进：

（1）用信息增益率来选择属性，克服了用信息增益选择属性时偏向选择取值多的属性的不足。

（2）在树构造的过程中进行剪枝。

（3）能够完成对连续属性的离散化处理。

（4）能够对不完整数据进行处理。

C4.5算法的优点：产生的分类规则易于理解，准确率较高。C4.5算法的缺点：在构造树的过程中，需要对数据集进行多次顺序扫描和排序，因而导致算法低效。此外，C4.5算法只适合能够驻留于内存的数据集，当训练集大得无法在内存容纳时，程序无法运行。

C4.5算法的具体工作流程如下：

（1）创建节点N。

（2）如果训练集为空，则返回节点N，并标记为Failure。

（3）如果训练集中的所有记录都属于同一个类别，则以该类别标记节点N。

（4）如果候选属性为空，则返回N作为叶节点，标记为训练集中最普通的类。

（5）针对每一个候选属性attribute_List。如果候选属性是连续的then，那么对该属性进行离散化。

（6）选择候选属性attribute_List中具有最高信息增益率的属性D。

（7）标记节点N为属性D。

（8）根据每一个属性D的一致值d。由节点N长出一个条件为$D=d$的分支。

（9）设s是训练集中$D=d$的训练样本的集合。

（10）如果s为空。加上一个树叶，标记为训练集中最普通的类。否则加上一个有C4.5（R-{D},C,s）返回的点。

2．CART算法

CART算法是一种非常有趣并且十分有效的非参数分类和回归方法。它通过构建二叉树达到预测目的。

CART模型最早由Breiman等人提出，已经在统计领域和数据挖掘领域普遍使用。它采用与传统统计学完全不同的方式构建预测准则，是以二叉树的形式给出的，易于理解、使用和解释。

由CART模型构建的预测树在很多情况下比常用的统计方法构建的代数学预测准则更加准确，且数据越复杂，变量越多，算法的优越性就越显著。模型的关键是预测准则的准确构建。

分类和回归首先利用已知的多变量数据构建预测准则，进而根据其他变量值对一个变量进行预测。

在分类中，人们往往先对某一客体进行各种测量，然后利用一定的分类准则确定该客体归属于哪一类。例如，给定某一化石的鉴定特征，预测该化石属于哪一科、哪一属，甚至哪一种。又如，已知某一地区的地质和物化探信息，预测该区是否有矿。

回归则与分类不同，它被用来预测客体的某一数值，而不是客体的归类。例如，给定某一地区的矿产资源特征，预测该区的资源量。

11.1.6 构建简单决策树

本小节构建一个简单决策树并实现分类，为简单起见，这里使用sklearn库中的数据集。

【例11-1】 使用sklearn库构建简单决策树并分类load_wine数据。

输入如下代码：

```python
# 决策树构建
import numpy as np
# 导入可视化工具
import matplotlib.pyplot as plt
from matplotlib.colors import ListedColormap
# 导入决策树库
from sklearn import tree, datasets
# 导入数据集划分工具
from sklearn.model_selection import train_test_split
# 数据集载入
wine =datasets.load_wine()
# 选取数据集特征
X = wine.data[:, :2]
y = wine.target
# 将数据集分为训练集和测试集
X_train, X_test, y_train, y_test = train_test_split(X, y)
# 设定决策树分离器
clf = tree.DecisionTreeClassifier(max_depth=1)
# 训练数据集
clf.fit(X_train, y_train)
# 定义图像中分区和散点的颜色
camp_light = ListedColormap(['#FFAAAA', '#AAFFAA', '#AAAAFF'])
camp_bold = ListedColormap(['#FF0000', '#00FF00', '#0000FF'])
# 用样本的特征值创建图像的横轴和纵轴
x_min, x_max = X_train[:].min() - 1, X_train[:].max() + 1
y_min, y_max = y_train[:].min() - 1, y_train[:].max() + 1
xx, yy = np.meshgrid((np.arange(x_min, x_max, .02)), np.arange(y_min, y_max, .02))
Z = clf.preDict(np.c_[xx.ravel(), yy.ravel()])
# 在图中显示样本
plt.scatter(X[:, 0], X[:, 1], c=y, cmap=camp_bold, edgecolors='k', s=20)
plt.xlim(xx.min(), xx.max())
plt.ylim(yy.min(), yy.max())
plt.title('决策树分类')
plt.show()
```

运行结果如图11-4所示。

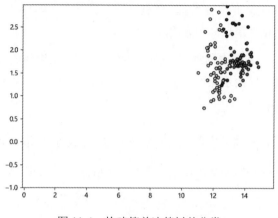

图 11-4　构建简单决策树并分类

从运行结果可以看到，决策树实现了对数据的分类，但是由于决策树过于简单，分类效果并不理想，可以使用更加复杂的决策树或者采用后面将要讲到的随机森林进行分类。

11.2　随机森林

随机森林是利用多棵树对样本进行训练并预测的一种分类器。该分类器最早由Leo Breiman和Adele Cutler提出。

在机器学习中，随机森林是一个包含多个决策树的分类器，其输出的类别是由个别树输出的类别的众数而定的。

随机森林是1995年由贝尔实验室的Tin Kam Ho所提出的随机决策森林（Random Decision Forests）而来的，随机森林方法则是结合Breimans的Bootstrap Aggregating想法和Ho的Random Subspace Method构建的决策树的集合。

11.2.1　随机森林的概念

决策树算法简单，容易理解，而且不需要对数据进行转换，但其有明显的缺点，决策树算法容易出现过拟合问题，因此需要对决策树算法进行改善和提升，使用多个决策树联合工作就是一个很好的选择，这就是随机森林。

随机森林是通过集成学习的思想将多棵树集成的一种算法，它的基本单元是决策树，而它的本质属于机器学习的一大分支——集成学习（Ensemble Learning）方法。

随机森林的名称中有两个关键词，一个是"随机"，另一个是"森林"。

"森林"很好理解，一棵叫作树，那么成百上千棵就叫作森林，这样的比喻还是很贴切的，其实这也是随机森林的主要思想——集成思想的体现。

随机森林可以解决决策树的过拟合问题，因为随机森林是把不同的多棵决策树组合在一起，每棵树的参数都不相同，然后把每棵树的预测结果取平均值，这样既可以保留每棵树的工作成果，又可以降低过拟合的风险。

随机森林相对决策树具有一系列的优点：

（1）对于多种数据，随机森林可以产生高准确度的分类器。

（2）在构建森林时，它可以在内部对于一般化后的误差产生不偏差的估计。

（3）对于不平衡的分类数据集来说，它可以平衡误差。

（4）随机森林计算各类中的亲近度，对于数据挖掘、侦测离群点和将数据视觉化非常有用。

（5）随机森林可被延伸应用在未标记的数据上，这类数据通常使用非监督式聚类。

（6）随机森林算法学习速度快。

11.2.2　随机森林的构建

决策树相当于一个预测者，通过自己在数据集中学到的知识对于新的数据进行分类。随机森林就是希望构建多棵决策树，希望最终的分类效果能够超过单个预测者的一种算法。

构建随机森林主要有两个方面：数据的随机性选取和待选特征的随机选取。

1．数据的随机选取

首先，从原始的数据集中采取有放回的抽样，构造子数据集，子数据集的数据量是和原始数据集相同的。不同子数据集的元素可以重复，同一个子数据集中的元素也可以重复。

其次，利用子数据集来构建子决策树，将这个数据集放到每个子决策树中，每个子决策树输出一个结果。

再次，如果有了新的数据，需要通过随机森林得到分类结果，就可以通过对子决策树的判断结果的投票得到随机森林的输出结果。

2．待选特征的随机选取

与数据集的随机选取类似，随机森林中的子树的每一个分裂过程并未用到所有的待选特征，而是从所有的待选特征中随机选取一定的特征，之后再在随机选取的特征中选取最优的特征。这样使得随机森林中的决策树都能够彼此不同，以提升系统的多样性，从而提升分类性能。

下面使用sklearn库构建简单随机森林，并使用随机森林进行简单分类。

【例11-2】　使用sklearn库构建随机森林并分类load_wine数据。

输入如下代码：

```python
# 构建随机森林并分类
# 导入随机森林模型
from sklearn.ensemble import RandomForestClassifier
# 导入数据集
from sklearn import tree, datasets
# 导入数据集划分工具
from sklearn.model_selection import train_test_split
# 导入评测算法
from sklearn.metrics import r2_score
from sklearn.metrics import mean_squared_error
# 载入红酒数据集
wine = datasets.load_wine()
# 选择数据集特征
X = wine.data[:, :2]
y = wine.target
# 拆分数据集为训练集和测试集
X_train, X_test, y_train, y_test = train_test_split(X, y)
# 设定随机森林中有6棵树
forest = RandomForestClassifier(n_estimators=6, random_state=3)
# 随机森林训练数据集
forest.fit(X_train, y_train)
# 预测
y_train_pred = forest.preDict(X_train)
y_test_pred = forest.preDict(X_test)
# 预测结果评测
print('*'*20)
print('预测结果评测')
print('MSE train: %.3f, test: %.3f' % (
        mean_squared_error(y_train, y_train_pred),
        mean_squared_error(y_test, y_test_pred)))
print('R^2 train: %.3f, test: %.3f' % (
        r2_score(y_train, y_train_pred),
        r2_score(y_test, y_test_pred)))
print('*'*20)
```

运行结果如下：

```
********************
预测结果评测
MSE train: 0.060, test: 0.422
R^2 train: 0.901, test: 0.234
********************
```

11.3　实际应用

前面学习了决策树和随机森林算法，并且学习了如何使用Python的sklearn库构建决策树和随机森林，本节将用实例来验证决策树和随机森林的分类效果。

11.3.1　决策树的应用

下面使用实际数据来验证决策树算法的分类效果，为简单起见，这里仍然采用sklearn库中的数据进行验证。在个别实例中会对决策树进行可视化，让读者更直观地理解决策树算法的决策过程。

1．最简单的决策树预测例子

【例11-3】　sklearn库构建最简单的决策树并预测。

输入如下代码：

```
from sklearn import tree
X = [[0, 0], [1, 1]]
Y = [0, 1]
clf = tree.DecisionTreeClassifier()
clf = clf.fit(X, Y)
# 使用训练后的决策树进行预测
print('决策树预测结果')
print(clf.preDict_proba([[2., 2.]]))
```

运行结果如下：

```
决策树预测结果
[[0. 1.]]
```

这个例子虽然简单，但是可以更清晰地看到决策树的运行过程：构建模型，载入数据，训练数据，使用训练后的模型进行回归和分类等任务。

2．用Graphviz格式导出决策树

这里构建一个决策树模型，然后可视化查看决策树的模型。

【例11-4】　Graphviz格式导出决策树。

输入如下代码：

```
from sklearn.datasets import load_iris
from sklearn import tree
import graphviz
import os
os.environ["PATH"] += os.pathsep + r'C:\Program Files (x86)\Graphviz\bin/'
```

```
iris = load_iris()
clf = tree.DecisionTreeClassifier()
clf = clf.fit(iris.data, iris.target)
dot_data = tree.export_graphviz(clf, out_file=None)
graph = graphviz.Source(dot_data)
graph.render("iris")
dot_data = tree.export_graphviz(clf, out_file=None,
                                feature_names=iris.feature_names,
                                class_names=iris.target_names,
                                filled=True, rounded=True,
                                special_characters=True)
graph = graphviz.Source(dot_data)
print('Graphviz格式导出决策树')
print(graph)
```

运行结果如下：

```
Graphviz格式导出决策树
digraph Tree {
node [shape=box, style="filled, rounded", color="black", fontname="helvetica"] ;
edge [fontname="helvetica"] ;
0 [label=<petal width (cm) &le; 0.8<br/>gini = 0.667<br/>samples = 150<br/>value =
[50, 50, 50]<br/>class = setosa>, fillcolor="#ffffff"] ;
1 [label=<gini = 0.0<br/>samples = 50<br/>value = [50, 0, 0]<br/>class = setosa>,
fillcolor="#e58139"] ;
0 -> 1 [labeldistance=2.5, labelangle=45, headlabel="True"] ;
2 [label=<petal width (cm) &le; 1.75<br/>gini = 0.5<br/>samples = 100<br/>value = [0,
50, 50]<br/>class = versicolor>, fillcolor="#ffffff"] ;
0 -> 2 [labeldistance=2.5, labelangle=-45, headlabel="False"] ;
3 [label=<petal length (cm) &le; 4.95<br/>gini = 0.168<br/>samples = 54<br/>value =
[0, 49, 5]<br/>class = versicolor>, fillcolor="#4de88e"] ;
2 -> 3 ;
4 [label=<petal width (cm) &le; 1.65<br/>gini = 0.041<br/>samples = 48<br/>value =
[0, 47, 1]<br/>class = versicolor>, fillcolor="#3de684"] ;
3 -> 4 ;
5 [label=<gini = 0.0<br/>samples = 47<br/>value = [0, 47, 0]<br/>class = versicolor>,
fillcolor="#39e581"] ;
4 -> 5 ;
6 [label=<gini = 0.0<br/>samples = 1<br/>value = [0, 0, 1]<br/>class = virginica>,
fillcolor="#8139e5"] ;
4 -> 6 ;
7 [label=<petal width (cm) &le; 1.55<br/>gini = 0.444<br/>samples = 6<br/>value = [0,
2, 4]<br/>class = virginica>, fillcolor="#c09cf2"] ;
3 -> 7 ;
8 [label=<gini = 0.0<br/>samples = 3<br/>value = [0, 0, 3]<br/>class = virginica>,
fillcolor="#8139e5"] ;
7 -> 8 ;
9 [label=<sepal length (cm) &le; 6.95<br/>gini = 0.444<br/>samples = 3<br/>value =
[0, 2, 1]<br/>class = versicolor>, fillcolor="#9cf2c0"] ;
7 -> 9 ;
```

```
10 [label=<gini = 0.0<br/>samples = 2<br/>value = [0, 2, 0]<br/>class = versicolor>,
fillcolor="#39e581"] ;
    9 -> 10 ;
11 [label=<gini = 0.0<br/>samples = 1<br/>value = [0, 0, 1]<br/>class = virginica>,
fillcolor="#8139e5"] ;
    9 -> 11 ;
12 [label=<petal length (cm) &le; 4.85<br/>gini = 0.043<br/>samples = 46<br/>value
= [0, 1, 45]<br/>class = virginica>, fillcolor="#843de6"] ;
    2 -> 12 ;
13 [label=<sepal width (cm) &le; 3.1<br/>gini = 0.444<br/>samples = 3<br/>value = [0,
1, 2]<br/>class = virginica>, fillcolor="#c09cf2"] ;
    12 -> 13 ;
14 [label=<gini = 0.0<br/>samples = 2<br/>value = [0, 0, 2]<br/>class = virginica>,
fillcolor="#8139e5"] ;
    13 -> 14 ;
15 [label=<gini = 0.0<br/>samples = 1<br/>value = [0, 1, 0]<br/>class = versicolor>,
fillcolor="#39e581"] ;
    13 -> 15 ;
16 [label=<gini = 0.0<br/>samples = 43<br/>value = [0, 0, 43]<br/>class = virginica>,
fillcolor="#8139e5"] ;
    12 -> 16 ;
}
```

从运行结果可以看出，导出的决策树的每个节点，有助于理解具体决策树的决策过程。

3. 决策树应用举例

在学习完以上知识之后，接下来以实际数据说明决策树的算法应用，并对决策树进行可视化。

【例11-5】 使用决策树对iris数据进行分类并可视化。

输入如下代码：

```
from matplotlib import pyplot as plt
from sklearn import datasets
import matplotlib as mpl
from sklearn import tree
from sklearn.metrics import accuracy_score

iris = datasets.load_iris()
dc_tree = tree.DecisionTreeClassifier(criterion='entropy',min_samples_leaf=5)
x, y = iris.data, iris.target
dc_tree.fit(x, y)
y_preDict = dc_tree.preDict(x)
accuracy = accuracy_score(y, y_preDict)
print('预测准确率为：')
print(accuracy)

font2 = {'family' : 'SimHei',
'weight' : 'normal',
```

```
'size'   : 20,
}
mpl.rcParams['font.family'] = 'SimHei'
mpl.rcParams['axes.unicode_minus'] = False

fig = plt.figure(figsize=(20,20))
tree.plot_tree(dc_tree,filled='True',
            feature_names=['花萼长', '花萼宽', '花瓣长', '花瓣宽'],
            class_names=['山鸢尾', '变色鸢尾', '维吉尼亚鸢尾'])
plt.savefig('1.png', bbox_inches='tight', pad_inches=0.0)
```

运行结果如下：

```
预测准确率为：
0.9733333333333334
```

决策树可视化结果如图11-5所示。

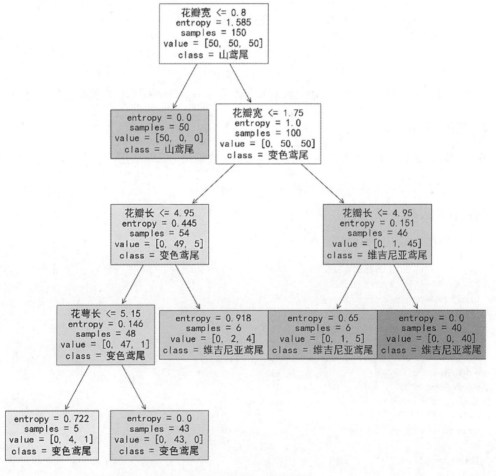

图11-5   决策树可视化结果

11.3.2 随机森林的应用

下面使用实际数据来验证随机森林算法的分类效果,为简单起见,这里仍然采用sklearn库中的数据进行验证。这里用两个实例进行说明,一个实例用于验证随机森林的分类应用,另一个实例用于验证随机森林的回归应用。

1. 使用随机森林对iris数据进行分类

【例11-6】 使用随机森林对iris数据进行分类。

输入如下代码:

```python
import matplotlib.pyplot as plt
import numpy as np
from matplotlib.colors import ListedColormap
from sklearn import datasets
from sklearn.model_selection import train_test_split
from sklearn.ensemble import RandomForestClassifier
iris = datasets.load_iris()
X = iris.data[:, [2, 3]]
y = iris.target
print('分类标签:', np.unique(y))
# Splitting data into 70% training and 30% test data:
X_train, X_test, y_train, y_test = train_test_split(
    X, y, test_size=0.3, random_state=1, stratify=y)
X_combined = np.vstack((X_train, X_test))
y_combined = np.hstack((y_train, y_test))
def plot_decision_regions(X, y, classifier, test_idx=None, resolution=0.02):
    # setup marker generator and color map
    markers = ('s', 'x', 'o', '^', 'v')
    colors = ('red', 'blue', 'lightgreen', 'gray', 'cyan')
    cmap = ListedColormap(colors[:len(np.unique(y))])
    # plot the decision surface
    x1_min, x1_max = X[:, 0].min() - 1, X[:, 0].max() + 1
    x2_min, x2_max = X[:, 1].min() - 1, X[:, 1].max() + 1
    xx1, xx2 = np.meshgrid(np.arange(x1_min, x1_max, resolution),
                        np.arange(x2_min, x2_max, resolution))
    Z = classifier.preDict(np.array([xx1.ravel(), xx2.ravel()]).T)
    Z = Z.reshape(xx1.shape)
    plt.contourf(xx1, xx2, Z, alpha=0.3, cmap=cmap)
    plt.xlim(xx1.min(), xx1.max())
    plt.ylim(xx2.min(), xx2.max())
    for idx, cl in enumerate(np.unique(y)):
        plt.scatter(x=X[y == cl, 0],
                y=X[y == cl, 1],
                alpha=0.8,
                c=colors[idx],
                marker=markers[idx],
                label=cl,
```

```
                    edgecolor='black')
        # highlight test samples
        if test_idx:
            # plot all samples
            X_test, y_test = X[test_idx, :], y[test_idx]
            plt.scatter(X_test[:, 0],
                        X_test[:, 1],
                        c='y',
                        edgecolor='black',
                        alpha=1.0,
                        linewidth=1,
                        marker='o',
                        s=100,
                        label='test set')
forest = RandomForestClassifier(criterion='gini',n_estimators=25,random_state=1,
                        n_jobs=2)
forest.fit(X_train, y_train)
plot_decision_regions(X_combined, y_combined,
                    classifier=forest, test_idx=range(105, 150))
plt.xlabel('petal length [cm]')
plt.ylabel('petal width [cm]')
plt.legend(loc='upper left')
plt.tight_layout()
#plt.savefig('images/03_22.png', dpi=300)
plt.show()
```

运行结果如下：

分类标签：[0 1 2]

可视化结果如图11-6所示。

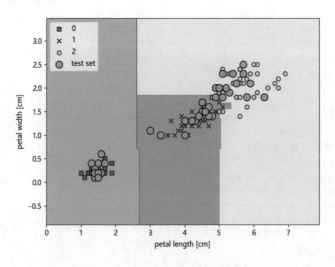

图 11-6   随机森林 iris 数据分类结果

2. 使用随机森林对波士顿房价数据进行回归

【例11-7】 使用随机森林对波士顿房价数据进行回归。

输入如下代码：

```
from sklearn.datasets import load_boston
from sklearn.model_selection import train_test_split
from sklearn.preprocessing import StandardScaler
from sklearn.ensemble import RandomForestRegressor, ExtraTreesRegressor,
GradientBoostingRegressor
from sklearn.metrics import r2_score, mean_squared_error, mean_absolute_error
import numpy as np
# 1. 准备数据
# 读取波士顿地区的房价信息
boston = load_boston()
# print("boston:", boston)
# 查看数据描述
print('*'*20)
print('查看数据')
# print(boston.DESCR)    # 共506条波士顿地区的房价信息，每条13项数值特征描述和目标房价
# 查看数据的差异情况
print("最大房价: ", np.max(boston.target))    # 50
print("最小房价: ", np.min(boston.target))    # 5
print("平均房价: ", np.mean(boston.target))    # 22.532806324110677
print('*'*20)
x = boston.data
y = boston.target
print("x.shape:", x.shape)
print("y.shape:", y.shape)
# 2. 分割训练数据和测试数据
# 随机采样25%作为测试，75%作为训练
x_train, x_test, y_train, y_test = train_test_split(x, y)
print("x_train.shape:", x_train.shape)
print("x_test.shape:", x_test.shape)
print("y_train.shape:", y_train.shape)
print("y_test.shape:", y_test.shape)
print('*'*20)
# 3. 训练数据和测试数据进行标准化处理
ss_x = StandardScaler()
x_train = ss_x.fit_transform(x_train)
x_test = ss_x.transform(x_test)
ss_y = StandardScaler()
y_train = ss_y.fit_transform(y_train.reshape(-1, 1))
y_test = ss_y.transform(y_test.reshape(-1, 1))
# 4. 使用回归模型进行训练和预测
# 随机森林回归
rfr = RandomForestRegressor()
# 训练
rfr.fit(x_train, y_train)
```

11

```
# 预测，并保存预测结果
rfr_y_preDict = rfr.preDict(x_test)
# 5. 模型评估
# 随机森林回归模型评估
print("随机森林回归的默认评估值为: ", rfr.score(x_test, y_test))
print("随机森林回归的R_squared值为: ", r2_score(y_test, rfr_y_preDict))
```

运行结果如下：

```
* * * * * * * * * * * * * * * * * * * *
查看数据
最大房价: 50.0
最小房价: 5.0
平均房价: 22.532806324110677
* * * * * * * * * * * * * * * * * * * *
x.shape: (506, 13)
y.shape: (506,)
x_train.shape: (379, 13)
x_test.shape: (127, 13)
y_train.shape: (379,)
y_test.shape: (127,)
* * * * * * * * * * * * * * * * * * * *
随机森林回归的默认评估值为: 0.8955882847154676
随机森林回归的R_squared值为: 0.8955882847154676
```

从运行结果可以看出，随机森林可以准确地实现波士顿房价数据的回归预测。

11.4　小结

本章学习了决策树和随机森林算法的原理、用法以及优势和不足，并讲解了使用sklearn库建立决策树和随机森林的方法，最后举例对决策树和随机森林算法进行了实战。

## 第 12 章

支持向量机

本章主要介绍支持向量机（Support Vector Machine，SVM），支持向量机是机器学习中的一类重要的算法，在各个领域具有广泛的应用。支持向量机是一类按监督学习方式对数据进行二元分类的广义线性分类器，其决策边界是对学习样本求解的最大边距超平面。本章将讲解支持向量机的算法和应用，希望读者认真理解和实践。

学习目标：

（1）掌握支持向量机的原理。
（2）掌握支持向量机的构造。
（3）掌握支持向量机的核函数。
（4）掌握支持向量机的参数调节。

12.1　支持向量机的概念

支持向量机于1964年被提出，在20世纪90年代后得到快速发展并衍生出一系列改进和扩展算法，在人像识别、文本分类等模式识别（Pattern Recognition）问题中得到应用。

支持向量机是由模式识别中的广义肖像算法（Generalized Portrait Algorithm）发展而来的分类器，其早期工作来自前苏联学者Vladimir N. Vapnik和Alexander Y. Lerner在1963年发表的研究。1964年，Vapnik和Alexey Y. Chervonenkis对广义肖像算法进行了进一步讨论并建立了硬边距的线性支持向量机。

此后在20世纪70－80年代，随着模式识别中最大边距决策边界的理论研究、基于松弛变量（Slack Variable）的规划问题求解技术的出现，和VC维（Vapnik-Chervonenkis Dimension，VC Dimension）的提出，支持向量机被逐步理论化并成为统计学习理论的一部分。

1992年，Bernhard E. Boser、Isabelle M. Guyon和Vapnik通过核方法得到了非线性支持向量机。1995年，Corinna Cortes和Vapnik提出了软边距的非线性支持向量机并将其应用于手写字符识别问题，这份研究在发表后得到了关注和引用，为支持向量机在各领域的应用提供了参考。支持向量机是一个比较"难"理解的算法，需要理解大量的数学知识，否则只能雾里看花。

1. 线性可分

通俗来讲，支持向量机是一种分类器，对于做出标记的两组向量，给出一个最优分割超曲面把这两组向量分割到两边，使得两组向量中离此超平面最近的向量（即所谓支持向量）到此超平面的距离都尽可能远。

首先从分类任务谈起，分类任务的核心思想就是在样本空间中找到一个超平面，能将样本分类。

图12-1想要找到一个超平面对样本进行分类，那么图中所有的直线都可以达到这个目的的，到底应该选择哪条呢？根据常识，应该选择中间那条最粗的直线，因为它相对两类样本的距离最远。从专业角度说，中间那条直线的分类结果是最鲁棒的，对未见的样本泛化能力最强。

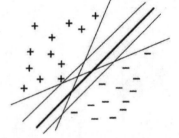

图 12-1　线性可分示意图

对支持向量机做一个直观的描述：支持向量机是一个分类器算法，主要用于解决分类和回归问题，最终告诉一个样本属于A集合还是属于B集合，这和之前学习过的分类算法目的是一致的。

一个算法模型就好比一台精巧的机器，由许多零部件组成，支持向量机也是如此。支持向量机有3个重要部件，分别是：

- 最大间隔。
- 高维映射。
- 核函数。

这3个部件是支持向量机的核心，三者之间彼此独立，又互相依存，缺少了其中任何一个部件，都不能驱动支持向量机这台"机器"，这3个部件也是后续的核心知识，只有充分理解了它们，才能得心应手地使用支持向量机算法。如果用一句话来总结这3个部件的作用，那就是"最大间隔是标尺，高维映射是关键，最终结论看核函数"。

支持向量机是在线性分类算法的基础上发展而来的，对于支持向量机来说，要解决分类问题，其过程更为复杂。下面剖析一下支持向量机的本质，从而帮助读者更好地理解它的算法思想。

1) 间隔和支持向量

支持向量机算法中有一个非常重要的角色，那就是"支持向量"，支持向量机这个算法名字也由它而来（"机"指的是一种算法）。要想理解什么是"支持向量"，首先要理解"间隔"这个词。

支持向量机中有一个非常重要的概念是"间隔最大化"，它是衡量支持向量机分类结果是否最优的标准之一。

2）软间隔和硬间隔

间隔又分为软间隔和硬间隔。其实很好理解，当使用直线分类时，会本着尽可能将类别全都区分开来的原则，但总存在一些另类的样本点不能被正确分类，如果允许这样的样本点存在，那么画出的间隔就称为软间隔。反之，态度强硬，要求不能存在这样的样本点，这种间隔就称为硬间隔，在处理实际问题时，硬间隔只是一种理想状态。

3）最大间隔

前面所说的保有充分的间隔，其实就是最大间隔，最大间隔涉及算法模型最优问题，就像常说的做事要给自己留有余地，不能让自己处于危险的边缘。

如果将数据样本分割得不留余地，就会对随机扰动的噪点特别敏感，这样就很容易破坏之前的分类结果，学术上称为鲁棒性差，因此在分类时要尽可能使正负两类分割距离达到最大间隔。

2．支持向量机的推导

一个超平面可以通过一个线性方程描述：

$$w^{\mathrm{T}}x+b=0，标记为 (w, b)$$

上述方程中，w 为法向量，决定了超平面的方向，例如图12-1中的直线，w 即为斜率；b 为位移项，决定了超平面与原点之间的距离。如果不好理解，转化成二维平面就可以了。

超平面可以通过线性方程表示，那么怎么求得一个点到超平面的距离呢？

还是以二维平面为例，问题转换为求 (x_1, x_2) 到平面 $wx_1 + wx_2 + b = 0$ 的距离。

概念：连接直线外一点与直线上各点的所有线段中，垂线段最短，这条垂线段的长度叫作点到直线的距离。

方法1：计算通过点 (x_1, x_2) 且与直线 $wx_1 + wx_2 + b = 0$ 相交的直线，然后求取两条直线的交点，进而计算交点与 (x_1, x_2) 的距离。

方法2：通过三角形面积公式计算，具体不展开。

最后得出的公式为：

$$r = \frac{|wx_1 + wx_2 + b = 0|}{\sqrt{a^2 + b^2}}$$

$$\text{tag1} - 2 \| w \| = \sqrt{a^2 + b^2}\, r = \frac{\left| wx_1 + wx_2 + b = 0 \right|}{\| w \|}$$

上述公式就是在二维平面中求取点到超平面的距离。

能否扩展到多维平面呢？来看另一种投影法：

$$\frac{\| w^{\mathrm{T}}(x - x_0) \|}{| w |} = \frac{\left| w^{\mathrm{T}} x + b \right|}{| w |}$$

假如目前存在超平面 (w, b)，能够正确分类，即 $y = 1$ 时，$w^{\mathrm{T}} x + b > 0$；$y = -1$ 时，$w^{\mathrm{T}} x + b < 0$。

此时，令：

$$\begin{cases} w^{\mathrm{T}} x + b \geqslant +1, y = +1 \\ w^{\mathrm{T}} x + b \leqslant -1, y = -1 \end{cases}$$

我们称上式中使等号成立（即 $w^{\mathrm{T}} x + b = +1$）的样本点为"支持向量"，两个异类支持向量，即分别满足上式等号成立的点到超平面的距离之和为：

$$\gamma = \frac{2}{\| w \|}$$

称所求的 γ 为间隔，求解过程如下：

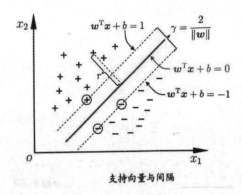

支持向量与间隔

之前提到过，要寻找分类结果最鲁棒的超平面，即间隔最大的超平面。

求取最大间隔的超平面，转换为公式为：

$$\max_{w,b} \frac{w}{\| w \|} \quad s.t. \ \ y_i \left(w^{\mathrm{T}} x_i + b \right) \geqslant 1, i = 1, 2, \cdots, m$$

间隔明明只跟参数 w 有关系，为什么要求取 b 呢？事实上，虽然从表面上看间隔仅与 w 有关系，事实上求取 w，b 的前提是 (w, b) 超平面，因此 b 会隐式约束 w 的值。

可以对上式进一步简化：

最大化间隔 → 最大化 $\|w\|^{-1}$ → 最小化 $\|w\|^2$，具体公式为：

$$\min_{w,b} \frac{1}{2}\|w\|^2 \quad s.t. \quad y_i\left(w^{\mathrm{T}}x_i + b\right) \geqslant 1, i = 1, 2, \cdots, m$$

上面的公式就是支持向量机的基本型。

3．支持向量机算法的特点

机器学习本质上就是一种对问题真实模型的逼近（选择一个认为比较好的近似模型，这个近似模型就叫作一个假设），但毫无疑问，真实模型一定是不知道的，既然真实模型不知道，那么选择的假设与问题真实解之间究竟有多大差距就无法得知。

比如说，现在理论上认为宇宙诞生于150亿年前的一场大爆炸，这个假设能够描述很多现在观察到的现象，但它与真实的宇宙模型之间还相差多少，没有理论和事实可以说清楚，因为压根就不知道真实的宇宙模型到底是什么样的。

与问题真实解之间的误差就叫作风险（更严格地说，误差的累积叫作风险）。选择了一个假设之后（更直观地说，得到了一个分类器以后），真实误差无从得知，但可以用某些可以掌握的量来逼近它。最直观的想法是，使用分类器在样本数据上的分类结果与真实结果（因为样本是已经标注过的数据，是准确的数据）之间的差值来表示。这个差值叫作经验风险Remp(w)。

以前的机器学习方法都把经验风险最小化作为努力的目标，但后来发现很多分类函数能够在样本集上轻易达到100%的正确率，在真实分类时却一塌糊涂（即所谓的推广能力差，或泛化能力差）。此时的情况便是选择了一个足够复杂的分类函数（其VC维很高），能够精确地记住每一个样本，但对样本之外的数据一律分类错误。

回头来看经验风险最小化原则就会发现，此原则适用的前提是经验风险确实能够逼近真实风险（行话叫一致），但实际上不能，因为样本数相对于现实世界要分类的文本数来说简直九牛一毛，经验风险最小化原则只在占很小比例的样本上做到没有误差，当然不能保证在更大比例的真实文本上没有误差。

因此统计学习引入了泛化误差界的概念，是指真实风险应该由两部分内容刻画：一是经验风险，代表分类器在给定样本上的误差；二是置信风险，代表在多大程度上可以信任分类器在未知数据上分类的结果。很显然，第二部分是没有办法精确计算的，因此只能给出一个估计的区间，使得整个误差只能计算上界，而无法计算准确的值（所以叫作泛化误差界，而不叫泛化误差）。

置信风险与两个量有关：一是样本数量，显然给定的样本数量越大，学习结果越有可能正确，此时置信风险越小；二是分类函数的VC维，显然VC维越大，推广能力越差，此时置信风险越大。

12

支持向量机正是这样一种努力最小化结构风险的算法，这样支持向量机其他的特点就比较容易理解了。

（1）小样本，并不是说样本的绝对数量少（实际上，对任何算法来说，更多的样本几乎总是能带来更好的效果），而是说与问题的复杂度比起来，支持向量机要求的样本数是相对比较少的。

（2）非线性，是指支持向量机擅长应付样本数据线性不可分的情况，主要通过松弛变量（也有人叫惩罚变量）和核函数技术来实现，这部分是支持向量机的精髓。多说一句，关于文本分类问题究竟是不是线性可分的尚没有定论，因此不能简单地认为它是线性可分的而进行简化处理。

4．支持向量机的构建和分类

前面学习了支持向量机的基础理论，这里使用代码构建支持向量机并对数据进行预测。

【例12-1】　使用sklearn库构建支持向量机并预测。

输入如下代码：

```
from sklearn import svm
X = [[0, 0], [1, 1]]
y = [0, 1]
clf = svm.SVC(gamma='scale')
clf.fit(X, y)
print('*'*20)
print('查看支持向量')
print(clf.support_vectors_)
# 查看分类结果
print('*'*20)
print(clf.preDict([[2., 2.]]))
```

运行结果如下：

```
********************
查看支持向量
[[0. 0.]
 [1. 1.]]
********************
[1]
```

12.2　核函数

之前的内容都是针对所有的样本线性可分的情况，如果样本线性不可分，是否还可以使用支持向量机，这里给出肯定的答案，作为统计学习著名算法之一的支持向量机，是可以解决原始空间中线性不可分的数据的。

事实上，样本在原始空间中线性不可分时，可以将其映射到更高维的样本空间中，使其线性可分。

数学家已经证明了，如果样本的原始空间的维度是有限的，那么一定存在一个高维特征空间，使得样本线性可分。

对二维向量做二次曲线分割就需要映射到五维空间，如果三维甚至更高维度的向量做高次超曲面分割，所要升的维度将很高，从而造成极大的计算量。因此，需找到一种方法，使得两个低维向量无须向高维空间映射，只需在原维度空间做简单运算，所得结果就等于其映射到高维空间后的内积。这种方法就是核函数，将同是低维度的两个向量代入核函数，所得结果就是其映射到高维空间后的内积，即：

$$\phi(x_i)^\mathrm{T}\phi(x_j) = \kappa(x_i, x_j)$$

常用的核函数有以下几种：

（1）线性核。表示原空间内积，适用于线性可分问题。

$$\kappa(x_i, x_j) = x_i^\mathrm{T} x_j$$

（2）高斯核。适用于没有先验经验的非线性分类。其中 σ 越小，映射的维度越高。

$$\kappa(x_i, x_j) = \exp\left(-\frac{\left\| x_i - x_j \right\|^2}{2\sigma^2}\right)$$

（3）多项式核。适用于没有先验经验的分类。其中 d 越小，映射的维度越高。

$$\kappa(x_i, x_j) = (ax_i^\mathrm{T} x_j + c)^d$$

（4）Sigmoid核。此时支持向量机实现的是一种多层感知器神经网络。

$$\kappa(x_i, x_j) = \tanh(ax_i^\mathrm{T} x_j + c)$$

大多数非线性分割使用高斯核都能很好地处理。

下面举例说明使用高斯核函数构建支持向量机并进行分类预测。

【**例12-2**】 使用高斯核函数构建支持向量机并进行预测。

输入如下代码：

```
import numpy as np
import numpy.matlib as matlib
import numpy.random as random
from collections import Counter
import matplotlib.pyplot as plt
```

```
# 定义高斯核函数
def gaussKernel(X, Y, sigma=3):
    '''
    Parameters
    ----------
    X : np.matrix
        一个n行m列矩阵，代表m个n维向量
    Y : np.matrix
        一个n行m列矩阵，代表另外m个n维向量
    sigma : float
        调控参数。越小映射的空间维度越高。默认为3
    Returns
    -------
    K : np.matrix
        一个m行1列矩阵，其中k_i = exp[-(||X_i-Y_i||^2)/(2*sigma^2)]
    Examples
    --------
    X = np.matrix('1, 2, 3; 4, 5, 6').T
    Y = np.matrix('1, 3, 5; 2, 4, 6').T
    K = gaussKernel(X, Y, 3)
    '''
    K = np.exp(-(np.square(X - Y).T * matlib.ones((np.shape(X)[0], 1))) / (2 * sigma
** 2))
    return K
# 基于支持向量机对一组做了二元标记的向量给出划分界限的决策平面
def svnSimple(dataMatrix, labelVector, C, maxIter, kernel=None, sigma=3):
    '''
    Parameters
    ----------
    dataMatrix : np.matrix
        一个n行m列矩阵，代表m个n维向量，作为待分类向量
    labelVector : np.matrix
        一个由+1和-1组成的1行m列矩阵，作为dataMatrix各列向量的标签
    C : float
        惩罚系数。一个大于等于0的数值，越接近0，对异常向量的容忍度越高
    maxIter : int
        最大遍历次数。对所有条件系数做一次迭代更新为一次遍历
    kernel : function
        核函数。用于在低维空间计算映射到高维空间的向量内积
    sigma : float
        核函数的调控参数。越小映射的空间维度越高。默认为3
    Returns
    -------
    A : np.matrix
        一个1行m列矩阵，代表最优条件系数向量
    b : float
        一个1行1列矩阵，代表决策平面的截距
    Examples
    --------
    X = np.matrix('1, 1; 4, 3; 3, 3').T
```

```python
Y = np.matrix('-1, 1, 1')
A, b = svnSimple(X, Y, 100, 10)
'''
n, m = np.shape(dataMatrix)       # 初始化待分向量维度和向量个数
A = matlib.zeros((1, m))          # 初始化条件系数向量
# 初始化待分向量间内积矩阵
if callable(kernel):              # 如果给定了核函数, 则使用核函数做高维内积
    K = matlib.zeros((m, m))      # 初始化高维内积矩阵
    for i in range(m):
        K[:, i] = kernel(dataMatrix[:, i] * matlib.ones((1, m)), dataMatrix, sigma)
else:
    K = dataMatrix.T * dataMatrix
# 由SMO算法迭代出所有最优条件系数
iterNum = 0                       # 初始化迭代次数
effTraversalNum = 0               # 初始化有效遍历次数
while (iterNum < maxIter):
    alphaPairsChanged = 0         # 初始化条件系数更新次数
    for i in range(m):
        # 计算各待分向量到决策面的偏移值（不含b影响）向量
        E = (K * np.multiply(A, labelVector).T).T - labelVector
        # 从其他条件系数中再随机选出一个, 与当前条件系数作为一对待优化系数
        j = i
        while (j == i):
            j = int(random.uniform(0, m))
        # 计算当前待优化的第二个条件系数a2的待修剪值
        a2 = A[0, j] + labelVector[0, j] * (E[0, i] - E[0, j]) / (K[i, i] +
            K[j, j] - 2 * K[i, j])
        # 计算a2的上下界
        if labelVector[0, i] == labelVector[0, j]:
            l = max(0, A[0, i] + A[0, j] - C)
            h = min(C, A[0, i] + A[0, j])
        else:
            l = max(0, A[0, j] - A[0, i])
            h = min(C, C + A[0, j] - A[0, i])
        # 修剪条件系数a2
        if a2 > h:
            a2 = h
        elif a2 < l:
            a2 = l
        # 当a2更新变化太小时, 便无须更新
        if (abs(A[0, j] - a2) < 0.00001): continue
        # 计算条件系数a1
        a1 = A[0, i] + labelVector[0, i] * labelVector[0, j] * (A[0, j] - a2)
        # 更新条件系数向量
        A[0, i] = a1
        A[0, j] = a2
        # 统计本次遍历中条件系数的更新次数
        alphaPairsChanged += 1
    # 统计有效遍历次数
    if alphaPairsChanged != 0: effTraversalNum += 1
```

```
        # 遍历迭代次数加1
        iterNum += 1
    print("共完成有效遍历%d次。" % effTraversalNum)
    # 通过支持向量计算决策平面截距b
    spVecIndex = []                              # 初始化特殊向量序号集合
    for k in range(m):
        if abs(A[0, k]) > 0.01:                  # 条件系数显著大于零对应的是特殊向量
            spVecIndex.append(k)
    spE = E[:, spVecIndex].toList()[0]           # 获取所有特殊向量的偏移值
    roundSpE = []
    for n in spE: roundSpE.append(round(n, 4))   # 精确到小数点后4位
    # 对各偏移量按出现次数由大到小排序
    ListRoundSpE = List(Counter(roundSpE).items())
    ListRoundSpE.sort(key=lambda x: x[1], reverse=True)
    b = -ListRoundSpE[0][0]                       # 出现次数最多的E对应支持向量
    return A, b
# 绘制待分二维向量散点图及其分界线（如有）
def showDataSet(dataMatrix, labelVector, A=None, b=None, kernel=None, sigma=None):
    '''
    Parameters
    ----------
    dataMatrix : np.matrix
        # 一个2行m列矩阵，代表m个二维向量，作为待分类向量。默认第一行是横坐标，第二行是纵坐标
    labelVector : np.matrix
        # 一个由+1和-1组成的1行m列矩阵矩阵，作为dataMatrix各列向量的标签
    A : np.matrix
        # 一个1行m列矩阵，代表各待分向量对应的条件系数，非零系数对应支持向量。默认为空，即不绘制分界线
    b : float
        # 一个1行1列矩阵，代表决策平面的截距。默认为空，即不绘制分界线
    kernel : function
        # 核函数。用于在低维空间计算映射到高维空间的向量内积。为空则默认为原向量空间内积
    sigma : float
        # 核函数的调控参数，越小映射的空间维度越高
    Returns
    -------
    null
    Notes
    -----
    # 只能绘制二维向量散点图
    Examples
    --------
    X = np.matrix('1, 1; 4, 3; 3, 3').T
    Y = np.matrix('-1, 1, 1')
    A = np.matrix('0.25, 0, 0.25')
    b = np.matrix('-2')
    showDataSet(X, Y, A, b)
    '''
    n, m = np.shape(dataMatrix)                  # 初始化待分向量维度和向量个数
    if not n == 2:                               # 校验向量维度只能是二维
        raise Exception("only 2-dimension vectors can be darwn")
```

```
plusColumNum = []                            # 正向量列号集合
minusColumNum = []                           # 负向量列号集合
for i in range(m):
    if labelVector[0, i] > 0:                # 如果标签为正
        plusColumNum.append(i)               # 将列号归入正向量列集合
    else:
        minusColumNum.append(i)              # 否则将列号归入负向量列集合
plusData = dataMatrix[:, plusColumNum]       # 由正向量列号获取组成正向量矩阵
minusData = dataMatrix[:, minusColumNum]     # 由负向量列号获取组成负向量矩阵
plt.figure()
plt.axis('scaled')                                    # 横纵坐标尺度一致（即使在窗口缩放时）
x_min = min(min(dataMatrix[0].toList()[0]) - 1, 0)           # x轴下限
x_max = max(max(dataMatrix[0].toList()[0]) + 1, 0)           # x轴上限
y_min = min(min(dataMatrix[1].toList()[0]) - 1, 0)           # Y轴下限
y_max = max(max(dataMatrix[1].toList()[0]) + 1, 0)           # Y轴上限
plt.xlim([x_min, x_max])                                     # 设置x轴坐标系范围
plt.ylim([y_min, y_max])                                     # 设置y轴坐标系范围
plt.scatter(plusData[0].toList()[0], plusData[1].toList()[0])     # 正向量散点图
plt.scatter(minusData[0].toList()[0], minusData[1].toList()[0])   # 负向量散点图
# 移动坐标系
ax = plt.gca()                                        # 获取当前坐标系
ax.spines['right'].set_color('none')                  # 右边框设置成无颜色
ax.spines['top'].set_color('none')                    # 上边框设置成无颜色
ax.spines['bottom'].set_position(('data', 0))         # x轴在y轴，y=0的位置
ax.spines['left'].set_position(('data', 0))           # y轴在x轴，x=0的位置
# 绘制分界线
if b is not None:  # 如果条件系数向量非空
    x = np.linspace(x_min, x_max, 100)
    y = np.linspace(y_min, y_max, 100)
    meshX, meshY = np.meshgrid(x, y)                  # 对向量显示区域网格化
    vecX = matlib.zeros((2, 1))                       # 初始化决策面方程自变量向量
    Z = matlib.zeros((100, 100))                      # 初始化曲面高度坐标
    for i, item_x in enumerate(x):
        for j, item_y in enumerate(y):
            vecX[0] = item_x
            vecX[1] = item_y
            matX = vecX * matlib.ones((1, m))
            if callable(kernel):  # 如果给定了可调用的核函数
                # 使用核函数计算每个网格点的坐标与所有乘过条件系数和标签值后的待
                # 分向量的高维内积，再加截距，即得该网格点上的曲面高度
                Z[j, i] = kernel(dataMatrix, matX, sigma).T * np.multiply(labelVector,
A).T + b
            else:  # 否则直接在当前二维空间做内积
                # 此处务必注意i是行号，其实是y坐标；j是列号，其实是x坐标
                Z[j, i] = (dataMatrix.T * vecX).T * np.multiply(labelVector, A).T + b
    plt.contour(meshX, meshY, np.array(Z), [0], colors='r')
# 标注支持向量和异常向量
if A is not None and np.shape(A)[1] == m:             # 如果条件系数向量非空
    svOder = []                                       # 特殊向量序号集合
    for i in range(m):
```

```
            if abs(A[0, i]) > 0.01:                # 条件系数显著大于0的才是特殊向量
                svOder.append(i)
        svSet = dataMatrix[:, svOder]              # 特殊向量集合
        plt.scatter(svSet[0].toList()[0], svSet[1].toList()[0], s=150,
                    c='none', alpha=0.7, linewidth=1.5, edgecolor='red')
        plt.show()


# import svnSimple
# import showDataSet
# 设定待分类点的坐标及其标签
plusX = np.matrix(random.standard_normal((20, 2))).T + np.matrix('1; 1')
plusY = matlib.ones((1,np.shape(plusX)[1]))
minusX = np.matrix(random.standard_normal((25, 2))).T + np.matrix('5; 5')
minusY = matlib.ones((1,np.shape(minusX)[1]))*-1
X1 = np.c_[plusX, minusX]
Y1 = np.c_[plusY, minusY]
# 使用支持向量机模型给出决策平面的法向量和截距，以及条件系数向量
A, b = svnSimple(X1, Y1, 50, 50)
# 绘制待分向量散点图和分界线
showDataSet(X1, Y1, A, b)
```

运行结果如下：

共完成有效遍历27次。

运行结果可视化如图12-2所示。

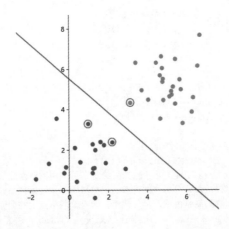

图 12-2　使用高斯核函数构建支持向量机并进行预测

还可以对样本进行非线性分割，这里为了代码简单起见，将例12-2中的svnSimple函数、showDataSet函数改写为Python模块，进行导入，如例12-3所示。

【例12-3】　高斯核函数非线性分类可视化。

输入如下代码：

```
import numpy as np
import numpy.matlib as matlib
import numpy.random as random
import svnSimple
import showDataSet

# 设定非线性待分类点的坐标及其标签（同心圆）
plusX = np.matrix(random.standard_normal((40, 2))).T
plusY = matlib.ones((1,np.shape(plusX)[1]))
minusXright = np.matrix(random.standard_normal((10, 2))).T + np.matrix('7; 0')
minusXleft = np.matrix(random.standard_normal((10, 2))).T + np.matrix('-7; 0')
minusXup = np.matrix(random.standard_normal((10, 2))).T + np.matrix('0; 7')
minusXdown = np.matrix(random.standard_normal((10, 2))).T + np.matrix('0; -7')
minusXru = np.matrix(random.standard_normal((10, 2))).T + np.matrix('5; 5')
minusXrd = np.matrix(random.standard_normal((10, 2))).T + np.matrix('5; -5')
minusXlu = np.matrix(random.standard_normal((10, 2))).T + np.matrix('-5; 5')
minusXld = np.matrix(random.standard_normal((10, 2))).T + np.matrix('-5; -5')
minusX = np.c_[minusXright, minusXleft, minusXup, minusXdown, minusXru, minusXrd,
        minusXlu, minusXld]
minusY = matlib.ones((1,np.shape(minusX)[1]))*-1
X2 = np.c_[plusX, minusX]
Y2 = np.c_[plusY, minusY]
# 使用支持向量机模型和高斯核函数给出非线性分割线的条件向量和截距
A, b = svnSimple(X2, Y2, 300, 100, gaussKernel, 3)
# 绘制待分向量散点图和分界线
showDataSet(X2, Y2, A, b, gaussKernel, 3)
```

运行结果如下：

共完成有效遍历78次

运行结果可视化如图12-3所示。

对比例12-2和例12-3，非线性的预测更加复杂一些。

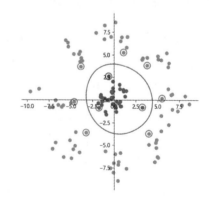

图 12-3　高斯核函数非线性分类可视化

12.3　改进支持向量机算法

支持向量机算法经过多年的发展已经有很多变种，下面选择其中的经典算法进行介绍。

12.3.1　偏斜数据的改进算法

软边距的线性和非线性支持向量机可以通过修改其正则化系数为偏斜数据赋权。具体为，若学习样本中正例的数量远大于负例，则可按样本比例设定正则化系数：

$$C_{+1} N_{+1} = C_{-1} N_{-1}$$

式中的 +1 和 –1 表示正例和负例，即在正例多时，对正例使用小的正则化系数，使支持向量机倾向于通过正例降低结构风险，同时也对负例使用大的正则化系数，使支持向量机倾向于通过负例降低经验风险。

概率支持向量机可以视为Logistic回归和支持向量机的结合，支持向量机由决策边界直接输出样本的分类，概率支持向量机则通过Sigmoid函数计算样本属于其类别的概率。具体为，在计算标准支持向量机得到学习样本的决策边界后，概率支持向量机通过缩放和平移参数(A,B)对决策边界进行线性变换，并使用极大似然估计（Maximum Likelihood Estimation，MLE）得到(A,B)的值，将样本到线性变换后超平面的距离作为Sigmoid函数的输入，由此得到概率。在通过标准支持向量机求解决策边界后，概率支持向量机的改进可表示如下：

$$\hat{A}, \hat{B} = \arg\min_{A,B} \frac{1}{N} \sum_{i=1}^{N} (y_i + 1) \log(p_i) + (1 - y_i) \log(1 - p_i)$$

$$p_i = \text{sigmoid}\left[\hat{A}\left(w^{\mathrm{T}}\phi(X_i) + b\right) + \hat{B} \right]$$

式中第一行的优化问题实际上是缩放和平移参数的Logistic回归，需要使用梯度下降算法求解，这意味着概率支持向量机的运行效率低于标准支持向量机。在通过学习样本得到缩放和平移参数的极大似然估计后，将参数应用于测试样本可计算支持向量机的输出概率。

12.3.2　多分类支持向量机

标准支持向量机是基于二元分类问题设计的算法，无法直接处理多分类问题。利用标准支持向量机的计算流程有序地构建多个决策边界以实现样本的多分类，通常的实现为一对多（One-Against-All）和一对一（One-Against-One），这就是多分类（Multiple Class）支持向量机。

（1）一对多支持向量机对多个分类建立多个决策边界，每个决策边界判定一个分类对其余所有分类的归属；一对多支持向量机通过对标准支持向量机的优化问题进行修改可以实现一次迭代计算所有决策边界。

（2）一对一支持向量机是一种投票法（Voting），其计算流程是对m个分类中的任意两个建立决策边界，即共有$m(m+1)/2$个决策边界，样本的类别按其对所有决策边界的判别结果中得分最高的类别选取。

12.3.3　最小二乘支持向量机

最小二乘支持向量机（Least Square SVM，LS-SVM）是标准支持向量机的一种变体，两者的差别是最小二乘支持向量机没有使用铰链损失函数，而是将其优化问题改写为类似于岭回归（Ridge Regression）的形式，对于软边距支持向量机，最小二乘支持向量机的优化问题如下：

$$\max_{w,b} \frac{1}{2} \| w \|^2 + C \sum_{i=1}^{N} e_i^2, e_i = y_i - (w^{\mathrm{T}} X_i + b)$$

$$s.t. y_i(w^{\mathrm{T}} X_i + b) \geqslant 1 - e_i$$

类比标准支持向量机，可以通过拉格朗日乘子：$\alpha = \{\alpha_1, \cdots, \alpha_N\}$ 得到最小二乘支持向量机的对偶问题，该对偶问题是一个线性系统：

$$\begin{bmatrix} 0 & -y^{\mathrm{T}} \\ y & X^{\mathrm{T}}X + C^{-1}I \end{bmatrix} \begin{bmatrix} b \\ \alpha \end{bmatrix} = \begin{bmatrix} 0 \\ 1 \end{bmatrix}$$

上述公式可以使用核方法得到非线性最小二乘支持向量机。最小二乘支持向量机的线性系统可以通过共轭梯度法（Conjugate Gradient）或序列最小优化（Sequential minimal Optimization，SMO）算法求解，且求解效率通常高于标准支持向量机的二次凸优化问题。

研究表明，对任意维度的特征空间，当样本间线性独立（Linearly Independent）时，最小二乘支持向量机和支持向量机会得到相同的结果，若该条件不满足，则二者的输出是不同的。双螺旋分类（Two-Spiral Classification）就是一个对二者进行比较的例子。

12.3.4　结构化支持向量机

结构化支持向量机（Structured SVM）被应用于自然语言处理（Natural Language Processing，NLP）问题中，例如给定语料库数据，对其语法分析器的结构进行预测，也被用于生物信息学中的蛋白质结构预测。

12.3.5　多核支持向量机

多核支持向量机（Multiple Kernel SVM）是多核学习（Multiple Kernel Learning）在监督学习中的实现，是在标准的非线性支持向量机中将单个核函数转换为核函数族（Kernel Family）的改进算法。多核支持向量机的构建方法可以被归纳为以下5类：

（1）显式规则（Fixed Rule）：在不加入任何超参数的情形下使用核函数的性质，例如线性可加性构建核函数族。显示规则构建的多核支持向量机可以直接使用标准支持向量机的方法进行求解。

（2）启发式方法（Heuristic Approach）：使用包含参数的组合函数构建核函数族，参数按参与构建的单个核函数的核矩阵或分类表现确定。

（3）优化方法（Optimization Approach）：使用包含参数的组合函数构建核函数族，参数按核函数间的相似性或最小化结构风险或所得到的优化问题求解。

（4）贝叶斯方法（Bayesian Approach）：使用包含参数的组合函数构建核函数族，参数被视为随机变量并按贝叶斯推断方法进行估计。

（5）提升方法（Boosting Approach）：按迭代方式不断在核函数族中加入核函数，直到多核支持向量机的分类表现不再提升为止。

研究表明，从分类的准确性而言，多核支持向量机具有更高的灵活性，在总体上也优于使用其核函数族中某个单核计算的标准支持向量机，但非线性和依赖于样本的核函数族的构建方法不总是更优的。核函数族的构建通常依具体问题而定。

12.4　支持向量机扩展算法

本节介绍几种支持向量机的扩展算法。

12.4.1　支持向量回归

将支持向量机由分类问题推广至回归问题可以得到支持向量回归（Support Vector Regression，SVR），此时支持向量机的标准算法也被称为支持向量分类（Support Vector Classification，SVC）。支持向量分类中的超平面决策边界是支持向量分类的回归模型：

$$f(X) = w^{\mathrm{T}} X + b$$

支持向量分类具有稀疏性，若样本点与回归模型足够接近，即落入回归模型的间隔边界内，则该样本不计算损失，对应的损失函数被称为 ε -不敏感损失（ ε -Insensitive Loss）函数：

$$L(z) = \max(0, |z| - \epsilon)$$

其中 ϵ 是决定间隔边界宽度的超参数。

可知，不敏感损失函数与支持向量分类使用的铰链损失函数相似，在原点附近的部分取值被固定为0。类比软边距支持向量机，支持向量回归是如下形式的二次凸优化问题：

$$\max_{w,b} \quad \frac{1}{2} \| w \|^2$$
$$\text{s.t.} \quad |y_i - f(X)| \leq \epsilon$$

使用松弛变量 ξ ， ξ^* 表示 ε -不敏感损失函数分段取值后可得：

$$\max_{w,b} \quad \frac{1}{2} \| w \|^2 + C \sum_{i=1}^{N} \left(\xi_i + \xi_i^* \right)$$
$$\text{s.t.} \quad y_i - f(X) \leq \epsilon + \xi_i$$
$$f(X) - y_i \leq \epsilon + \xi_i^*$$
$$\xi \geq 0, \xi^* \geq 0$$

类似于软边距支持向量机，通过引入拉格朗日乘子： α 、 α^* 、 μ 、 μ^* ，可得到其拉格朗日函数和对偶问题：

$$\mathcal{L}\left(w,b,\xi,\xi^*,\alpha,\alpha^*,\mu,\mu^*\right)=\frac{1}{2}\parallel w\parallel^2+C\sum_{i=1}^{N}\left(\xi_i+\xi_i^*\right)-\sum_{i=1}^{N}\mu_i\xi_i-\sum_{i=1}^{N}\mu_i^*\xi_i^*$$
$$+\sum_{i=1}^{N}\alpha_i\left[f\left(X_i\right)i-y_i-\epsilon-\xi_i\right]+\sum_{i=1}^{N}\alpha_i^*\left[f\left(X_i\right)i-y_i-\epsilon-\xi_i^*\right]$$

$$\max_{\alpha,\alpha^*}\quad\sum_{i=1}^{N}\left[y_i\left(\alpha_i^*-\alpha_i\right)-\epsilon\left(\alpha_i^*+\alpha_i\right)\right]-\frac{1}{2}\sum_{i=1}^{N}\sum_{j=1}^{N}\left[\left(\alpha_i^*-\alpha_i\right)\left(X_i\right)^{\mathrm{T}}\left(X_j\right)\left(\alpha_j^*-\alpha_j\right)\right]$$

$$\text{s.t.}\quad\sum_{i=1}^{N}\left(\alpha_i^*-\alpha_i\right)=0,0\leqslant\alpha_i,\alpha_i^*\leqslant C$$

其中对偶问题有如下KKT（Karush-Kuhn-Tucker Conditions）条件：

$$\begin{cases}\alpha_i\alpha_i^*=0,\xi_i\xi_i^*=0\\(C-\alpha_i)\xi_i=0,\left(C-\alpha_i^*\right)\xi_i^*=0\\\alpha_i\left[f(X)-y_i-\epsilon-\xi_i\right]=0\\\alpha_i^*\left[y_i-f(X)-\epsilon-\xi_i^*\right]=0\end{cases}$$

对该对偶问题进行求解，可以得到支持向量回归的形式为：

$$f(X)=\sum_{i=1}^{m}\left(\alpha_i^*-\alpha_i\right)X_i^{\mathrm{T}}X+b$$

支持向量回归可以通过核方法得到非线性的回归结果。此外最小二乘支持向量机可以按与支持向量回归相似的方法求解回归问题。

12.4.2 支持向量聚类

支持向量聚类（Support Vector Clustering）是一类非参数的聚类算法，是支持向量机在聚类问题中的推广。具体为，支持向量聚类首先使用核函数，通常是径向基函数核，将样本映射至高维空间，随后使用SVDD（Support Vector Domain Description）算法得到一个闭合超曲面作为高维空间中样本点富集区域的刻画。

最后，支持向量聚类将该曲面映射回原特征空间，得到一系列闭合等值线，每个等值线内部的样本会被赋予一个类别。

支持向量聚类不要求预先给定聚类个数。研究表明，支持向量聚类在低维学习样本的聚类中有稳定表现，高维样本通过其他降维（Dimensionality Reduction）方法进行预处理后，也可以支持向量聚类。

12.4.3 半监督支持向量机

半监督支持向量机（Semi-Supervised SVM，S3VM）是支持向量机在半监督学习中的应用，可以应用于少量标签数据和大量无标签数据组成的学习样本。

在不考虑未标记样本时，支持向量机会求解最大边距超平面，在考虑无标签数据后，半监督支持向量机会依据低密度分隔（Low Density Separation）假设求解能将两类标签样本分开，且穿过无标签数据低密度区域的划分超平面。

半监督支持向量机的一般形式是按标准支持向量机的方法从标签数据中求解决策边界，并通过探索无标签数据对决策边界进行调整。在软边距支持向量机的基础上，半监督支持向量机的优化问题另外引入了两个松弛变量：

$$\max_{w,b} \quad \frac{1}{2}\|w\|^2 + C\sum_{i=1}^{L}\xi_i + C\sum_{j=1}^{N}\min\left(\eta,\eta^*\right)$$

$$\text{s.t.} \quad y_i\left(w^{\mathrm{T}}X_i + b\right) \geq 1 - \xi_i, \xi_i \geq 0$$

$$w^{\mathrm{T}}X_j + b \geq 1 - \eta, \eta_j \geq 0$$

$$-\left(w^{\mathrm{T}}X_j + b\right) \geq 1 - \eta^*, \eta_j^* \geq 0$$

式中L和N为有标签和无标签样本的个数，松弛变量η，η^*表示SSVM（Structured Support Vector Machine）将无标签数据归入两个类别产生的经验风险。

半监督支持向量机有很多变体，包括直推式支持向量机（Transductive SVM，TSVM）、拉普拉斯支持向量机（Laplacian SVM）和均值S3VM（Mean S3VM）。

12.5　支持向量机的应用

前面学习了支持向量机的主要理论知识，本节使用支持向量机进行实战，主要包括两个方面，分别是分类和回归。下面依然使用sklearn库中的支持向量机算法进行实战，由于支持向量机算法比较多，这里首先对sklearn库中的支持向量机算法进行介绍，然后进行实战。

12.5.1　sklearn 库中的支持向量机算法

本小节看一下Python的sklearn库是如何实现支持向量机算法的。

支持向量机算法被包含在sklearn.svm模块中，该模块提供了7个常用类，这些不同的类分别应用了不同的核函数，因此它们可以解决不同的问题，比如分类问题、回归问题以及无监督学习中的异常点检测等。表12-1对它们做了简单的介绍。

表12-1　sklearn库的支持向量机算法

支持向量机算法类别	说　　明
LinearSVC 类	基于线性核函数的支持向量机分类算法
LinearSVR 类	基于线性核函数的支持向量机回归算法

（续表）

支持向量机算法类别	说　明
SVC 类	可选择多种核函数的支持向量机分类算法，通过 kernel 参数可以传入： ● linear：选择线性函数。 ● polynomial：选择多项式函数。 ● rbf：选择径向基函数。 ● sigmoid：选择 Logistics 函数作为核函数。 ● precomputed：使用默认核值矩阵。 SVC 类默认以径向基函数作为核函数
SVR 类	可选择多种核函数的支持向量机回归算法
NuSVC 类	与 SVC 类非常相似，但可通过参数 nu 设置支持向量的数量
NuSVR 类	与 SVR 类非常相似，但可通过参数 nu 设置支持向量的数量
OneClassSVM 类	用支持向量机算法解决无监督学习的异常点检测问题

表12-1中最常使用的是SVC类，使用该算法的步骤如下：

步骤 01　读取数据，将原始数据转化为支持向量机算法所能识别的数据格式。

步骤 02　将数据标准化，防止样本中不同特征数值大小相差较大，影响分类器性能。

步骤 03　选择核函数，在不清楚哪种核函数最佳时，推荐使用 rbf（径向基核函数）。

步骤 04　利用交叉验证网格搜索寻找最优参数（交叉验证的目的是防止过拟合，利用网格搜索可以在指定的范围内寻找最优参数）。

步骤 05　使用最优参数来训练模型。

步骤 06　测试得到的分类模型。

12.5.2　支持向量机分类

支持向量机是一种有监督学习分类算法，输入值为样本特征值向量和其对应的类别标签，输出具有预测分类功能的模型，当给该模型输入特征值时，该模型可以转换为对应的类别标签，从而实现分类。

1. 使用支持向量机对iris数据集进行分类

下面使用支持向量机对iris数据集进行分类处理。

【例12-4】　使用支持向量机对iris数据集进行分类。

输入如下代码：

```
# 使用支持向量机对iris数据集进行分类
from sklearn.datasets import load_iris # 导入鸢尾花数据集
from sklearn.svm import SVC # 使用支持向量机
```

```
import matplotlib.pyplot as plt
# 加载鸢尾花数据集，返回特征值X和标签y
X,y = load_iris(return_X_y=True)
# 使用SVM.SVC分类算法搭建预测模型，并以径向基函数作为核函数实现高维映射
clf = SVC(kernel='rbf')
# 训练模型，调用fit()输入数据X,y，即特征值和标签
clf.fit(X, y)
# 预测分类
result=clf.preDict(X)
print(result)
# 对模型进行评分
score=clf.score(X,y)
print(score)
plt.figure()
# 分割图1行1列第一个图
plt.subplot(111)
# 选择X特征值中的第一列特征值和第三列特征值进行绘图
plt.scatter(X[:,0],X[:,3],c =y.reshape((-1)),edgecolor='k',s=50)
plt.show()
```

运行结果如下：

```
[0 0 0 0 0 0 0 0 0 0 0 0 0 0 0 0 0 0 0 0 0 0 0 0 0 0 0 0 0 0 0 0 0 0 0 0 0
 0 0 0 0 0 0 0 0 0 0 0 0 0 1 1 1 1 1 1 1 1 1 1 1 1 1 1 1 1 1 1 1 1 1 1 1 1
 1 1 1 2 1 1 1 1 1 2 1 1 1 1 1 1 1 1 1 1 1 1 1 1 2 2 2 2 2 2 1 2 2 2 2
 2 2 2 2 2 2 2 2 2 2 2 2 2 2 2 2 2 2 2 2 2 2 2 2 2 2 2 1 2 2 2 2 2 2 2 2 2
 2 2]
0.9733333333333334
```

运行结果可视化如图12-4所示。

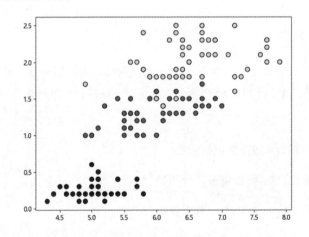

图 12-4   使用支持向量机对 iris 数据集分类结果

观察运行结果，支持向量机对iris数据集的分类效果相当好，只出现了个别数据分类错误的现象，这个分类结果在现实生活中已经相当好了。

2. 支持向量机不同核函数分类对比

这里举例说明不同核函数对分类结果的影响，核函数说明如表12-2所示。

表12-2 核函数说明

参　　数	含　　义	解决问题
liner	线性核	线性
poly	多项式核	偏线性
sigmoid	双曲正切核	非线性
rbf	高斯径向核	偏非线性

这里导入4个数据集，4种核函数，希望观察每种数据集下每个核函数的表现。以核函数为列，以图像分布为行，总共需要16个子图来展示分类结果。

同时，还希望观察图像本身的状况，所以总共需要20个子图，其中第一列是原始图像分布，后面4列分别是这种分布下不同核函数的表现。这是一个稍微复杂的综合例子，代码较多，希望读者可以认真理解。

【例12-5】 4个核函数4种数据集支持向量机分类对比。

输入如下代码：

```python
# 导入所需要的库和模块
import numpy as np
import matplotlib.pyplot as plt
from matplotlib.colors import ListedColormap
from sklearn import svm            # from sklearn.svm import SVC 两者都可以
from sklearn.datasets import make_circles, make_moons, make_blobs,make_classification
# 创建数据集，定义核函数的选择
n_samples = 100
datasets = [
    make_moons(n_samples=n_samples, noise=0.2, random_state=0),
    make_circles(n_samples=n_samples, noise=0.2, factor=0.5, random_state=1),
    make_blobs(n_samples=n_samples, centers=2, random_state=5),  # 分簇的数据集
    make_classification(n_samples=n_samples, n_features=2, n_informative=2,
n_redundant=0, random_state=5)
    # n_features: 特征数, n_informative: 带信息的特征数, n_redundant: 不带信息的特征数
    ]
Kernel = ["linear", "poly", "rbf", "sigmoid"]

# 4个数据集分别是什么样的
for X, Y in datasets:
    plt.figure(figsize=(5, 4))
    plt.scatter(X[:, 0], X[:, 1], c=Y, s=50, cmap="rainbow")
n_samples = 100
datasets = [
```

12

```
        make_moons(n_samples=n_samples, noise=0.2, random_state=0),
        make_circles(n_samples=n_samples, noise=0.2, factor=0.5, random_state=1),
        make_blobs(n_samples=n_samples, centers=2, random_state=5),  # 分簇的数据集
        make_classification(n_samples=n_samples, n_features=2, n_informative=2,
n_redundant=0, random_state=5)
        # n_features: 特征数，n_informative: 带信息的特征数，n_redundant: 不带信息的特征数
    ]
    Kernel = ["linear", "poly", "rbf", "sigmoid"]
    # 4个数据集分别是什么样的
    for X, Y in datasets:
        plt.figure(figsize=(5, 4))
        plt.scatter(X[:, 0], X[:, 1], c=Y, s=50, cmap="rainbow")
    # 构建子图
    nrows = len(datasets)
    ncols = len(Kernel) + 1
    fig, axes = plt.subplots(nrows, ncols, figsize=(20, 16))
    # 开始进行子图循环
    nrows = len(datasets)
    ncols = len(Kernel) + 1
    fig, axes = plt.subplots(nrows, ncols, figsize=(20, 16))
    # 第一层循环：在不同的数据集中循环
    for ds_cnt, (X, Y) in enumerate(datasets):
        # 在图像中的第一列，放置原数据的分布
        ax = axes[ds_cnt, 0]
        if ds_cnt == 0:
            ax.set_title("Input data")
        ax.scatter(X[:, 0], X[:, 1], c=Y, zorder=10, cmap=plt.cm.Paired, edgecolors='k')
        ax.set_xticks(())
        ax.set_yticks(())
        # 第二层循环：在不同的核函数中循环
        # 从图像的第二列开始，一个个填充分类结果
        for est_idx, kernel in enumerate(Kernel):
            # 定义子图位置
            ax = axes[ds_cnt, est_idx + 1]
            # 建模
            clf = svm.SVC(kernel=kernel, gamma=2).fit(X, Y)
            score = clf.score(X, Y)
            # 绘制图像本身分布的散点图
            ax.scatter(X[:, 0], X[:, 1], c=Y
                    , zorder=10
                    , cmap=plt.cm.Paired, edgecolors='k')
            # 绘制支持向量
            ax.scatter(clf.support_vectors_[:, 0], clf.support_vectors_[:, 1], s=50,
                    facecolors='none', zorder=10, edgecolors='k')  # facecolors='none':
透明的
            # 绘制决策边界
            x_min, x_max = X[:, 0].min() - .5, X[:, 0].max() + .5
            y_min, y_max = X[:, 1].min() - .5, X[:, 1].max() + .5
            # np.mgrid，合并了之前使用的np.linspace和np.meshgrid的用法
            # 一次性使用最大值和最小值来生成网格
```

```
# 表示为[起始值：结束值：步长]
# 如果步长是复数，则其整数部分就是起始值和结束值之间创建的点的数量，并且结束值被包含在内
XX, YY = np.mgrid[x_min:x_max:200j, y_min:y_max:200j]
# np.c_，类似于np.vstack的功能
Z = clf.decision_function(np.c_[XX.ravel(), YY.ravel()]).reshape(XX.shape)
# 填充等高线不同区域的颜色
ax.pcolormesh(XX, YY, Z > 0, cmap=plt.cm.Paired)
# 绘制等高线
ax.contour(XX, YY, Z, colors=['k', 'k', 'k'], linestyles=['--', '-', '--'],
           levels=[-1, 0, 1])
# 设定坐标轴为不显示
ax.set_xticks(())
ax.set_yticks(())
# 将标题放在第一行的顶上
if ds_cnt == 0:
    ax.set_title(kernel)
# 为每张图添加分类的分数
ax.text(0.95, 0.06, ('%.2f' % score).lstrip('0')
        , size=15
        , bbox=Dict(boxstyle='round', alpha=0.8, facecolor='white')
        # 为分数添加一个白色的格子作为底色
        , transform=ax.transAxes  # 确定文字所对应的坐标轴，就是ax子图的坐标轴本身
        , horizontalalignment='right'  # 位于坐标轴的什么方向
        )
plt.tight_layout()
plt.show()
```

运行结果如图12-5所示。

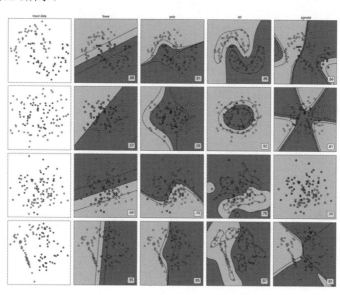

图 12-5 4 个核函数 4 种数据集支持向量机分类对比

观察运行结果，发现线性核函数和多项式核函数在非线性数据上表现会浮动，如果数据相对线性可分，则表现不错，如果像环形数据那样彻底不可分，则表现糟糕。

在线性数据集上，线性核函数和多项式核函数即便有扰动项，也可以表现不错，可见多项式核函数虽然也可以处理非线性情况，但更偏向于线性的功能。

Sigmoid核函数明显不如rbf，对扰动项的处理也比较弱，所以它功能比较弱小，很少被用到。rbf（高斯径向基核函数）基本在任何数据集上都表现不错，属于比较万能的核函数。

3．使用3种核函数预测breast_cancer数据集的支持向量机分类

下面来调整支持向量机的参数验证breast_cancer数据集的预测情况。

【例12-6】　查看数据并使用3种核函数预测breast_cancer数据集。

输入如下代码：

```python
from sklearn.datasets import load_breast_cancer
from sklearn.svm import SVC
from sklearn.model_selection import train_test_split
import matplotlib.pyplot as plt
import numpy as np
from time import time
import datetime
data = load_breast_cancer()
X = data.data
y = data.target
X.shape
np.unique(y)
plt.scatter(X[:, 0], X[:, 1], c=y)
plt.show()
Xtrain, Xtest, Ytrain, Ytest = train_test_split(X, y, test_size=0.3, random_state=420)
Kernel = ["linear", "rbf", "sigmoid"]
for kernel in Kernel:
    time0 = time()
    clf = SVC(kernel=kernel
            , gamma="auto"
            # , degree = 1
            , cache_size=10000   # 使用计算的内存，单位是MB，默认是200MB
            ).fit(Xtrain, Ytrain)
    print('*'*20)
    print("The accuracy under kernel %s is %f" % (kernel, clf.score(Xtest, Ytest)))
    print('预测时间是: ')
    print(time() - time0)
    print('*' * 20)
```

运行结果如下：

```
*********************
The accuracy under kernel linear is 0.929825
预测时间是:
0.48071742057800293
*********************
*********************
The accuracy under kernel rbf is 0.596491
预测时间是:
0.0468747615814209
*********************
*********************
The accuracy under kernel sigmoid is 0.596491
预测时间是:
0.005982875823974609
*********************
```

数据查看结果如图12-6所示。

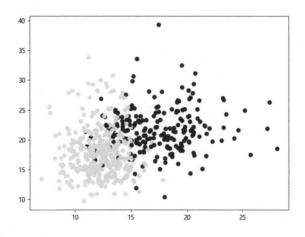

图 12-6　breast_cancer 数据集特征可视化

4．调整支持向量机的参数验证iris数据集的预测结果

下面调整支持向量机的参数验证iris数据集的预测结果。

【例12-7】　调整支持向量机的参数验证iris数据集的预测结果。

输入如下代码:

```
# 查看数据并使用3种核函数预测iris数据集
import numpy as np
from sklearn import datasets
from sklearn.model_selection import train_test_split
from sklearn.svm import SVC
import matplotlib.pyplot as plt
def test_SVC_linear():
```

12

```python
        '''
        # 测试 SVC 的用法。这里使用的是最简单的线性核
        :param data:  # 可变参数。它是一个元组，这里要求其元素依次为训练样本集、测试样本集、训练样本
的标记、测试样本的标记
        :return: None
        '''
        iris = datasets.load_iris()
        X_train, X_test, y_train, y_test=train_test_split(iris.data, iris.target,
test_size=0.25,
            random_state=0,stratify=iris.target)
        cls=SVC(kernel='linear')
        cls.fit(X_train,y_train)
        print('Coefficients:%s, intercept %s'%(cls.coef_,cls.intercept_))
        print('Score: %.2f' % cls.score(X_test, y_test))

    def test_SVC_poly():
        '''
        测试多项式核的 SVC 的预测性能随 degree、gamma、coef0 的影响
        :param data:  # 可变参数。它是一个元组，这里要求其元素依次为训练样本集、测试样本集、训练样本
的标记、测试样本的标记
        :return: None
        '''
        iris = datasets.load_iris()
        X_train, X_test, y_train, y_test = train_test_split(iris.data, iris.target,
                            test_size=0.25,random_state=0, stratify=iris.target)
        fig=plt.figure()
        ### 测试 degree ####
        degrees=range(1,20)
        train_scores=[]
        test_scores=[]
        for degree in degrees:
            cls=SVC(kernel='poly',degree=degree,gamma='auto')
            cls.fit(X_train,y_train)
            train_scores.append(cls.score(X_train,y_train))
            test_scores.append(cls.score(X_test, y_test))
        ax=fig.add_subplot(1,3,1) # 一行三列
        ax.plot(degrees,train_scores,label="Training score ",marker='+' )
        ax.plot(degrees,test_scores,label= " Testing  score ",marker='o' )
        ax.set_title( "SVC_poly_degree ")
        ax.set_xlabel("p")
        ax.set_ylabel("score")
        ax.set_ylim(0,1.05)
        ax.legend(loc="best",framealpha=0.5)

        ### 测试 gamma，此时degree固定为 3####
        gammas=range(1,20)
        train_scores=[]
        test_scores=[]
        for gamma in gammas:
            cls=SVC(kernel='poly',gamma=gamma,degree=3)
            cls.fit(X_train,y_train)
```

```
        train_scores.append(cls.score(X_train,y_train))
        test_scores.append(cls.score(X_test, y_test))
    ax=fig.add_subplot(1,3,2)
    ax.plot(gammas,train_scores,label="Training score ",marker='+' )
    ax.plot(gammas,test_scores,label= " Testing  score ",marker='o' )
    ax.set_title( "SVC_poly_gamma ")
    ax.set_xlabel(r"$\gamma$")
    ax.set_ylabel("score")
    ax.set_ylim(0,1.05)
    ax.legend(loc="best",framealpha=0.5)

    ### 测试r, 此时gamma固定为10, degree固定为3######
    rs=range(0,20)
    train_scores=[]
    test_scores=[]
    for r in rs:
        cls=SVC(kernel='poly',gamma=10,degree=3,coef0=r)
        cls.fit(X_train,y_train)
        train_scores.append(cls.score(X_train,y_train))
        test_scores.append(cls.score(X_test, y_test))
    ax=fig.add_subplot(1,3,3)
    ax.plot(rs,train_scores,label="Training score ",marker='+' )
    ax.plot(rs,test_scores,label= " Testing  score ",marker='o' )
    ax.set_title( "SVC_poly_r ")
    ax.set_xlabel(r"r")
    ax.set_ylabel("score")
    ax.set_ylim(0,1.05)
    ax.legend(loc="best",framealpha=0.5)
    plt.show()

def test_SVC_rbf():
    '''
    # 测试高斯核的SVC的预测性能随gamma参数的影响
    :param data:  # 可变参数。它是一个元组，这里要求其元素依次为训练样本集、测试样本集、训练样本
的标记、测试样本的标记
    :return: None
    '''
    iris = datasets.load_iris()
    X_train, X_test, y_train, y_test=train_test_split(iris.data, iris.target,
test_size=0.25,
        random_state=0,stratify=iris.target)
    gammas=range(1,20)
    train_scores=[]
    test_scores=[]
    for gamma in gammas:
        cls=SVC(kernel='rbf',gamma=gamma)
        cls.fit(X_train,y_train)
        train_scores.append(cls.score(X_train,y_train))
        test_scores.append(cls.score(X_test, y_test))
    fig=plt.figure()
    ax=fig.add_subplot(1,1,1)
```

12

```
        ax.plot(gammas,train_scores,label="Training score ",marker='+' )
        ax.plot(gammas,test_scores,label= " Testing  score ",marker='o' )
        ax.set_title( "SVC_rbf")
        ax.set_xlabel(r"$\gamma$")
        ax.set_ylabel("score")
        ax.set_ylim(0,1.05)
        ax.legend(loc="best",framealpha=0.5)
        plt.show()
    def test_SVC_sigmoid():
        '''
        # 测试sigmoid核的SVC的预测性能随gamma、coef0的影响
        :param data:  # 可变参数。它是一个元组，这里要求其元素依次为训练样本集、测试样本集、训练样本
的标记、测试样本的标记
        :return: None
        '''
        iris = datasets.load_iris()
        X_train, X_test, y_train, y_test=train_test_split(iris.data, iris.target,
            test_size=0.25, random_state=0,stratify=iris.target)
        fig=plt.figure()
        ### 测试gamma，固定coef0为 0 ####
        gammas=np.logspace(-2,1)
        train_scores=[]
        test_scores=[]
        for gamma in gammas:
            cls=SVC(kernel='sigmoid',gamma=gamma,coef0=0)
            cls.fit(X_train,y_train)
            train_scores.append(cls.score(X_train,y_train))
            test_scores.append(cls.score(X_test, y_test))
        ax=fig.add_subplot(1,2,1)
        ax.plot(gammas,train_scores,label="Training score ",marker='+' )
        ax.plot(gammas,test_scores,label= " Testing  score ",marker='o' )
        ax.set_title( "SVC_sigmoid_gamma ")
        ax.set_xscale("log")
        ax.set_xlabel(r"$\gamma$")
        ax.set_ylabel("score")
        ax.set_ylim(0,1.05)
        ax.legend(loc="best",framealpha=0.5)
        ### 测试 r，固定gamma为 0.01 ######
        rs=np.linspace(0,5)
        train_scores=[]
        test_scores=[]
        for r in rs:
            cls=SVC(kernel='sigmoid',coef0=r,gamma=0.01)
            cls.fit(X_train,y_train)
            train_scores.append(cls.score(X_train,y_train))
            test_scores.append(cls.score(X_test, y_test))
        ax=fig.add_subplot(1,2,2)
        ax.plot(rs,train_scores,label="Training score ",marker='+' )
        ax.plot(rs,test_scores,label= " Testing  score ",marker='o' )
        ax.set_title( "SVC_sigmoid_r ")
```

```
      ax.set_xlabel(r"r")
      ax.set_ylabel("score")
      ax.set_ylim(0,1.05)
      ax.legend(loc="best",framealpha=0.5)
      plt.show()
   if __name__=="__main__":
      test_SVC_linear()
      test_SVC_poly()
      test_SVC_rbf()
      test_SVC_sigmoid()
```

运行结果如下：

```
  Coefficients:[[-0.16990304  0.47442881 -0.93075307 -0.51249447]
   [ 0.02439178  0.21890135 -0.52833486 -0.25913786]
   [ 0.52289771  0.95783924 -1.82516872 -2.00292778]], intercept [2.0368826 1.1512924
6.3276538]
   Score: 1.00
```

参数调整对poly支持向量机的性能的影响如图12-7所示。

参数调整对rbf支持向量机的性能的影响如图12-8所示。

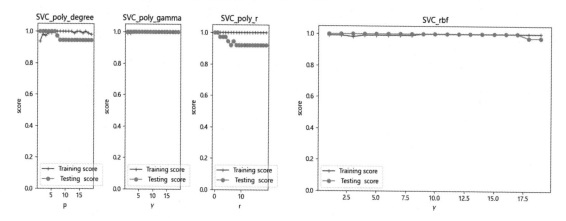

图 12-7　参数调整对 poly 支持向量机的性能的影响　　图 12-8　参数调整对 rbf 支持向量机的性能的影响

参数调整对sigmoid支持向量机的性能的影响如图12-9所示。

支持向量机在分类问题中有着非常出色的表现，它的特点是够解决非线性问题，并且训练模型的时候不必依赖于全部数据，主要使用处于分类边缘的样本点，因此它也适用于解决小样本群体的分类问题，并且泛化能力较强。

当然，支持向量机也有一些不足之处，比如核函数的寻找难度较大，并且最原始的支持向量机只适用于二分类问题。后来经过不断地拓展、延伸，目前的支持向量机算法可以解决多分类问题，同时能够解决文本分类问题。

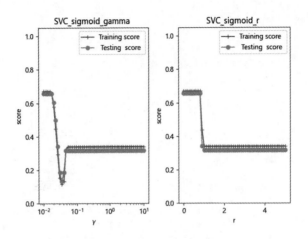

图 12-9　参数调整对 sigmoid 支持向量机的性能的影响

12.5.3　支持向量机回归

前面已经学习了如何使用支持向量机进行分类，这里举例使用支持向量机进行回归。

下面分别使用3种核函数的支持向量机实现波士顿房价预测，代码附有详细的注释，希望读者可以认真调试理解。

【例12-8】　3种核函数的支持向量机波士顿房价预测。

输入如下代码：

```
# 导入数据集
from sklearn.datasets import load_boston
boston = load_boston()
print(boston.DESCR)
# 数据分割
from sklearn.model_selection import train_test_split
import numpy as np
X = boston.data
y = boston.target
X_train, X_test, y_train, y_test = train_test_split(X, y, test_size=0.25,
random_state=33)
# 分析回归目标值的差异
print('最大值: ', np.max(boston.target))
print('最小值: ', np.min(boston.target))
print('平均值: ', np.mean(boston.target))
# 发现目标房价之间的差异较大，需要对特征和目标值进行标准化处理
from sklearn.preprocessing import StandardScaler
ss_X = StandardScaler()
ss_y = StandardScaler()
X_train = ss_X.fit_transform(X_train)
X_test = ss_X.transform(X_test)
```

```
y_train = ss_y.fit_transform(y_train.reshape(-1, 1))
y_test = ss_y.transform(y_test.reshape(-1, 1))
# 使用线性核函数配置的支持向量机进行训练和预测
from sklearn.svm import SVR
linear_svr = SVR(kernel='linear')
linear_svr.fit(X_train, y_train)
linear_svr_y_preDict = linear_svr.preDict(X_test)
# 使用多项式核函数配置的支持向量机进行训练和预测
poly_svr = SVR(kernel='poly')
poly_svr.fit(X_train, y_train)
poly_svr_y_preDict = poly_svr.preDict(X_test)
# 使用径向基核函数配置的支持向量机进行训练和预测
rbf_svr = SVR(kernel='rbf')
rbf_svr.fit(X_train, y_train)
rbf_svr_y_preDict = rbf_svr.preDict(X_test)
# 对不同核函数配置的支持向量机回归模型在测试集上的回归性能做出评估
print('linear_svr模型自带评分机制: ', linear_svr.score(X_test, y_test))
from sklearn.metrics import r2_score, mean_squared_error, mean_absolute_error
print('r方: ', r2_score(y_test, linear_svr_y_preDict))
print('均方误差MSE:', mean_squared_error(y_test, linear_svr_y_preDict))
print('平均绝对误差MAE:', mean_absolute_error(y_test, linear_svr_y_preDict))
print('poly_svr 模型自带评分机制: ', poly_svr.score(X_test, y_test))
print('r方: ', r2_score(y_test, poly_svr_y_preDict))
print('均方误差MSE:', mean_squared_error(y_test, poly_svr_y_preDict))
print('平均绝对误差MAE:', mean_absolute_error(y_test, poly_svr_y_preDict))
print('rbf_svr 模型自带评分机制: ', rbf_svr.score(X_test, y_test))
print('r方: ', r2_score(y_test, rbf_svr_y_preDict))
print('均方误差MSE:', mean_squared_error(y_test, rbf_svr_y_preDict))
print('平均绝对误差MAE:', mean_absolute_error(y_test, rbf_svr_y_preDict))
```

运行结果如下:

```
.. _boston_dataset:
Boston house prices dataset
---------------------------
**Data Set Characteristics:**
    :Number of Instances: 506
    :Number of Attributes: 13 numeric/categorical preDictive. Median Value (attribute
14) is usually the target.
    :Attribute Information (in order):
        - CRIM     per capita crime rate by town
        - ZN       proportion of residential land zoned for lots over 25,000 sq.ft.
        - INDUS    proportion of non-retail business acres per town
        - CHAS     Charles River dummy variable (= 1 if tract bounds river; 0 otherwise)
        - NOX      nitric oxides concentration (parts per 10 million)
        - RM       average number of rooms per dwelling
        - AGE      proportion of owner-occupied units built prior to 1940
        - DIS      weighted distances to five Boston employment centres
        - RAD      index of accessibility to radial highways
        - TAX      full-value property-tax rate per $10,000
        - PTRATIO  pupil-teacher ratio by town
```

12

```
    - B        1000(Bk - 0.63)^2 where Bk is the proportion of black people by town
    - LSTAT    % lower status of the population
    - MEDV     Median value of owner-occupied homes in $1000's
  :Missing Attribute Values: None
  :Creator: Harrison, D. and Rubinfeld, D.L.

最大值：50.0
最小值：5.0
平均值：22.532806324110677

linear_svr模型自带评分机制：0.6506595464215432
r方：0.6506595464215432
均方误差MSE：0.31455798127117335
平均绝对误差MAE：0.3699202177351411
poly_svr 模型自带评分机制：0.403650651025512
r方：0.403650651025512
均方误差MSE：0.53697316020592
平均绝对误差MAE：0.40285245560990296
rbf_svr 模型自带评分机制：0.7559887416340946
r方：0.7559887416340946
均方误差MSE：0.21971600498245678
平均绝对误差MAE：0.2809079978958057
```

观察运行结果，首先查看了波士顿房价数据集，然后使用3种核函数的支持向量机对该数据集进行了预测，并使用评估函数进行了评估，读者可以运行代码，观察各种核函数预测效果的优劣。

12.6　小结

本章详细讲解了支持向量机算法的原理和实现过程，还讲解了常用的核函数。支持向量机是机器学习领域十分重要的一类算法，在很多实际问题中都有应用。但是支持向量机的理论相对复杂，希望读者可以认真理解和实践，掌握该算法。

第 13 章

神 经 网 络

　　神经网络是深度学习技术的基石，掌握神经网络才能掌握现代深度学习技术，当然随着学习的深入，内容会越来越复杂，越来越难以理解。本章重点介绍神经网络的数据模型，使用实际数据实现神经网络的应用，希望读者可以多加实践，尽快掌握神经网络技术。

　　学习目标：

　　（1）了解神经网络的发展历史。

　　（2）掌握神经网络的原理。

　　（3）掌握神经网络的参数调节。

　　（4）掌握神经网络的应用流程和方法。

13.1　神经网络的发展与应用

　　随着深度学习技术的崛起，神经网络技术成为机器学习领域最重要的研究方向。虽然大部分人对这项技术并不是很了解，但是它却已经普及到了人们生活的各个方面，比如各种购物网站、电动汽车、美颜相机等。本节简要介绍神经网络的发展历史和应用。

13.1.1　发展历史

　　1943年，心理学家Warven Mcculloch和数理逻辑学家Walter Pitts在分析、总结神经元基本特性的基础上首先提出了神经元的数学模型。此模型沿用至今，并且直接影响着这一领域研究的进展。因而，他们两人是人工神经网络研究的先驱。

　　1945年，冯·诺依曼领导的设计小组试制成功了存储程序式电子计算机，标志着电子计算机时代的开始。1948年，他在研究工作中比较了人脑结构与存储程序式计算机的根本区别，提出了以简单神经元构成的再生自动机网络结构。

但是，由于指令存储式计算机技术的发展非常迅速，迫使他放弃了神经网络研究的新途径，继续投身于指令存储式计算机技术的研究，并在此领域做出了巨大贡献。虽然，冯·诺依曼的名字是与普通计算机联系在一起的，但他也是人工神经网络研究的先驱之一。

20世纪50年代末，F·Rosenblatt设计制作了"感知机"，它是一种多层的神经网络。这项工作首次把人工神经网络的研究从理论探讨付诸工程实践。当时，世界上许多实验室仿效制作感知机，分别应用于文字识别、声音识别、声纳信号识别以及学习记忆问题的研究。

然而，这次人工神经网络的研究高潮未能持续很久，许多人陆续放弃了这方面的研究工作，这是因为当时数字计算机的发展处于全盛时期，许多人误以为数字计算机可以解决人工智能、模式识别、专家系统等方面的一切问题，使感知机的工作得不到重视。

其次，当时的电子技术工艺水平比较落后，主要的元件是电子管或晶体管，利用它们制作的神经网络体积庞大，价格昂贵，要制作在规模上与真实的神经网络相似的人工神经网络是完全不可能的。

另外，1968年，在一本名为《感知机》的著作中指出线性感知机的功能是有限的，它不能解决如异或这样的基本问题，而且多层网络还找不到有效的计算方法，这些论点促使大批研究人员对于人工神经网络的前景失去信心。20世纪60年代末期，人工神经网络的研究进入了低潮。

另外，在20世纪60年代初期，Widrow提出了自适应线性元件网络，这是一种连续取值的线性加权求和阈值网络。后来，在此基础上发展了非线性多层自适应网络。当时，这些工作虽未标出神经网络的名称，实际上这就是一种人工神经网络模型。

随着人们对感知机兴趣的衰退，神经网络的研究沉寂了相当长的时间。20世纪80年代初期，模拟与数字混合的超大规模集成电路制作技术提高到了新的水平，完全付诸实用化，此外，数字计算机的发展在若干应用领域遇到困难。

这一背景预示，向人工神经网络寻求出路的时机已经成熟。美国的物理学家Hopfield于1982年和1984年在美国科学院院刊上发表了两篇关于人工神经网络研究的论文，引起了巨大的反响。人们重新认识到神经网络的威力以及付诸应用的现实性。

随即，一大批学者和研究人员围绕着Hopfield提出的方法展开了进一步的工作，形成了20世纪80年代中期以来人工神经网络的研究热潮。

20世纪八九十年代，由于计算机计算能力有限和相关技术的限制，可用于分析的数据量太小，基于神经网络的深度学习在模式分析中并没有表现出优异的识别性能。

但是，自从2006年，Hinton等提出快速计算受限玻耳兹曼机（RBM）网络权值及偏差的CD-K算法以后，RBM就成了增加神经网络深度的有力工具，导致后面使用广泛的动态贝叶斯网络（由Hinton等开发并已被微软等公司用于语音识别中）等深度神经网络的出现。

与此同时，稀疏编码等由于能自动从数据中提取特征，也被应用于深度学习中。基于局部数据区域的卷积神经网络方法近年来也被大量研究。

2021年6月9日，英国《自然》杂志发表了一项人工智能突破性成就，美国科学家团队报告机器学习工具已经可以极大地加速计算机芯片设计。

研究显示，该方法能给出可行的芯片设计，且芯片性能不亚于人类工程师的设计，而整个设计过程只要几个小时，而不是几个月，这为今后的每一代计算机芯片设计节省了数千小时的人力。这种方法已经被谷歌公司用来设计下一代人工智能计算机系统。研究团队将芯片布局规划设计成一个强化学习问题，并开发了一种能给出可行芯片设计的神经网络。

综上，神经网络的发展大致经过了5个阶段。

1）第一阶段：模型提出

1943年，心理学家Warren McCulloch和数学家Walter Pitts最早描述了一种理想化的人工神经网络，并构建了一种基于简单逻辑运算的计算机制。他们提出的神经网络模型称为MP模型。

阿兰·图灵在1948年的论文中描述了一种"B型图灵机"（赫布型学习）。

1951年，McCulloch和Pitts的学生Marvin Minsky建造了第一台神经网络机，称为SNARC。

1958年，Rosenblatt最早提出可以模拟人类感知能力的神经网络模型，称之为感知机（Perceptron），并提出了一种接近于人类学习过程（迭代、试错）的学习算法。

2）第二阶段：冰河期

1969年，Marvin Minsky出版了《感知机》一书，书中论断直接将神经网络打入冷宫，导致神经网络出现十多年的"冰河期"。他们发现了神经网络的两个关键问题：

（1）基本感知机无法处理"异或"回路。

（2）计算机没有足够的能力来处理大型神经网络所需要的很长的计算时间。

1974年，哈佛大学的Paul Webos发明了反向传播算法，但当时未受到应有的重视。

1980年，Kunihiko Fukushima（福岛邦彦）提出了一种带卷积和子采样操作的多层神经网络：新知机（Neocognitron）。

3）第三阶段：反向传播算法引起的复兴

1983年，物理学家John Hopfield对神经网络引入了能量函数的概念，并提出了用于联想记忆和优化计算的网络（称为Hopfield网络），在旅行商问题上获得了当时最好的结果，引起轰动。

1985年，Hinton和Sejnowski借助统计物理学的概念和方法提出了一种随机神经网络模型——玻尔兹曼机。一年后他们又改进了模型，提出了受限玻尔兹曼机。

13

1986年，David Rumelhart和James McClelland对于联结主义在计算机模拟神经活动中的应用提供了全面的论述，并重新发明了反向传播算法。

1986年，Geoffrey Hinton等人将反向传播算法引入多层感知机。

1989年，LeCun等人将反向传播算法引入卷积神经网络，并在手写体数字识别上取得了很大的成功。

4）第四阶段：流行度降低

在20世纪90年代中期，统计学习理论和以支持向量机为代表的机器学习模型开始兴起。相比之下，神经网络的理论基础不清晰、优化困难、可解释性差等缺点更加凸显，神经网络的研究又一次陷入低潮。

5）第五阶段：深度学习的崛起

2006年，Hinton等人发现多层前馈神经网络可以先通过逐层预训练，再用反向传播算法进行精调的方式进行有效学习。深度神经网络在语音识别和图像分类等任务上取得了巨大成功。

2013年，AlexNet（第一个现代深度卷积网络模型）是深度学习技术在图像分类上取得真正突破的开端。AlexNet不用预训练和逐层训练，首次使用了很多现代深度网络的技术。

随着大规模并行计算以及GPU设备的普及，计算机的计算能力得以大幅提升。此外，可供机器学习的数据规模也越来越大。在计算能力和数据规模的支持下，计算机已经可以训练大规模的人工神经网络。

13.1.2　应用领域

神经网络技术具有广泛且有趣的应用，这里仅仅简单列举进行说明，以引起读者的学习兴趣。

1. 计算机视觉

香港中文大学的多媒体实验室是最早应用深度学习进行计算机视觉研究的华人团队。在世界级人工智能竞赛LFW（大规模人脸识别竞赛）上，该实验室曾力压Facebook夺得冠军，使得人工智能在该领域的识别能力首次超越真人。

2. 语音识别

微软研究人员通过与深度学习大佬Hinton合作，首先将RBM和DBN引入语音识别声学模型训练中，并且在大词汇量语音识别系统中获得巨大成功，使得语音识别的错误率相对降低30%。但是DNN还没有有效的并行快速算法，很多研究机构都是在利用大规模数据语料通过GPU平台提高DNN声学模型的训练效率。

在国际上，IBM、Google等公司都进行了DNN语音识别的研究，并且速度飞快。

国内方面，阿里巴巴、科大讯飞、百度、中科院自动化所等公司或研究单位也在进行深度学习语音识别上的研究。

3. 自然语言处理等其他领域

很多机构都在开展研究，2013年，Tomas Mikolov、Kai Chen、Greg Corrado、Jeffrey Dean发表了论文建立word2vector模型，与传统的词袋模型（Bag of Words）相比，word2vector能够更好地表达语法信息。深度学习在自然语言处理等领域主要应用于机器翻译以及语义挖掘等方面。

4. 自动驾驶

自动驾驶系统是指列车驾驶员执行的工作完全自动化的、高度集中控制的列车运行系统。自动驾驶系统具备列车自动唤醒启动和休眠、自动出入停车场、自动清洗、自动行驶、自动停车、自动开关车门、故障自动恢复等功能，并具有常规运行、降级运行、运行中断等多种运行模式。实现全自动运营可以节省能源、优化系统能耗和速度的合理匹配。

自动驾驶系统要求建设的城市轨道交通在互联互通、安全、快捷、舒适性等方面具有很高的水平。20世纪90年代以来，随着通信、控制和网络技术的发展，可以在地车之间实现大容量、双向的信息传输，为高密度、大运量的地铁系统成为真正意义上的自动驾驶系统提供了可能。

自动驾驶系统的主要功能是地车的双向信息传输和运营组织的综合与应急处理。车地信息传输通道是列车运行自动控制系统的重要组成部分，自动控制系统的车载设备完全靠从地面控制中心接受的行车控制命令进行行车，实时监督列车的实际速度和地面允许的速度指令，当列车速度超过地面行车限速时，车载设备将实施制动，以保证列车的运行安全。

自动驾驶系统实现列车的自动启动及自动运行、车站定点停车、全自动驾驶自动折返、自动出入车辆段等功能，同时对列车上的乘客状况、车厢状态、设备状态进行监视和检测，对列车各系统进行自动诊断，将列车设备状况及故障报警信息传送到控制中心，对各种故障和意外情况分门别类，做出处置预案。

5. 医学

2020年4月13日，英国《自然·机器智能》杂志发表的一项医学与人工智能（AI）研究中，瑞士科学家介绍了一种人工智能系统可以在几秒之内扫描心血管血流。该深度学习模型有望让临床医师在患者接受核磁共振扫描的同时，实时观察血流变化，从而优化诊断工作流。

13

13.2 神经网络模型

深度学习这一概念是由Geoffrey Hinton（深度学习之父）于2006年提出的，但它的起源时间要早得多，可追溯至20世纪四五十年代，也就是人类刚刚发明出电子计算机时就已经提出来了（上一节已经介绍过），但当时并非叫作深度学习，而是人工神经网络，简称神经网络，它是一种算法模型，其算法的构思灵感来源于生物神经网络。

深度学习作为一个新兴概念，谈起时都会涉及如何搭建神经网络，由此可见深度学习的核心思想仍是人工神经网络模型。目前的神经网络算法与刚刚诞生时相比有了很大的变化，但总的来说，基本的算法思想并没有改变。

神经网络是走向深度学习的基础，任何机器学习算法要最终实现都是建立在数学模型基础上的，神经网络也不例外，本节从简单到复杂逐步带领读者建立神经网络的模型，并且随着后续章节的学习，读者将会逐渐建立起深度学习的概念，并且本书还会介绍常用的深度学习框架。

13.2.1 神经元模型

人工神经网络是一种有监督学习算法，它试图通过模拟人脑神经系统对复杂信息的处理机制来构建一种数学模型。众所周知，神经元是构成生物神经系统的基本单元，而人工神经网络也不例外，它也是从神经元模型的基础上发展而来的。

1943年，美国心理学家麦克洛奇（Mcculloch）和数学家皮兹（Pitts）提出了M-P神经元模型（取自两个提出者姓名的首字母），这是最早、最简单的神经网络算法的模型，该模型意义重大，从此开创了神经网络模型的理论研究。在正式介绍M-P神经元模型前，先了解一下大脑神经元。

神经元是大脑神经系统重要的组成单位，主要由细胞体、树突、轴突、突触组成。神经元是一种多输入单输出的信息处理单元，输入的电信号有两种，分别是兴奋性信号和抑制性信号。

树突可以看作输入端，接受从其他细胞传递过来的电信号；轴突可以看作输出端，传递电信号给其他细胞；突触则可以看成I/O接口，用于连接不同神经元，单个神经元可以和上千个神经元进行连接；细胞体内存在膜电位，外界传递过来电流时会使膜电位发生变化，当电位升高到一个阈值时，神经元就会被激活，产生一个脉冲信号，传递到下一个神经元。生物神经元模型如图13-1所示。

M-P模型就是基于生物神经构建的一种数学模型，不过该模型将生物神经元信息传导过程进行了抽象化，并以网络拓扑相关知识来表示。

M-P模型是神经网络的基本组成单位，在神经网络中也称为节点（Node）或者单元（Unit）。节点从其他节点接收输入，或从外部源接收输入，然后计算输出。每个输入都带有一个权重值（Weight），权重大小取决于输入值的相对重要性。

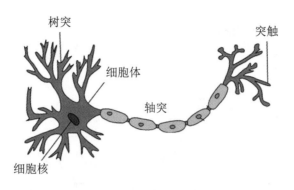

图 13-1   生物神经元组成

函数 f 位于节点处，它是一个关于 ω、x 的线性函数，记作 $f(x, \omega)$，输入 b 表示函数的偏置项，最后经过 $f(w, x)$ 的计算得输出 Y。模型如图 13-2 所示。

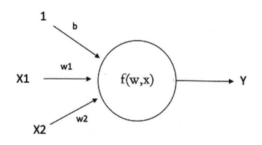

图 13-2   神经元模型

图 13-2 所示的模型对于神经网络说来说具有重要的意义，它是神经网络研究的基础。正所谓大道至简，它的确就是神经元模型。图 13-2 所示的模型由 3 部分组成，从左往右依次为：神经元的输入、输入信号处理单元以及神经元的输出。

M-P 模型采用数学模型模拟了生物神经元所包含的细胞体、树突、轴突和突触等生理特征。通过 M-P 模型提出了神经元的形式化数学描述和网络结构方法，从而证明了单个神经元能执行的逻辑功能，但由于模型中的权重和偏置是人为设置的，因此该模型并不具备学习的能力。

神经元是一种多端输入单端输出的信息处理单元，因此 M-P 神经元模型也遵循这个原理。神经元的输入端通常会被给予不同的权重，来权衡不同输入信号的重要程度。图 13-2 所示是一个有 3 个输入、一个输出的神经元模型，该神经元模型接收 3 个输入信号，然后给予输入信号不同的权重，神经元的输入信号经过处理后得到神经元输出。注意，这里所说的信号可以理解为数据集中的数据样本。

介于输入和输出之间的圆圈称为输入信息处理单元（即节点），之所以画成圆圈，也是一种约定俗成的表示方式，而这个信息处理单元可以看成一个函数，当给这个模型输入一个数据时，就会产生一个对应的输出。

早期的M-P神经元模型可以看成一种线性分类器，通过检验$f(x, \omega)$的正负来识别两种不同类别的输入。由此可知，该模型需要正确设置权重参数，才能使模型的输出对应所期望的类别。

13.2.2　感知机模型

虽然早在1943年基于M-P神经元的人工神经网络模型就被提出，但限于当时硬件计算能力和人们认知的局限，当时并没有引起人们的重视。

直到20世纪50年代（1957年），美国学者罗森勃拉特提出了感知机模型，这才引发了一次人工智能领域的研究热潮，因此从某种意义上来说，感知机模型是第一个具有学习能力的神经网络，该模型能根据每个类别的输入样本来学习权重。

感知机模型也可称为单层感知机，它是最简单的神经网络，包含输入层和输出层，并且层与层之间直接相连。该模型从神经元模型的基础上发展而来，单层感知机能模拟逻辑与、逻辑或、逻辑非和逻辑与非等操作。

1．定义

设输入空间（特征空间）是$\chi \subseteq R^n$，输出空间是$Y = \{+1, -1\}$。输入$x \in \chi$表示实例的特征向量，对应输入空间的点；输出$y \in Y$表示实例的类别，由输入空间到输出空间的函数如下：

$$f(x) = \text{sign}(w \cdot x + b)$$

称为感知机。其中w和b为感知机模型参数，$w \in R^n$叫作权值或权值向量，$b \in R$叫作偏置（bias），sign是符号函数。

$$\text{sign}(x) = \begin{cases} +1, & x \geqslant 0 \\ -1, & x < 0 \end{cases}$$

1）几何意义

感知机是一种线性分类模型，属于判别模型，感知机模型的假设空间是定义在特征空间中的所有线性分类模型或线性分类器，即函数集合$\{f \mid f(x) = w \cdot x + b\}$。

2）线性方程

$$w \cdot x + b = 0$$

对应特征空间R^n中的一个超平面S，其中w是超平面的法向量，b是超平面的截距，这个超平面将特征空间划分为两个部分，位于两部分的点（特征向量）分别被分为正负两类。因此，超平面S称为分离超平面。

感知机学习通过训练数据集完成：

$$T = \left\{ (x_1, y_1), (x_2, y_2), \cdots, (x_N, y_N) \right\}$$

其中，$x_i \in \chi = R^n$，$y_i \in Y = \{+1, -1\}$，$i = 1, 2, \cdots, N$。由此得到感知机模型，即求得模型参数 w、b，从而实现对新输入实例的类型输出。

2．感知机学习策略

给定一个数据集：

$$T = \left\{ (x_1, y_1), (x_2, y_2), \cdots, (x_N, y_N) \right\}$$

其中，$x_i \in \chi = R^n$，$y_i \in Y = \{+1, -1\}$，$i = 1, 2, \cdots, N$。如果存在某个超平面 S：

$$w \cdot x + b = 0$$

能够将数据集的正实例点和负实例点完全正确地划分到超平面的两侧，即对所有 $y_i = +1$ 的实例 i，有 $w_i \cdot x_i + b \geqslant 0$，对所有 $y_i = -1$ 的实例 i，有 $w_i \cdot x_i + b < 0$，则称数据集 T 为线性可分数据集，否则数据集 T 线性不可分。很显然，感知机只能处理数据集线性可分的情况。

接下来讲解感知机损失函数。假设数据集是线性可分的，感知机学习的目的是将数据集的正负实例完全正确地划分开来，因此其损失函数很容易想到使用误分类点的总数，但是这样的损失函数不是 w、b 的连续可导函数，不方便优化，因此选择误分类点到超平面的总距离作为损失函数。为此，首先写出输入空间 R^n 中任一点 x_0 到超平面 S 的距离：

$$\frac{1}{\| w \|} \left| w \cdot x_0 + b \right|$$

其次，对于误分类的数据 (x_i, y_i) 来说，有：

$$-y_i \left(w \cdot x_i + b \right) > 0$$

因为当 $w \cdot x_i + b > 0$ 时，对于误分类点有 $y_i = -1$，而当 $w \cdot x_i + b < 0$ 时，$y_i = +1$，因此误分类点 x_i 到超平面 S 的距离是：

$$-\frac{1}{\| w \|} y_i \left(w \cdot x_i + b \right)$$

这一步成功将距离中的绝对值去掉，方便后续求导计算。这样，假设超平面 S 的误分类点集合为 M，那么所有误分类点到超平面 S 的总距离为：

$$-\frac{1}{\| w \|} \sum_{x_i \in M} y_i \left(w \cdot x_i + b \right)$$

不考虑 $\dfrac{1}{\| w \|}$，就得到了感知机学习的损失函数。

给定一个数据集：

$$T = \left\{ (x_1, y_1), (x_2, y_2), \cdots, (x_N, y_N) \right\}$$

其中，$x_i \in \chi = R^n$，$y_i \in Y = \{+1, -1\}$，$i = 1, 2, \cdots, N$，感知机 $\text{sign}(w \cdot x + b)$ 学习的损失函数定义为：

$$L(w, b) = -\sum_{x_i \in M} y_i \left(w \cdot x_i + b \right)$$

其中 M 是误分类点的集合，这个损失函数就是感知机学习的经验风险函数。

显然，损失函数 $L(w,b)$ 是非负的，如果没有误分类点，损失函数值是 0，而且误分类点越少，误分类点离超平面越近，损失函数值就越小。一个特定的样本点的损失函数：在误分类时是参数 w、b 的线性函数，在正确分类时是 0，因此给定训练数据集 T，损失函数 $L(w,b)$ 是 w、b 的连续可导函数。

在确定损失函数时，为什么可以不考虑 $\dfrac{1}{\|w\|}$？目前解释如下：

解释1：感知机要求数据要线性可分，且损失函数是误分类点驱动的，即只有有误分类点的情况下，损失函数才不为零。因此，只需要知道有没有误分类点，即 $-y_i(w \cdot x_i + b)$ 是否大于零即可，因此损失函数可以直接简化成 $L(w,b) = -\sum\limits_{x_i \in M} y_i \left(w \cdot x_i + b \right)$。

解释2：虽然用点到平面的距离来引出损失函数，但是对于感知机来说，真正关心的是误分类点，并不关心这个距离的大小是多少，因此可以不考虑 $\dfrac{1}{\|w\|}$。

解释3：根据定义知道，平面 $w \cdot x + b = 0$ 和平面 $a(w \cdot x + b) = 0$，$a \neq 0$ 表示同一个平面，即平面 $w \cdot x + b = 0$ 和平面 $\dfrac{1}{\|w\|}(w \cdot x + b) = 0$，$\|w\| \neq 0$ 表示同一平面，因此总是可以对平面参数进行缩放，使得 $\|w\| = 1$，也能很直接地得到 $L(w,b) = -\sum\limits_{x_i \in M} y_i \left(w \cdot x_i + b \right)$。

3．感知机学习算法

感知机学习算法是对以下最优化问题的解法：

给定一个数据集：

$$T = \left\{ (x_1, y_1), (x_2, y_2), \cdots, (x_N, y_N) \right\}$$

其中，$x_i \in \chi = R^n$，$y_i \in Y = \{+1, -1\}$，$i = 1, 2, \cdots, N$，求参数 w、b，使其为以下损失函数极小化问题的解：

$$\min_{w, b} L(w, b) = -\sum_{x_i \in M} y_i \left(w \cdot x_i + b \right)$$

其中 M 是误分类点的集合。

下面以梯度下降法求解 w、b。

损失函数 $L(w,b)$ 的梯度为：

$$\nabla_w L(w,b) = -\sum_{x_i \in M} y_i x_i \qquad \nabla_b L(w,b) = -\sum_{x_i \in M} y_i$$

随机选取一个误分类点 (x_i, y_i)，对 w、b 进行更新：

$$w \leftarrow w + \eta y_i x_i \qquad b \leftarrow b + \eta y_i$$

然后迭代，直至训练集中没有误分类点。

算法几何解释如下：

当一个实例点被误分类时，即位于分离超平面的错误一侧时，则调整 w、b 的值，使得超平面往误分类点的一侧移动，以减少该误分类点与超平面间的距离，直至超平面越过该误分类点使其被正确分类。

为了方便理解，将模型方程中的 b 也写进权值向量 w 中，即 $w^* = (w,b)$，此时 $x^* = (x,1)$ 模型函数可表示为：

$$f(x) = \text{sign}(w \cdot x + b)$$
$$= \text{sign}\left(w^* \cdot x^*\right)$$

对于误分类点，需要调整参数 w^*，使得超平面往误分类点方向移动，直至超平面越过该误分类点使其被正确分类。

4．算法收敛性

线性可分数据集感知机学习算法原始形式收敛，即经过有限次迭代可以得到一个将训练数据集完全正确划分的分离超平面以及感知机模型，为了便于叙述和推导，将偏置 b 并入权重向量 w，记作 $\hat{w} = (w^T, b)^T$，同样也将输入向量加以扩充，加进常数1，记作 $\hat{x} = (x^T, 1)^T$，这样 $\hat{x} \in R^{n+1}$，$\hat{w} \in R^{n-1}$，显然，$\hat{w} \cdot \hat{x} = w \cdot x + b$。

Novikoff定理如下：

设训练数据集：

$$T = \left\{(x_1, y_1), (x_2, y_2), \cdots, (x_N, y_N)\right\}$$

是线性可分的，其中，$x_i \in \chi = R^n$，$y_i \in Y = \{+1, -1\}$，$i = 1, 2, \cdots, N$，则：

（1）存在满足条件 $\|\hat{w}_{\text{opt}}\|=1$ 的超平面 $\hat{w}_{\text{opt}} \cdot \hat{x} = w_{\text{opt}} \cdot x + b_{\text{opt}} = 0$ 将训练数据集完全正确分开，且存在 $\gamma > 0$ ，对于所有 $i = 1, 2, \cdots, N$：

$$y_i \left(\hat{w}_{\text{opt}} \cdot \hat{x}_i \right) = y_i \left(w_{\text{opt}} \cdot x_i + b_{\text{opt}} \right) \geqslant \gamma$$

（2）令 $R = \max\limits_{1 \leqslant i \leqslant N} \|\hat{x}_i\|$ ，则感知机算法在训练数据集上的误分类次数 k 满足不等式：

$$k \leqslant \left(\frac{R}{\gamma} \right)^2$$

证明：

（1）由于训练数据集是线性可分的，因此存在超平面可以将训练数据集完全正确分开，取此超平面为 $\hat{w}_{\text{opt}} \hat{x} = w_{\text{opt}} \cdot x + b_{\text{opt}} = 0$ ，使 $\|\hat{w}_{\text{opt}}\| = 1$ 。由于对于有限的 $i = 1, 2, \cdots, N$ ，均有：

$$y_i \left(\hat{w}_{\text{opt}} \cdot \hat{x}_i \right) = y_i \left(w_{\text{opt}} \cdot x_i + b_{\text{opt}} \right) \geqslant 0$$

所以存在：

$$\gamma = \min_i \left\{ y_i \left(w_{\text{opt}} \cdot x_i + b_{\text{opt}} \right) \right\}$$

使得：

$$y_i \left(\hat{w}_{\text{opt}} \cdot \hat{x}_i \right) = y_i \left(w_{\text{opt}} \cdot x_i + b_{\text{opt}} \right) \geqslant \gamma \tag{13.1}$$

成立。

（2）感知机算法从 $\hat{w}_0 = 0$ 开始，如果实例被误分类，则更新权重，令 $\hat{w}_{k-1}$ 是第 k 个误分类实例之前的扩充权值向量，即：

$$\hat{w}_{k-1} = \left(w_{k-1}^{\mathrm{T}}, b_{k-1} \right)^{\mathrm{T}}$$

则第 k 个误分类实例的条件是：

$$y_i \left(\hat{w}_{k-1} \cdot \hat{x}_i \right) = y_i \left(w_{k-1} \cdot x_i + b_{k-1} \right) \leqslant 0$$

若 (x_i, y_i) 是被 $\hat{w}_{k-1} = \left(w_{k-1}^{\mathrm{T}}, b_{k-1} \right)^{\mathrm{T}}$ 误分类的数据，则更新 w 、b：

$$w_k \leftarrow w_{k-1} + \eta y_i x_i \qquad b_k \leftarrow b_{k-1} + \eta y_i$$

即：

$$\hat{w}_k = \hat{w}_{k-1} + \eta y_i \hat{x}_i \tag{13.2}$$

代入以上式子可知：

$$\hat{w}_k \cdot \hat{w}_{opt} = \hat{w}_{k-1} \cdot \hat{w}_{opt} + \eta y_i \hat{x}_i \cdot \hat{w}_{opt}$$
$$\geqslant \hat{w}_{k-1} \cdot \hat{w}_{opt} + \eta \gamma$$

由此递推可知：

$$\hat{w}_k \cdot \hat{w}_{opt} \geqslant \hat{w}_{k-1} \cdot \hat{w}_{opt} + \eta \gamma \geqslant \hat{w}_{k-2} \cdot \hat{w}_{opt} + 2\eta \gamma \geqslant \cdots \geqslant k\eta \gamma$$

代入以上式子可知：

$$\|\hat{w}_k\|^2 = \|\hat{w}_{k-1}\|^2 + 2\eta y_i \hat{x}_i \cdot \hat{w}_{k-1} + \eta$$
$$\leqslant \|\hat{w}_{k-1}\|^2 + \eta^2 \|\hat{x}_i\|^2$$
$$\leqslant \|\hat{w}_{k-1}\|^2 + \eta^2 R^2$$
$$\leqslant \|\hat{w}_{k-2}\|^2 + 2\eta^2 R^2 \leqslant \cdots$$
$$\leqslant k\eta^2 R^2$$

即 $\|\hat{w}_k\|^2 \leqslant k\eta^2 R^2$。

代入可得：

$$k\eta \gamma \leqslant \hat{w}_k \cdot \hat{w}_{opt} \leqslant \|\hat{w}_k\|\|\hat{w}_{opt}\| \leqslant \sqrt{k}\eta R$$

因此：

$$k \leqslant \left(\frac{R}{\gamma}\right)^2$$

5．感知机学习算法的对偶形式

在进行算法学习时，设定 $w_0 = 0$，$b_0 = 0$，对于误分类点 (x_i, y_i)，通过

$$w \leftarrow w + \eta y_i x_i \qquad b \leftarrow b + \eta y_i$$

逐步调整 w、b 的值，假设样本点 (x_i, y_i) 在整个更新过程中被错误分类 n_i 次，则 w、b 关于 (x_i, y_i) 的增量分别为 $n_i \eta y_i x_i$ 和 $n_i \eta y_i$，最后学习到的 w、b 分别为：

$$w = \sum_{i=1}^{N} n_i \eta y_i x_i \qquad b = \sum_{i=1}^{N} n_i \eta y_i$$

n_i 越大，表明该数据点距离分离超平面越近，也就越难分类，超平面只要稍微变动一下，该点就从正样本变成了负样本或者相反，这样的点往往对最终的超平面影响越大。

将式（13.1）、式（13.2）代入感知机模型 $f(x) = \text{sign}(w \cdot x + b)$ 中，得到：

$$f(x) = \text{sign}\left(\sum_{i=1}^{N} n_i \eta y_i x_i + \sum_{i=1}^{N} n_i \eta y_i\right)$$

此时模型中的参数由 w 、b 变成了 n_i 。

对偶问题描述如下：

输入：线性可分数据集。

$$T = \left\{(x_1, y_1), (x_2, y_2), \cdots, (x_N, y_N)\right\}, x_i \in R^n, y_i \in \{-1, +1\}, i = 1, 2, \cdots, N$$

学习率 $\eta \in (0, 1]$ 。

输出： n ，感知机模型 $f(x) = \text{sign}\left(\sum_{j=1}^{N} n_j \eta y_j x_j \cdot x + \sum_{j=1}^{N} n_j \eta y_j\right)$ 。

（1）初始化 $n = 0$ 。

（2）在训练数据集中，选取数据 (x_i, y_i) 。

（3）如果 $y_i \left(\sum_{j=1}^{N} n_j \eta y_j x_j \cdot x_i + \sum_{j=1}^{N} n_j \eta y_j\right) \leqslant 0$

$$n_i \leftarrow n_i + 1$$

（4）转至（2），直到没有误分类数据。

对偶形式中的训练实例仅以内积的形式出现，为了方便，可以预先将训练集中实例间的内积计算出来并以矩阵的形式存储，这个矩阵就是所谓的Gram矩阵：

$$G = \left[x_i \cdot x_j\right] N * N$$

$$= \begin{bmatrix} x_1 \cdot x_1 & x_1 \cdot x_2 & \cdots & x_1 \cdot x_N \\ x_2 \cdot x_1 & x_2 \cdot x_2 & \cdots & x_2 \cdot x_N \\ \vdots & \vdots & \vdots & \vdots \\ x_N \cdot x_1 & x_N \cdot x_2 & \cdots & x_N \cdot x_N \end{bmatrix}$$

13.2.3　多层感知机模型

由前面的学习可知，感知机是一个二分类的线性模型，输入与输出结果是一组线性组合，这极大地限制了感知机的应用范围。但这一问题很快便得到了解决，只需将非线性函数以激活函数的身份加入神经网络算法中，就可以扩展感知机模型的应用范围。通过它对线性函数的输入结果进行非线性映射，然后将结果作为最终值输出。

激活函数的加入对后期神经网络的发展提供了很大支持，目前这种算法思想仍在神经网络中广泛使用。图13-3展示了带有激活函数的感知机模型。

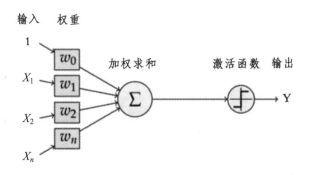

图 13-3　带有激活函数的感知机模型

图13-3的感知机模型依然模拟了神经元结构，由输入（Input）、权重（Weight）、前馈运算（Feed Forward）、激活函数（Activation Function）、输出（Output）等部分组成。注意，这里的前馈运算指的是图13-3中的加权求和，即在没有使用激活函数时输入值的加权求和。

通过上述模型很容易实现二分类。只需对加权求和的结果值进行判断即可，比如若$x>0$则为1类，若$x \leqslant 0$则为0类，这样就将输出结果值映射到了不同类别中，从而完成了二分类任务。激活函数公式如下：

$$f(x) = \begin{cases} 1, & x > 0 \\ 0, & x \leqslant 0 \end{cases}$$

若想采用感知机模型解决线性回归问题，就可以使用sigmoid函数，该激活函数公式如下：

$$\mathrm{sigmoid}(x) = \frac{1}{1 + \mathrm{e}^{-x}}$$

由于单层感知机模型无法解决非线性可分问题，即XOR（异或）问题（1969年，马文·明斯基证明得出），这也导致了神经网络热潮的第一次大衰退。直至20世纪80年代，多层感知机模型（Multi-Layer Perceptrons，MLP）的提出（1981年，由韦伯斯提出），神经网络算法才再次回归大众视野。

与单层感知机模型相比，该模型在输入层与输出层之间增加了隐藏层（Hidden），同时输出端由原来的一个增至两个以上（至少两个），从而增强了神经网络的表达能力。注意，对于只有一层隐藏层的神经网络，称为单隐层神经网络或者二层感知机，网络拓扑图如图13-4所示。

从图13-4不难发现，多层感知机模型是由多个感知机构造而成的，模型中每一个隐藏层节点（或称单元）都可以看作一个感知机模型，当将这些感知机模型组合在一起时就可以得到"多层感知机模型"。输入层、隐藏层与输出层相互连接形成了神经网络，其中隐藏网络层、输出层都是拥有激活函数的功能神经元（或称节点）。

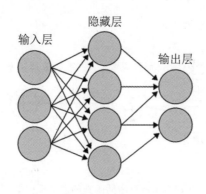

图 13-4　多层感知机模型

在神经网络中的隐藏层可以有多层，当隐藏层有多层且形成一定"深度"时，神经网络便称为深度学习，这就是深度学习名字的由来。因此，深度学习就是包含多层隐藏层的多层感知机模型。如图13-5所示是具有两个隐藏层的感知机模型。

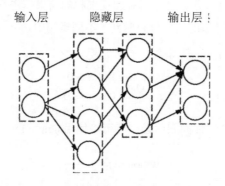

图 13-5　两个隐藏层的感知机模型

但深度学习这一概念直到2006年才被广泛使用，在这之前多层感知机模型被称为人工神经网络。从神经元模型到单层感知机模型再到多层感知机模型，这就是人工神经网络的发展过程。在神经网络中，每层的节点与下一层的节点相互连接，节点之间不存在同层连接，也不存在跨层连接，这样的网络结构也被称为多层前馈神经网络（Multi-Layer Feedforward Neural Network），如果层与层之间的节点全部相互连接，则称为全连接神经网络，如图13-6所示。

多层感知机的诞生解决了单层感知机模型无法解决的异或问题。多层感知机虽然解决了线性不可分问题，但随着隐藏层网络的加深，多层网络的训练和参数计算越来越困难，因此多层感知机也显得"食之无味"。简单来说，就是当时的人们还不知道应该怎么训练多层神经网络，甚至不相信多层神经网络也是同样能被训练的。

直到1986年，深度学习教父Hinton等人对反向传播算法（Backpropagation Algorithm，BP算法）进行了重新描述，证明了该算法可以解决网络层数过多导致的参数计算困难和误差传递等问题。

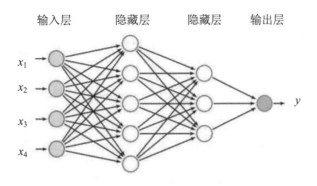

图 13-6　全连接神经网络

反向传播算法是一种用于训练神经网络的有监督学习算法，基于梯度下降（Gradient Descent）策略，以目标的负梯度方向对参数进行调整。但受限于当时（20世纪80年代）计算机算力不足等因素的影响，BP算法只能以简单低效的方式来解决少数层神经网络训练问题，但即使如此，也已经弥足珍贵。

BP算法的出现再次引发了人工智能研究的热潮，它是一款非常成功的神经网络算法，直到今天，该算法仍在深度学习领域发挥着重要的作用（用于训练多层神经网络）。

纵观人工神经网络的发展历程，从生物神经元起源，再到多层感知机模型，历经三起两落，终于成为机器学习算法中的佼佼者。理解人工神经网络的发展历程，同时掌握各个模型的核心思想，对于后续知识的学习非常重要。

13.3　神经网络的原理、算法和工作流程

相信通过前面的学习，读者对神经网络的原理已经有了清晰的认识，但是对于如何使用神经网络算法可能还是无从下手，本节将重点解答读者的这个疑惑。

在神经网络算法还没流行前，机器学习领域最受关注的算法是支持向量机算法（SVM算法），如今神经网络方兴未艾，一般来说，神经网络的层数越多，网络模型的学习能力就越强，就越能拟合复杂的数据分布。

但这只是一种理想状态，因为随着网络的加深，也会带来其他问题，比如计算的难度也会增加，同时模型理解起来也比较晦涩。因此，针对不同的场景选择恰当的网络层数是神经网络算法中的难点。

13.3.1　工作原理

为了容易理解，这里举例说明神经网络的工作流程。如图13-7所示是一个神经网络模型。

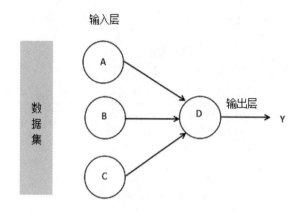

图13-7　神经网络模型

　　假设A、B、C、D是4位盲人，他们挑战"盲人摸象"。在数据集中有4只动物：大象、野猪、犀牛、麋鹿。

　　4个人中，A、B、C负责去摸动物（采集动物特征），D负责汇总分析A、B、C传递给他的信息，同时还会有人告诉D，这一轮A、B、C摸到的是什么动物。此外，规定只有当A、B、C三个人摸到以下三个特征的时候向D汇报：

　　特征一：像一根柱子（腿部）。
　　特征二：像一把蒲扇（耳朵）。
　　特征三：像一条鞭子（尾巴）。

　　这里只是为了说明问题，游戏在理想状态下进行的，不考虑其他外界因素。下面按照有监督学习的流程，先训练再预测摸动物的过程，其实就是获取动物部位特征的过程，因为有4只动物，因此需要轮询4次。下面是4轮完成后D汇总的信息：

　　第一次，大象：
　　A：像一根柱子（腿部）
　　B：像一把蒲扇（耳朵）
　　C：像一条鞭子（尾巴）
　　第二次，野猪：
　　B：像一把蒲扇
　　C：像一条鞭子
　　第三次，犀牛：
　　A：像一把蒲扇
　　C：像一条鞭子
　　第四次，麋鹿：
　　C：像一条鞭子

　　通过对上述汇总信息的分析，D认为，C汇报的最没有价值（对应神经网络中的权重小），因为无论是不是大象，C所汇报的内容都是一样的。D认为，相比之下，A和B的报告更有价值（对应神经网络中的权重大），但各自的汇报也会有错误的时候。

经过D研究发现，只要将A和B的信息进行汇总，当两人同时汇报摸到柱子和蒲扇时，那么被摸的动物就是大象，这样即便是盲人，也能通过精诚团结摸出大象来。

对于上述示例来说，A、B、C、D其实构成了一个简单的神经网络模型，4人就相当于4个神经元，A、B、C负责去采集信息，也就是送入不同维度的输入数据，构成了神经网络的输入层。

3个人获取数据后都会告诉D，通过D汇总分析，给出最终预测结果，即判断是不是大象，这相当于神经网络的输出层。神经网络能够把分散的信息进行汇总，从而提取出最有价值、权威的信息。若只是将网络中的一个独立节点拎出来，则都是以偏概全，比如C认为尾巴像鞭子的都是大象，这显然是不合理的。

神经网络通过赋予输入信息不同的权重值来区别不同信息的重要程度。在模型训练过程中，通过调节线性函数的相应权值增加价值信息较高的输入权值，降低其他较高价值信息较低的输入权值，这就是调优权值的核心思想，通过上述方法能够提高网络模型的预测准确率。

神经元节点的个数和层数越多，神经网络的表达能力就越强，或者说拟合数据的能力就越强，这也是神经网络算法与其他机器学习算法相比，最终在图像识别、语音识别等复杂任务上获得巨大成功并被广泛应用的根本原因。

13.3.2　反向传播算法

在神经网络模型中有两个重要部件，分别是激活函数和反向传播BP算法，激活函数前面已经有所介绍，这里先学习前向传播，再介绍反向传播算法，示意图如图13-8所示。

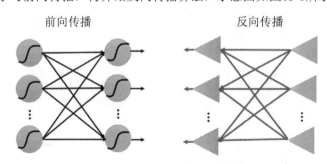

图 13-8　前向传播与反向传播示意图

人工神经网络是由一个个神经元节点构成的，这些节点的作用就是负责接收和传导信息，如同大脑神经元一样，接收外界刺激，传递兴奋信号。

在一个人工神经网络模型中，从输入层开始，传递到输出层，最后返回结果，这种信号传播方式被称为正向传播（或称前向运算、前向传播）。在神经网络模型中，若输入一层一层地传递下去，直到输出层产生输出，正向传播就结束了。

反向传播与正向传播类似，但由于传播方向相反，因此被称为反向传播算法（BP算法）。该算法最早出现在20世纪60年代，但当时并没有引起重视，直到1986年经Hinton等人进行了重新描述，才再次进入大众的视野。该算法成功解决了少数层神经网络权值参数计算的问题。

1. 反向传播原理

反向传播算法是一种有监督学习算法，即通过有标记的训练数据来学习，它是训练人工神经网络模型的常用方法之一。简单来说，反向传播算法就是从错误中学习，直至将错误程度降到最低时结束，从而提高模型的可靠性。

反向传播算法的学习过程由正向传播过程和反向传播过程两部分组成。在正向传播过程中，输入信息通过输入层经隐含层，逐层处理并传向输出层，如果输出值与标记值存在误差，则将误差由输出层经隐藏层向输入层传播（即反向传播），并在这个过程中利用梯度下降算法对神经元的各个权值参数进行调优，当误差达到最小时，网络模型训练结束，即反向传播结束。流程图如图13-9所示。

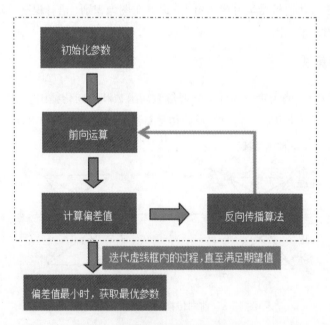

图 13-9　神经网络模型训练示意图

对上述过程进行总结：输入层接收一个输入数据x，同时初始化一个权重参数ω，通过隐藏层计算之后，由输出层输出结果，前向运算完成。之后，将输出层结果与标记值进行比较，获取偏差值，将此偏差值由输出层向输入层传播（反向传播阶段），这个阶段利用梯度下降算法对权值参数进行反复调优，当偏差值最小时，获得一组最优的权值参数（ω）。

2. 应用示例

现有如图13-10所示的神经网络模型，由3层组成，分别是输入层、隐藏层和输出层，并以Sigmoid函数为神经网络的激活函数。这里举例说明反向传播算法是如何运算的，又是如何实现参数调优的。

首先对网络模型的数据做一下简单说明：

```
输入层：i1=0.05, i2 = 0.1
初始化权值参数：w1=0.15, w2=0.2, w3=0.25, w4=0.3, w5=0.4, w6=0.45, w7=0.5, w8=0.55
输出层标记值（即期望值）：o1=0.01, o2=0.99
偏置项权重值：b1=0.35, b2=0.6
```

下面使用反向传播算法使真实输出与标记值尽可能接近，即真实值与标记值的偏差值最小。按照上述流程逐步进行计算。

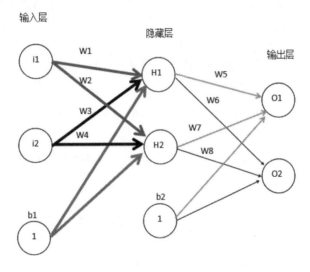

图 13-10 神经网络模型示意图

反向传播阶段，输出层→隐藏层→输入层，首先使用均方误差（MSE）公式计算总误差：

$$E_{\text{total}} = \sum \frac{1}{2}(\text{target} - \text{output})^2$$

$$E_{O1} = \frac{1}{2}(0.01 - 0.75136507)^2 = 0.274811083$$

$$E_{O2} = 0.023560026$$

$$E_{\text{total}} = E_{O1} + E_{O2} = 0.298371109$$

 注意 均方误差是一种衡量"平均误差"较为方便的方法，均方误差可以评价数据的变化程度，均方误差的值越小，说明预测模型的泛化能力越好。

经上述计算求出了总误差（E_{total}），这个值是由神经网络中所有节点"共同"组成的。因此，就要计算每个神经元节点到底"贡献"了多少偏差值，这是反向传播算法要解决的核心问题，当然解决方法也很简单，即求偏导数，比如要求 A 节点贡献了多少损失值，就对该节点求偏导数即可。

以 w_5 为例对其进行调整，要知道 w_5 对于整体误差到底产生多少影响，这里采用链式法则求偏导数，如下所示：

$$\frac{\delta_{E_{\text{total}}}}{\delta_{\omega_5}} = \frac{\delta_{E_{\text{total}}}}{\delta_{\text{out}_{O_1}}} \times \frac{\delta_{\text{out}_{O_1}}}{\delta_{O_1}} \times \frac{\delta_{O_1}}{\delta_{\omega_5}}$$

要想求得 w_5 的偏导数，需要对另外3部分别求偏导数，如下所示：

$$\frac{\delta_{E_{\text{total}}}}{\delta_{\text{out}_{O_1}}} = 2 \times \frac{1}{2} \left(\text{target}_{O_1} - \text{out}_{O_1} \right)^{2-1} \times -1 + 0 = 0.741365$$

$$\frac{\delta_{\text{out}_{O_1}}}{\delta_{O_1}} = \text{out}_{O_1} \left(1 - \text{out}_{O_1} \right) = 0.186815602$$

$$\frac{\delta_{O_1}}{\delta_{\omega_5}} = 1 \times O_{H_1} \times \omega_5^{(1-1)} + 0 + 0 = 0.593269992$$

将上述3部分的结果相乘就可以得到 w_5 的偏导数，其结果值为0.082167041。最后使用梯度下降算法更新 w_5 参数值，如下所示：

$$\omega_5^{\text{new}} = \omega_5 - \eta \times \frac{\delta_{E_{\text{total}}}}{\delta_{\omega_5}} = 0.4 - 0.5 \times 0.082167041 = 0.35891648$$

这样就完成了 w_5 权值更新。同理，依照上述方法可以完成 w_6、w_7、w_8 更新。

上述过程只是输出层向隐藏层传播，当计算出更新的权值后，开始由隐藏层向输入层传播，并依次更新$w1$、$w2$、$w3$、$w4$，这样就完成了第一轮的权值更新。

可以看出，通过第一轮权值更新后，总误差由0.298371109下降至0.291027924，在迭代10000次后，总误差为0.000035085，输出值为[0.015912196, 0.984065734]，已经非常逼近期望值[0.01, 0.99]。

13.3.3　工作流程总结

通过以上学习，我们对神经网络的工作流程有了了解，这里对其做一个简单的总结。神经网络分类算法是一种有监督学习算法，使用神经网络分类算法大致需要以下5步：

（1）初始化神经网络中所有神经元节点的权值。

（2）输入层接收输入，通过正向传播产生输出。

（3）根据输出的预测值，结合实际值计算偏差。

（4）输出层接收偏差，通过反向传播机制（逆向反推）让所有神经元更新权值。

（5）从第（2）步到第（4）步是一次完整的训练模型的过程，重复该过程，直到偏差值最小。

神经网络算法通过反向传播机制让所有神经元实现了权值更新，不断迭代上述训练过程，直到偏差值最小，最终就会得到一个最优的网络模型，实现对数据的最佳拟合。

13.4　神经网络的实现和应用

现如今，深度学习正在大放异彩，神经网络算法是最知名、应用最为广泛的机器学习算法。可以毫不夸张地说，我们所能接触到的人工智能产品，绝大部分都使用了神经网络算法，比如手机经常用到的刷脸解锁、美颜修图、照片中的人物识别等，都是基于神经网络分类算法实现的。

13.4.1　神经网络的实现

下面介绍神经网络算法的特点和实现方法。

1．算法特点

理论上来说，在数据量和隐藏层足够多的情况下，神经网络算法能够拟合任何方程（函数）。神经网络算法是一种具有网络结构的算法模型，这决定了它具有非常好的延展性，通过调节神经网络中各个节点的权值参数使得分类效果明显提升。总的来说，神经网络算法具有以下特点。

1）黑盒算法

因为人们无法从外部得知神经网络模型究竟是如何完成训练的，比如使用一个预测准确率为97%的猫脸识别模型，有时会将小狗的脸部照片归纳到小猫中，这种情况是无法解释的，因此神经网络算法又被人们形象地称为"黑盒算法"。

由于神经网络算法的这一特性，导致一些场景并不适合使用神经网络算法，比如银行不会使用神经网络算法来评判用户是否具备信用，因为一旦出现预测错误，银行根本无法溯源找到评判错误的原因，也就无法向客户做出合理的解释。

2）数据量大

在互联网并不发达的七八十年代，数据量不足是阻碍神经网络发展的一大因素。与传统的机器学习算法相比，要想训练一个优秀的神经网络模型，往往需要更多的数据（至少需要数千甚至数百万个标记样本）。

比如人脸识别，需要各种姿态的人脸，如发怒的、喜悦的、悲伤的、戴眼镜的、模糊的等，总之越多越好。海量数据集对于训练一个优秀的神经网络模型非常重要，神经网络获得的数据越多，表现能力就越好，这样训练出来的模型才具有更好的泛化能力。

经过长达几十年的积累，截至目前，已经有大量的公开数据集可以使用，比如Kaggle数据集、Amazon数据集、UCI机器学习资源库等。

3）算力和开发成本高

在计算方面，与传统算法相比，神经网络算法要耗费更多的计算机资源，对于复杂的深度学习模型来说，若想训练出一个优秀的模型，甚至需要几周的时间。但以20世纪七八十年代的计算机硬件水平，想要实现如此大规模的计算，几乎是不可能的。因此，计算机的硬件性能也是影响神经网络发展的因素之一。

进入21世纪以后，计算机的硬件性能获得了飞速发展，这为神经网络的发展创造了有利的外部环境。

比如2017年5月，人工智能AlphaGo Master以3∶0击败了人类第一围棋高手柯洁，其升级版AlphaGo Zero自我训练40天，对弈2900万次，最终击败了它的前辈AlphaGo Master。这些数据的背后都离不开强大算力的支撑。

同时，神经网络模型的搭建过程较为复杂，激活函数的选择和权值的调节都是比较费时的过程，因此其开发周期相对较长。总之，神经网络算法是一种成本较高的算法，这也决定了它能够解决比传统机器学习算法更为复杂的问题。表13-1对神经网络的特点做了简单的总结。

表13-1　神经网络算法总结

项　　目	说　　明
优点	网络结构延展性好，能够拟合复杂的数据分布，比如非线性函数，通过调节权值参数来获取泛化能力较强的模型
缺点	可解释性差，调参依赖于经验，可能会陷入局部最优解，或者梯度消失、梯度爆炸等问题
应用领域	神经网络算法拟合能力强，应用领域广，比如文本分类等，而深度学习作为神经网络的分支，也是当前最为热门的研究方向，在图像处理、语言识别和自然语言处理等多个领域都有着非常突出的表现

2. 神经网络的实现方法

学习了这么多神经网络的理论知识，一切都是为了解决实际问题，相信读者早已经开始摩拳擦掌，跃跃欲试了。这里介绍应该如何在编程中使用神经网络。Python机器学习sklearn库提供了多层感知机（Multilayer Perceptron，MLP）算法，也就是这里所说的神经网络算法，它被封装在sklearn.neural_network包中，该包提供了3个神经网络算法API，分别是：

- neural_network.BernoulliRBM：伯努利受限玻尔兹曼机算法，无监督学习算法。

- neural_network.MLPClassifier: 神经网络分类算法，用于解决分类问题。
- neural_network.MLPRgression: 神经网络回归算法，用于解决回归问题。

在实现神经网络应用之前，有必要先了解neural_network.MLPClassifier分类器的常用参数，如表13-2所示。

表13-2   neural_network.MLPClassifier分类器参数说明

名　　称	说　　明
hidden_layer_sizes	元组或列表参数，序列内元素的数量表示有多少个隐藏层，每个元素的数值表示该层有多少个神经元节点，比如(10,10)，表示两个隐藏层，每层 10 个神经元节点
activation	隐藏层激活函数，参数值有 identity、logistic、tanh、relu，默认为 relu，即线性整流函数（校正非线性）
solver	权重优化算法，如 lbfgs、sgd、adam，其中 lbfg 鲁棒性较好，但在大型模型或者大型数据集上花费的调优时间会较长，adam 大多数效果都不错，但对数据的缩放相当敏感，sgd 则不常用
alpha	L2 正则项参数，比如 alpha=0.0001（弱正则化）
learning_rate	学习率，参数值有 constant、invscaling、adaptive
learning_rate_init	初始学习率，只有当 solver 为 sgd 或 adam 时才使用
max_iter	最大迭代次数
shuffle	是否在每次迭代时对样本进行清洗，当 solver 参数值为 sgd 或 adam 时才使用该参数值
random_state	随机数种子
tol	优化算法中止的条件，当迭代先后的函数差值小于等于 tol 时就中止

这里举例说明神经网络的构建。

【例13-1】   使用sklearn库函数构建神经网络。

输入如下代码：

```
from sklearn.neural_network import MLPClassifier
X = [[0., 0.], [1., 1.]]
y = [0, 1]
clf = MLPClassifier(solver='lbfgs', alpha=1e-5, hidden_layer_sizes=(5, 2),
                    random_state=1)

print('*'*20)
print('查看神经网络')
print(clf.fit(X, y))
print('*'*20)
print('查看预测结果')
print(clf.preDict([[2., 2.], [-1., -2.]]))
print('*'*20)
print('查看参数矩阵')
```

13

```
print([coef.shape for coef in clf.coefs_])
print('*'*20)
```

运行结果如下：

```
********************
查看神经网络
MLPClassifier(alpha=1e-05, hidden_layer_sizes=(5, 2), random_state=1,
              solver='lbfgs')
********************
查看预测结果
[1 0]
********************
查看参数矩阵
[(2, 5), (5, 2), (2, 1)]
********************
```

多层感知机算法使用的是反向传播的方式。更准确地说，它使用了某种形式的梯度下降来进行训练，其中的梯度是通过反向传播计算得到的。对于分类问题而言，它最小化了交叉熵损失函数，为每个样本给出了一个向量形式的概率估计。

此外，该模型支持多标签分类，其中一个样本可以属于多个类别。对于每个种类，原始输出经过logistic函数变换后，大于或等于0.5的值将为1，否则为0。对于样本的预测输出，值为1的索引表示该样本的分类类别。

【例13-2】　多层感知机多标签分类。

输入如下代码：

```
# 多层感知机多标签分类
from sklearn.neural_network import MLPClassifier
X = [[0., 0.], [1., 1.]]
y = [[0, 1], [1, 1]]
clf = MLPClassifier(solver='lbfgs', alpha=1e-5, hidden_layer_sizes=(15,),
                    random_state=1)

print('*'*20)
print('查看神经网络')
print(clf.fit(X, y))
print('*'*20)
print('查看预测结果')
print(clf.preDict([[1., 2.]]))
print('*'*20)
print('查看预测结果')
print(clf.preDict([[0., 0.]]))
print('*'*20)
```

运行结果如下：

```
* * * * * * * * * * * * * * * * * * * *
查看神经网络
MLPClassifier(alpha=1e-05, hidden_layer_sizes=(15,), random_state=1,
              solver='lbfgs')
* * * * * * * * * * * * * * * * * * * *
查看预测结果
[[1 1]]
* * * * * * * * * * * * * * * * * * * *
查看预测结果
[[0 1]]
* * * * * * * * * * * * * * * * * * * *
```

13.4.2　神经网络的应用

1．iris数据集神经网络分类

这里仍然使用前面已经使用多次的iris数据集来验证神经网络算法，相信经过前面的学习，读者对这个数据集已经相当熟悉了。

该数据集内包含3个类别，分别是山鸢尾（iris-setosa）、变色鸢尾（iris-versicolor）和维吉尼亚鸢尾（iris-virginica），共150条记录，每一个类别有50条数据，每条记录有4项特征（单位为cm）：

- sepallength：萼片长度。
- sepalwidth：萼片宽度。
- petallength：花瓣长度。
- petalwidth：花瓣宽度。

为简单起见，这里选取两个类别（0和1，即山鸢尾和变色鸢尾）的样本标记值和两个特征属性（sepal length和petal length），之后使用神经网络分类算法对数据集中的0和1两类鸢尾花进行正确分类，如例13-3所示。

【例13-3】　iris数据集神经网络分类。

输入如下代码：

```
# iris数据集神经网络分类
import pandas as pd
import numpy as np
import matplotlib.pyplot as plt
from sklearn import datasets
from sklearn.preprocessing import StandardScaler
from sklearn.model_selection import train_test_split
from sklearn.neural_network import MLPClassifier
def main():
    iris = datasets.load_iris()  # 加载鸢尾花数据集
```

13

```
# 用Pandas处理数据集
data = pd.DataFrame(iris.data, columns=iris.feature_names)
print(iris.feature_names)
# 数据集标记值 iris.target
data['class'] = iris.target
# 此处只取两类 0/1 两个类别的鸢尾花，设置类别不等于 2
data = data[data['class'] != 2]
# 对数据集进行归一化和标准化处理
scaler = StandardScaler()
# 选择两个特征值（属性）
X = data[['sepal length (cm)', 'petal length (cm)']]
# 计算均值和标准差
scaler.fit(X)
# 标准化数据集（数据转化）
X = scaler.transform(X)
# 'class'为列标签，读取100个样本的列表
Y = data[['class']]
# 划分数据集
X_train, X_test, Y_train, Y_test = train_test_split(X, Y)
# 创建神经网络分类器
mpl = MLPClassifier(solver='lbfgs', activation='logistic')
# 训练神经网络模型
mpl.fit(X_train, Y_train)
# 打印模型预测评分
print('Score:\n', mpl.score(X_test, Y_test))
# 划分网格区域
h = 0.02
x_min, x_max = X[:, 0].min() - 1, X[:, 0].max() + 1
y_min, y_max = X[:, 1].min() - 1, X[:, 1].max() + 1
xx, yy = np.meshgrid(np.arange(x_min, x_max, h),np.arange(y_min, y_max, h))
Z = mpl.preDict(np.c_[xx.ravel(), yy.ravel()])
Z = Z.reshape(xx.shape)
# 画三维等高线图，并对轮廓线进行填充
plt.contourf(xx, yy, Z,cmap='summer')
# 绘制散点图
class1_x = X[Y['class'] == 0, 0]
class1_y = X[Y['class'] == 0, 1]
l1 = plt.scatter(class1_x, class1_y, color='b', label=iris.target_names[0])
class2_x = X[Y['class'] == 1, 0]
class2_y = X[Y['class'] == 1, 1]
l2 = plt.scatter(class2_x, class2_y, color='r', label=iris.target_names[1])
plt.legend(handles=[l1, l2], loc='best')
plt.grid(True)
plt.show()
main()
```

运行结果如下：

```
Score:
1.0
```

运行结果可视化如图13-11所示。

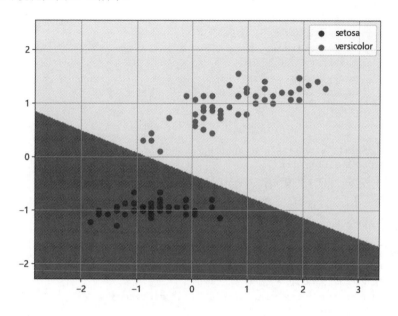

图 13-11   iris 数据集神经网络分类

2．神经网络正则化

MLPRegressor类和MLPClassifier类都使用参数alpha作为正则化（L2正则化）系数，正则化通过惩罚大数量级的权重值以避免过拟合问题。例13-4展示了不同的alpha值下的决策函数的变化。

【例13-4】   不同的alpha值下的决策函数的变化。

输入如下代码：

```
# 不同的alpha值下的决策函数的变化
import numpy as np
from matplotlib import pyplot as plt
from matplotlib.colors import ListedColormap
from sklearn.model_selection import train_test_split
from sklearn.preprocessing import StandardScaler
from sklearn.datasets import make_moons, make_circles, make_classification
from sklearn.neural_network import MLPClassifier
from sklearn.pipeline import make_pipeline
h = 0.02  # 网格中的步长
alphas = np.logspace(-1, 1, 5)
classifiers = []
names = []
for alpha in alphas:
    classifiers.append(
        make_pipeline(
```

13

```
            StandardScaler(),
            MLPClassifier(
                solver="lbfgs",
                alpha=alpha,
                random_state=1,
                max_iter=2000,
                early_stopping=True,
                hidden_layer_sizes=[10, 10],
            ),
        )
    )
    names.append(f"alpha {alpha:.2f}")
X, y = make_classification(
    n_features=2, n_redundant=0, n_informative=2, random_state=0,
n_clusters_per_class=1
)
rng = np.random.RandomState(2)
X += 2 * rng.uniform(size=X.shape)
linearly_separable = (X, y)
datasets = [
    make_moons(noise=0.3, random_state=0),
    make_circles(noise=0.2, factor=0.5, random_state=1),
    linearly_separable,
]
figure = plt.figure(figsize=(17, 9))
i = 1
# 迭代数据集
for X, y in datasets:
    # 分为训练与测试两部分
    X_train, X_test, y_train, y_test = train_test_split(
        X, y, test_size=0.4, random_state=42
    )

    x_min, x_max = X[:, 0].min() - 0.5, X[:, 0].max() + 0.5
    y_min, y_max = X[:, 1].min() - 0.5, X[:, 1].max() + 0.5
    xx, yy = np.meshgrid(np.arange(x_min, x_max, h), np.arange(y_min, y_max, h))

    # 首先绘制数据集
    cm = plt.cm.RdBu
    cm_bright = ListedColormap(["#FF0000", "#0000FF"])
    ax = plt.subplot(len(datasets), len(classifiers) + 1, i)
    # 绘制训练点
    ax.scatter(X_train[:, 0], X_train[:, 1], c=y_train, cmap=cm_bright)
    # 绘制测试点
    ax.scatter(X_test[:, 0], X_test[:, 1], c=y_test, cmap=cm_bright, alpha=0.6)
    ax.set_xlim(xx.min(), xx.max())
    ax.set_ylim(yy.min(), yy.max())
    ax.set_xticks(())
    ax.set_yticks(())
    i += 1
    # 迭代分类器
```

```
for name, clf in zip(names, classifiers):
    ax = plt.subplot(len(datasets), len(classifiers) + 1, i)
    clf.fit(X_train, y_train)
    score = clf.score(X_test, y_test)
    # 绘制决策边界。为此，将为网格[x_min, x_max] x [y_min, y_max]中的每个点指定一种颜色
    if hasattr(clf, "decision_function"):
        Z = clf.decision_function(np.column_stack([xx.ravel(), yy.ravel()]))
    else:
        Z = clf.preDict_proba(np.column_stack([xx.ravel(), yy.ravel()]))[:, 1]
    # 将结果绘制为彩色图
    Z = Z.reshape(xx.shape)
    ax.contourf(xx, yy, Z, cmap=cm, alpha=0.8)
    # 绘制训练点
    ax.scatter(
        X_train[:, 0],
        X_train[:, 1],
        c=y_train,
        cmap=cm_bright,
        edgecolors="black",
        s=25,
    )
    # 绘制测试点
    ax.scatter(
        X_test[:, 0],
        X_test[:, 1],
        c=y_test,
        cmap=cm_bright,
        alpha=0.6,
        edgecolors="black",
        s=25,
    )
    ax.set_xlim(xx.min(), xx.max())
    ax.set_ylim(yy.min(), yy.max())
    ax.set_xticks(())
    ax.set_yticks(())
    ax.set_title(name)
    ax.text(
        xx.max() - 0.3,
        yy.min() + 0.3,
        f"{score:.3f}".lstrip("0"),
        size=15,
        horizontalalignment="right",
    )
    i += 1
figure.subplots_adjust(left=0.02, right=0.98)
plt.show()
```

运行结果如图13-12所示。

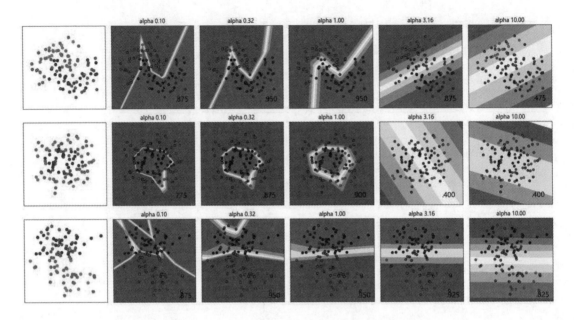

图 13-12　不同的 alpha 值下的决策函数的变化

3. 手写体识别

有时观察神经网络的学习系数可以提供对学习行为的观察。例如，如果权重看起来没有结构，则可能有些根本没有使用，或者如果存在非常大的系数，则可能正则化太低或学习率太高。

下面的示例展示了如何在MNIST数据集上训练的MLPClassifier中绘制一些第一层权重。

输入数据由28×28像素的手写数字组成，数据集中含有784个特征。因此，第一层权值矩阵的形状为(784,hidden_layer_sizes[0])，可以将权值矩阵的一列可视化为28×28像素的图像。

为了让这个例子运行得更快，使用了很少的隐藏单位，并且只训练很短的时间。训练时间越长，重量就会越大，空间外观就会越流畅。该示例将抛出一个警告，因为它不收敛。

这里举例说明使用神经网络识别经典的手写体数据集，如例13-5所示。

【例13-5】　神经网络手写体识别。

输入如下代码：

```
# 神经网络手写体识别
import warnings
import matplotlib.pyplot as plt
from sklearn.datasets import fetch_openml
from sklearn.exceptions import ConvergenceWarning
from sklearn.neural_network import MLPClassifier
from sklearn.model_selection import train_test_split
```

```
from scipy.io import loadmat
import numpy as np
# 从https://www.openml.org/d/554加载数据
mnist = loadmat('mnist-original.mat')
X = mnist['data'].T        # 这个一定要转置一下，因为这里面的行列是反的
y = mnist['label'].T.flatten()     # 将数据展开
y= y.astype(np.uint8)        # 将格式变为uint8
# X, y = fetch_openml("mnist-original.mat", version=1, return_X_y=True,
as_frame=False)
X = X / 255.0
# 同时绘制训练点，并将数据分割为训练区和测试区
X_train, X_test, y_train, y_test = train_test_split(X, y, random_state=0,
test_size=0.7)
mlp = MLPClassifier(
    hidden_layer_sizes=(40,),
    max_iter=8,
    alpha=1e-4,
    solver="sgd",
    verbose=10,
    random_state=1,
    learning_rate_init=0.2,
)
# 该示例不会收敛，因为我们的持续集成基础设施上存在资源使用限制，所以我们在此捕获警告，并忽略它
with warnings.catch_warnings():
    warnings.filterwarnings("ignore", category=ConvergenceWarning,
module="sklearn")
    mlp.fit(X_train, y_train)

print("Training set score: %f" % mlp.score(X_train, y_train))
print("Test set score: %f" % mlp.score(X_test, y_test))

fig, axes = plt.subplots(4, 4)
# 使用“全局最小值/最大值”确保所有权重以相同比例显示
vmin, vmax = mlp.coefs_[0].min(), mlp.coefs_[0].max()
for coef, ax in zip(mlp.coefs_[0].T, axes.ravel()):
    ax.matshow(coef.reshape(28, 28), cmap=plt.cm.gray, vmin=0.5 * vmin, vmax=0.5 *
vmax)
    ax.set_xticks(())
    ax.set_yticks(())
plt.show()
```

运行结果如下：

```
Iteration 1, loss = 0.44754341
Iteration 2, loss = 0.19801328
Iteration 3, loss = 0.15461451
Iteration 4, loss = 0.12625079
Iteration 5, loss = 0.10656907
Iteration 6, loss = 0.08949109
Iteration 7, loss = 0.07845034
Iteration 8, loss = 0.06528080
```

13

```
Training set score: 0.986095
Test set score: 0.954061
```

运行结果可视化如图13-13所示。

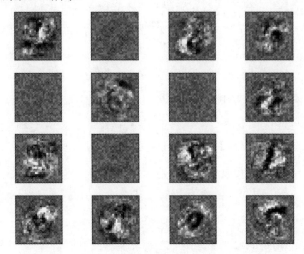

图 13-13　神经网络手写体识别

4．MLPClassifier的随机学习策略

例13-6可视化了不同随机学习策略的训练损失曲线，包括SGD和Adam。为了便于读者测试和运行代码，这里使用了几个小型数据集，L-BFGS可能更适合这些数据集。但是，这些例子显示的总体趋势似乎也适用于更大的数据集。

另外，需要注意的是，这些结果可能高度依赖于学习率的初始化值。

【例13-6】　比较MLPClassifier的随机学习策略。

输入如下代码：

```
# 比较MLPClassifier的随机学习策略
import warnings
import matplotlib.pyplot as plt
from sklearn.neural_network import MLPClassifier
from sklearn.preprocessing import MinMaxScaler
from sklearn import datasets
from sklearn.exceptions import ConvergenceWarning
# 不同的学习速率时间表和动量参数
params = [
    {
        "solver": "sgd",
        "learning_rate": "constant",
        "momentum": 0,
        "learning_rate_init": 0.2,
```

```
        },
        {
            "solver": "sgd",
            "learning_rate": "constant",
            "momentum": 0.9,
            "nesterovs_momentum": False,
            "learning_rate_init": 0.2,
        },
        {
            "solver": "sgd",
            "learning_rate": "constant",
            "momentum": 0.9,
            "nesterovs_momentum": True,
            "learning_rate_init": 0.2,
        },
        {
            "solver": "sgd",
            "learning_rate": "invscaling",
            "momentum": 0,
            "learning_rate_init": 0.2,
        },
        {
            "solver": "sgd",
            "learning_rate": "invscaling",
            "momentum": 0.9,
            "nesterovs_momentum": True,
            "learning_rate_init": 0.2,
        },
        {
            "solver": "sgd",
            "learning_rate": "invscaling",
            "momentum": 0.9,
            "nesterovs_momentum": False,
            "learning_rate_init": 0.2,
        },
        {"solver": "adam", "learning_rate_init": 0.01},
]
labels = [
    "constant learning-rate",
    "constant with momentum",
    "constant with Nesterov's momentum",
    "inv-scaling learning-rate",
    "inv-scaling with momentum",
    "inv-scaling with Nesterov's momentum",
    "adam",
]
plot_args = [
    {"c": "red", "linestyle": "-"},
    {"c": "green", "linestyle": "-"},
    {"c": "blue", "linestyle": "-"},
```

13

```
        {"c": "red", "linestyle": "--"},
        {"c": "green", "linestyle": "--"},
        {"c": "blue", "linestyle": "--"},
        {"c": "black", "linestyle": "-"},
    ]
def plot_on_dataset(X, y, ax, name):
    # 对于每个数据集, 为每个学习策略绘制学习图
    print("\nlearning on dataset %s" % name)
    ax.set_title(name)
    X = MinMaxScaler().fit_transform(X)
    mlps = []
    if name == "digits":
        # digits is larger but converges fairly quickly
        max_iter = 15
    else:
        max_iter = 400
    for label, param in zip(labels, params):
        print("training: %s" % label)
        mlp = MLPClassifier(random_state=0, max_iter=max_iter, **param)
        # 一些参数组合不会收敛, 如图中所示, 因此此处忽略它们
        with warnings.catch_warnings():
            warnings.filterwarnings(
                "ignore", category=ConvergenceWarning, module="sklearn"
            )
            mlp.fit(X, y)
        mlps.append(mlp)
        print("Training set score: %f" % mlp.score(X, y))
        print("Training set loss: %f" % mlp.loss_)
    for mlp, label, args in zip(mlps, labels, plot_args):
        ax.plot(mlp.loss_curve_, label=label, **args)


fig, axes = plt.subplots(2, 2, figsize=(15, 10))
# 加载/生成一些玩具数据集
iris = datasets.load_iris()
X_digits, y_digits = datasets.load_digits(return_X_y=True)
data_sets = [
    (iris.data, iris.target),
    (X_digits, y_digits),
    datasets.make_circles(noise=0.2, factor=0.5, random_state=1),
    datasets.make_moons(noise=0.3, random_state=0),
]
for ax, data, name in zip(
    axes.ravel(), data_sets, ["iris", "digits", "circles", "moons"]
):
    plot_on_dataset(*data, ax=ax, name=name)
fig.legend(ax.get_lines(), labels, ncol=3, loc="upper center")
plt.show()
```

运行结果如下（运行过程中打印的结果比较多，由于篇幅限制，这里只给出了部分运行结果，读者可以运行代码，查看更多运行结果）：

```
learning on dataset moons
training: constant learning-rate
Training set score: 0.850000
Training set loss: 0.341523
training: constant with momentum
Training set score: 0.850000
Training set loss: 0.336188
training: constant with Nesterov's momentum
Training set score: 0.850000
Training set loss: 0.335919
training: inv-scaling learning-rate
Training set score: 0.500000
Training set loss: 0.689015
training: inv-scaling with momentum
Training set score: 0.830000
Training set loss: 0.512595
training: inv-scaling with Nesterov's momentum
Training set score: 0.830000
Training set loss: 0.513034
training: adam
Training set score: 0.930000
Training set loss: 0.170087
```

运行结果可视化如图13-14所示。

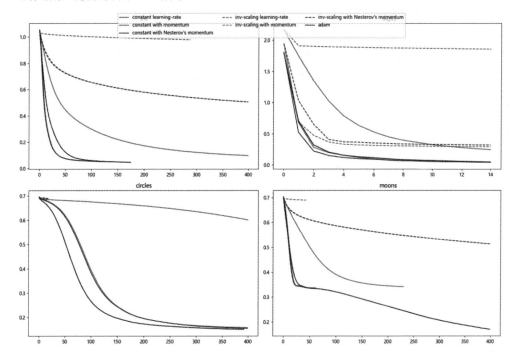

图 13-14　比较 MLPClassifier 的随机学习策略

13.5 小结

本章从神经网络的发展历史讲起，详细讲解了神经网络的数学模型、参数调整等技术，并举例说明了神经网络的应用。本章内容是机器学习技术的重要内容之一，有助于读者更深入地理解机器学习，读者需要结合公式和代码仔细理解各种评估方法，为后续章节的学习打下坚实基础。

## 第 14 章

集 成 学 习

本章主要介绍集成学习，有时一种算法的性能是有限的，无论怎么改变机器学习算法或者调整算法参数，始终无法达到预期效果，这时可能集成学习技术是一种好的解决办法。分类器集成其实就是集成学习，通过构建并结合多个学习器来完成学习任务。一般结构是：先产生一组"个体学习器"，再用某种策略将它们结合起来。本章将带领读者学习集成学习技术。

学习目标：

（1）掌握集成学习的概念。

（2）掌握Boosting流程。

（3）掌握Bagging流程。

14.1 集成学习概述

经过前面的学习，读者已经认识了机器学习中常用的回归算法、分类算法和聚类算法，在众多的算法中，大多数情况下，没有一种算法模型预测准确率达到100%，因此如何提高预测模型的准确率成为算法研究的重点。

通过对前面内容的学习，可能会迅速想到一些方法，比如重新选择一种适合的算法，然后反复调整各种参数，这在某些情况下可以满足需求，但在有些情况下未必有效，主要有以下3点原因：

- 任何算法模型都有自身的局限性。
- 反复调参会浪费许多不必要的时间。
- 依靠调参来提升模型预测准确率具有很大的不确定性。

这里提供一种新的机器学习思路——集成学习方法（Ensemble Learning Method），或称集成学习算法。

14.1.1   集成学习的概念

准确来讲，集成学习算法并非一种机器学习算法，它更像是一种模型优化方法，是一种能在各种机器学习任务上提高准确率的强有力的技术，这种技术的关键体现在"集成"两个字上。所谓集成，就是"融合在一起"，因此集成学习算法可以理解成一套组合了多种机器学习算法模型的框架，它关注的是框架内各个模型之间的组织关系，而非某个模型的具体内部结构。

可以说集成学习算法是"集"百家之长，使预测模型获得较高的准确率，当然这也导致了模型的训练过程稍加复杂，效率降低了一些，但在硬件性能发达的今天，训练过程中的算力是可以忽略掉的。

当下深度学习大行其道，将任何一款传统机器学习算法单拎出来与之一较高下，几乎都会败下阵来，而集成学习算法的出现打破了这个平衡，它几乎能与深度学习平分秋色。

在Kaggle、天池等著名机器学习竞赛中，选手使用最多的当属集成学习算法，而非SVM、KNN或者Logistic逻辑回归等单个算法。由此可见，集成学习算法具有更广泛的适应场景，比如用于分类问题、回归问题、特征选取和异常点检测等各类机器学习任务。

1. 集成学习的发展

集成学习算法的理论、应用体系的构建与完善经历了漫长的过程，这里简单介绍一下。

集成学习最早出现于1979年，Dasarathy提出了集成系统（Ensemble System）的思想，他使用线性分类器和最近邻居分类器组成的复合模型进行训练，得到了比单个分类器训练更好的预测效果。

1988年，Kearns提出了"弱学习器"的概念，引发了"能否用一组弱学习器创造一个强学习器"的广泛讨论（学习器，指的是某种机器学习算法模型）。注意，弱学习器指的是一个个单独的算法模型，比如KNN算法模型、线性回归模型、朴素贝叶斯等，而强学习器指的是由多个不同类别的弱学习器集成的学习器，也称异质集成，这类学习器的预测准确率在90%以上。除此之外，还有一种基学习器（也称同质集成），它是由同一款机器学习算法组成的。

1990年，Schapire给出了这个问题的答案，并且研发了著名的Boosting算法，该算法是集成学习常用方法之一。1992年，Wolpert首次提出"堆叠泛化"这一概念，"堆叠"弱学习器训练的模型比任何单个弱学习器训练的模型具有更好的性能。

1996年，Breiman开发了另一个集成学习方法：Bagging算法（也称装袋算法），对其原理和训练过程进行了详细的描述，并明确指出Bagging算法能够提高预测的准确性。其后几年，Breiman在Bagging算法的基础上对随机决策森林进行了重新描述，提出了集成学习中最广为人知的算法：随机森林（Random Forest）算法，该算法通过集成学习的思想将多棵决策树集成为一片森林，使其兼顾了解决回归问题和分类问题的能力。

截至目前，已经有越来越多的集成学习算法被提出，比如2010年Kalal等人提出的P-N学习，以及近几年提出的以堆叠方式构建的深度网络结构、XGBoost算法等，它们都能显著提升模型的预测效果。

2．集成学习的组织方式

集成学习不是一种独立的机器学习算法，而是把互相没有关联的机器学习算法集成在一起，从而取得更好的效果。众所周知，每个算法模型都有各自的局限性，集成学习方式的出现正好弥补了这一不足之处，其实即使是"大神"也有折戟沉沙的时候，但人多力量大，多找几个"大神"凑在一起，即使遇到难题，最终也能比较好地解决。

前面学习的机器算法都是"个人"的单打独斗，而集成学习是"团队协作"，多种算法可以集思广益。这种方式固然好，但是如果没有统一地协调，也很容易出现问题，比如一个开发团队遇到问题时，总能通过相互沟通很快推举出一个擅长解决该问题的人。但机器学习算法无法使用语言来沟通，这就要通过集成学习的组织结构来解决这一问题。

总的来说，集成学习算法主要使用两种结构来管理模型与模型之间的关系，一种是并联，另一种是串联（这和物理上的串联电路、并联电路似乎有些相似之处）。接下来对这两种方式进行简单介绍（其实很好理解）。

1）并联组织方式

所谓并联，就是训练过程是并行的，几个学习器相对独立地完成预测工作，彼此互不干扰，当所有模型预测结束后，最终以某种方法把所有预测结果合在一起。这相当于学生拿到试卷后先分别作答，彼此不讨论、不参考，当考试完成后，再以某种方式把答案整合在一起。并联式集成学习的典型代表是Bagging算法。并联结构示意图如图14-1所示。

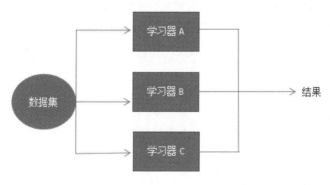

图 14-1　集成学习并联结构示意图

2）串联组织方式

串联结构也很好理解，指的是训练过程是串行的，几个学习器串在一起，通力合作，一起来完成预测任务。第一个学习器拿到数据集完成预测，然后把预测结果以及相关数据传递给第二个学习器，第二个学习器完成预测后，把结果和相关数据继续传递下去，直至传递到最后一个学习器。这个过程很像传声筒游戏，第一个人先听一段旋律，然后复述给第二个人，依次进行下去，直到最后一个人给出歌曲的名字。串联式集成学习的典型代表是Boosting算法。串联结构示意图如图14-2所示。

图 14-2　集成学习串联结构示意图

串联和并联各有各的优势，这两种方法的选择要视具体情况而定。不过总体有以下思路：如果各个学习器势均力敌，分不出主次优劣，则建议选择并联结构；如果学习器已经有了明确的分工，知道谁负责主攻，谁负责辅助，则可以使用串联结构。

14.1.2　集成学习的实现方法

无论是串联结构，还是并联结构，最终都要输出一个预测结果，而在一个组织结构中会有多个学习器，因此就会产生多个预测结果，那么怎样将这些结果整合成一个结果对外输出呢？也就是使用什么方式来整合每个学习器的输出结果呢？

1. 整合方法

对于集成学习算法来说，把多个结果整合成一个结果的方法主要有两种，分别是平均法和投票法。下面分别对这两种方法进行介绍。

1）平均法

平均法分为简单平均法和加权平均法，简单平均法就是先求和，再求平均值，而加权平均则多了一步，即每个学习器通过训练被分别赋予合适的权值，然后求各个预测结果的加权和，最后求平均值。

2）投票法

投票法分为3种：简单多数投票法、绝对多数投票法和加权投票法。

简单多数投票法就是哪个预测结果占大多数，就把这个结果作为最终的预测结果。绝对多数投票法就多了一个限制，这个多数必须达到半数，比如共有7个学习器，得出同一预测结果的必须达到4个及以上，否则就拒绝进行预测。

加权投票法有点类似加权平均，首先给不同的学习器分配权值，其次查看哪个结果占大多数（注意，这里的大多数是权值相加后再比较得到的大多数），最后以得票最多的作为预测结果。

关于加权投票法举一个简单的例子，比如预测结果为A的有3个学习器，权值分别为0.1、0.2和0.3，那么结果A的票数就为三者之和，即0.6，而预测结果为B的只有两个学习器，权值分别为0.4和0.5，那么结果B的票数就为0.9，也就是结果B的票数高于结果A，最终预测结果就是结果B。

2．实现方法

根据个体学习器生成方式的不同，目前集成学习的实现方式主要分为两种，一种是Bagging算法为代表的并联式集成学习方法，其中最典型的应当数随机森林算法；另一种是以Boosting算法为代表的串联式集成学习方法，其中应用频率较高的有两个，即AdaBoost算法和XGBoost算法；还有一种是Stacking分层模型集成学习算法。

1）Bagging 算法

Bagging算法是并联式集成学习方法的典型代表，该算法主要是从数据层面上进行设计的。并联结构中的每个学习器所使用的数据集均采用放回重采样的方式生成，也就是说，每个学习器生成训练集时，每个数据样本都有相同的被采样概率。训练完成后，Bagging算法采用投票的方式进行预测。

通过放回重采样的方式来构建样本量相等且相互独立的数据集，从而在同一算法中训练出不同的模型。Bagging算法的集成策略比较简单，对于分类问题，一般通过投票法，以多数模型预测结果为最终结果；而对于回归问题，一般采用算术平均法，对所有模型的预测结果做算术平均得到最终结果。

2）Boosting 算法

与Bagging算法相比，Boosting算法是一种串联式集成学习方法，该算法基于错误来提升模型的性能，根据前面分类器分类错误的样本调整训练集中各个样本的权重，以重新构建分类器。

Boosting算法可以组合多个弱学习器来形成一个强学习器，从而在整体上提高模型预测的准确率。在模型训练过程中，Boosting算法总是更加关注被错误分类的样本，首先对于第一个弱学习器预测发生错误的数据，在后续训练中提高其权值，而正确预测的数据则降低其权值，然后基于调整权值后的训练集来训练第二个学习器，如此重复进行，直到训练完成所有学习器，最终将所有弱学习器通过集成策略进行整合（比如加权法），生成一个强学习器。

Boosting算法的训练过程是呈阶梯状的，后一个学习器会在前一个学习器的基础上进行学习，最终以某种方式进行综合，比如加权法，对所有模型的预测结果进行加权来产生最终的结果。

3）Stacking 算法

相比于前两种算法，Stacking算法要更加复杂一些，该算法是一种分层模型框架，由Wolpert于1992年提出。

Stacking算法可以分为多层，通常情况下分为两层：第一层由若干个弱学习器组成，当原始训练集经过第一层后，会输出各种弱学习器的预测值，然后将预测结果继续向下一层传递；第二层通常只有一个机器学习模型，该层对第一层的各种预测值和真实值进行训练，从而得到一个集成模型，该模型将根据第一层的预测结果给出最终的预测结果。

14.2   集成学习算法的应用

前面讲解了集成学习的概念，本节继续细化机器学习的常用技术，并举例实现这些机器学习技术。

14.2.1   Bagging 算法

Bagging算法可与其他分类、回归算法结合，在提高其准确率、稳定性的同时，通过降低结果的方差避免过拟合的发生。

Bagging算法是通过结合几个模型降低泛化误差的技术，主要想法是分别训练几个不同的模型，然后让所有模型表决测试样例的输出。Bagging算法的基本思想如下：

（1）给定一个弱学习算法和一个训练集。

（2）单个弱学习算法的准确率不高。

（3）将该算法使用多次，得出预测函数序列，并进行投票。

（4）最后结果准确率将得到提高。

Bagging算法的步骤可以简单描述为：给定一个大小为n的训练集D，Bagging算法从中均匀、有放回地（即使用自助抽样法）选出m个大小为z的子集D_i，作为新的训练集。

在这m个训练集上使用分类、回归等算法，则可得到m个模型，再通过取平均值、取多数票等方法，即可得到结果。Bagging算法主要有以下特点：

（1）Bagging算法通过降低基分类器的方差改善了泛化误差。

（2）其性能依赖于基分类器的稳定性；如果基分类器不稳定，Bagging算法有助于降低训练数据的随机波动导致的误差；如果稳定，则集成分类器的误差主要由基分类器的偏倚引起。

（3）由于每个样本被选中的概率相同，因此Bagging算法并不侧重于训练数据集中的任何特定实例。

Bagging算法有很多种，其主要区别在于随机抽取训练子集的方法不同，挑选几种重要的方法介绍如下：

- 如果抽取的数据集的随机子集是样例的随机子集，则叫作粘贴（Pasting）。
- 如果样例抽取是有放回的，则称为Bagging。

- 如果抽取的数据集的随机子集是特征的随机子集,则叫作随机子空间(Random Subspaces)。
- 如果基估计器构建在抽取的样本和特征的子集之上,则叫作随机补丁(Random Patches)。

在scikit-learn中,Bagging算法使用统一的BaggingClassifier元估计器(或者BaggingRegressor),基估计器和随机子集抽取策略由用户指定。max_samples和max_features控制着子集的大小(对于样例和特征), bootstrap和bootstrap_features控制着样例和特征的抽取是有放回还是无放回的。当使用样本子集时, 通过设置oob_score=True,可以使用袋外(out-of-bag)样本来评估泛化精度。

下面举例实现Bagging算法。

【例14-1】　Bagging算法的实现。

输入如下代码:

```
# Bagging算法实现
import numpy as np
import matplotlib.pyplot as plt
from sklearn.ensemble import BaggingRegressor
from sklearn.tree import DecisionTreeRegressor
# Settings
n_repeat = 50  # Number of iterations for computing expectations
n_train = 50  # Size of the training set
n_test = 1000  # Size of the test set
noise = 0.1  # Standard deviation of the noise
np.random.seed(0)
# Change this for exploring the bias-variance decomposition of other
# estimators. This should work well for estimators with high variance (e.g.,
# decision trees or KNN), but poorly for estimators with low variance (e.g.,
# linear models).
estimators = [
    ("Tree", DecisionTreeRegressor()),
    ("Bagging(Tree)", BaggingRegressor(DecisionTreeRegressor())),
]
n_estimators = len(estimators)

# Generate data
def f(x):
    x = x.ravel()
    return np.exp(-(x**2)) + 1.5 * np.exp(-((x - 2) ** 2))
def generate(n_samples, noise, n_repeat=1):
    X = np.random.rand(n_samples) * 10 - 5
    X = np.sort(X)
    if n_repeat == 1:
        y = f(X) + np.random.normal(0.0, noise, n_samples)
    else:
        y = np.zeros((n_samples, n_repeat))
        for i in range(n_repeat):
            y[:, i] = f(X) + np.random.normal(0.0, noise, n_samples)
```

14

```
        X = X.reshape((n_samples, 1))
        return X, y
    X_train = []
    y_train = []
    for i in range(n_repeat):
        X, y = generate(n_samples=n_train, noise=noise)
        X_train.append(X)
        y_train.append(y)
    X_test, y_test = generate(n_samples=n_test, noise=noise, n_repeat=n_repeat)
    plt.figure(figsize=(10, 8))
    # Loop over estimators to compare
    for n, (name, estimator) in enumerate(estimators):
        # Compute preDictions
        y_preDict = np.zeros((n_test, n_repeat))
        for i in range(n_repeat):
            estimator.fit(X_train[i], y_train[i])
            y_preDict[:, i] = estimator.preDict(X_test)
        # Bias^2 + Variance + Noise decomposition of the mean squared error
        y_error = np.zeros(n_test)
        for i in range(n_repeat):
            for j in range(n_repeat):
                y_error += (y_test[:, j] - y_preDict[:, i]) ** 2
        y_error /= n_repeat * n_repeat
        y_noise = np.var(y_test, axis=1)
        y_bias = (f(X_test) - np.mean(y_preDict, axis=1)) ** 2
        y_var = np.var(y_preDict, axis=1)
        print(
            "{0}: {1:.4f} (error) = {2:.4f} (bias^2) "
            " + {3:.4f} (var) + {4:.4f} (noise)".format(
                name, np.mean(y_error), np.mean(y_bias), np.mean(y_var), np.mean(y_noise)
            )
        )
        # Plot figures
        plt.subplot(2, n_estimators, n + 1)
        plt.plot(X_test, f(X_test), "b", label="$f(x)$")
        plt.plot(X_train[0], y_train[0], ".b", label="LS ~ $y = f(x)+noise$")
        for i in range(n_repeat):
            if i == 0:
                plt.plot(X_test, y_preDict[:, i], "r", label=r"$\^y(x)$")
            else:
                plt.plot(X_test, y_preDict[:, i], "r", alpha=0.05)
        plt.plot(X_test, np.mean(y_preDict, axis=1), "c", label=r"$\mathbb{E}_{LS}
\^y(x)$")
        plt.xlim([-5, 5])
        plt.title(name)
        if n == n_estimators - 1:
            plt.legend(loc=(1.1, 0.5))
        plt.subplot(2, n_estimators, n_estimators + n + 1)
        plt.plot(X_test, y_error, "r", label="$error(x)$")
        plt.plot(X_test, y_bias, "b", label="$bias^2(x)$"),
```

```
        plt.plot(X_test, y_var, "g", label="$variance(x)$"),
        plt.plot(X_test, y_noise, "c", label="$noise(x)$")
        plt.xlim([-5, 5])
        plt.ylim([0, 0.1])
        if n == n_estimators - 1:
            plt.legend(loc=(1.1, 0.5))
    plt.subplots_adjust(right=0.75)
    plt.show()
```

运行结果如下：

```
Tree: 0.0255 (error) = 0.0003 (bias^2)  + 0.0152 (var) + 0.0098 (noise)
Bagging(Tree): 0.0196 (error) = 0.0004 (bias^2)  + 0.0092 (var) + 0.0098 (noise)
```

运行结果可视化如图14-3所示。

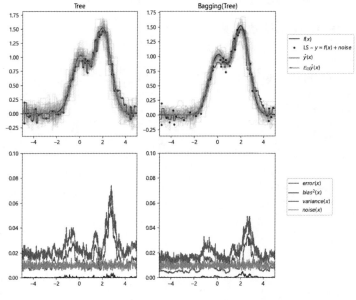

图 14-3　Bagging 算法的实现

14.2.2　AdaBoost 算法

AdaBoost算法的核心思想是用反复修改的数据来训练一系列的弱学习器（一个弱学习器模型仅仅比随机猜测好一点，比如一个简单的决策树），由这些弱学习器的预测结果通过加权投票（或加权求和）的方式组合，以得到最终的预测结果。

在每一次所谓的提升（Boosting）迭代中，数据的修改由应用于每一个训练样本的新的权重组成。在初始化时，将所有弱学习器的权重都设置为$1/N$，因此第一次迭代仅仅是通过原始数据训练出一个弱学习器。

在接下来的连续迭代中，样本的权重逐个被修改，学习算法也因此要重新应用这些已经修改的权重。在一个给定的迭代中，那些在上一轮迭代中被预测为错误结果的样本的权重将会增加，而那些被预测为正确结果的样本的权重将会降低。

随着迭代次数的增加，那些难以预测的样例的影响将会越来越大，每一个随后的弱学习器都将会被强迫更加关注那些在之前被错误预测的样例。

模型sklearn.ensemble包含流行的提升算法AdaBoost，这个算法是由Freund和Schapire在1995年提出来的。

1. 使用AdaBoost算法实现多分类

下面举例说明使用AdaBoost算法实现多分类，这里仍然使用iris数据集。

【例14-2】　使用AdaBoost算法实现多分类。

输入如下代码：

```
# 使用AdaBoost算法实现多分类
import numpy as np
import matplotlib.pyplot as plt
from matplotlib.colors import ListedColormap

from sklearn.datasets import load_iris
from sklearn.ensemble import (
    RandomForestClassifier,
    ExtraTreesClassifier,
    AdaBoostClassifier,
)
from sklearn.tree import DecisionTreeClassifier

# 参数
n_classes = 3
n_estimators = 30
cmap = plt.cm.RdYlBu
plot_step = 0.02            # 决策曲面轮廓的精细步长
plot_step_coarser = 0.5         # 粗分类器猜测的步长
RANDOM_SEED = 13           # 在每次迭代中的固定种子
# 加载数据
iris = load_iris()
plot_idx = 1
models = [
    DecisionTreeClassifier(max_depth=None),
    RandomForestClassifier(n_estimators=n_estimators),
    ExtraTreesClassifier(n_estimators=n_estimators),
    AdaBoostClassifier(DecisionTreeClassifier(max_depth=3),
n_estimators=n_estimators),
    ]
    for pair in ([0, 1], [0, 2], [2, 3]):
        for model in models:
```

```
# 我们只取两个对应的特征
X = iris.data[:, pair]
y = iris.target
# 对数据集进行随机排序
idx = np.arange(X.shape[0])
np.random.seed(RANDOM_SEED)
np.random.shuffle(idx)
X = X[idx]
y = y[idx]
# 标准化
mean = X.mean(axis=0)
std = X.std(axis=0)
X = (X - mean) / std
# 训练
model.fit(X, y)
scores = model.score(X, y)
# 通过使用str()为每个列和控制台创建一个标题并切掉字符串中无用的部分
model_title = str(type(model)).split(".")[-1][:-2][: -len("Classifier")]
model_details = model_title
if hasattr(model, "estimators_"):
    model_details += " with {} estimators".format(len(model.estimators_))
print(model_details + " with features", pair, "has a score of", scores)
plt.subplot(3, 4, plot_idx)
if plot_idx <= len(models):
    # 在每列的顶部添加标题
    plt.title(model_title, fontsize=9)
# 现在使用精细网格作为输入绘制决策边界填充等高线图
x_min, x_max = X[:, 0].min() - 1, X[:, 0].max() + 1
y_min, y_max = X[:, 1].min() - 1, X[:, 1].max() + 1
xx, yy = np.meshgrid(
    np.arange(x_min, x_max, plot_step), np.arange(y_min, y_max, plot_step)
)
# 绘制单个DecisionTreeClassifier或alpha混合分类器集合的决策曲面
if isinstance(model, DecisionTreeClassifier):
    Z = model.preDict(np.c_[xx.ravel(), yy.ravel()])
    Z = Z.reshape(xx.shape)
    cs = plt.contourf(xx, yy, Z, cmap=cmap)
else:
    # 根据使用的估计器数量选择alpha混合级别（注意，如果AdaBoost
    # 在早期获得足够好的拟合，那么它可以使用比其最大值更少的估计器）
    estimator_alpha = 1.0 / len(model.estimators_)
    for tree in model.estimators_:
        Z = tree.preDict(np.c_[xx.ravel(), yy.ravel()])
        Z = Z.reshape(xx.shape)
        cs = plt.contourf(xx, yy, Z, alpha=estimator_alpha, cmap=cmap)
# 构建一个更粗的网格来绘制一组集合分类，以显示这些分类
# 与我们在决策曲面中看到的不同，这些点是规则间隔的，没有黑色轮廓
xx_coarser, yy_coarser = np.meshgrid(
    np.arange(x_min, x_max, plot_step_coarser),
    np.arange(y_min, y_max, plot_step_coarser),
)
Z_points_coarser = model.preDict(
    np.c_[xx_coarser.ravel(), yy_coarser.ravel()]
```

```
    ).reshape(xx_coarser.shape)
    cs_points = plt.scatter(
        xx_coarser,
        yy_coarser,
        s=15,
        c=Z_points_coarser,
        cmap=cmap,
        edgecolors="none",
    )
    # 绘制训练点，这些点聚集在一起并具有黑色轮廓
    plt.scatter(
        X[:, 0],
        X[:, 1],
        c=y,
        cmap=ListedColormap(["r", "y", "b"]),
        edgecolor="k",
        s=20,
    )
    plot_idx += 1  # move on to the next plot in sequence
plt.suptitle("Classifiers on feature subsets of the Iris dataset", fontsize=12)
plt.axis("tight")
plt.tight_layout(h_pad=0.2, w_pad=0.2, pad=2.5)
plt.show()
```

运行结果如下：

```
DecisionTree with features [0, 1] has a score of 0.9266666666666666
RandomForest with 30 estimators with features [0, 1] has a score of 0.9266666666666666
ExtraTrees with 30 estimators with features [0, 1] has a score of 0.9266666666666666
AdaBoost with 30 estimators with features [0, 1] has a score of 0.8533333333333334
DecisionTree with features [0, 2] has a score of 0.9933333333333333
RandomForest with 30 estimators with features [0, 2] has a score of 0.9933333333333333
ExtraTrees with 30 estimators with features [0, 2] has a score of 0.9933333333333333
AdaBoost with 30 estimators with features [0, 2] has a score of 0.9933333333333333
DecisionTree with features [2, 3] has a score of 0.9933333333333333
RandomForest with 30 estimators with features [2, 3] has a score of 0.9933333333333333
ExtraTrees with 30 estimators with features [2, 3] has a score of 0.9933333333333333
AdaBoost with 30 estimators with features [2, 3] has a score of 0.9933333333333333
```

运行结果可视化如图14-4所示。

2．使用AdaBoost算法实现回归

下面举例说明使用AdaBoost算法实现回归。决策树使用AdaBoost算法增强，示例是该算法在含有少量高斯噪声的一维正弦数据集上的应用，通过299个增益（即300个决策树）与单个决策树回归器相比，随着增益次数的增加，回归因子能够适应更多细节。

【例14-3】　使用AdaBoost算法实现回归。

输入如下代码：

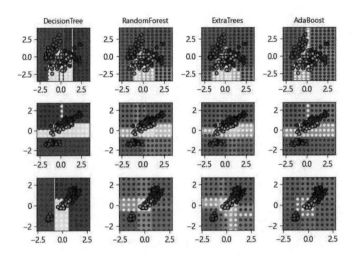

图 14-4 使用 AdaBoost 算法实现多分类

```python
# 使用AdaBoost算法实现回归
import numpy as np
from sklearn.ensemble import AdaBoostRegressor
from sklearn.tree import DecisionTreeRegressor
import matplotlib.pyplot as plt
import seaborn as sns
rng = np.random.RandomState(1)
X = np.linspace(0, 6, 100)[:, np.newaxis]
y = np.sin(X).ravel() + np.sin(6 * X).ravel() + rng.normal(0, 0.1, X.shape[0])

# 使用决策树和AdaBoost回归器进行训练和预测
regr_1 = DecisionTreeRegressor(max_depth=4)
regr_2 = AdaBoostRegressor(
    DecisionTreeRegressor(max_depth=4), n_estimators=300, random_state=rng
)
regr_1.fit(X, y)
regr_2.fit(X, y)
y_1 = regr_1.preDict(X)
y_2 = regr_2.preDict(X)
# 绘制结果
colors = sns.color_palette("colorblind")
plt.figure()
plt.scatter(X, y, color=colors[0], label="training samples")
plt.plot(X, y_1, color=colors[1], label="n_estimators=1", linewidth=2)
plt.plot(X, y_2, color=colors[2], label="n_estimators=300", linewidth=2)
plt.xlabel("data")
plt.ylabel("target")
plt.title("Boosted Decision Tree Regression")
plt.legend()
plt.show()
```

运行结果可视化如图14-5所示。

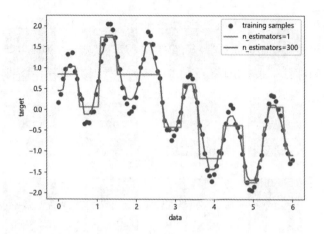

图 14-5　使用 AdaBoost 算法实现回归

14.2.3　梯度树提升

梯度树提升（Gradient Tree Boosting）或梯度提升回归树（Gradient Boosting Regression Tree，GBRT）是对于任意的可微损失函数的提升算法的泛化。梯度提升回归树是一个准确高效的现有程序，它既能用于分类问题，也可以用于回归问题。梯度提升回归树模型被应用到各种领域，如网页搜索排名和生态领域。

梯度提升回归树的优点主要说明如下：

- 对混合型数据的自然处理（异构特征）。
- 强大的预测能力。
- 在输出空间中验证异常点的鲁棒性（通过具有鲁棒性的损失函数实现）。

梯度提升回归树的缺点主要说明如下：

可扩展性差，这里可扩展性特指在更大规模的数据集、复杂度更高的模型上使用的能力，而非功能的扩展；梯度提升回归树支持自定义的损失函数，从这个角度看它的扩展性还是很强的。由于提升算法的有序性（也就是说下一步的结果依赖于上一步），因此很难做并行。

sklearn.ensemble模块通过梯度提升回归树提供了分类和回归的方法，下面举例说明梯度提升回归树的应用，读者可以从Python库中导入相关的数据，以方便学习。

【例14-4】　梯度提升回归树的应用。

输入如下代码：

```
# 梯度提升回归树的应用
import matplotlib.pyplot as plt
import numpy as np
from sklearn import datasets, ensemble
```

```
from sklearn.inspection import permutation_importance
from sklearn.metrics import mean_squared_error
from sklearn.model_selection import train_test_split
# 加载数据
diabetes = datasets.load_diabetes()
X, y = diabetes.data, diabetes.target
# 数据预处理
X_train, X_test, y_train, y_test = train_test_split(
    X, y, test_size=0.1, random_state=13
)
params = {
    "n_estimators": 500,
    "max_depth": 4,
    "min_samples_split": 5,
    "learning_rate": 0.01,
    "loss": "squared_error",
}
# 拟合回归模型
reg = ensemble.GradientBoostingRegressor(**params)
reg.fit(X_train, y_train)
mse = mean_squared_error(y_test, reg.preDict(X_test))
print("The mean squared error (MSE) on test set: {:.4f}".format(mse))
# 绘制训练偏差
test_score = np.zeros((params["n_estimators"],), dtype=np.float64)
for i, y_pred in enumerate(reg.staged_preDict(X_test)):
    test_score[i] = reg.loss_(y_test, y_pred)
fig = plt.figure(figsize=(6, 6))
plt.subplot(1, 1, 1)
plt.title("Deviance")
plt.plot(
    np.arange(params["n_estimators"]) + 1,
    reg.train_score_,
    "b-",
    label="Training Set Deviance",
)
plt.plot(
    np.arange(params["n_estimators"]) + 1, test_score, "r-", label="Test Set Deviance"
)
plt.legend(loc="upper right")
plt.xlabel("Boosting Iterations")
plt.ylabel("Deviance")
fig.tight_layout()
plt.show()

# 绘制特征和重要性
feature_importance = reg.feature_importances_
sorted_idx = np.argsort(feature_importance)
pos = np.arange(sorted_idx.shape[0]) + 0.5
fig = plt.figure(figsize=(12, 6))
plt.subplot(1, 2, 1)
plt.barh(pos, feature_importance[sorted_idx], align="center")
plt.yticks(pos, np.array(diabetes.feature_names)[sorted_idx])
plt.title("Feature Importance (MDI)")
```

14

```
result = permutation_importance(
    reg, X_test, y_test, n_repeats=10, random_state=42, n_jobs=2
)
sorted_idx = result.importances_mean.argsort()
plt.subplot(1, 2, 2)
plt.boxplot(
    result.importances[sorted_idx].T,
    vert=False,
    labels=np.array(diabetes.feature_names)[sorted_idx],
)
plt.title("Permutation Importance (test set)")
fig.tight_layout()
plt.show()
```

运行结果如下：

```
The mean squared error (MSE) on test set: 3032.5441
```

运行结果可视化如图14-6所示。

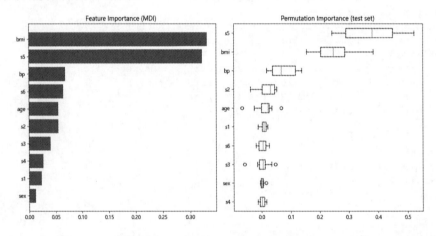

图 14-6   梯度提升回归树的应用

14.2.4   投票分类器

投票分类器（Voting Classifier）是结合了多个不同的机器学习分类器，并且采用多数表决（硬投票）或者平均预测概率（软投票）的方式来预测分类标签。这样的分类器可以用于一组同样表现良好的模型，以便平衡它们各自的弱点。

1.硬投票

在多数表决投票中，对于每个特定样本的预测类别标签是所有单独分类器预测的类别标签中票数占据多数（模式）的类别标签。例如，如果给定样本的预测是：

- classifier 1 → class 1

- classifier 2　→　class 1
- classifier 3　→　class 2

类别1占据多数，通过voting='hard'参数设置投票分类器为多数表决方式，会得到该样本的预测结果是类别1。

在平局的情况下，投票分类器将根据升序排序顺序选择类标签。例如，场景如下：

- classifier 1　→　class 2
- classifier 2　→　class 1

这种情况下，class 1将会被指定为该样本的类标签。

【例14-5】　sklearn库函数硬投票iris数据举例。

输入如下代码：

```
# 硬投票举例
from sklearn import datasets
from sklearn.model_selection import cross_val_score
from sklearn.linear_model import LogisticRegression
from sklearn.naive_bayes import GaussianNB
from sklearn.ensemble import RandomForestClassifier
from sklearn.ensemble import VotingClassifier
iris = datasets.load_iris()
X, y = iris.data[:, 1:3], iris.target
clf1 = LogisticRegression(solver='lbfgs', multi_class='multinomial',random_state=1)
clf2 = RandomForestClassifier(n_estimators=50, random_state=1)
clf3 = GaussianNB()
eclf = VotingClassifier(estimators=[('lr', clf1), ('rf', clf2), ('gnb', clf3)],
voting='hard')
for clf, label in zip([clf1, clf2, clf3, eclf], ['Logistic Regression', 'Random Forest',
'naive Bayes', 'Ensemble']):
    scores = cross_val_score(clf, X, y, cv=5, scoring='accuracy')
    print("Accuracy: %0.2f (+/- %0.2f) [%s]" % (scores.mean(), scores.std(), label))
```

运行结果如下：

```
Accuracy: 0.95 (+/- 0.04) [Logistic Regression]
Accuracy: 0.94 (+/- 0.04) [Random Forest]
Accuracy: 0.91 (+/- 0.04) [naive Bayes]
Accuracy: 0.95 (+/- 0.04) [Ensemble]
```

2. 软投票

与表决硬投票相比，软投票将类别标签返回为预测概率之和的argmax，具体的权重可以通过权重参数weights分配给每个分类器。

当提供权重参数weights时，收集每个分类器的预测分类概率，乘以分类器权重并取平均值，然后将具有最高平均概率的类别标签确定为最终类别标签。

为了用一个简单的示例来说明这一点，假设有3个分类器和一个3类分类问题，给所有分类器赋予相等的权重：$w1=1$，$w2=1$，$w3=1$。样本的加权平均概率计算如表14-1所示。

表14-1　软投票权重计算

分　类　器	类别 1	类别 2	类别 3
分类器 1	$w1×0.2$	$w1×0.5$	$w1×0.3$
分类器 2	$w2×0.6$	$w2×0.3$	$w2×0.1$
分类器 3	$w3×0.3$	$w3×0.4$	$w3×0.3$
加权平均的结果	0.37	0.4	0.23

从这里可以看出，预测的类标签是2，因为它具有最大的平均概率。

例14-6说明了当软投票分类器是基于线性支持向量机、决策树、K近邻分类器时，决策域可能的变化情况。

【例14-6】　sklearn库函数软投票iris数据举例。

输入如下代码：

```
# 软投票应用举例
from itertools import product
import matplotlib.pyplot as plt
from sklearn import datasets
from sklearn.tree import DecisionTreeClassifier
from sklearn.neighbors import KNeighborsClassifier
from sklearn.svm import SVC
from sklearn.ensemble import VotingClassifier
from sklearn.inspection import DecisionBoundaryDisplay
# 加载一些示例数据
iris = datasets.load_iris()
X = iris.data[:, [0, 2]]
y = iris.target
# 训练分类器
clf1 = DecisionTreeClassifier(max_depth=4)
clf2 = KNeighborsClassifier(n_neighbors=7)
clf3 = SVC(gamma=0.1, kernel="rbf", probability=True)
eclf = VotingClassifier(
    estimators=[("dt", clf1), ("knn", clf2), ("svc", clf3)],
    voting="soft",
    weights=[2, 1, 2],
)
clf1.fit(X, y)
clf2.fit(X, y)
clf3.fit(X, y)
eclf.fit(X, y)
# 绘制决策区域
f, axarr = plt.subplots(2, 2, sharex="col", sharey="row", figsize=(10, 8))
for idx, clf, tt in zip(
```

```
    product([0, 1], [0, 1]),
    [clf1, clf2, clf3, eclf],
    ["Decision Tree (depth=4)", "KNN (k=7)", "Kernel SVM", "Soft Voting"],
):
    DecisionBoundaryDisplay.from_estimator(
        clf, X, alpha=0.4, ax=axarr[idx[0], idx[1]], response_method="preDict"
    )
    axarr[idx[0], idx[1]].scatter(X[:, 0], X[:, 1], c=y, s=20, edgecolor="k")
    axarr[idx[0], idx[1]].set_title(tt)
plt.show()
```

运行结果可视化如图14-7所示。

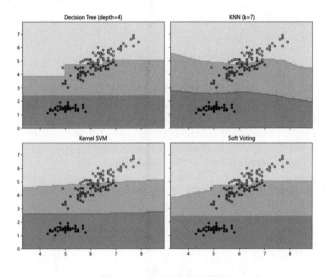

图 14-7 软投票应用举例

观察运行结果,可以看到软投票的结果明显好于单个分类器的结果。

3. 投票回归器

投票回归器背后的思想是将概念上不同的机器学习回归器组合起来,并返回平均预测值。这样一个回归器对于一组同样表现良好的模型是有用的,以便平衡它们各自的弱点。下面举例说明。

【例14-7】 投票回归器应用举例。

输入如下代码:

```
# 投票回归器应用举例
import matplotlib.pyplot as plt
from sklearn.datasets import load_diabetes
from sklearn.ensemble import GradientBoostingRegressor
from sklearn.ensemble import RandomForestRegressor
from sklearn.linear_model import LinearRegression
from sklearn.ensemble import VotingRegressor
```

```
# %%
# 分类器的训练
X, y = load_diabetes(return_X_y=True)
# 训练分类器
reg1 = GradientBoostingRegressor(random_state=1)
reg2 = RandomForestRegressor(random_state=1)
reg3 = LinearRegression()
reg1.fit(X, y)
reg2.fit(X, y)
reg3.fit(X, y)
ereg = VotingRegressor([("gb", reg1), ("rf", reg2), ("lr", reg3)])
ereg.fit(X, y)
# 预测
xt = X[:20]
pred1 = reg1.preDict(xt)
pred2 = reg2.preDict(xt)
pred3 = reg3.preDict(xt)
pred4 = ereg.preDict(xt)
# 绘制结果
plt.figure()
plt.plot(pred1, "gd", label="GradientBoostingRegressor")
plt.plot(pred2, "b^", label="RandomForestRegressor")
plt.plot(pred3, "ys", label="LinearRegression")
plt.plot(pred4, "r*", ms=10, label="VotingRegressor")
plt.tick_params(axis="x", which="both", bottom=False, top=False, labelbottom=False)
plt.ylabel("preDicted")
plt.xlabel("training samples")
plt.legend(loc="best")
plt.title("Regressor preDictions and their average")
plt.show()
```

可视化结果如图14-8所示。观察运行结果可以看出，投票回归器的结果明显好于单个回归算法的结果。

14.3　小结

本章学习了集成学习的思想，其在机器学习算法中应用广泛，对于提升模型预测准确率有着不可忽视的作用。为了提高读者的实践能力，本章给出了几个集成学习算法的例子，并且给出了详细的注释，希望读者可以多加实践。如果读者对于集成学习感兴趣，可以自己花点时间研究一下，找一些数据集分别进行测试，相信一定会收获满满。

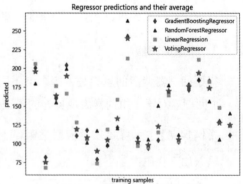

图 14-8　投票回归器应用举例

## 第 15 章

TensorFlow入门

15

TensorFlow是目前主流的深度学习框架之一，它拥有一个全面且灵活的生态系统，其中包含各种工具、库和社区资源，可助力研究人员推动先进机器学习技术的进步。本章将带领读者学习TensorFlow的基础知识，以便读者以后可以学习深度学习技术。

学习目标：

（1）掌握TensorFlow的安装。

（2）掌握TensorFlow常用的数据结构。

（3）掌握TensorFlow的GPU调用。

（4）熟悉TensorFlow的简单参数调整。

15.1　TensorFlow 简介和安装

TensorFlow是一个端到端开源机器学习平台，其拥有多层级结构，可部署于各类服务器、PC终端和网页，并支持GPU和TPU高性能数值计算，被广泛应用于谷歌内部的产品开发和各领域的科学研究。

15.1.1　TensorFlow 简介

TensorFlow是一个基于数据流编程（Dataflow Programming）的符号数学系统，被广泛应用于各类机器学习算法的编程实现，其前身是谷歌的神经网络算法库DistBelief。

TensorFlow由谷歌人工智能团队谷歌大脑（Google Brain）开发和维护，拥有包括TensorFlow Hub、TensorFlow Lite、TensorFlow Research Cloud在内的多个项目以及各类应用程序接口（Application Programming Interface，API）。自2015年11月9日起，TensorFlow依据阿帕奇授权协议（Apache 2.0 License）开放源代码。

TensorFlow支持多种客户端语言下的安装和运行。截至目前，TensorFlow绑定完成并支持版本兼容运行的语言有C、Python、JavaScript、C++、Java、Go和Swift等。

Keras是一个支持TensorFlow、Theano和Microsoft-CNTK的第三方高阶神经网络API。Keras以TensorFlow的Python API为基础提供了神经网络尤其是深度网络的构筑模块，并对神经网络开发、训练、测试的各项操作进行封装以提升可扩展性和简化使用难度。

TensorFlow 2.x版本已经发布，该版本与之前的版本有所区别，本书的示例都是基于TensorFlow 2.x版本的，也希望读者及时学习新的技术。

15.1.2 TensorFlow 的安装

一般的机器学习使用者主要使用的是Python语言版本的TensorFlow。关于TensorFlow的安装，有众多的介绍资料，由于技术进步很快，TensorFlow版本经常会有更新，这里建议读者参考TensorFlow的官网进行安装，官网会有详细的安装教程和步骤。

这里重点说明TensorFlow 2和TensorFlow 1版本的区别，另外对系统环境也会有要求，简单介绍如下：

（1）TensorFlow 2软件包现已推出：

- tensorflow：支持CPU和GPU的最新稳定版（适用于Ubuntu和Windows）。
- tf-nightly：预览build（不稳定）。Ubuntu和Windows均包含GPU支持。

（2）旧版TensorFlow，对于TensorFlow 1.x，CPU和GPU软件包是分开的。

- tensorflow==1.15：仅支持CPU的版本。
- tensorflow-gpu==1.15：支持GPU的版本（适用于Ubuntu和Windows）。

（3）系统要求：

- Python 3.6～3.9：若要支持Python 3.9，则需要使用TensorFlow 2.5或更高版本。若要支持Python 3.8，则需要使用TensorFlow 2.2 或更高版本。
- pip 19.0或更高版本（需要manylinux 2010支持）。
- Ubuntu 16.04或更高版本（64位）。
- macOS 10.12.6（Sierra）或更高版本（64位）（不支持GPU），macOS要求使用pip 20.3或更高版本。
- Windows 7或更高版本（64位）：适用于Visual Studio 2015、2017和2019的Microsoft Visual C++可再发行软件包。
- GPU需要使用支持CUDA®的卡（适用于Ubuntu和Windows）。

（4）硬件要求：

- 从TensorFlow 1.6开始，二进制文件使用AVX指令，这些指令可能无法在旧版CPU上运行。
- 阅读GPU支持指南，以在Ubuntu或Windows上设置支持CUDA®的GPU卡。

在虚拟环境下的TensorFlow pip软件包安装命令如下，其他安装方法请参考官网。

```
pip install --upgrade tensorflow
```

另外，使用GPU时还需要配置显卡的CUDA环境，这牵涉到显卡型号、显卡驱动、CUDA、cuDNN和TensorFlow的版本匹配问题，详细过程请参考官网相关资料。

TensorFlow 1.x和TensorFlow 2.x有相似之处，但是不兼容，TensorFlow 2.x融合了Keras。机器学习技术日新月异，因此本书的示例都是基于TensorFlow 2.x版本的。

使用TensorFlow的一些库函数可以查看TensorFlow是否安装成功。

【例15-1】　查看TensorFlow是否安装成功。

输入如下代码：

```
# 查看TensorFlow是否安装成功
import tensorflow as tf
print('*'*20)
print('查看TensorFlow版本')
print(tf.__version__)
print('*'*20)
print('查看GPU是否可用')
print(tf.config.List_physical_devices('GPU'))
print('*'*20)
```

运行结果如下：

```
********************
查看TensorFlow版本
2.8.0
********************
查看GPU是否可用
[PhysicalDevice(name='/physical_device:GPU:0', device_type='GPU')]
********************
```

观察运行结果，如果以上信息可以正确显示，说明TensorFlow已经正确安装，并且TensorFlow可以调用GPU进行计算。

15.2 TensorFlow 的数据类型

在使用TensorFlow之前，首先需要导入tensorflow模块。在TensorFlow 2中，默认为立即执行，即时执行为TensorFlow提供了一个更具互动性的前端。本节将介绍TensorFlow常用的数据结构。TensorFlow支持以下3种类型的张量：

- 常量：常量是值不能改变的张量。
- 变量：当一个量在会话中的值需要更新时，使用变量来表示。例如，在神经网络中，权重需要在训练期间更新，可以通过将权重声明为变量来实现。变量在使用前需要被显式初始化（即明确初始化）。

 常量存储在计算图的定义中，变量在每次加载计算图时加载。换句话说，它们是占用内存的。另一方面，变量又是分开存储的，它可以存储在参数服务器上。

- 占位符：用于将值输入TensorFlow图中。它可以和feed_Dict一起使用来输入数据。在训练神经网络时，它通常用于提供新的训练样本。在会话中运行计算图时，可以为占位符赋值。这样在构建一个计算图时不需要真正地输入数据。需要注意的是，占位符不包含任何数据，因此不需要初始化它。

15.2.1　常量

最基本的TensorFlow提供一个库来定义和执行对张量的各种数学运算。张量可理解为一个n维矩阵，所有类型的数据，包括标量、矢量和矩阵等都是特殊类型的张量，如表15-1所示。

表15-1　TensorFlow张量类型

数据类型	张　　量	形　　状
标量	0-D 张量	[]
向量	1-D 张量	$[D_0]$
矩阵	2-D 张量	$[D_0, D_1]$
N-D 张量	N-D 张量	$[D_0, D_1, \dots, D_{n-1}]$

在TensorFlow中，可用constant()函数创建常量（不可更改的张量）。

1. 数据直接生成常量

下面举例说明数据直接生成常量并查看常量，如例15-2所示。

【例15-2】　生成并查看TensorFlow常量。

输入如下代码：

```
# 生成并查看TensorFlow常量
import tensorflow as tf
t_1 = tf.constant(5)
print('*'*20)
```

```
print(type(t_1))
print('t_1 is :')
print(t_1)
print('*'*20)
t_2 = tf.constant([4, 3])
print('t_2 is :')
print(t_2)
t_3 = tf.constant([4, 3, 2])
print('*'*20)
print('t_3 is :')
print(t_3)
t_4 = tf.constant([4, 3, 2, 4])
print('*'*20)
print('t_4 is :')
print(t_4)
```

运行结果如下：

```
********************
<class 'tensorflow.python.framework.ops.EagerTensor'>
t_1 is :
tf.Tensor(5, shape=(), dtype=int32)
********************
t_2 is :
tf.Tensor([4 3], shape=(2,), dtype=int32)
********************
t_3 is :
tf.Tensor([4 3 2], shape=(3,), dtype=int32)
********************
t_4 is :
tf.Tensor([4 3 2 4], shape=(4,), dtype=int32)
```

观察运行结果，生成了多种维度的TensorFlow常量，并查看了该常量，其结果和表15-1所示的是对应的。

2. 函数生成常量

要创建一个所有元素为零的张量，可以调用tensorflow.zeros()函数。对应的语句可以创建一个形如[M,N]的零元素矩阵，数据类型（dtype）可以是int32、float32等。

```
tf.zeros([M,N],tf.dtype)
```

类似的函数还有tensorflow.ones()、tensorflow.linspace()等，TensorFlow中这些函数基本可以达到看到名字就知道其功能。另外，前面讲解NumPy时已经有过类似的函数，由于篇幅限制，这里不再具体展开，只举例说明其用法。

下面举例说明TensorFlow通过一些自身库中的函数构造常量。

15

【例15-3】　　通过TensorFlow库函数构造常量。

输入如下代码：

```
# 通过TensorFlow库函数构造常量
import tensorflow as tf
t_1 = tf.zeros([4, 3])
print('*'*20)
print('t_1 is :')
print(t_1)
t_2 = tf.ones([4, 3])
print('*'*20)
print('t_2 is :')
print(t_2)
t_3 = tf.linspace(1, 10, 20)
print('*'*20)
print('t_3 is :')
print(t_3)
```

运行结果如下：

```
********************
t_1 is :
tf.Tensor(
[[0. 0. 0.]
 [0. 0. 0.]
 [0. 0. 0.]
 [0. 0. 0.]], shape=(4, 3), dtype=float32)
********************
t_2 is :
tf.Tensor(
[[1. 1. 1.]
 [1. 1. 1.]
 [1. 1. 1.]
 [1. 1. 1.]], shape=(4, 3), dtype=float32)
********************
t_3 is :
tf.Tensor(
[ 1.         1.47368421  1.94736842  2.42105263  2.89473684  3.36842105
  3.84210526  4.31578947  4.78947368  5.26315789  5.73684211  6.21052632
  6.68421053  7.15789474  7.63157895  8.10526316  8.57894737  9.05263158
  9.52631579 10.        ], shape=(20,), dtype=float64)
```

　　观察运行结果，TensorFlow通过tensorflow.zeros()、tf.linspace()等函数可以分别生成常量，这种方法在实际中非常有用，比如深度学习模型参数初始化就常使用这种方式。

　　另外，tf.fill()是在类tf.Tensor中定义的函数，它用于创建一个填充有标量值的张量，用法如下：

```
tf.fill(shape, value, dtype)
```

参数说明：

- shape：一个定义输出张量形状的整数数组。
- value：一个标量值，用于填充输出张量。
- dtype：定义了输出张量中元素的数据类型，可以是'float32'、'int32'、'bool'、'complex64'、'string'等中的一种。默认值为'float32'.

返回值：返回填充有标量值的指定形状的张量。

下面举例说明调用tf.fill()填充张量。

【例15-4】　调用tf.fill()填充张量。

输入如下代码：

```
# 调用tf.fill()填充张量
import tensorflow as tf

a = tf.fill([10], 0)
b = tf.fill([2, 3, 4], 5)

print('*'*20)
print('a is :')
print(a)
print('*'*20)
print('b is :')
print(b)
```

运行结果如下：

```
********************
a is :
tf.Tensor([0 0 0 0 0 0 0 0 0 0], shape=(10,), dtype=int32)
********************
b is :
tf.Tensor(
[[[5 5 5 5]
  [5 5 5 5]
  [5 5 5 5]]

 [[5 5 5 5]
  [5 5 5 5]
  [5 5 5 5]]], shape=(2, 3, 4), dtype=int32)
```

3．随机函数初始化

TensorFlow允许创建具有不同分布的随机张量。

1）tf.random.normal()正态分布初始化

tf.random.normal()正态分布初始化的方式如下：

```
tf.random.normal(shape, mean=0, stddev=1, dtype=None, seed=None)
```

参数说明：

- shape：张量的形状，必选。
- mean：正态分布的均值，默认为0。
- stddev：正态分布的标准差，默认为1.0。
- dtype：输出的类型，默认为tf.float32。
- seed：随机数种子，是整数1或2，当设置之后，每次生成的随机数都一样。

下面举例说明tf.random.normal()函数的初始化。

【例15-5】　调用tf.random.normal()函数生成随机常量。

输入如下代码：

```
import tensorflow as tf
a = tf.random.normal([4, 4], mean=1, stddev=1)
print(a)
```

运行结果如下：

```
tf.Tensor(
[[ 1.7815651   2.3630443   2.8859816  -0.5745162 ]
 [ 0.8362264   1.2287037   1.3008311  -0.6531166 ]
 [ 0.53111935  0.97896427  0.40405077  0.81789744]
 [ 0.97550964  1.142574    1.8111572   2.2952604 ]], shape=(4, 4), dtype=float32)
```

2）tf.random.truncated_normal()截断正态分布初始化

参数与tf.random.normal()类似，在原来分布的基础上，截去某一部分元素，限制变量x的取值范围。后续可以优化sigmoid函数。

正态分布则可视为不进行任何截断的截断正态分布，即自变量的取值为负无穷到正无穷。

【例15-6】　tf.random.truncated_normal()截断正态分布。

输入如下代码：

```
# 创建一个4行5列的tensor，每个元素满足均值为0、标准差为1的截断正态分布
import tensorflow as tf
print(tf.random.truncated_normal([4, 5], mean=0, stddev=1))
```

运行结果如下：

```
tf.Tensor(
[[ 0.9888739  -0.10454134 -0.6556375   0.67547387  0.12718287]
 [-0.24150607 -1.395344    0.07264279 -0.47981626  0.2373908 ]
 [-1.4171122   0.89455914  0.0492116   0.71934146 -1.7801367 ]
 [-0.9819621   0.5171276   0.5471116   1.2952344   0.18671158]], shape=(4, 5),
dtype=float32)
```

4. 均匀分布初始化

均匀分布初始化的方法（即函数）为：

```
tf.random.uniform(shape, minval, maxval, dtype=None, seed = None)
```

参数说明：

- shape：输出张量的形状。
- minval：生成的随机值范围的下限，默认为0。
- maxval：要生成的随机值范围的上限。若dtype是浮点类型，则默认为1。
- dtype：输出的类型，默认为tf.float32。
- seed：整数，当设置之后，每次生成的随机数都一样。

张量中每个元素的范围在最小值和最大值之间，包含最小值，不包含最大值。

【例15-7】　均匀分布初始化示例。

输入如下代码：

```python
# 均匀分布初始化
import tensorflow as tf
# 每个元素都是[0,1)之间的随机采样，生成4行5列的张量
a = tf.random.uniform([4, 5])
print('*'*20)
print('a is :')
print(a)
# 每个元素都在1和10之间随机采样，整型
b = tf.random.uniform([2, 2], minval=1, maxval=10, dtype=tf.int32)
print('*'*20)
print('b is :')
print(b)
```

运行结果如下：

```
********************
a is :
tf.Tensor(
[[0.08707952 0.48876476 0.10145903 0.9476458  0.41417706]
 [0.4187274  0.82712936 0.12677252 0.07938302 0.5690824 ]
 [0.34561694 0.789196   0.43745184 0.8193513  0.21022356]
 [0.36302578 0.6113013  0.11138403 0.24990809 0.6399301 ]], shape=(4, 5),
dtype=float32)
********************
b is :
tf.Tensor(
[[6 8]
 [2 4]], shape=(2, 2), dtype=int32)
```

15

15.2.2　变量

TensorFlow中的变量是通过Variable类来实现的，类初始化函数为tf.Variable()，使用时用initial_value参数指定初始化函数，name参数指定变量名。同时，支持用常量函数对变量进行初始化。

TensorFlow中可以改变的量包括训练过程中的输入数据、输出数据以及控制从输入到输出的学习机制（具体体现为网络参数），输入输出数据在tf中是用placeholder占位符定义的，tf的学习机制使用变量来表示。

可以用tf.Variable(init_obj, name='v')生成一个初始值为init-obj的变量。

参数说明：

- init_obj：必需项，它是变量的初始化数据，一般对权重变量初始化采用正态随机初始化。
- name：一个可选项。

【例15-8】　使用Variable类实现TensorFlow变量。

输入如下代码：

```
# 使用Variable类实现TensorFlow变量
import tensorflow as tf
v1 = tf.Variable(tf.random.uniform(shape=[4, 5]), name='v')
print('*'*20)
print('v1 is :')
print(v1)
v2 = tf.Variable(tf.random.uniform(shape=[4, 5]), name='v')
print('*'*20)
print('v2 is :')
print(v2)
```

运行结果如下：

```
********************
v1 is :
<tf.Variable 'v:0' shape=(4, 5) dtype=float32, numpy=
array([[0.31130898, 0.70527065, 0.58851457, 0.88394403, 0.5580138 ],
       [0.29066586, 0.9837185 , 0.57955456, 0.97950387, 0.76402855],
       [0.91593266, 0.4136058 , 0.85223484, 0.40682042, 0.5293263 ],
       [0.5666983 , 0.27304518, 0.17866981, 0.6783545 , 0.17646515]],
      dtype=float32)>
********************
v2 is :
<tf.Variable 'v:0' shape=(4, 5) dtype=float32, numpy=
array([[0.01189315, 0.624493  , 0.42188013, 0.05929172, 0.5926951 ],
       [0.18040788, 0.6972966 , 0.3303225 , 0.18295455, 0.46034646],
       [0.763131  , 0.5075952 , 0.32625043, 0.31100225, 0.87301433],
       [0.22725022, 0.07999456, 0.73987603, 0.49894083, 0.629308  ]],
      dtype=float32)>
```

观察运行结果，代码没有报错。变量与常量有所不同，变量只指定了生成的方法，但是在运行之前还没有进行真正的初始化，所以对变量都应该进行初始化操作。

> 说明　①变量通常在神经网络中表示权重和偏置；②不同于TessorFlow 1，TensorFlow 2中没有tf.get_variable()函数，也没有占位符函数tf.placeholder()。

15.3　TensorFlow 的矩阵操作

矩阵操作（例如执行乘法、加法和减法）是神经网络中信号传播的重要操作。通常在计算中需要对随机矩阵、零矩阵或者单位矩阵等进行各种操作。TensorFlow为深度学习而生，这些操作是建立深度学习网络的基础。本节将讲解其中的一些重要操作。

15.3.1　索引和切片

TensorFlow的索引和切片与前面讲解的NumPy类似，这里不再详细展开讲解，主要进行实战应用，分别举例说明。通过多层下标进行索引是一种类似于C语言风格的索引方法。

【例15-9】　通过多层下标进行索引。

输入如下代码：

```
import tensorflow as tf
array = tf.random.uniform([3, 4, 5, 6], maxval=100, dtype=tf.int32)
print('*'*20)
print(array[0][0])
print('*'*20)
print(array[0][0][1])
print('*'*20)
print(array[0][0][1][-1])  # 负号下标表示逆向搜索
print('*'*20)
```

运行结果如下：

```
********************
tf.Tensor(
[[35  7 56 69  8 66]
 [34  8  8 40 15 27]
 [48 43 15 13 42 58]
 [ 2 22  2 44 66 18]
 [86 59 16 68 67 90]], shape=(5, 6), dtype=int32)
********************
tf.Tensor([34  8  8 40 15 27], shape=(6,), dtype=int32)
********************
tf.Tensor(27, shape=(), dtype=int32)
********************
```

15

```
(3, 35, 3)
(2,)
(2, 35, 3)
```

还可以使用类似Python风格的索引方法，array[start:end:step, start:end:step, ...]可以取默认值，start和end默认取从开端到结尾。同时，默认从第一个维度开始取，有几个冒号则从开始取几个维度，后面的剩余维度全取。

同样，上述省略号表示后面的维度都取，等同于不写的含义（但是，若省略号出现在中间，则不能不写）。

【例15-10】 Python风格的TensorFlow索引。

输入如下代码：

```
# Python风格的TensorFlow索引
import tensorflow as tf
array = tf.random.uniform([2,3])
print('*'*20)
print('引号索引')
print(array[:,:].shape)
print(array[:,0].shape)
print(array[:,::2].shape)
print('*'*20)
# 倒序::-1
print('倒序索引')
print(array[:-1,:].shape)
print(array[:].shape)
print('*'*20)
# 省略号...
print('省略号索引')
print(array[:,...].shape)
print(array[::,::].shape)
print('*'*20)
```

运行结果如下：

```
********************
引号索引
(2, 3)
(2,)
(2, 2)
********************
倒序索引
(1, 3)
(2, 3)
********************
省略号索引
(2, 3)
(2, 3)
```

还可以使用正则表达式，选择指定的维度进行索引。有3个重要的选择函数，分别说明如下：

- tf.gather(a, axis, indices)：axis表示指定的收集维度，indices表示该维度上收集哪些序号。
- tf.gather_nd(a, indices)：indices可以是多维的，按照指定维度索引。
- tf.boolean_mask(a, mask, axis)：按照布尔型的mask对为True的对应位置取索引（支持多层维度）。

【例15-11】　选择函数的TensorFlow索引。

输入如下代码：

```
# 选择函数的TensorFlow索引
import tensorflow as tf
a = tf.random.uniform([4,35,3])
print('*'*20)
print('gather索引')
print(tf.gather(a,axis=0, indices=[0,1,3]).shape)
print('*'*20)
print('gather_nd索引')
print(tf.gather_nd(a, [[0,1,2],[1,2,0]]).shape)
print('*'*20)
print('boolean_mask索引')
print(tf.boolean_mask(a, mask=[True,True, False,False],axis=0).shape)
```

运行结果如下：

```
********************
gather索引
(3, 35, 3)
********************
gather_nd索引
(2,)
********************
boolean_mask索引
(2, 35, 3)
```

15.3.2　维度变换

TensorFlow主要通过几个库函数进行维度变换，下面举例说明。

1. tf.reshape(a, shape)维度变换

tf.reshape(a, shape)将Tensor调整为新的合法shape，不会改变数据，只是改变数据的维度的组织方式（reshape中维度指定为–1表示自动推导，类似于NumPy）。

【例15-12】　tf.reshape(a, shape)维度变换。

输入如下代码：

```
import tensorflow as tf
# 将Tensor调整为新的合法shape，不会改变数据
a = tf.random.uniform([16, 28, 28, 3])
print('*'*20)
print(a.shape, " ", a.ndim)
print(tf.reshape(a, [16, 28*28, 3]).shape)
print(tf.reshape(a, [16, -1, 3]).shape)
print(tf.reshape(a, [16, 28*28*3]).shape)
print(tf.reshape(a, [16, -1]).shape)
print('*'*20)
# %%
array = tf.random.normal([4, 28, 28, 3])
b = tf.reshape(tf.reshape(array, [4, -1]), [4, 28, 28, 3]).shape
print(b)
# %%
c = tf.reshape(tf.reshape(array, [4, -1]), [4, 14, 56, 3]).shape
print('*'*20)
print(c)
#%%
d = tf.reshape(tf.reshape(array, [4, -1]), [4, 1, 784, 3]).shape
print('*'*20)
print(d)
```

运行结果如下：

```
********************
(16, 28, 28, 3)    4
(16, 784, 3)
(16, 784, 3)
(16, 2352)
(16, 2352)
********************
(4, 28, 28, 3)
********************
(4, 14, 56, 3)
********************
(4, 1, 784, 3)
```

2. tf.transpose(a, perm)维度变换

tf.transpose(a, perm)将原来的Tensor按照perm指定的维度顺序进行转置。

【例15-13】   tf.transpose(a, perm)维度变换。

输入如下代码：

```
import tensorflow as tf
# 将原来的Tensor按照perm指定的维度顺序进行转置
a = tf.random.uniform([16, 28, 28, 3])
print('变换前的维度为: ')
print(a.shape)
```

```
print('变换后的维度为: ')
print(tf.transpose(a, [0, 3, 1, 2]).shape)
```

运行结果如下:

```
变换前的维度为:
(16, 28, 28, 3)
变换后的维度为:
(16, 3, 28, 28)
```

3. tf.expand_dims(a, axis)增加维度

tf.expand_dims(a, axis)在指定维度的前面（axis为正数）或者后面（axis为负数）增加一个新的空维度。

【例15-14】　tf.expand_dims(a, axis)增加维度。

输入如下代码:

```
import tensorflow as tf
# 增加维度
a = tf.random.normal([4,35,8])
print(tf.expand_dims(a, axis=0).shape)
print('*'*20)
print(tf.expand_dims(a, axis=3).shape)
```

运行结果如下:

```
(1, 4, 35, 8)
********************
(4, 35, 8, 1)
```

4. tf.squeeze(a, axis)减少维度

tf.squeeze(a, axis)消去指定的可以去掉的维度（该维度值为1）。

【例15-15】　tf.squeeze(a, axis)减少维度。

输入如下代码:

```
import tensorflow as tf
# 挤压维度
a = tf.random.normal([1,28,28,1])
print('*'*20)
print(tf.squeeze(a,axis=0).shape)
print('*'*20)
print(tf.squeeze(a,axis=3).shape)
print('*'*20)
print(tf.squeeze(a,axis=-1).shape)
```

运行结果如下:

15

```
********************
(28, 28, 1)
********************
(1, 28, 28)
********************
(1, 28, 28)
```

15.3.3   数学运算

这里将讲解TensorFlow常用的数学运算，主要分为元素运算、矩阵运算、维度运算。

1. 元素运算

基本的加减乘除，即矩阵对应位置的元素进行这4种数学运算，这些运算和前面讲解的NumPy类似。

【例15-16】   TensorFlow元素运算。

输入如下代码：

```python
import tensorflow as tf
a = tf.ones([3, 3])
b = tf.fill([3, 3], 2.)
print('*'*20)
print('普通数学计算')
print(a+b)
print(a-b)
print(a*b)
print(a/b)
print(a//b)
print(a%b)
print('*'*20)
print('科学计算')
# tf.math.log, tf.exp
print(tf.math.log(a))
print(tf.exp(a))
print(tf.pow(b, 3))
print(tf.sqrt(b))
```

运行结果如下：

```
********************
普通数学计算
tf.Tensor(
[[3. 3. 3.]
 [3. 3. 3.]
 [3. 3. 3.]], shape=(3, 3), dtype=float32)
tf.Tensor(
[[-1. -1. -1.]
 [-1. -1. -1.]
```

```
 [-1. -1. -1.]], shape=(3, 3), dtype=float32)
tf.Tensor(
[[2. 2. 2.]
 [2. 2. 2.]
 [2. 2. 2.]], shape=(3, 3), dtype=float32)
tf.Tensor(
[[0.5 0.5 0.5]
 [0.5 0.5 0.5]
 [0.5 0.5 0.5]], shape=(3, 3), dtype=float32)
tf.Tensor(
[[0. 0. 0.]
 [0. 0. 0.]
 [0. 0. 0.]], shape=(3, 3), dtype=float32)
tf.Tensor(
[[1. 1. 1.]
 [1. 1. 1.]
 [1. 1. 1.]], shape=(3, 3), dtype=float32)
********************
科学计算
tf.Tensor(
[[0. 0. 0.]
 [0. 0. 0.]
 [0. 0. 0.]], shape=(3, 3), dtype=float32)
tf.Tensor(
[[2.7182817 2.7182817 2.7182817]
 [2.7182817 2.7182817 2.7182817]
 [2.7182817 2.7182817 2.7182817]], shape=(3, 3), dtype=float32)
tf.Tensor(
[[8. 8. 8.]
 [8. 8. 8.]
 [8. 8. 8.]], shape=(3, 3), dtype=float32)
tf.Tensor(
[[1.4142135 1.4142135 1.4142135]
 [1.4142135 1.4142135 1.4142135]
 [1.4142135 1.4142135 1.4142135]], shape=(3, 3), dtype=float32)
```

2. 矩阵运算

矩阵之间的运算，需要符合矩阵的运算规则，特别是矩阵乘法。

【例15-17】 TensorFlow矩阵运算。

输入如下代码：

```
import tensorflow as tf
# 矩阵运算
a = tf.random.normal([2,3])
b = tf.random.normal([3,4])
# @, matmul
print('*'*20)
print(a@b)
```

```
print('*'*20)
print(tf.matmul(a, b))
```

运行结果如下：

```
********************
tf.Tensor(
[[-0.03129094 -1.167582   -0.37248266  0.26671478]
 [ 0.05523404 -5.971615   -1.3966151   0.86872375]], shape=(2, 4), dtype=float32)
********************
tf.Tensor(
[[-0.03129094 -1.167582   -0.37248266  0.26671478]
 [ 0.05523404 -5.971615   -1.3966151   0.86872375]], shape=(2, 4), dtype=float32)
```

3. 维度运算

某个维度上的操作，包括reduce_mean、reduce_max等方法。

【例15-18】 单一列表创建DataFrame。

输入如下代码：

```
# TensorFlow维度运算
import tensorflow as tf
a = tf.random.normal([2,3,4])
print('*'*20)
print(tf.reduce_mean(a,axis=0))
print(tf.reduce_mean(a, axis=2))
print('*'*20)
# 使用广播
a = tf.ones([4, 2, 3])        # 4作为batch处理
b = tf.fill([4, 3, 5], 2.)    # 4作为batch处理
# %%
print(a.shape)
print(b.shape)
bb = tf.broadcast_to(b, [4, 3, 5])
print(bb)
print('*'*20)
# Y = X@W +b
x = tf.ones([4, 2])
W = tf.ones([2, 1])
b = tf.constant(0.1)  # 自动broadcast为[4,1]
out = x@W + b
print(tf.nn.relu(out))
```

运行结果如下：

```
********************
tf.Tensor(
[[ 1.0816075   0.21870118  0.3631212  -0.27874345]
 [-0.5062412   0.56254274 -1.0077782   0.26681423]
 [ 0.5580393   0.06175753 -0.06648958 -1.1769794 ]], shape=(3, 4), dtype=float32)
tf.Tensor(
```

```
[[ 0.4089102  -0.6937666   0.4195421 ]
 [ 0.28343293  0.35143536 -0.73137814]], shape=(2, 3), dtype=float32)
*********************
(4, 2, 3)
(4, 3, 5)
tf.Tensor(
[[[2. 2. 2. 2. 2.]
  [2. 2. 2. 2. 2.]
  [2. 2. 2. 2. 2.]]

 [[2. 2. 2. 2. 2.]
  [2. 2. 2. 2. 2.]
  [2. 2. 2. 2. 2.]]

 [[2. 2. 2. 2. 2.]
  [2. 2. 2. 2. 2.]
  [2. 2. 2. 2. 2.]]

 [[2. 2. 2. 2. 2.]
  [2. 2. 2. 2. 2.]
  [2. 2. 2. 2. 2.]]], shape=(4, 3, 5), dtype=float32)
*********************
tf.Tensor(
[[2.]
 [2.]
 [2.]
 [2.]], shape=(4, 1), dtype=float32)
```

15.4　指定 CPU 和 GPU

TensorFlow支持CPU和GPU，也支持分布式计算，可以在一个或多个计算机系统的多个设备上使用TensorFlow。

TensorFlow将支持的CPU设备命名为"/device：CPU：0"（或"/cpu：0"），将第i个GPU设备命名为"/device：GPU：I"（或"/gpu：I"）。

众所周知，GPU比CPU要快得多，因为它有许多小的内核。然而，在所有类型的计算中都使用GPU也并不一定有速度上的优势。有时，比起使用GPU并行计算在速度上的优势，使用GPU的其他代价相对更大。

为了解决这个问题，TensorFlow选择将计算放在一个特定的设备上。默认情况下，如果CPU和GPU都存在，TensorFlow会优先考虑GPU。

TensorFlow将设备表示为字符串。本节展示如何在TensorFlow中指定某一设备用于矩阵乘法的计算。

下面举例说明如何查看可用的GPU和CPU，注意TensorFlow 2和TensorFlow 1的命令不同，这里使用的是TensorFlow 2的命令。

15

【例15-19】　　TensorFlow查看可用的GPU和CPU。

输入如下代码：

```
import tensorflow as tf
print('*'*20)
print('查看可用GPU')
print(tf.config.List_physical_devices('GPU'))
print('*'*20)
print('查看可用CPU')
print(tf.config.List_physical_devices('CPU'))
print('*'*20)
print('查看可用设备')
print(tf.config.List_physical_devices())
```

运行结果如下：

```
********************
查看可用GPU
[PhysicalDevice(name='/physical_device:GPU:0', device_type='GPU')]
********************
查看可用CPU
[PhysicalDevice(name='/physical_device:CPU:0', device_type='CPU')]
********************
查看可用设备
[PhysicalDevice(name='/physical_device:CPU:0', device_type='CPU'),
 PhysicalDevice(name='/physical_device:GPU:0', device_type='GPU')]
```

下面举例说明如何在指定CPU和GPU上进行运算。

【例15-20】　　在指定CPU上进行运算。

输入如下代码：

```
import tensorflow as tf
with tf.device("/cpu:0"):
    tf.random.set_seed(0)
    a = tf.random.uniform((10000,10000),minval = 0,maxval = 3.0)
    c = tf.matmul(a, tf.transpose(a))
    d = tf.reduce_sum(c)
    print('done')
```

运行结果如下：

```
done
```

由于运行结果矩阵比较大，这里不打印显示了，只给出成功运行的提示。

同理，如果要在指定的GPU上运行，可以把代码修改为：

```
with tf.device("/gpu:0"):
```

这里可以指定设备中的GPU，设备中的GPU编号默认是从0开始的，如果有4块GPU，其编号分别为0、1、2、3。另外，还可以指定使用GPU的显存进行计算。

【例15-21】 GPU和CPU计算时间对比。

输入如下代码：

```
import tensorflow as tf
from tensorflow.keras import *
import time

tf.config.set_soft_device_placement(True)
tf.debugging.set_log_device_placement(True)

gpus = tf.config.experimental.List_physical_devices('GPU')
tf.config.experimental.set_visible_devices(gpus[0], 'GPU')
tf.config.experimental.set_memory_growth(gpus[0], True)

t=time.time()
with tf.device("/gpu:0"):
    tf.random.set_seed(0)
    a = tf.random.uniform((10000,10000),minval = 0,maxval = 3.0)
    c = tf.matmul(a, tf.transpose(a))
    d = tf.reduce_sum(c)
print('gpu: ', time.time()-t)

t=time.time()
with tf.device("/cpu:0"):
    tf.random.set_seed(0)
    a = tf.random.uniform((10000,10000),minval = 0,maxval = 3.0)
    c = tf.matmul(a, tf.transpose(a))
    d = tf.reduce_sum(c)
print('cpu: ', time.time()-t)
```

运行结果如下：

```
    I tensorflow/core/common_runtime/eager/execute.cc:1289] Executing op _EagerConst in
device /job:localhost/replica:0/task:0/device:GPU:0
    I tensorflow/core/common_runtime/eager/execute.cc:1289] Executing op _EagerConst in
device /job:localhost/replica:0/task:0/device:GPU:0
    I tensorflow/core/common_runtime/eager/execute.cc:1289] Executing op _EagerConst in
device /job:localhost/replica:0/task:0/device:GPU:0
    I tensorflow/core/common_runtime/eager/execute.cc:1289] Executing op RandomUniform
in device /job:localhost/replica:0/task:0/device:GPU:0
    I tensorflow/core/common_runtime/eager/execute.cc:1289] Executing op Mul in device
/job:localhost/replica:0/task:0/device:GPU:0
    I tensorflow/core/common_runtime/eager/execute.cc:1289] Executing op _EagerConst in
device /job:localhost/replica:0/task:0/device:GPU:0
    I tensorflow/core/common_runtime/eager/execute.cc:1289] Executing op Transpose in
device /job:localhost/replica:0/task:0/device:GPU:0
    I tensorflow/core/common_runtime/eager/execute.cc:1289] Executing op MatMul in device
/job:localhost/replica:0/task:0/device:GPU:0
    gpu:  1.1479337215423584
    I tensorflow/core/common_runtime/eager/execute.cc:1289] Executing op _EagerConst in
device /job:localhost/replica:0/task:0/device:GPU:0
    I tensorflow/core/common_runtime/eager/execute.cc:1289] Executing op Sum in device
/job:localhost/replica:0/task:0/device:GPU:0
```

15

```
    I tensorflow/core/common_runtime/eager/execute.cc:1289] Executing op RandomUniform
in device /job:localhost/replica:0/task:0/device:CPU:0
    I tensorflow/core/common_runtime/eager/execute.cc:1289] Executing op Mul in device
/job:localhost/replica:0/task:0/device:CPU:0
    I tensorflow/core/common_runtime/eager/execute.cc:1289] Executing op Transpose in
device /job:localhost/replica:0/task:0/device:CPU:0
    I tensorflow/core/common_runtime/eager/execute.cc:1289] Executing op MatMul in device
/job:localhost/replica:0/task:0/device:CPU:0
    I tensorflow/core/common_runtime/eager/execute.cc:1289] Executing op Sum in device
/job:localhost/replica:0/task:0/device:CPU:0
    cpu: 1.9627528190612793
```

观察运行结果，可以看到在GPU上的运行时间要比在CPU上的运行时间短，由于这里计算量很小，对比不是很明显，随着模型的增大，计算时间将会出现巨大的差异（是好几个数量级的差异），这再次说明了GPU非常适合深度学习运算。

15.5　TensorFlow 的数据集

TensorFlow Datasets提供了一系列可以和TensorFlow配合使用的数据集，它负责下载和准备数据，以及构建tf.data.Dataset。

在使用这些数据之前，需要先安装库：

```
pip install tensorflow-datasets
```

注意使用tensorflow-datasets的前提是已经安装好TensorFlow，目前支持TensorFlow（或者tensorflow-gpu）1.15.0及以上版本。

使用以下命令导入：

```
import tensorflow_datasets as tfds
```

每一个数据集都实现了使用抽象基类tfds.core.DatasetBuilder来构建，可以通过tfds.List_builders()列出所有可用的数据集，还可以通过数据集文档页查看所有支持的数据集及其补充文档。

通过命令可以列出所有的数据集。

【例15-22】　列出TensorFlow可用的数据集。

输入如下代码：

```
import tensorflow_datasets as tfds
print(tfds.List_builders())
```

运行结果如下：

```
['abstract_reasoning', 'accentdb', 'aeslc', 'aflw2k3d', 'ag_news_subset', 'ai2_arc',
'ai2_arc_with_ir', 'amazon_us_reviews', 'anli', 'answer_equivalence', 'arc', 'asqa',
'asset', 'assin2', 'bair_robot_pushing_small', 'bccd', 'beans', 'bee_dataset', 'beir',
```

```
'big_patent', 'bigearthnet', 'billsum', 'binarized_mnist', 'binary_alpha_digits',
'ble_wind_field', 'blimp', 'booksum', 'bool_q', 'c4' 'yelp_polarity_reviews', 'yes_no',…
'youtube_vis']
```

15.5.1　加载数据集

tfds.load是构建并加载tf.data.Dataset最简单的方式，tf.data.Dataset是构建输入流水线的标准TensorFlow接口。

下面先加载MNIST训练数据。这个步骤会下载并准备好该数据，除非显式指定download=False。

 注意　一旦该数据准备好，后续的load命令便不会重新下载，可以重复使用准备好的数据。通过指定data_dir=（默认是~/tensorflow_datasets/）可以自定义数据保存/加载的路径。

【例15-23】　加载MNIST训练数据。

输入如下代码：

```
import tensorflow as tf
import tensorflow_datasets as tfds
mnist_train = tfds.load(name="mnist", split="train")
assert isinstance(mnist_train, tf.data.Dataset)
print(mnist_train)
```

运行结果如下：

```
    Dataset mnist downloaded and prepared to ~\tensorflow_datasets\mnist\3.0.1. Subsequent
calls will reuse this data.
    <PrefetchDataset element_spec={'image': TensorSpec(shape=(28, 28, 1), dtype=tf.uint8,
name=None), 'label': TensorSpec(shape=(), dtype=tf.int64, name=None)}>
```

15.5.2　加载数据集

所有tfds数据集都包含将特征名称映射到Tensor值的特征字典。典型的数据集（如MNIST）具有两个键："image"和"label"。

【例15-24】　查看MNIST特征字典。

输入如下代码：

```
import matplotlib.pyplot as plt
import tensorflow_datasets as tfds
import numpy as np

mnist_train = tfds.load(name="mnist", split="train")
for mnist_example in mnist_train.take(1):  # 只取一个样本
    image, label = mnist_example["image"], mnist_example["label"]
    plt.imshow(image.numpy()[:, :, 0].astype(np.float32), cmap=plt.get_cmap("gray"))
    plt.show()
    print("Label: %d" % label.numpy())
```

15

运行结果如下：

```
Label: 4
```

运行结果可视化如图15-1所示。

tfds.load实际上是一个基于DatasetBuilder的简单方便的包装器，可以直接使用MNIST DatasetBuilder实现上述操作，下面举例说明。

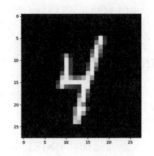

图 15-1 查看 MNIST 数据集

【例15-25】 使用DatasetBuilder查看特征字典。

输入如下代码：

```
import tensorflow_datasets as tfds
mnist_builder = tfds.builder("mnist")
mnist_builder.download_and_prepare()
mnist_train = mnist_builder.as_dataset(split="train")
print(mnist_train)
```

运行结果如下：

```
<PrefetchDataset element_spec={'image': TensorSpec(shape=(28, 28, 1), dtype=tf.uint8,
name=None), 'label': TensorSpec(shape=(), dtype=tf.int64, name=None)}>
```

15.5.3 数据集信息

这些数据集包含一些基本信息，下面举例说明如何查看数据集信息。

【例15-26】 查看数据集信息。

输入如下代码：

```
import tensorflow_datasets as tfds
mnist_builder = tfds.builder("mnist")
mnist_builder.download_and_prepare()
info = mnist_builder.info
print(info)
```

运行结果如下：

```
tfds.core.DatasetInfo(
    name='mnist',
    full_name='mnist/3.0.1',
    description="""
    The MNIST database of handwritten digits.
    """,
    homepage='http://yann.lecun.com/exdb/mnist/',
    data_path='~\\tensorflow_datasets\\mnist\\3.0.1',
    file_format=tfrecord,
    download_size=11.06 MiB,
    dataset_size=21.00 MiB,
```

```
features=FeaturesDict({
    'image': Image(shape=(28, 28, 1), dtype=tf.uint8),
    'label': ClassLabel(shape=(), dtype=tf.int64, num_classes=10),
}),
supervised_keys=('image', 'label'),
disable_shuffling=False,
splits={
    'test': <SplitInfo num_examples=10000, num_shards=1>,
    'train': <SplitInfo num_examples=60000, num_shards=1>,
},
citation="""@article{lecun2010mnist,
  title={MNIST handwritten digit database},
  author={LeCun, Yann and Cortes, Corinna and Burges, CJ},
  journal={ATT Labs [Online]. Available: http://yann.lecun.com/exdb/mnist},
  volume={2},
  year={2010}
}""",
)
```

运行结果详细显示了数据集的各项信息，使用者可以根据需求提取。

15.5.4　可视化

对于图像分类数据集，可以使用tfds.show_examples可视化一些样本。

【例15-27】　数据可视化。

输入如下代码：

```
import tensorflow_datasets as tfds
mnist_builder = tfds.builder("mnist")
mnist_builder.download_and_prepare()
info = mnist_builder.info
mnist_test, info = tfds.load("mnist", split="test", with_info=True)
print(info)
fig = tfds.show_examples(info, mnist_test)
```

运行结果如下：

```
tfds.core.DatasetInfo(
    name='mnist',
    full_name='mnist/3.0.1',
    description="""
    The MNIST database of handwritten digits.
    """,
    homepage='http://yann.lecun.com/exdb/mnist/',
    data_path='~\\tensorflow_datasets\\mnist\\3.0.1',
    file_format=tfrecord,
    download_size=11.06 MiB,
    dataset_size=21.00 MiB,
    features=FeaturesDict({
```

15

```
        'image': Image(shape=(28, 28, 1), dtype=tf.uint8),
        'label': ClassLabel(shape=(), dtype=tf.int64, num_classes=10),
    }),
    supervised_keys=('image', 'label'),
    disable_shuffling=False,
    splits={
        'test': <SplitInfo num_examples=10000, num_shards=1>,
        'train': <SplitInfo num_examples=60000, num_shards=1>,
    },
    citation="""@article{lecun2010mnist,
      title={MNIST handwritten digit database},
      author={LeCun, Yann and Cortes, Corinna and Burges, CJ},
      journal={ATT Labs [Online]. Available: http://yann.lecun.com/exdb/mnist},
      volume={2},
      year={2010}
    }""",
)
```

运行结果可视化如图15-2所示。

观察运行结果，不仅显示了数据集相关的信息，还可视化了部分样本图片，这对于初学者理解计算机视觉问题是非常友好的。

图 15-2　简单图形对象

15.6　图像处理

上一节介绍了TensorFlow库中自带的一些数据集，在将数据送入TensorFlow网络之前，需要对数据进行预处理，本节学习TensorFlow图像处理的完整流程。

15.6.1　加载图片

本节提供一个使用tf.data加载图片的简单例子，本节使用的数据集分布在图片文件夹中，一个文件夹含有一类图片。

在开始训练之前，需要一组图片来教会网络想要训练的新类别。我们已经创建了一个文件夹，存储了最初使用的花卉照片（拥有创作共用许可），例15-28下载了花卉数据。

【例15-28】　下载花卉数据。

输入如下代码：

```
import tensorflow as tf
AUTOTUNE = tf.data.experimental.AUTOTUNE
import pathlib
data_root_orig = tf.keras.utils.get_file(origin='https://storage.googleapis.com/
download.tensorflow.org/example_images/flower_photos.tgz', fname='flower_photos',
untar=True)
data_root = pathlib.Path(data_root_orig)
```

```
print(data_root)
```

运行结果如下：

```
Downloading data from https://storage.googleapis.com/download.tensorflow.org/
example_images/flower_photos.tgz
228818944/228813984 [==============================] - 24s 0us/step
228827136/228813984 [==============================] - 24s 0us/step
C:\Users\vis\.keras\datasets\flower_photos
```

下载了218MB数据，现在应该有花卉照片副本，下面举例说明如何查看花卉数据文件结构。

【例15-29】　查看花卉数据文件结构。

输入如下代码：

```
import tensorflow as tf
AUTOTUNE = tf.data.experimental.AUTOTUNE
import pathlib
data_root_orig = tf.keras.utils.get_file(origin='https://storage.googleapis.com/
download.tensorflow.org/example_images/flower_photos.tgz',fname='flower_photos',
untar=True)
data_root = pathlib.Path(data_root_orig)
# print(data_root)
for item in data_root.iterdir():
  print(item)
```

运行结果如下：

```
C:\Users\vis\.keras\datasets\flower_photos\daisy
C:\Users\vis\.keras\datasets\flower_photos\dandelion
C:\Users\vis\.keras\datasets\flower_photos\LICENSE.txt
C:\Users\vis\.keras\datasets\flower_photos\roses
C:\Users\vis\.keras\datasets\flower_photos\sunflowers
C:\Users\vis\.keras\datasets\flower_photos\tulips
```

观察运行结果，给出了花卉数据的各种详细文件名字和路径。图片数据的名字通常是用户关心的，下面举例说明如何查看图片数据的名字。

【例15-30】　打印花卉数据名字。

输入如下代码：

```
import tensorflow as tf
import random
import pathlib
AUTOTUNE = tf.data.experimental.AUTOTUNE
data_root_orig = tf.keras.utils.get_file(origin='https://storage.googleapis.com/
download.tensorflow.org/example_images/flower_photos.tgz', fname='flower_photos',
untar=True)
data_root = pathlib.Path(data_root_orig)
all_image_paths = List(data_root.glob('*/*'))
```

15

```
all_image_paths = [str(path) for path in all_image_paths]
random.shuffle(all_image_paths)
image_count = len(all_image_paths)
print(image_count)
print(all_image_paths[:6])
```

运行结果如下：

```
3670
['C:\\Users\\vis\\.keras\\datasets\\flower_photos\\dandelion\\8475769_3dea463364_m
.jpg', 'C:\\Users\\vis\\.keras\\datasets\\flower_photos\\dandelion
\\14199664556_188b37e51e.jpg', 'C:\\Users\\vis\\.keras\\datasets\\flower_photos
\\tulips\\4546299243_23cd58eb43.jpg', 'C:\\Users\\vis\\.keras\\datasets
\\flower_photos\\dandelion\\18215579866_94b1732f24.jpg', 'C:\\Users\\vis\\.keras
\\datasets\\flower_photos\\tulips\\16282277874_b92776b194.jpg', 'C:\\Users\\vis
\\.keras\\datasets\\flower_photos\\dandelion\\16949657389_ac0ee80fd1_m.jpg']
```

观察运行结果，显示了总的图片数量为3670，并打印了前6张图片的路径和名字。

15.6.2　查看图片

数据加载完成之后，需要确定每张图片的标签，下面举例说明如何确定每张图片的标签。

【例15-31】　确定每张图片的标签。

输入如下代码：

```
import tensorflow as tf
import random
import pathlib
AUTOTUNE = tf.data.experimental.AUTOTUNE
data_root_orig = tf.keras.utils.get_file(origin='https://storage.googleapis.com/
download.tensorflow.org/example_images/flower_photos.tgz',fname='flower_photos',
                                untar=True)
data_root = pathlib.Path(data_root_orig)
all_image_paths = List(data_root.glob('*/*'))
all_image_paths = [str(path) for path in all_image_paths]
label_names = sorted(item.name for item in data_root.glob('*/') if item.is_dir())
print('*'*20)
print(label_names)
label_to_index = Dict((name, index) for index, name in enumerate(label_names))
print('*'*20)
print(label_to_index)
all_image_labels = [label_to_index[pathlib.Path(path).parent.name]
                    for path in all_image_paths]
print('*'*20)
print("First 10 labels indices: ", all_image_labels[:10])
```

运行结果如下：

```
********************
['daisy', 'dandelion', 'roses', 'sunflowers', 'tulips']
********************
{'daisy': 0, 'dandelion': 1, 'roses': 2, 'sunflowers': 3, 'tulips': 4}
********************
First 10 labels indices: [0, 0, 0, 0, 0, 0, 0, 0, 0, 0]
```

观察运行结果，首先列出可用的标签；然后为每个标签分配索引；最后创建一个列表，包含每个文件的标签索引，并显示前10张图片的标签。

15.6.3　加载和格式化图片

TensorFlow包含加载和处理图片时需要的所有工具，下面说明如何加载和格式化图片。

【例15-32】　加载和格式化图片。

输入如下代码：

```
import tensorflow as tf
img_path = r'C:\\Users\\vis\\.keras\\datasets\\flower_photos\\dandelion
\\8475769_3dea463364_m.jpg'
img_raw = tf.io.read_file(img_path)
# 将它解码为图像Tensor（张量）
img_tensor = tf.image.decode_image(img_raw)
print('*'*20)
print('图片张量维度：')
print(img_tensor.shape)
print(img_tensor.dtype)
# 根据模型调整其大小
img_final = tf.image.resize(img_tensor, [192, 192])
img_final = img_final/255.0
print('*'*20)
print('调整后图片大小')
print(img_final.shape)
print(img_final.numpy().min())
print(img_final.numpy().max())
# 将这些包装在一个简单的函数里，以备后用
def preprocess_image(image):
  image = tf.image.decode_jpeg(image, channels=3)
  image = tf.image.resize(image, [192, 192])
  image /= 255.0  # normalize to [0,1] range
  return image
def load_and_preprocess_image(path):
  image = tf.io.read_file(path)
  return preprocess_image(image)
import matplotlib.pyplot as plt
image_path = img_path
label = 'dandelion'
plt.imshow(load_and_preprocess_image(img_path))
plt.grid(False)
```

15

```
plt.show()
# plt.xlabel(caption_image(img_path))
plt.title(label)
print()
```

运行结果如下：

```
********************
图片张量维度：
(240, 180, 3)
<dtype: 'uint8'>
********************
调整后图片大小
(192, 192, 3)
0.0
0.99339765
```

运行结果可视化如图15-3所示。

这里完成了将一张图片送入TensorFlow深度学习网络之前的基本处理，接下来就是网络训练了。在下一节使用MNIST数据集开始深度学习网络的训练。

15.7　TensorFlow 构建神经网络

MNIST数据集前面章节已经多次遇到过，这里直接引用，并使用TensorFlow构建神经网络模型进行训练。下面举例说明如何构建简单的神经网络并训练。

图 15-3　格式化后的图片

【**例15-33**】　TensorFlow构建神经网络训练MNIST数据集。

输入如下代码：

```
# 构建简单模型，训练识别手写体数据集
import tensorflow as tf
# 导入数据
mnist = tf.keras.datasets.mnist
# 将样本从整数转换为浮点数
(x_train, y_train), (x_test, y_test) = mnist.load_data()
x_train, x_test = x_train / 255.0, x_test / 255.0
# 将模型的各层堆叠起来，以搭建 tf.keras.Sequential 模型。为训练选择优化器和损失函数
model = tf.keras.models.Sequential([
  tf.keras.layers.Flatten(input_shape=(28, 28)),
  tf.keras.layers.Dense(128, activation='relu'),
  tf.keras.layers.Dropout(0.2),
  tf.keras.layers.Dense(10, activation='softmax')
])
model.compile(optimizer='adam',loss='sparse_categorical_crossentropy',
```

```
                    metrics=['accuracy'])
    # 训练并验证模型
    model.fit(x_train, y_train, epochs=5)
    model.evaluate(x_test, y_test, verbose=2)
```

运行结果如下：

```
    Epoch 1/5
    1875/1875 [==============================] - 9s 3ms/step - loss: 0.2945 - accuracy:
0.9141
    Epoch 2/5
    1875/1875 [==============================] - 5s 3ms/step - loss: 0.1429 - accuracy:
0.9574
    Epoch 3/5
    1875/1875 [==============================] - 5s 3ms/step - loss: 0.1075 - accuracy:
0.9687
    Epoch 4/5
    1875/1875 [==============================] - 7s 4ms/step - loss: 0.0883 - accuracy:
0.9726
    Epoch 5/5
    1875/1875 [==============================] - 6s 3ms/step - loss: 0.0724 - accuracy:
0.9767
    313/313 - 1s - loss: 0.0772 - accuracy: 0.9771 - 827ms/epoch - 3ms/step
```

观察运行结果，该网络训练的准确率已经达到了97.67%。该网络虽然简单，但是注释完整，包含神经网络的各个部分，各种复杂的网络都是在简单网络的基础上发展而来的，希望读者认真理解，多加训练。

15.8　小结

本章带领读者学习了TensorFlow的基础知识，包括数据类型、常见操作、数据处理、神经网络等内容，掌握这些内容足以引领读者进入TensorFlow的大门。TensorFlow是目前主流的深度学习框架之一，该框架应用广泛，如果读者需要更深入地学习，请参考相关资料。

15

第 16 章

PyTorch入门

PyTorch是目前另一种主流的深度学习框架，被学术界和工业界广泛采用。PyTorch是一个开源的Python机器学习库，不仅更加灵活，支持动态图，而且提供了Python接口。本章将带领读者学习PyTorch的基础知识，以便读者以后可以学习深度学习技术。

学习目标：

（1）掌握PyTorch的安装。

（2）掌握PyTorch的数据处理。

（3）熟悉PyTorch的机器学习流程。

16.1 PyTorch 简介和安装

在介绍PyTorch之前，不得不说一下Torch。Torch是一个支持大量机器学习算法的科学计算框架，是一个与NumPy类似的张量操作库，其特点是特别灵活，但因其采用了小众的编程语言Lua，流行度不高，因此有了PyTorch的出现。可见Torch是PyTorch的前身，它们的底层语言相同，只是使用了不同的上层包装语言。

16.1.1 PyTorch 简介

PyTorch是一个基于Torch的Python开源机器学习库，用于自然语言处理等应用程序。它主要由Facebook的人工智能小组开发，不仅能够实现强大的GPU加速，同时还支持动态神经网络，这一点是现在很多主流框架（如TensorFlow）都不支持的。

PyTorch提供了两个高级功能：第一个是具有强大的GPU加速的张量计算（如NumPy）；第二个是包含自动求导系统的深度神经网络。

除了Facebook之外，Twitter、GMU和Salesforce等机构都采用了PyTorch。

TensorFlow是命令式的编程语言，而且是静态的，其工作时首先必须构建一个神经网络，然后一次又一次使用相同的结构，如果想要改变网络的结构，就必须从头开始。但是对于PyTorch来说，通过反向求导技术，可以零延迟地任意改变神经网络的行为，而且其实现速度很快，这一灵活特性是PyTorch对比TensorFlow的最大优势。

另外，PyTorch的代码比TensorFlow更加简洁直观，底层代码也更容易看懂，对于使用PyTorch的人来说，理解底层肯定是一件令人激动的事。

可见，PyTorch具有很多优点，如支持GPU、支持动态神经网络、底层代码易于理解、命令式体验和自定义扩展等。

当然，现今任何一个深度学习框架都有其缺点，PyTorch也不例外，针对移动端、嵌入式部署以及高性能服务器端的部署，其性能表现有待提升。

16.1.2　PyTorch 的安装

PyTorch的安装有多种方法，但是技术进步非常快，一些安装方法随着PyTorch版本的更新、硬件技术的进步将不再可行，因此，这里建议直接采用官网的安装教程，找到适合自己硬件的PyTorch版本和方法进行安装。

图16-1是PyTorch官网安装界面，这里给出的是当前最新的PyTorch版本Stable（1.11.0），可以看到提供了Linux、Mac、Windows三种系统，提供了Conda、Pip、LibTorch、Source四种安装方法，提供了Python、C++/Java等版本，且提供CPU、CUDA 10.2、CUDA 11.3等CUDA环境。单击对应的选项就可以生成相应的安装命令，然后在自己的硬件环境进行安装即可。

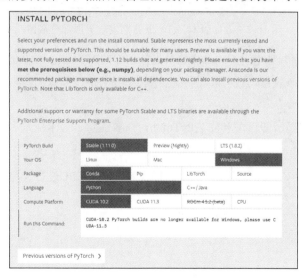

图 16-1　PyTorch 官网安装页面

16

按照图16-1选择的选项，生成的安装命令如下：

```
CUDA-10.2 PyTorch builds are no longer available for Windows, please use CUDA-11.3
```

根据该命令直接安装即可，系统会自动下载对应的安装包进行安装。

单击页面左下角的Previous versions of PyTorch，可以查看之前版本的PyTorch，选择适合自己的安装文件和命令。

图16-2是之前版本PyTorch官网安装界面部分截图，读者下拉页面可以找到各个版本的PyTorch，然后选择适合自己硬件环境的版本命令进行安装即可，安装起来非常方便。

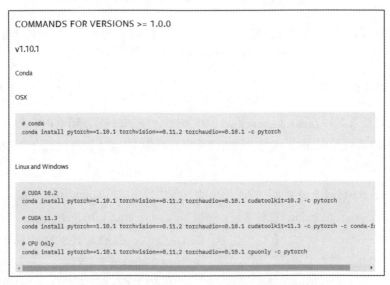

图 16-2   之前版本 PyTorch 官网安装界面部分截图

例如，在Windows环境下使用Conda安装只支持CPU的PyTorch v1.10.0版本，其安装命令为：

```
conda install pytorch==1.10.0 torchvision==0.11.0 torchaudio==0.10.0 cpuonly -c pytorch
```

相信读者根据官网提示即可顺利安装PyTorch，需要注意，显卡驱动和CUDA环境的配置，这些内容请参考相关资料。

以下示例演示查看PyTorch是否安装成功，以及是否支持GPU进行计算。

【例16-1】   查看PyTorch是否安装成功。

输入如下代码：

```
import torch
print(torch.__version__)
print(torch.cuda.is_available())
```

运行结果如下：

```
1.11.0+cu113
True
```

观察运行结果，显示了已经安装的PyTorch的版本号，说明PyTorch安装成功，并且 torch.cuda.is_available()的返回结果是True，说明已经安装的PyTorch可以支持GPU进行计算。

16.2　PyTorch 的主要模块

PyTorch虽然与TensorFlow不同，但是所有的深度学习框架都支持一些基本功能，通过这些功能的组合可以构建复杂的神经网络模型。PyTorch包括16个主要模块及一些辅助模块，本节简要介绍这些模块。

16.2.1　主要模块

1. torch模块

torch模块本身包含PyTorch经常使用的一些激活函数，比如Sigmoid（torch.sigmoid）、ReLU（torch.relu）和Tanh（torch.tanh），以及PyTorch张量的一些操作，比如矩阵的乘法（torch.mm）、张量元素的选择（torch.select）。

 这些操作的对象大多数都是张量，因此传入的参数需要是PyTorch的张量，否则会报错（一般报类型错误，即TypeError）。

另外，还有一类函数能够产生一定形状的张量，比如torch.zeros产生元素全为0的张量，torch.randn产生元素服从标准正态分布的张量等。

2. torch.Tensor模块

torch.Tensor模块定义了Torch中的张量类型，其中的张量有不同的数值类型，如单精度和双精度浮点型、整型等，而且张量有一定的维数和形状。同时，张量的类中也包含着一系列的方法，可以返回新的张量或者更改当前的张量。

torch.Storage则负责torch.Tensor底层的数据存储，即前面提到的为一个张量分配连续的一维内存地址（用于存储相同类型的一系列元素，数目则为张量的总元素数目）。这里需要提到一点，当张量的某个类方法会返回张量时，按照PyTorch中的命名规则，如果张量方法后缀带下画线，则该方法会修改张量本身的数据，反之则会返回新的张量。

比如，Tensor.add方法会让当前张量和输入参数张量做加法，返回新的张量，而Tensor.add_方法会改变当前张量的值，新的值为旧的值和输入参数之和。

3．torch.sparse模块

torch.sparse模块定义了稀疏张量，其中构造的稀疏张量采用的是COO（Coordinate）格式，主要方法是用一个长整型定义非零元素的位置，用浮点数张量定义对应非零元素的值。稀疏张量之间可以做元素加、减、乘、除运算和矩阵乘法运算。

4．torch.cuda模块

torch.cuda模块定义了与CUDA运算相关的一系列函数，包括但不限于检查系统的CUDA是否可用，查看当前进程对应的GPU序号（在多GPU情况下），清除GPU上的缓存，设置GPU的计算流（Stream），同步GPU上执行的所有核函数（Kernel）等。

5．torch.nn模块

torch.nn是一个非常重要的模块，是PyTorch神经网络模块化的核心。这个模块定义了一系列模块，包括卷积层nn.ConvNd（N=1, 2, 3）和线性层（全连接层）nn.Linear等。

当构建深度学习模型的时候，可以通过继承nn.Module类并重写forward方法来实现一个新的神经网络（后续会提到如何通过组合神经网络模块来构建深度学习模型）。

另外，torch.nn中定义了一系列的损失函数，包括平方损失函数（torch.nn.MSELoss）、交叉熵损失函数（torch.nn.CrossEntropyLoss）等。一般来说，torch.nn中定义的神经网络模块都含有参数，可以对这些参数使用优化器进行训练。

6．torch.nn.functional模块

torch.nn.functional是PyTorch的函数模块，它定义了一些和神经网络相关的函数，包括卷积函数和池化函数等，这些函数也是构建深度学习模型的基础。需要指出的是，torch.nn中定义的模块一般会调用torch.nn.functional中的函数，比如nn.ConvNd模块（N=1,2,3）会调用torch.nn.functional.convNd函数（N=1,2,3）。另外，torch.nn.functional里面还定义了一些不常用的激活函数，包括torch.nn.functional.relu6和torch.nn.functional.elu等。

7．torch.nn.init模块

torch.nn.init模块定义了神经网络权重的初始化。前面已经介绍过，如果初始的神经网络权重取值不合适，就会导致后续的优化过程收敛很慢，甚至不熟练。这个模块中的函数就是为了解决神经网络权重的初始化问题，其中使用了很多初始化方法，包括均匀初始化（torch.nn.init.uniform_）和正态分布归一化（torch.nn.init.normal_）等。

前面提到过，PyTorch中的函数或者方法如果以下画线结尾，则这个方法会直接改变作用张量的值。因此，这些方法会直接改变传入张量的值，同时会返回改变后的张量。

8．torch.optim模块

torch.optim模块定义了一系列的优化器，如torch.optim.SGD（随机梯度下降算法）、torch.optim.Adagrad（AdaGrad算法）、torch.optim.RMSprop（RMSProp算法）和torch.optim.Adam（Adam算法）等。

当然，这个模块还包含学习率衰减的算法的子模块，即torch.optim.lr_scheduler，这个子模块中包含诸如学习率梯度下降算法torch.optim.lr_scheduler.StepLR和余弦退火算法torch.optim.lr_scheduler.CosineAnnealingLR等学习率衰减算法。

9．torch.autograd模块

torch.autograd模块是PyTorch的自动微分算法模块，它定义了一系列的自动微分函数，包括torch.autograd.backward函数，主要用于在求得损失函数之后进行反向梯度传播，torch.autograd.grad函数，用于一个标量张量（即只有一个分量的张量）对另一个张量求导，以及在代码中设置不参与求导的部分。另外，这个模块还内置了数值梯度功能和检查自动微分引擎是否输出正确结果的功能。

10．torch.distributed模块

torch.distributed是PyTorch的分布式计算模块，主要功能是提供PyTorch并行运行环境，其主要支持的后端有MPI、Gloo和NCCL三种。

PyTorch的分布式工作原理主要是启动多个并行的进程，每个进程都拥有一个模型的备份，然后输入不同的训练数据到多个并行的进程，计算损失函数，每个进程独立地做反向传播，最后对所有进程权重张量的梯度做归约（Reduce）。

用到后端的部分主要是数据的广播（Broadcast）和数据的收集（Gather）。前者是把数据从一个节点（进程）传播到另一个节点（进程），比如归约后梯度张量的传播；后者则是把数据从其他节点（进程）转移到当前节点（进程），比如把梯度张量从其他节点转移到某个特定的节点，然后对所有的张量求平均。

PyTorch的分布式计算模块不但提供了后端的一个包装，还提供了一些启动方式来启动多个进程，包括但不限于通过网络（TCP）、通过环境变量、通过共享文件等。

11．torch.distributions模块

torch.distributions模块提供了一系列类，使得PyTorch能够对不同的分布进行采样，并且生成概率采样过程的计算图。

在一些应用过程中，比如强化学习，经常会使用一个深度学习模型来模拟在不同环境条件下采取的策略，其最后的输出是不同动作的概率。

当深度学习模型输出概率之后，需要根据概率对策略进行采样来模拟当前的策略概率分布，最后用梯度下降方法来让最优策略的概率最大（这个算法称为策略梯度算法，PolicyGradient）。实际上，因为采样的输出结果是离散的，无法直接求导，所以不能使用反向传播的方法来优化网络。

torch.distributions模块的存在目的就是为了解决这个问题。可以结合torch.distributions.Categorical进行采样，然后使用对数求导技巧来规避这个问题。

当然，除了服从多项式分布的torch.distributions.Categorical类，PyTorch还支持其他的分布（包括连续分布和离散分布），比如torch.distributions.Normal类支持连续的正态分布的采样，可以用于连续的强化学习的策略。

12. torch.hub模块

torch.hub模块提供了一系列预训练的模型供用户使用。比如，可以通过torch.hub.List函数来获取某个模型镜像站点的模型信息。

通过torch.hub.load来载入预训练的模型，载入后的模型可以保存到本地，并且可以看到这些模型对应类支持的方法。更多torch.hub支持的模型可以参考PyTorch官网中的相关页面。

13. torch.jit模块

torch.jit是PyTorch的即时编译器（Just-In-Time Compiler，JIT编译器）模块。这个模块存在的意义是把PyTorch的动态图转换成可以优化和序列化的静态图，其主要工作原理是通过输入预先定义好的张量追踪整个动态图的构建过程，得到最终构建出来的动态图，然后转换为静态图（通过中间表示（IntermediateRepresentation）来描述最后得到的图）。

通过即时编译器得到的静态图可以被保存，并且被PyTorch其他的前端（如C++语言的前端）支持。另外，即时编译器也可以用来生成其他格式的神经网络描述文件，如前文叙述的ONNX。需要注意的一点是，torch.jit支持两种模式，即脚本模式（Script Module）和追踪模式（Tracing Module）。

前者和后者都能构建静态图，区别在于前者支持控制流，后者不支持，但是前者支持的神经网络模块比后者少，比如脚本模式不支持torch.nn.GRU（详细的描述可以参考PyTorch官方提供的即时编译器相关的文档）。

14. torch.multiprocessing模块

torch.multiprocessing模块定义了PyTorch中的多进程API。通过使用这个模块可以启动不同的进程，每个进程运行不同的深度学习模型，并且能够在进程间共享张量（通过共享内存的方式）。

共享的张量可以在CPU上，也可以在GPU上，多进程API还提供了与Python原生的多进程API（multiprocessing库）相同的一系列函数，包括锁（Lock）和队列（Queue）等。

15. torch.random模块

torch.random 模块提供了一系列的方法来保存和设置随机数生成器的状态，包括调用get_rng_state()函数获取当前随机数生成器的状态，调用set_rng_state()函数设置当前随机数生成器的状态，调用manual_seed()函数设置随机种子，调用initial_seed()函数得到程序初始的随机种子。

因为神经网络的训练是一个随机的过程，包括数据的输入、权重的初始化都具有一定的随机性。设置一个统一的随机种子可以有效地帮助测试不同结构神经网络的表现，有助于调试神经网络的结构。

16. torch.onnx模块

torch.onnx模块定义了PyTorch导出和载入ONNX格式的深度学习模型描述文件。前面已经介绍过，ONNX格式的存在是为了方便不同深度学习框架之间交换模型。

引入这个模块可以方便PyTorch导出模型给其他深度学习框架使用，或者让PyTorch可以载入其他深度学习框架构建的深度学习模型。

16.2.2　辅助模块

PyTorch还包含一些辅助模块，说明如下。

1. torch.utils.bottleneck模块

torch.utils.bottleneck模块可以用来检查深度学习模型中模块的运行时间，从而找到导致性能瓶颈的那些模块，通过优化那些模块的运行时间，从而优化整个深度学习模型的性能。

2. torch.utils.checkpoint模块

torch.utils.checkpoint模块可以用来节约深度学习使用的内存。通过前面的介绍知道，因为要进行梯度反向传播，在构建计算图的时候需要保存中间的数据，而这些数据大大增加了深度学习的内存消耗。

为了减少内存消耗，让该批次的大小得到提高，从而提升深度学习模型的性能和优化时的稳定性，可以通过这个模块记录中间数据的计算过程，然后丢弃这些中间数据，等需要用到的时候再重新计算这些数据。

该模块设计的核心思想是以计算时间换取内存空间，当使用得当的时候，深度学习模型的性能可以有很大的提升。

3. torch.utils.cpp_extension模块

torch.utils.cpp_extension模块定义了PyTorch的C++扩展，其主要包含两个类：CppExtension定义了使用C++来编写的扩展模块的源代码相关信息，CUDAExtension则定义了C++/CUDA编写的扩展模块的源代码相关信息。

在某些情况下，用户可能需要使用C++实现某些张量运算和神经网络结构（比如PyTorch没有类似功能的模块或者PyTorch类似功能的模块性能比较低），PyTorch的C++扩展模块就提供了一个方法能够让Python来调用C++/CUDA编写的深度学习扩展模块。

在底层上，这个扩展模块使用了PyBind 11，保持了接口的轻量性，并使得PyTorch易于扩展。在后续章节会介绍如何使用C++/CUDA来编写PyTorch的扩展。

4. torch.utils.data模块

torch.utils.data模块引入了数据集（Dataset）和数据载入器（DataLoader）的概念。前者代表包含所有数据的数据集，通过索引能够得到某一条特定的数据；后者通过对数据集的包装，可以对数据集进行随机排列（Shuffle）和采样（Sample），以得到一系列打乱数据顺序的批次。

5. torch.utils.dlpacl模块

torch.utils.dlpack模块定义了PyTorch张量和DLPack张量存储格式之间的转换，用于不同框架之间张量数据的交换。

6. torch.utils.tensorboard模块

torch.utils.tensorboard模块是PyTorch对TensorBoard数据可视化工具的支持。TensorBoard原来是TensorFlow自带的数据可视化工具，能够显示深度学习模型在训练过程中的损失函数、张量权重的直方图，以及模型训练过程中输出的文本、图像和视频等。

TensorBoard的功能非常强大，而且是基于可交互的动态网页设计的，使用者可以通过预先提供的一系列功能来输出特定训练过程的细节（如某一神经网络层的权重的直方图，以及训练过程中某一段时间的损失函数等）。

PyTorch支持TensorBoard可视化之后，在PyTorch的训练过程中，可以很方便地观察中间输出的张量，也可以方便地调试深度学习模型。

16.3　PyTorch 的张量

张量也是PyTorch中的重要数据类型，下面介绍PyTorch中的张量。

16.3.1　张量的数据类型

PyTorch中的张量支持9种数据类型，如表16-1所示。

表16-1　PyTorch张量的数据类型

数据类型	PyTorch 类型	数据类型	PyTorch 类型
32 位浮点数	torch.float32	16 位带符号整数	torch.int16
64 位浮点数	torch.float64	32 位带符号整数	torch.int32
16 位浮点数	torch.float16	64 位带符号整数	torch.int64
8 位无符号整数	torch.uint8	布尔型	torch.bool
8 位带符号整数	torch.int8		

　　下面举例说明PyTorch的数据类型，主要说明NumPy数据转换成对应的PyTorch张量，这种操作在机器学习尤其是深度学习中是最常用的操作之一。

【例16-2】　NumPy数据转换成PyTorch张量。

输入如下代码：

```
# NumPy数据转换成PyTorch张量
import numpy as np
import torch
print('*'*20)
print('Python列表转换成PyTorch张量:')
a = [1, 2, 3, 4]
print(torch.tensor(a))
print(torch.tensor(a).shape)
print('*'*20)
print('查看张量数据类型')
print(torch.tensor(a).dtype)
print('*'*20)
print('指定张量数据类型')
b = torch.tensor(a, dtype=float)
print(b.dtype)
print('*'*20)
print('NumPy数据转换为张量')
c = np.array([1, 2, 3, 4])
print(c.dtype)
d = torch.tensor(c)
print(d.dtype)
print('*'*20)
print('列表嵌套创建张量')
e = torch.tensor([[1, 2, 3], [4, 5, 6]])
print(e)
print('*'*20)
print('从torch.float转换到torch.int')
f = torch.randn(3, 3)
g = f.to(torch.int)
print(g.dtype)
```

运行结果如下：

16

```
********************
Python列表转换成PyTorch张量:
tensor([1, 2, 3, 4])
torch.Size([4])
********************
查看张量数据类型
torch.int64
********************
指定张量数据类型
torch.float64
********************
NumPy数据转换为张量
int32
torch.int32
********************
列表嵌套创建张量
tensor([[1, 2, 3],
        [4, 5, 6]])
********************
从torch.float转换到torch.int
torch.int32
```

16.3.2　创建张量

在PyTorch中创建张量主要有4种方式，下面分别介绍。

1．调用torch.tensor()函数创建张量

torch.tensor函数可以通过输入dtype来指定生成的张量的数据类型，函数内部会自动进行数据类型的转换。也可以通过预先有的数据，比如列表和NumPy数据来生成张量。

当传入的dtype为torch.float32时，从下面的例子可以看到输出的张量多了一个小数点，而且当查看dtype的值时，可以发现数值变为torch.float32，即32位单精度浮点数。

【例16-3】　使用torch.tensor函数生成张量。

输入如下代码：

```
# 调用torch.tensor()函数生成张量
import torch
a = torch.tensor([[2, 3], [100, 999], [8888, 9.999]], dtype=torch.float32)
print(a)
print(a.shape)
print(a.size(0))
print(a.size(1))
print(a.shape[1])
```

运行结果如下：

```
tensor([[2.0000e+00, 3.0000e+00],
        [1.0000e+02, 9.9900e+02],
        [8.8880e+03, 9.9990e+00]])
torch.Size([3, 2])
3
2
2
```

观察运行结果，生成了一个二维张量，并显示了该张量的详细信息。

2. 调用内置函数生成张量

可以通过Torch的内置函数生成张量，通过指定张量的形状，返回指定形状的张量，这里举例说明几个常用的生成张量的内置函数。

（1）调用Torch的库函数torch.rand()生成一个3×3的矩阵，矩阵中各个元素都是随机生成的，torch.rand生成的矩阵各个元素符合均匀分布。

【例16-4】　调用torch.rand()生成一个3×3的矩阵。

输入如下代码：

```
import torch
a = torch.rand([3, 3])
print(a)
```

运行结果如下：

```
tensor([[0.8567, 0.6173, 0.8003],
        [0.5082, 0.6381, 0.8987],
        [0.1083, 0.4884, 0.0390]])
```

观察运行结果，生成了一个3×3的矩阵，该矩阵服从[0, 1]上的均匀分布。

（2）调用torch.randn()生成一个2×3×4的张量。

【例16-5】　调用torch.randn()生成一个2×3×4的张量。

输入如下代码：

```
import torch
a = torch.randn([2, 3, 4])
print(a)
```

运行结果如下：

```
tensor([[[-0.0243, -0.4530,  0.9201,  0.3273],
         [-0.8461,  0.5644,  0.7944, -1.4981],
         [-3.1732, -0.0829, -0.1516, -0.1826]],
        [[ 0.6380, -0.7939,  0.4216, -0.7677],
         [-1.2160,  1.9858,  2.2383,  0.0131],
```

16

```
            [-0.0382,  0.9154,  0.4880,  1.0545]]])
```

观察运行结果，生成了一个2×3×4的张量，该张量服从标准正态分布。

（3）与TensorFlow类似，Torch也可以生成全1张量。

【例16-6】 Torch生成全1张量。

输入如下代码：

```
import torch
a = torch.ones([2, 3, 4])
print(a)
```

运行结果如下：

```
tensor([[[1., 1., 1., 1.],
         [1., 1., 1., 1.],
         [1., 1., 1., 1.]],

        [[1., 1., 1., 1.],
         [1., 1., 1., 1.],
         [1., 1., 1., 1.]]])
```

观察运行结果，生成了全1的2×3×4的张量。

（4）类似地，Torch也可以生成全0张量。

【例16-7】 Torch生成全0张量。

输入如下代码：

```
import torch
a = torch.zeros([3, 3])
print(a)
```

运行结果如下：

```
tensor([[0., 0., 0.],
        [0., 0., 0.],
        [0., 0., 0.]])
```

观察运行结果，生成了全0的3×3的张量。

（5）torch.eye可以生成单位张量。

【例16-8】 Torch生成单位张量。

输入如下代码：

```
import torch
a = torch.eye(3)
print(a)
```

运行结果如下：

```
tensor([[1., 0., 0.],
        [0., 1., 0.],
        [0., 0., 1.]])
```

观察运行结果，生成了3×3的单位张量。

（6）Torch.randint用于生成服从均匀分布的整数张量。

【例16-9】　Torch.randint生成服从均匀分布的整数张量。

输入如下代码：

```
import torch
a = torch.randint(0, 100, [3, 3])
print(a)
```

运行结果如下：

```
tensor([[44, 65, 25],
        [61, 56, 63],
        [90, 69, 24]])
```

观察运行结果，Torch.randint生成了服从均匀分布的整数张量，前两个参数分别决定整数的上限和下限，最后一个列表参数决定张量的维度。

3. 通过已知张量生成相同形状的张量

通过已知张量创建一个和已知张量大小一样的张量，新创建的张量虽然和原始张量的形状相同，但里面填充的元素不同。

【例16-10】　通过已知张量生成相同维度的张量。

输入如下代码：

```
# 通过已知张量生成相同维度的张量
import torch
a = torch.randn([3, 3])
print('*'*20)
print('原始张量')
print(a)
print('相同维度的全0张量')
print(torch.zeros_like(a))
print('相同维度的全1张量')
print(torch.ones_like(a))
print('相同维度的[0,1]之间均匀分布的张量')
print(torch.rand_like(a))
print('相同维度的[0,1]之间正态分布的张量')
print(torch.randn_like(a))
```

16

运行结果如下：

```
********************
原始张量
tensor([[ 0.5768, -0.2337, -0.1273],
        [-1.3759, -0.1314,  1.0267],
        [ 0.5023,  1.2651, -1.0750]])
相同维度的全0张量
tensor([[0., 0., 0.],
        [0., 0., 0.],
        [0., 0., 0.]])
相同维度的全1张量
tensor([[1., 1., 1.],
        [1., 1., 1.],
        [1., 1., 1.]])
相同维度的[0,1]之间均匀分布的张量
tensor([[0.3720, 0.5166, 0.0217],
        [0.2143, 0.9465, 0.8921],
        [0.7529, 0.4203, 0.7973]])
相同维度的[0,1]之间正态分布的张量
tensor([[ 0.9776,  2.3089, -1.4911],
        [ 0.7610,  0.6556,  0.9885],
        [ 0.8964,  1.2043,  0.9950]])
```

观察运行结果，生成一个张量之后，可以通过内置函数生成多种分布的相同维度的张量。

4. 通过已知张量生成形状不同但数据类型相同的张量

已知张量的数据类型，创建一个形状不同但数据类型相同的新张量，这种方法在实际应用中尤其在深度学习中是一种十分方便的操作。

【例16-11】　生成与已知张量数据类型相同的张量。

输入如下代码：

```
import torch
a = torch.randn([3, 3])
print('*'*20)
print('原始张量')
print(a.dtype)
print(a)
print('生成新张量1')
print(a.new_tensor([3, 4, 5]))
print(a.new_tensor([3, 4, 5]).dtype)
print('生成新张量2')
print(a.new_zeros([3, 4]))
print(a.new_zeros([3, 4]).dtype)
print('生成新张量3')
print(a.new_ones([3, 4]))
print(a.new_ones([3, 4]).dtype)
```

运行结果如下：

```
*********************
原始张量
torch.float32
tensor([[-0.4334,  1.4098,  0.1869],
        [-1.0090,  0.6548, -0.3648],
        [ 2.9758,  0.5840, -0.2692]])
生成新张量1
tensor([3., 4., 5.])
torch.float32
生成新张量2
tensor([[0., 0., 0., 0.],
        [0., 0., 0., 0.],
        [0., 0., 0., 0.]])
torch.float32
生成新张量3
tensor([[1., 1., 1., 1.],
        [1., 1., 1., 1.],
        [1., 1., 1., 1.]])
torch.float32
```

观察运行结果，新生成的张量虽然与原始张量维度不同，但是数据类型是相同的。

16.3.3　张量存储

PyTorch的张量可以分别存储在CPU和GPU上，在没有指定设备时，PyTorch会默认将张量存储到CPU上，如果想要存储在GPU上，则要指定相应的GPU设备。

一般来说，GPU设备在PyTorch环境中以cuda：0、cuda：1等指定，其中数字代表的是GPU设备的编号，注意GPU的编号是从0开始的。GPU的信息可以使用nvidia-命令查看，查看结果如图16-3所示。

```
+-----------------------------------------------------------------------------+
| NVIDIA-SMI 470.74       Driver Version: 470.74       CUDA Version: 11.4     |
|-------------------------------+----------------------+----------------------+
| GPU  Name        Persistence-M| Bus-Id        Disp.A | Volatile Uncorr. ECC |
| Fan  Temp  Perf  Pwr:Usage/Cap|         Memory-Usage | GPU-Util  Compute M. |
|                               |                      |               MIG M. |
|===============================+======================+======================|
|   0  NVIDIA GeForce ...  Off  | 00000000:18:00.0 Off |                  N/A |
| 31%   47C    P0    57W / 250W |      0MiB / 11019MiB |      0%      Default |
|                               |                      |                  N/A |
+-------------------------------+----------------------+----------------------+
|   1  NVIDIA GeForce ...  Off  | 00000000:AF:00.0 Off |                  N/A |
| 23%   47C    P0    67W / 250W |      0MiB / 11019MiB |      0%      Default |
|                               |                      |                  N/A |
+-------------------------------+----------------------+----------------------+

+-----------------------------------------------------------------------------+
| Processes:                                                                  |
|  GPU   GI   CI        PID   Type   Process name                  GPU Memory |
|        ID   ID                                                   Usage      |
|=============================================================================|
|  No running processes found                                                 |
+-----------------------------------------------------------------------------+
```

图 16-3　GPU 设备查看结果

以下实例说明PyTorch可以在不同设备上生成张量。

【例16-12】　PyTorch在不同设备上生成张量。

输入如下代码：

```
# PyTorch在不同设备上生成张量
import torch
print('*'*20)
print('获取一个CPU上的张量')
print(torch.randn(3, 3, device='cpu'))
print('*'*20)
print('获取一个GPU上的张量')
print(torch.randn(3, 3, device='cuda:0'))
print('*'*20)
print('获取当前张量的设备')
print(torch.randn(3, 3, device='cuda:0').device)
print('*'*20)
print('张量从CPU移动到GPU')
print(torch.randn(3, 3, device='cpu').cuda().device)
print('张量从GPU移动到CPU')
print(torch.randn(3, 3, device='cuda:0').cpu().device)
print('张量保持设备不变')
print(torch.randn(3, 3, device='cuda:0').cuda(0).device)
```

运行结果如下：

```
********************
获取一个CPU上的张量
tensor([[ 0.6186,  0.9052, -1.1596],
        [-0.0033,  0.6243, -0.3345],
        [-2.3843, -0.1506, -0.8715]])
********************
获取一个GPU上的张量
tensor([[ 0.0242, -0.8425,  0.9917],
        [-0.1970, -1.1750,  2.0611],
        [ 0.9303,  1.4015,  0.8464]], device='cuda:0')
********************
获取当前张量的设备
cuda:0
********************
张量从CPU移动到GPU
cuda:0
张量从GPU移动到CPU
cpu
张量保持设备不变
cuda:0
```

观察运行结果，通过访问张量的device属性可以获取张量所在的设备，运行结果还展示了张量在CPU和GPU之间是如何进行转换的。

16.3.4　维度操作

维度操作是机器学习张量中常见的操作，本小节学习PyTorch张量的常见操作。下面首先学习PyTorch查看张量形状的一些方法。

【例16-13】　PyTorch查看张量形状相关方法。

输入如下代码：

```
import torch
a = torch.randn(3, 4, 5)
print('*'*20)
print('获取张量维度数目')
print(a.ndimension())
print('*'*20)
print('获取张量元素个数')
print(a.nelement())
print('*'*20)
print('获取张量每个维度的大小')
print(a.size())
print('*'*20)
```

运行结果如下：

```
********************
获取张量维度数目
3
********************
获取张量元素个数
60
********************
获取张量每个维度的大小
torch.Size([3, 4, 5])
********************
```

上例分别学习了获取张量维度数目、获取张量元素个数、获取张量每个维度的大小的方法。接下来学习两个改变张量维度的方法：view和reshape。

view作用于原来的张量，用于改变原来张量的形状，形成新的张量，新张量的总元素数目和原来张量的总元素数目相同。

view不改变原张量的底层数据，只是改变张量的维度信息。另外，假如新的张量有N维，可以指定其他$N–1$维的具体大小，留下的一个维度大小指定为–1，PyTorch会自动计算那个维度的大小。

【例16-14】　调用view()方法改变张量维度。

输入如下代码：

16

```
# 调用view()方法改变张量维度
import torch
a = torch.randn(12)
print('*'*20)
print('改变维度为3×4')
print(a.view(3, 4))
print('*'*20)
print('改变维度为4×3')
print(a.view(4, 3))
print('*'*20)
print('使用-1改变维度为4×3')
print(a.view(-1, 3))
```

运行结果如下：

```
********************
改变维度为3×4
tensor([[-1.9155,  0.2603, -0.3290,  0.1648],
        [-0.8433,  1.4379, -0.6239, -0.6450],
        [-0.9169,  0.1575, -0.4025, -2.4114]])
********************
改变维度为4×3
tensor([[-1.9155,  0.2603, -0.3290],
        [ 0.1648, -0.8433,  1.4379],
        [-0.6239, -0.6450, -0.9169],
        [ 0.1575, -0.4025, -2.4114]])
********************
使用-1改变维度为4×3
tensor([[-1.9155,  0.2603, -0.3290],
        [ 0.1648, -0.8433,  1.4379],
        [-0.6239, -0.6450, -0.9169],
        [ 0.1575, -0.4025, -2.4114]])
```

直接调用reshape()方法会在形状信息不改变的情况下自动生成一个新的张量。

【例16-15】 调用reshape()方法改变张量形状。

输入如下代码：

```
import torch
a = torch.randn(3, 4)
print('维度改变之前')
print(a)
print('维度改变之后')
b = a.reshape(4, 3)
print(b)
```

运行结果如下：

```
维度改变之前
tensor([[-1.3970,  2.0288, -0.0182, -0.4178],
        [-0.4703,  1.6019, -0.0271, -0.2529],
```

```
        [-1.3765,  0.4817, -0.3471, -0.1643]])
维度改变之后
tensor([[-1.3970,  2.0288, -0.0182],
        [-0.4178, -0.4703,  1.6019],
        [-0.0271, -0.2529, -1.3765],
        [ 0.4817, -0.3471, -0.1643]])
```

观察运行结果，reshape方法将3×4的张量变成了4×3的张量。

16.3.5　索引和切片

PyTorch的张量支持类似NumPy的索引和切片操作，下面举例说明PyTorch的张量的索引和切片。

【例16-16】　PyTorch的张量的索引和切片。

输入如下代码：

```
# PyTorch的张量的索引和切片
import torch
a = torch.randn(2, 3, 4)
print(a)
print('*'*20)
print('取张量第0维第1个，1维2个，2维3个元素')
print(a[1, 2, 3])
print('*'*20)
print('取张量第0维第1个，1维2个，2维3个元素')
print(a[:, 1:-1, 1:3])
print('*'*20)
print('更改元素的值')
a[1, 2, 3] = 100
print(a)
print('*'*20)
print('大于0的部分掩码')
print(a>0)
print('*'*20)
print('根据掩码选择张量的元素')
print(a[a>0])
```

运行结果如下：

```
tensor([[[ 0.6004,  0.3243,  0.5168,  0.7463],
         [-0.5588,  1.2300,  0.2544, -0.9313],
         [-0.8225,  1.8215, -2.2085, -0.2269]],

        [[ 0.4042,  1.0945, -0.0174,  1.0039],
         [-0.4693,  0.6165,  0.5663,  0.1397],
         [-0.0620,  0.8687, -0.1244,  0.5591]]])
********************
取张量第0维第1个，1维2个，2维3个元素
```

16

```
tensor(0.5591)
********************
取张量第0维第1个，1维2个，2维3个元素
tensor([[[1.2300, 0.2544]],

        [[0.6165, 0.5663]]])
********************
更改元素的值
tensor([[[ 6.0036e-01,  3.2432e-01,  5.1679e-01,  7.4634e-01],
         [-5.5881e-01,  1.2300e+00,  2.5435e-01, -9.3127e-01],
         [-8.2253e-01,  1.8215e+00, -2.2085e+00, -2.2690e-01]],

        [[ 4.0417e-01,  1.0945e+00, -1.7388e-02,  1.0039e+00],
         [-4.6928e-01,  6.1650e-01,  5.6627e-01,  1.3974e-01],
         [-6.2031e-02,  8.6867e-01, -1.2440e-01,  1.0000e+02]]])
********************
大于0的部分掩码
tensor([[[ True,  True,  True,  True],
         [False,  True,  True, False],
         [False,  True, False, False]],

        [[ True,  True, False,  True],
         [False,  True,  True,  True],
         [False,  True, False,  True]]])
********************
根据掩码选择张量的元素
tensor([ 0.6004,  0.3243,  0.5168,  0.7463,  1.2300,  0.2544,  1.8215,
         0.4042,  1.0945,  1.0039,  0.6165,  0.5663,  0.1397,  0.8687,
       100.0000])
```

　　PyTorch的张量的基本操作都是基于PyTorch的索引操作，即[]，通过给定不同的参数实现构造新的张量。和Python一样，PyTorch的编号从0开始，同样可以使用[i:j]的方法来获取张量的切片。

　　索引和切片后的张量，以及初始的张量共享一个内存区域，如果要在不改变初始张量的情况下改变索引和切片后张量的值，可以使用clone方法得到索引或切片后张量的一份副本，然后进行赋值。

16.3.6　张量的运算

　　本小节学习张量的各种运算。

1. 单个张量的运算函数

　　单个张量的运算函数简单易懂，下面举例说明。

　　【例16-17】　单个张量的运算函数。

　　输入如下代码：

```
# 单个张量的运算函数
import torch
a = torch.rand(3, 4)
print('*'*20)
print('查看原张量')
print(a)
print('*'*20)
print('张量内部方法，计算原张量平方根')
print(a.sqrt())
print('*'*20)
print('函数形式，计算原张量平方根')
print(a.sqrt())
print('*'*20)
print('直接操作，计算原张量平方根')
print(a.sqrt_)
print('*'*20)
print('对所有元素求和')
print(torch.sum(a))
print('*'*20)
print('对第0维、1维元素求和')
print(torch.sum(a, [0, 1]))
print('*'*20)
print('对第0维、1维元素求平均')
print(torch.mean(a, [0, 1]))
```

运行结果如下：

```
********************
查看原张量
tensor([[0.9828, 0.4765, 0.2552, 0.1843],
        [0.4357, 0.7062, 0.9941, 0.5672],
        [0.4887, 0.8549, 0.3471, 0.1070]])
********************
张量内部方法，计算原张量平方根
tensor([[0.9914, 0.6903, 0.5052, 0.4293],
        [0.6601, 0.8404, 0.9970, 0.7531],
        [0.6991, 0.9246, 0.5891, 0.3270]])
********************
函数形式，计算原张量平方根
tensor([[0.9914, 0.6903, 0.5052, 0.4293],
        [0.6601, 0.8404, 0.9970, 0.7531],
        [0.6991, 0.9246, 0.5891, 0.3270]])
********************
直接操作，计算原张量平方根
<built-in method sqrt_ of Tensor object at 0x000001DFA4CFC2C0>
********************
对所有元素求和
tensor(6.3997)
********************
对第0维、1维元素求和
tensor(6.3997)
```

16

```
********************
对第0维、1维元素求平均
tensor(0.5333)
```

观察运行结果，对于大多数常用的函数，比如平方根函数sqrt，一般有两种调用方式，一种是调用张量的内置函数，另一种是调用Torch自带的函数。这两种操作的结果相同，均返回一个新的张量，该张量的每个元素都是原始张量的每个元素经过函数作用的结果。

另外，很多内置函数都有一个下画线的版本，该版本的方法会直接改变调用方法的张量的值，这个操作也叫作原地（In-Place）操作。

对于张量来说，也可以对自身的一些元素进行四则运算，比如经常用到的函数，包括求和函数（torch.sum），求积函数（torch.prod）以及求平均函数（torch.mean）。

默认情况下，这些函数在进行求和、求积、求平均等计算的同时，会自动消除被计算的维度（即张量的维度被缩减），如果要保留这些张量的维度，则需要设置参数keepdim=True，这样这个维度就会保留为1。

2．多个张量的函数运算

除了以一个参数为元素进行操作外，还有以两个张量作为参数的操作。最常见的是两个张量的四则运算。这里既可以使用加、减、乘、除运算符进行张量的运算，也可以使用add、sub、mul和div方法来进行计算，这些内置方法也有原地操作版本add_、sub_、mul_和div_，这种操作方式实现的效果是一样的，在实际应用中，读者可以根据需要选择适合的操作进行运算。

【例16-18】 PyTorch张量的四则运算。

输入如下代码：

```
# PyTorch张量的四则运算
import torch
a = torch.rand(2, 3)
b = torch.rand(2, 3)
print('*'*20)
print('加法实现方式1')
print(a.add(b))
print('加法实现方式2')
print(a + b)
print('*'*20)
print('减法实现方式1')
print(a - b)
print('减法实现方式2')
print(a.sub(b))
print('*'*20)
print('乘法实现方式1')
print(a * b)
```

```
print('乘法实现方式2')
print(a.mul(b))
print('*'*20)
print('除法实现方式1')
print(a/b)
print('除法实现方式2')
print(a.div(b))
```

运行结果如下：

```
********************
加法实现方式1
tensor([[0.7001, 1.1989, 0.6929],
        [1.0283, 1.6565, 0.4072]])
加法实现方式2
tensor([[0.7001, 1.1989, 0.6929],
        [1.0283, 1.6565, 0.4072]])
********************
减法实现方式1
tensor([[ 0.0324, -0.3607, -0.4419],
        [ 0.3863, -0.1601,  0.3339]])
减法实现方式2
tensor([[ 0.0324, -0.3607, -0.4419],
        [ 0.3863, -0.1601,  0.3339]])
********************
乘法实现方式1
tensor([[0.1223, 0.3268, 0.0712],
        [0.2270, 0.6796, 0.0136]])
乘法实现方式2
tensor([[0.1223, 0.3268, 0.0712],
        [0.2270, 0.6796, 0.0136]])
********************
除法实现方式1
tensor([[ 1.0969,  0.5375,  0.2211],
        [ 2.2033,  0.8238, 10.1145]])
除法实现方式2
tensor([[ 1.0969,  0.5375,  0.2211],
        [ 2.2033,  0.8238, 10.1145]])
```

观察运行结果，加法、乘法的几种实现方法结果都是相同的，其他方法类似，例子中没有过多赘述。

3. 极值和排序

在机器学习中，经常需要计算张量沿某个维度的最大值或者最小值，以及这些值所在的位置。如果需要最大值或者最小值的位置，可以使用argmax和argmin，通过输入参数要沿哪个维度求最大值和最小值的位置，返回沿着该维度的最大值和最小值对应的序号是多少。

如果既要求最大值和最小值的位置，又要求具体的值，就需要使用max和min，通过输入具体的维度，同时返回沿着该维度的最大值和最小值的位置，以及对应的最大值和最小值组成的元组。

【例16-19】 PyTorch极值计算。

输入如下代码：

```
# PyTorch极值计算
import torch
# 构建一个3×4的张量
a = torch.randn(3, 4)
print('*'*20)
print(a)
print('*'*20)
print('查看第0维极大值所在位置：')
print(torch.argmax(a, 0))
print('*'*20)
print('内置方法调用函数，查看第0维极小值所在位置：')
print(a.argmin(0))
print('*'*20)
print('沿着最后一维返回极大值和极大值的位置：')
print(torch.max(a, -1))
print('*'*20)
print('沿着最后一维返回极小值和极小值的位置：')
print(a.min(-1))
```

运行结果如下：

```
********************
tensor([[ 2.0145, -0.2672,  0.5749, -1.2999],
        [-1.2984, -0.0974,  1.2794, -0.9625],
        [-0.6267, -0.4564, -0.1584, -0.1255]])
********************
查看第0维极大值所在位置：
tensor([0, 1, 1, 2])
********************
内置方法调用函数，查看第0维极小值所在位置：
tensor([1, 2, 2, 0])
********************
沿着最后一维返回极大值和极大值的位置：
torch.return_types.max(
values=tensor([ 2.0145,  1.2794, -0.1255]),
indices=tensor([0, 2, 3]))
********************
沿着最后一维返回极小值和极小值的位置：
torch.return_types.min(
values=tensor([-1.2999, -1.2984, -0.6267]),
indices=tensor([3, 0, 0]))
```

观察运行结果，通过函数方法计算了张量的最大值、最小值以及对应的位置，读者可以举一反三，进行实验。

　　PyTorch中还可以使用sort函数对张量元素进行排序，默认顺序是从小到大，如果要从大到小排序，则需要设置参数desending=True，类似地，传入具体需要排序的维度参数，返回的是排序完的张量，以及对应排序后的元素在原始张量上的位置。

　　如果想知道原始张量的元素沿着某个维度排第几位，只需要对相应排序后的元素在原始张量上的位置再次进行排序，得到的新位置的值即为原始张量沿着该方向进行大小排序后的序号。类似地，关于排序的函数，既可以使用PyTorch的函数，也可以使用张量的内置方法，这两种方法调用效果是一样的。

【例16-20】　PyTorch张量排序。

输入如下代码：

```
# PyTorch张量排序
import torch
# 构建一个3×4的张量
a = torch.randn(3, 4)
print('*'*20)
print('沿着最后一维进行排序: ')
print(a.sort(-1))
```

运行结果如下：

```
********************
沿着最后一维进行排序:
torch.return_types.sort(
values=tensor([[-1.2700, -0.0110,  0.8457,  1.5621],
        [ 0.1715,  0.8950,  2.4688,  2.5460],
        [-0.8586, -0.6645, -0.5523,  0.4274]]),
indices=tensor([[0, 3, 1, 2],
        [3, 2, 0, 1],
        [1, 2, 3, 0]]))
```

　　观察运行结果，返回的是排序后的张量和张量元素在该维度的原始位置。

4．矩阵乘法

　　矩阵乘法是机器学习中被广泛应用的计算之一，矩阵乘法主要作用于两个张量的操作。矩阵乘法运算需要符合矩阵运算的维度规则。

【例16-21】　PyTorch矩阵乘法。

输入如下代码：

```
# PyTorch矩阵乘法
import torch
# 构建一个3×4的张量
a = torch.randn(3, 4)
```

16

```
# 构建一个4×3的张量
b = torch.randn(4, 3)
print('*'*20)
print('调用函数，返回3×3的矩阵：')
print(torch.mm(a, b))
print('*'*20)
print('内置函数，返回3×3的矩阵：')
print(a.mm(b))
print('*'*20)
print('@运算乘法，返回3×3的矩阵：')
print(a@b)
```

运行结果如下：

```
********************
调用函数，返回3×3的矩阵：
tensor([[-0.0430, -0.6988,  0.8925],
        [ 0.2899,  2.3100, -0.2664],
        [ 2.0695,  0.8017,  1.5945]])
********************
内置函数，返回3×3的矩阵：
tensor([[-0.0430, -0.6988,  0.8925],
        [ 0.2899,  2.3100, -0.2664],
        [ 2.0695,  0.8017,  1.5945]])
********************
@运算乘法，返回3×3的矩阵：
tensor([[-0.0430, -0.6988,  0.8925],
        [ 0.2899,  2.3100, -0.2664],
        [ 2.0695,  0.8017,  1.5945]])
```

观察运行结果，3种乘法实现的结果相同。

还可以使用torch.bmm函数实现批次矩阵乘法。

【例16-22】 使用torch.bmm函数实现批次矩阵乘法。

输入如下代码：

```
# 使用torch.bmm函数实现批次矩阵乘法
import torch
# 构建一个2×3×4的矩阵
a = torch.randn(2, 3, 4)
# 构建一个2×4×3的矩阵
b = torch.randn(2, 4, 3)
print('*'*20)
print('内置函数，批次矩阵乘法：')
print(a.bmm(b))
print('*'*20)
print('函数形式，批次矩阵乘法：')
print(torch.bmm(a, b))
print('*'*20)
```

```
print('@符号, 批次矩阵乘法: ')
print(a@b)
```

运行结果如下：

```
*********************
内置函数, 批次矩阵乘法:
tensor([[[-1.9781, -0.7115, -3.9852],
         [ 1.2810, -1.5440, -2.0184],
         [-2.4771,  0.5077, -0.1401]],

        [[ 1.0192,  0.6990, -0.9350],
         [-7.8094,  2.9483, -4.5492],
         [ 0.5975, -0.6965,  0.0980]]])
*********************
函数形式, 批次矩阵乘法:
tensor([[[-1.9781, -0.7115, -3.9852],
         [ 1.2810, -1.5440, -2.0184],
         [-2.4771,  0.5077, -0.1401]],

        [[ 1.0192,  0.6990, -0.9350],
         [-7.8094,  2.9483, -4.5492],
         [ 0.5975, -0.6965,  0.0980]]])
*********************
@符号, 批次矩阵乘法:
tensor([[[-1.9781, -0.7115, -3.9852],
         [ 1.2810, -1.5440, -2.0184],
         [-2.4771,  0.5077, -0.1401]],

        [[ 1.0192,  0.6990, -0.9350],
         [-7.8094,  2.9483, -4.5492],
         [ 0.5975, -0.6965,  0.0980]]])
```

观察运行结果，3种方法的返回结果一样，这种方法在深度学习中经常需要用到。

5. 张量拼接和分割

在机器学习中，经常会遇到需要把不同的张量按照某个维度组合在一起，或者把一个张量按照一定的形状进行分割，这时需要用到张量分割和组合函数，主要有以下几个函数：torch.stack、torch.cat、torch.split和torch.chunk，其中前两个函数负责将多个张量堆叠和拼接成一个张量，后两个函数负责把一个张量分割成多个张量。这几个函数的运算较为复杂，下面详细说明。

torch.stack函数的功能是通过传入的张量列表同时指定并创建一个维度，把列表的张量沿着该维度堆叠起来，并返回堆叠以后的张量。传入张量列表中的所有张量的大小必须一致。

torch.cat函数通过传入的张量列表指定某个维度，把列表中的张量沿着该维度堆叠起来，并返回堆叠以后的张量。传入的张量列表的所有张量除了指定的堆叠的维度外，其他的维度大小必须一致。这个函数和torch.stack函数类似，都是对张量进行组合。这两个函数的区别在于，前者的维度

16

一开始并不存在，会新建一个维度，后者的维度则是预先存在的，所有张量都会沿着这个维度堆叠。

torch.split函数的功能是执行前面堆叠函数的反向操作，最后输出的是张量沿着某个维度分割后的列表。该函数需要传入3个参数，即被分割的张量、分割后维度的大小和分割后的维度。如果传入整数，则沿着传入的维度分割成几段，每段沿着该维度的大小就是传入的整数，如果传入的是整数列表，则按照列表整数的大小来分割这个维度。

torch.chunk函数与torch.stack函数的功能类似，区别在于前者传入的整数参数是分段的函数，输入张量在该维度的大小需要被分割的段数整除。另外，类似地，张量有内置的split函数和chunk函数，与torch.split函数和torch.chunk函数等价。

下面举例说明这些函数的应用。

【例16-23】　PyTorch张量的拼接和分割。

输入如下代码：

```python
import torch
# 生成4个随机张量
a = torch.randn(3, 4)
b = torch.randn(3, 4)
c = torch.randn(3, 4)
d = torch.randn(3, 2)
print('*'*20)
print('沿着最后一个维度堆叠返回一个3×4×3的张量：')
e = torch.stack([a, b, c], -1)
print(e.shape)
print('*'*20)
print('沿着最后一个维度拼接返回一个3×9的张量：')
f = torch.cat([a, b, c], -1)
print(f.shape)
# 随机生成一个3×6的张量
g = torch.randn(3, 6)
print('*'*20)
print('沿着最后一个维度分割为3个张量：')
print(g.split([1, 2, 3], -1))
print('*'*20)
print('把张量沿着最后一维分割，分割为3个张量，大小均为3×2：')
print(g.chunk(3, -1))
```

运行结果如下：

```
********************
沿着最后一个维度堆叠返回一个3×4×3的张量：
torch.Size([3, 4, 3])
********************
沿着最后一个维度拼接返回一个3×9的张量：
torch.Size([3, 12])
********************
```

沿着最后一个维度分割为3个张量：
```
(tensor([[-0.8912],
         [-0.4413],
         [-0.6953]]), tensor([[-0.1179,  0.0379],
         [ 0.6382,  1.5110],
         [ 1.2385,  1.8144]]), tensor([[-1.2593, -0.4199, -1.7583],
         [ 1.2980,  0.5318, -0.7693],
         [-1.5713,  1.5623, -0.4684]]))
********************
```
把张量沿着最后一维分割，分割为3个张量，大小均为3×2：
```
(tensor([[-0.8912, -0.1179],
         [-0.4413,  0.6382],
         [-0.6953,  1.2385]]), tensor([[ 0.0379, -1.2593],
         [ 1.5110,  1.2980],
         [ 1.8144, -1.5713]]), tensor([[-0.4199, -1.7583],
         [ 0.5318, -0.7693],
         [ 1.5623, -0.4684]]))
```

6. 维度扩充和压缩

在机器学习中，张量的一个常见操作是，沿着某个方向对张量进行扩充或者压缩。对于一个张量来说，可以任意添加一个维度，该维度的大小为1，而不改变张量的数据，因为张量的大小等于所有维度大小的乘积，那些为1的维度不改变张量的大小。因此，可以在张量中添加任意数目维度为1的维度。

在PyTorch中，使用torch.unsqueeze函数来增加维度，对应地使用torch. squeeze函数来减少维度。在深度学习中经常需要用到维度扩充和压缩的操作。

【例16-24】　PyTorch维度扩充和压缩。

输入如下代码：

```
# PyTorch维度扩充和压缩
import torch
a = torch.randn(3, 4)
print('*'*20)
print('查看原张量a维度: ')
print(a.size())
print('*'*20)
print('扩充最后一维维度: ')
print(a.unsqueeze(-1).shape)
print('*'*20)
print('再次扩充最后一维维度: ')
b = a.unsqueeze(-1).unsqueeze(-1)
print(b.shape)
print('*'*20)
print('压缩所有大小为1的维度: ')
print(b.squeeze().size())
```

16

运行结果如下：

```
*********************
查看原张量a维度：
torch.Size([3, 4])
*********************
扩充最后一维维度：
torch.Size([3, 4, 1])
*********************
再次扩充最后一维维度：
torch.Size([3, 4, 1, 1])
*********************
压缩所有大小为1的维度：
torch.Size([3, 4])
```

观察运行结果，分别实现了对张量维度的扩充和压缩。

16.4 PyTorch 的图像分类

前面章节已经学习了关于PyTorch的基础知识，本节将继续深入学习关于PyTorch的机器学习，首先构建简单的神经网络，然后使用PyTorch构建神经网络对图像进行分类。

16.4.1 自动微分

autograd包是PyTorch中所有神经网络的核心。首先简要地介绍它，然后训练第一个PyTorch神经网络。autograd包为Tensor上的所有操作提供自动微分。它是一个由运行定义的框架，这意味着以代码运行方式定义后向传播，并且每次迭代都可以不同。这里以tensor和gradients来举例说明。

torch.Tensor是包的核心类。如果将其属性.requires_grad设置为True，则会开始跟踪针对Tensor的所有操作。完成计算后，可以调用.backward()来自动计算所有梯度。该张量的梯度将累积到.grad属性中。

要停止Tensor历史记录的跟踪，可以调用.detach()，将其与计算历史记录分离，并防止将来的计算被跟踪。

要停止跟踪历史记录（和使用内存），还可以将代码块使用with torch.no_grad():包装起来。这在评估模型时特别有用，因为模型在训练阶段具有requires_grad=True的可训练参数有利于调参，但在评估阶段不需要梯度。

还有一个类对于autograd的实现非常重要，那就是Function。Tensor和Function互相连接并构建一个非循环图，它保存整个完整的计算过程的历史信息。每个张量都有一个.grad_fn属性保存着创建了张量的Function的引用。

如果想计算导数,则可以调用Tensor.backward()。如果Tensor是标量(即它包含一个元素数据),则不需要指定任何参数backward(),但是如果它有更多元素,则需要指定一个gradients参数来指定张量的形状。下面举例说明。

【例16-25】　创建一个张量,来跟踪与它相关的计算。

输入如下代码:

```
# 创建一个张量,来跟踪与它相关的计算
import torch
x = torch.ones(2, 2, requires_grad=True)
print(x)
print('*'*20)
print('针对张量做一个操作: ')
y = x + 2
print(y)
print(y.grad_fn)
print('*'*20)
print('针对张量y做更多操作: ')
z = y * y * 3
out = z.mean()
print(z, out)
```

运行结果如下:

```
tensor([[1., 1.],
        [1., 1.]], requires_grad=True)
********************
针对张量做一个操作:
tensor([[3., 3.],
        [3., 3.]], grad_fn=<AddBackward0>)
<AddBackward0 object at 0x000002477244B400>
********************
针对张量y做更多操作:
tensor([[27., 27.],
        [27., 27.]], grad_fn=<MulBackward0>) tensor(27., grad_fn=<MeanBackward0>)
```

创建一个张量,设置requires_grad=True来跟踪与它相关的计算,y作为操作的结果被创建,所以它有grad_fn。针对y做更多的操作,可以看到.requires_grad_(...)会改变张量的requires_grad标记。

反向传播之后,就可以计算梯度。后向传播时,因为输出包含一个标量,所以out.backward()等同于out.backward(torch.tensor(1.))。

【例16-26】　张量梯度计算。

输入如下代码:

```
import torch
x = torch.ones(2, 2, requires_grad=True)
y = x + 2
```

```
z = y * y * 3
out = z.mean()
# 反向传播
out.backward()
print('*'*20)
print('x的梯度: ')
print(x.grad)
```

运行结果如下：

```
********************
x的梯度:
tensor([[4.5000, 4.5000],
        [4.5000, 4.5000]])
```

下面看一个雅克比向量积的梯度计算，这种算法是深度学习中常用的算法，是梯度反传的基础，因此在这里举例说明。

【例16-27】 雅克比向量积梯度计算。

输入如下代码：

```
import torch
x = torch.randn(3, requires_grad=True)
y = x * 2
while y.data.norm() < 1000:
    y = y * 2
print('*'*20)
print('查看张量y: ')
print(y)
v = torch.tensor([0.1, 1.0, 0.0001], dtype=torch.float)
y.backward(v)
print('*'*20)
print('x的梯度: ')
print(x.grad)
```

运行结果如下：

```
********************
查看张量y:
tensor([ -835.2056, -1153.6725,   848.6769], grad_fn=<MulBackward0>)
********************
x的梯度:
tensor([5.1200e+01, 5.1200e+02, 5.1200e-02])
```

观察运行结果，在这种情况下，y不再是一个标量。torch.autograd不能够直接计算整个雅可比，但是如果只需要雅可比向量积，只需要简单地传递向量给backward作为参数即可。

可以通过将代码包裹在with torch.no_grad()来停止对跟踪历史中的.requires_grad=True的张量自动求导。

【例16-28】　使用with torch.no_grad()停止跟踪求导。

输入如下代码：

```
# 使用with torch.no_grad()停止跟踪求导
import torch
x = torch.randn(3, requires_grad=True)
y = x * 2
while y.data.norm() < 1000:
    y = y * 2
v = torch.tensor([0.1, 1.0, 0.0001], dtype=torch.float)
y.backward(v)
print(x.requires_grad)
print((x ** 2).requires_grad)
with torch.no_grad():
    print((x ** 2).requires_grad)
```

运行结果如下：

```
True
True
False
```

观察运行结果，with torch.no_grad()停止了对跟踪历史中x的自动求导。

16.4.2　神经网络

PyTorch神经网络可以通过torch.nn包来构建。前面章节已经对自动梯度有了一定的了解，神经网络是基于自动梯度来定义一些模型的。一个nn.Module包括层和一个forward方法（input），它会返回输出（output）。

如图16-4所示是一个数字图片识别的网络，这是一个简单的前馈神经网络，它接收输入，让输入一个接着一个地通过一些层，最后给出输出。

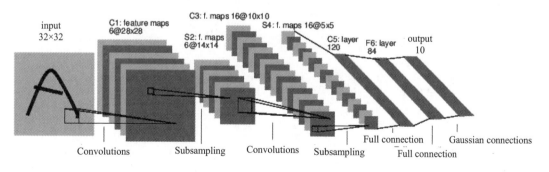

图 16-4　图片识别前馈网络示例

一个典型的神经网络的训练过程如下：

- 定义一个包含可训练参数的神经网络。

16

- 迭代整个输入。
- 通过神经网络处理输入。
- 计算损失（loss）。
- 反向传播梯度到神经网络的参数。
- 更新网络的参数，典型的用一个简单的更新方法：weight = weight–learning_rate×gradient。

下面举例详细说明PyTorch定义神经网络，例子虽然简单，但是"五脏俱全"，初学者最好仔细理解例子中每行代码的含义，为理解更复杂的网络打下基础。

【例16-29】　使用PyTorch定义神经网络。

输入如下代码：

```python
# 使用PyTorch定义神经网络
import torch
import torch.nn as nn
import torch.nn.functional as F

class Net(nn.Module):
    def __init__(self):
        super(Net, self).__init__()
        # 1 input image channel, 6 output channels, 5x5 square convolution
        # kernel
        self.conv1 = nn.Conv2d(1, 6, 5)
        self.conv2 = nn.Conv2d(6, 16, 5)
        # an affine operation: y = Wx + b
        self.fc1 = nn.Linear(16 * 5 * 5, 120)
        self.fc2 = nn.Linear(120, 84)
        self.fc3 = nn.Linear(84, 10)
    def forward(self, x):
        # Max pooling over a (2, 2) window
        x = F.max_pool2d(F.relu(self.conv1(x)), (2, 2))
        # If the size is a square you can only specify a single number
        x = F.max_pool2d(F.relu(self.conv2(x)), 2)
        x = x.view(-1, self.num_flat_features(x))
        x = F.relu(self.fc1(x))
        x = F.relu(self.fc2(x))
        x = self.fc3(x)
        return x
    def num_flat_features(self, x):
        size = x.size()[1:]  # all dimensions except the batch dimension
        num_features = 1
        for s in size:
            num_features *= s
        return num_features
net = Net()
print(net)
```

运行结果如下：

```
Net(
  (conv1): Conv2d(1, 6, kernel_size=(5, 5), stride=(1, 1))
  (conv2): Conv2d(6, 16, kernel_size=(5, 5), stride=(1, 1))
  (fc1): Linear(in_features=400, out_features=120, bias=True)
  (fc2): Linear(in_features=120, out_features=84, bias=True)
  (fc3): Linear(in_features=84, out_features=10, bias=True)
)
```

前面定义了一个前馈函数，然后反向传播函数自动通过autograd定义了可以使用任何张量操作的前馈函数上。

一个模型可训练的参数可以通过调用net.parameters()返回，如输入以下代码可以查看参数的一些信息：

```
params = List(net.parameters())
print(len(params))
print(params[0].size())  # conv1's .weight
```

得到以下运行结果：

```
10
torch.Size([6, 1, 5, 5])
```

接下来，尝试随机生成一个32×32的输入。注意，期望的输入维度是32×32。为了使用这个网络处理图像数据，需要将图片维度修改为32×32。输入以下代码：

```
input = torch.randn(1, 1, 32, 32)
out = net(input)
print(out)
```

得到如下输出：

```
tensor([[ 0.1168,  0.0524, -0.1249, -0.0458,  0.0330, -0.0750, -0.0248, -0.0329,
         -0.0102,  0.0732]], grad_fn=<AddmmBackward0>)
```

把所有参数梯度缓存器置零，用随机的梯度来反向传播。

```
net.zero_grad()
out.backward(torch.randn(1, 10))
```

至此，已经完成了：

- 定义一个包含可训练参数的神经网络。
- 处理输入以及调用反向传播。

接下来需要完成：

- 计算损失值。
- 更新网络的权重。

首先需要定义一个损失函数，然后计算损失。

一个损失函数需要一对输入：模型输出和目标，然后计算一个值来评估输出距离目标有多远。在nn包中有一些损失函数，有如nn.MSELoss用于计算均方误差。

接着例16-29中的神经网络，输入以下代码：

```
output = net(input)
target = torch.randn(10)      # a dummy target, for example
target = target.view(1, -1)   # make it the same shape as output
criterion = nn.MSELoss()
loss = criterion(output, target)
print(loss)
```

得到的损失如下：

```
tensor(1.3940, grad_fn=<MseLossBackward0>)
```

已经得到了损失，现在只剩下更新神经网络的参数。最简单的更新规则就是随机梯度下降。

```
weight = weight - learning_rate * gradient
```

PyTorch可以使用不同的更新规则，如SGD、Nesterov-SGD、Adam、RMSProp等。为了让其可行，PyTorch建立了一个小包：torch.optim实现了所有的方法。接着例16-29的神经网络，输入以下代码：

```
import torch.optim as optim
# 创建优化器
optimizer = optim.SGD(net.parameters(), lr=0.01)
# 在训练循环中
optimizer.zero_grad()      # 清零梯度缓存
output = net(input)
loss = criterion(output, target)
loss.backward()
optimizer.step()            # 执行更新
```

即可实现网络参数更新。

本小节讲解了如何定义神经网络，并实现了神经网络参数的更新，为接下来的图像分类打下基础。

16.4.3　图像分类器

在进行图像分类之前，首先要做的是处理图像数据，通常来说，当处理图像、文本、语音或者视频数据时，可以使用标准Python包将数据加载成NumPy数组格式，然后将这个数组转换成torch.Tensor。

- 对于图像，可以使用Pillow、OpenCV。
- 对于语音，可以使用scipy、librosa。
- 对于文本，可以直接使用Python或Cython基础数据加载模块，或者使用NLTK和SpaCy。

特别是对于视觉任务，已经创建了一个叫作totchvision的包，该包含有支持加载类似ImageNet、CIFAR10、MNIST等公共数据集的数据加载模块torchvision.datasets和支持加载图像数据转换的模块torch.utils.data.DataLoader。

这提供了极大的便利，并且避免了编写重复的"样板代码"。

本小节将使用CIFAR10数据集，如图16-5所示，它包含10个类别：airplane、automobile、bird、cat、deer、dog、frog、horse、ship、truck。CIFAR10中的图像尺寸为33232，也就是RGB的3层颜色通道，每层通道内的尺寸为32×32。

图 16-5　CIFAR10 数据集示例

按照以下次序训练一个图像分类器：

（1）使用torchvision加载并且归一化CIFAR10的训练和测试数据集。

（2）定义一个卷积神经网络。

（3）定义一个损失函数。

（4）在训练样本数据上训练网络。

（5）在测试样本数据上测试网络。

首先下载、加载CIFAR10数据集，下面举例说明这一过程，图16-5显示了部分加载的图片。

【例16-30】　下载加载CIFAR10数据集，并显示部分数据。

输入如下代码：

```
import torch
import torchvision
import torchvision.transforms as transforms
import matplotlib.pyplot as plt
```

16

```
import numpy as np
transform = transforms.Compose(
    [transforms.ToTensor(),
     transforms.Normalize((0.5, 0.5, 0.5), (0.5, 0.5, 0.5))])
trainset = torchvision.datasets.CIFAR10(root='./data', train=True, download=True,
                                        transform=transform)
trainloader = torch.utils.data.DataLoader(trainset, batch_size=4, shuffle=True,
                                          num_workers=2)
testset = torchvision.datasets.CIFAR10(root='./data', train=False, download=True,
                                       transform=transform)
testloader = torch.utils.data.DataLoader(testset, batch_size=4, shuffle=False,
                                         num_workers=2)
classes = ('plane', 'car', 'bird', 'cat','deer', 'dog', 'frog', 'horse', 'ship',
           'truck')

# 用于显示图像的函数
def imshow(img):
    img = img / 2 + 0.5      # 反归一化
    npimg = img.numpy()
    plt.imshow(np.transpose(npimg, (1, 2, 0)))
    plt.show()
if __name__ == '__main__':
    # 获取随机的训练图像
    dataiter = iter(trainloader)
    images, labels = dataiter.next()
    # 展示图像
    imshow(torchvision.utils.make_grid(images))
    # 打印标签
    print(' '.join('%5s' % classes[labels[j]] for j in range(4)))
```

运行结果如下：

```
ship truck truck  bird
```

运行结果打印出了图16-6所示的4张图片的标签，这4张图片是经过加载预处理的，像素减少了，因此会出现模糊不清的情况，不是显示错误，请初学者注意。

图 16-6　显示部分加载的 CIFAR10 数据

接下来定义神经网络，以Python类的结构给出了定义的神经网络，实际应用中的网络通常也是以类的形式定义的，尤其需要掌握类的继承，大多数网络都是以nn.Moule为基类实现的。

【例16-31】 定义训练CIFAR10数据集的神经网络。

输入如下代码：

```python
import torch.nn as nn
import torch.nn.functional as F
import torch.optim as optim
class Net(nn.Module):
    def __init__(self):
        super(Net, self).__init__()
        self.conv1 = nn.Conv2d(3, 6, 5)
        self.pool = nn.MaxPool2d(2, 2)
        self.conv2 = nn.Conv2d(6, 16, 5)
        self.fc1 = nn.Linear(16 * 5 * 5, 120)
        self.fc2 = nn.Linear(120, 84)
        self.fc3 = nn.Linear(84, 10)
    def forward(self, x):
        x = self.pool(F.relu(self.conv1(x)))
        x = self.pool(F.relu(self.conv2(x)))
        x = x.view(-1, 16 * 5 * 5)
        x = F.relu(self.fc1(x))
        x = F.relu(self.fc2(x))
        x = self.fc3(x)
        return x

net = Net()
criterion = nn.CrossEntropyLoss()
optimizer = optim.SGD(net.parameters(), lr=0.001, momentum=0.9)
```

上面定义了一个卷积神经网络，这个网络参考上小节的网络，并修改它为3通道的图片。然后定义一个损失函数和优化器，使用分类交叉熵（Cross-Entropy）作为损失函数，动量SGD做优化器。

最后整理代码，将数据送入网络进行训练。为了方便读者理解，这里将所有代码整理在一起，训练网络使事情开始变得有趣，只需要在数据迭代器上循环传给网络和优化器输入就可以，为便于读者理解和实现，下面详细整理并说明这些代码。

【例16-32】 CIFAR10数据集分类训练完整代码。

输入如下代码：

```python
import torch
import torchvision
import torchvision.transforms as transforms
import matplotlib.pyplot as plt
import numpy as np
import torch.nn as nn
import torch.nn.functional as F
import torch.optim as optim
```

```python
transform = transforms.Compose(
    [transforms.ToTensor(),
     transforms.Normalize((0.5, 0.5, 0.5), (0.5, 0.5, 0.5))])
trainset = torchvision.datasets.CIFAR10(root='./data', train=True,download=True,
                                        transform=transform)
trainloader = torch.utils.data.DataLoader(trainset, batch_size=4,shuffle=True,
                                          num_workers=2)
testset = torchvision.datasets.CIFAR10(root='./data', train=False, download=True,
                                       transform=transform)
testloader = torch.utils.data.DataLoader(testset, batch_size=4, shuffle=False,
                                         num_workers=2)
classes = ('plane', 'car', 'bird', 'cat','deer', 'dog', 'frog', 'horse', 'ship',
           'truck')
# 展示图像的函数
def imshow(img):
    img = img / 2 + 0.5      # 返归一化
    npimg = img.numpy()
    plt.imshow(np.transpose(npimg, (1, 2, 0)))
    plt.show()
class Net(nn.Module):
    def __init__(self):
        super(Net, self).__init__()
        self.conv1 = nn.Conv2d(3, 6, 5)
        self.pool = nn.MaxPool2d(2, 2)
        self.conv2 = nn.Conv2d(6, 16, 5)
        self.fc1 = nn.Linear(16 * 5 * 5, 120)
        self.fc2 = nn.Linear(120, 84)
        self.fc3 = nn.Linear(84, 10)
    def forward(self, x):
        x = self.pool(F.relu(self.conv1(x)))
        x = self.pool(F.relu(self.conv2(x)))
        x = x.view(-1, 16 * 5 * 5)
        x = F.relu(self.fc1(x))
        x = F.relu(self.fc2(x))
        x = self.fc3(x)
        return x
if __name__ == '__main__':
    # 获取一些随机的训练图像
    dataiter = iter(trainloader)
    images, labels = dataiter.next()
    # # 展示图像
    # imshow(torchvision.utils.make_grid(images))
    # # 打印标签
    # print(' '.join('%5s' % classes[labels[j]] for j in range(4)))
    net = Net()
    criterion = nn.CrossEntropyLoss()
    optimizer = optim.SGD(net.parameters(), lr=0.001, momentum=0.9)
    for epoch in range(10):  # 多次遍历数据集
        running_loss = 0.0
        for i, data in enumerate(trainloader, 0):
```

```
        # 获取输入
        inputs, labels = data
        # 将参数的梯度清零
        optimizer.zero_grad()
        # 前向传播+反向传播+优化器
        outputs = net(inputs)
        loss = criterion(outputs, labels)
        loss.backward()
        optimizer.step()
        # 打印统计信息
        running_loss += loss.item()
        if i % 2000 == 1999:  # 每2000个小批量打印一次
            print('[%d, %5d] loss: %.3f' %
                  (epoch + 1, i + 1, running_loss / 2000))
            running_loss = 0.0
print('Finished Training')
correct = 0
total = 0
with torch.no_grad():
    for data in testloader:
        images, labels = data
        outputs = net(images)
        _, preDicted = torch.max(outputs.data, 1)
        total += labels.size(0)
        correct += (preDicted == labels).sum().item()
print('Accuracy of the network on the 10000 test images: %d %%' % (
    100 * correct / total))
```

运行结果如下：

```
[10,  2000] loss: 0.792
[10,  4000] loss: 0.801
[10,  6000] loss: 0.813
[10,  8000] loss: 0.835
[10, 10000] loss: 0.858
[10, 12000] loss: 0.852
Finished Training
Accuracy of the network on the 10000 test images: 61 %
```

观察训练结果，在测试集上已经有了效果，增加训练次数会取得更好的效果，这里只训练少量次数。

16.5　小结

本章带领读者学习了PyTorch的基础知识，包括数据类型、常见操作、数据处理、神经网络等内容，这些内容足以引领读者进入PyTorch的大门。PyTorch是目前另一种主流的深度学习框架，其应用广泛，如果读者需要更深入地学习，请参考相关资料。

## 第 17 章

卷 积 网 络

　　卷积网络（Convolutional Network）也叫作卷积神经网络（Convolutional Neural Networks，CNN），是一种专门用来处理具有类似网格结构的数据的神经网络。通过前面章节的学习，相信读者对机器学习已经有了比较深入的理解，深度学习是目前机器学习领域的主流方向，卷积网络是深度学习的重要基础，卷积网络的各种模块已经被集成在各种深度学习框架中供用户使用，本章来讲解常见的卷积网络模块的原理。

　　学习目标：

　　（1）理解卷积网络的原理。

　　（2）掌握常见的卷积网络的运算。

　　（3）掌握经典的卷积网络。

17.1　计算机视觉

　　计算机视觉是一个飞速发展的领域，目前最主要的方向是深度学习。深度学习与计算机视觉可以帮助汽车查明周围的行人和汽车，并帮助汽车避开它们，可以使得人脸识别技术变得更加有效率和精准，还可以使人们体验仅仅通过刷脸就能解锁手机或者门锁。

　　当解锁手机后，手机上有很多分享图片的应用。在上面能看到美食、酒店或美丽风景的图片。有些公司在这些应用上使用深度学习技术来展示最为生动美丽以及与用户最为相关的图片。

　　深度学习之所以让产业界发生了巨大改变，主要有以下两个原因：

　　（1）计算机视觉的高速发展标志着新型应用产生的可能，这是几年前人们不敢想象的。通过学习使用这些工具，也许能够创造出新的产品和应用。

（2）人们对于计算机视觉的研究是如此富有想象力和创造力，由此衍生出了新的神经网络结构与算法，这实际上启发人们去创造计算机视觉与其他领域的交叉成果。

在计算机视觉中有一个问题叫作目标检测，比如在一个无人驾驶项目中不一定非得识别出图片中的物体是车辆，但需要计算出其他车辆的位置，以确保自己能够避开它们。所以在目标检测项目中，首先需要计算出图片中有哪些物体，比如汽车，以及图片中的其他东西，再将它们模拟成一个个盒子，或用一些其他的技术识别出它们在图片中的位置。注意在这个例子中，在一张图片中同时有多辆车，每辆车相对于本车来说都有一个确切的距离。

还有一个更有趣的例子，就是神经网络实现的图片风格迁移，比如说有一幅图片，想将这张图片转换为另一种风格。所以想要进行图片风格迁移需要一幅想要转换的图片和一幅其他风格的图片，实际上可以利用神经网络将它们融合到一起，描绘出一幅新的图片。

它的整体轮廓来自想要转换的图片，风格却是另一幅图片的风格，最后生成一幅新的之前完全不存在的图片。机器学习算法创造出了新的艺术风格。

但在应用计算机视觉时要面临一个挑战，就是数据的输入可能会非常大。举一个例子，比如一幅 64×64 的小图片，实际上它的数据量是 $64 \times 64 \times 3$，因为每幅图片都有 3 个颜色通道。如果计算一下，可得知数据量为 12288，所以特征向量维度为 12288。这其实还好，因为 64×64 真的是很小的一幅图片。

如果要处理更大的图片，比如一幅 1000×1000 的图片，它足有 10^6 兆那么大，但是特征向量的维度达到了 $1000 \times 1000 \times 3$，因为有 R、G、B 三个通道，所以数据量将会是 300 万。如果在尺寸很小的屏幕上观察，可能察觉不出这幅图片只有 64×64 那么大。

如果要输入 300 万的数据量，这就意味着特征向量的维度高达 300 万。所以在第一个隐藏层中，也许会有 1000 个隐藏单元，而所有的权值组成了矩阵 W。如果使用了标准的全连接网络，这个矩阵的大小将会是 1000×300 万。因为现在 x 的维度为 3M，3M 通常用来表示 300 万。这意味着矩阵 W 会有 30 亿个参数，这是一个非常巨大的数字。

在参数如此多的情况下，难以获得足够的数据来防止神经网络发生过拟合和竞争需求，要处理包含 30 亿参数的神经网络，巨大的内存需求让人不太能接受。

但对于计算机视觉应用来说，肯定不想它只处理小图片，希望它同时也能处理大图片。为此，需要进行卷积计算，它是卷积神经网络中非常重要的内容。这里从计算机视觉引入卷积网络，接下来介绍如何进行卷积运算。

17

17.2　卷积网络的基本运算

卷积网络又被叫作卷积神经网络是一种专门用来处理具有类似网络结构的数据的神经网络，例如时间序列数据（可以认为是在时间轴上有规律地采样形成的一维网格）和图像数据（可以看作二维的像素网格）。卷积网络在诸多应用领域都表现优异。

卷积神经网络表明该网络使用了卷积（Convolution）这种数学运算。卷积是一种特殊的线性运算。卷积网络是指那些至少在网络的一层中使用卷积运算来替代一般的矩阵乘法运算的神经网络。

卷积神经网络本质上是一个多层感知机，其成功的关键在于它所采用的局部连接和共享权值的方式：一方面减少了权值的数量，使得网络易于优化；另一方面降低了过拟合的风险。卷积神经网络是神经网络中的一种，它的权值共享网络结构使之类似于生物神经网络，降低了网络模型的复杂度，减少了权值的数量。

该优点在网络的输入是多维图像时表现得更为明显，使图像可以直接作为网络的输入，避免了传统识别算法中复杂的特征提取和数据重建的过程。

卷积神经网络在二维图像处理上有众多优势，如网络能自行抽取图像特征，包括颜色、纹理、形状及图像的拓扑结构；在处理二维图像问题，特别是识别位移、缩放及其他形式扭曲不变性的应用上具有良好的鲁棒性和运算效率等。

卷积神经网络主要包括：输入层（Input Layer）、卷积层（Convolution Layer）、激活层（Activation Layer）、池化层（Pooling Layer）、全连接层（Full-Connected Layer）、输出层（output layer）。有些概念前面的章节已经接触过，这里主要讲解卷积运算和池化运算。

17.2.1　卷积运算

1. 理论基础

卷积网络的卷积的概念和具体运算不同于数学和信号处理中的卷积，这里特别说明这一点，请读者区别对待，本书将重点讲解卷积网络中的卷积的概念，数学和信号处理中的卷积请读者参考其他相关资料。

传统的神经网络使用矩阵乘法来建立输入与输出的连接关系。其中，参数矩阵中每一个单独的参数都描述了一个输入单元与一个输出单元的交互。这意味着每一个输出单元与每一个输入单元参数都要交互，也就是第一个隐藏层中的每一个神经元都要与输入层的每一个神经元连接。

卷积神经网络的特点在于隐藏层分为卷积层和池化层。

● **卷积层**：通过一块卷积核在原始图像上平移来提取特征，每一个特征就是一个特征映射。

- 池化层：通过汇聚特征后的稀疏参数来减少要学习的参数，降低网络的复杂度，常见的包括最大值池化和平均值池化。

卷积运算的主要思想体现在稀疏交互和参数共享。

1）稀疏交互

前面提到，传统的神经网络通过矩阵相乘来建立输入与输出的连接关系。然而，卷积网络具有稀疏交互的特性，这是通过卷积核来实现的，因为可以使核的大小远远小于输入大小。

对于图像数据，可以通过几十到几百个像素点的卷积核来检测一些小的有意义的特征，这就意味着需要存储的参数更少，不仅减少了模型的存储需要，还提高了它的统计效率，这也意味着得到输出需要更少的计算量。

例如有 m 个输入，n 个输出，那么传统神经网络的矩阵乘法需要 $m×n$ 个参数。如果限制每一个输出拥有的连接数为 k，那么稀疏的连接方法只需要 $k×n$ 个参数。在很多实际应用中，只需保持 k 比 m 小好几个数量级，但却能在机器学习的任务中取得好的表现。

2）参数共享

参数共享是指在一个模型的多个函数中使用相同的参数。在传统的神经网络中，当计算一层的输出时，权重矩阵的每一个元素只使用一次，当它乘以输入的一个元素后就不会再用到了。而在卷积神经网络中，卷积核的每一个元素都作用在输入的每一个位置上。

这样便可以保证在进行模型训练的时候只需要学习一个参数集合，而不是对每一个位置都需要学习一个单独的参数集合。这使得卷积在存储需要和统计效率方面极大地优于稠密矩阵的乘法运算。

下面说明卷积神经网络的优点与缺点。

卷积神经网络的优点如下：

- 共享卷积核（共享参数），对高维数据的处理没有压力。
- 无须选择特征属性，只要训练好权重，即可得到特征值。
- 深层次的网络抽取图像信息比较丰富，表达效果好。

卷积神经网络的缺点如下：

- 需要调参，需要大量样本，训练迭代次数比较多，最好使用GPU训练。
- 物理含义不明确，从每层输出中很难看出含义来。

2．计算举例

通过前面章节的学习，熟悉机器学习开发流程的读者应该知道，在使用数据之前，都需要对数据进行预处理操作，卷积神经网络也不例外。

1）卷积网络数据预处理

要进行预处理的主要原因有：

- 输入数据的单位不一样，可能会导致神经网络收敛速度慢，训练时间长。
- 数据范围大的输入在模式分类中的作用可能偏大，而数据范围小的输入的作用则可能偏小。
- 由于神经网络中存在的激活函数是有值域限制的，因此需要将网络训练的目标数据映射到激活函数的值域。
- S形激活函数在(0,1)区间以外的区域很平缓，区分度太小。例如S形函数$f(X)$，$f(100)$与$f(5)$只相差0.0067。

常见的3种数据预处理方式如下：

（1）去均值：将输入数据的各个维度中心化到0。
（2）归一化：将输入数据的各个维度的幅度归一化到同样的范围。
（3）PCA、白化：用PCA降维（去掉特征与特征之间的相关性）。

白化是在PCA的基础上，对转换后的数据每个特征轴上的幅度进行归一化。实际上，在卷积神经网络中，一般并不会使用PCA和白化的操作，一般去均值和归一化使用得比较多。

这些预处理方式在前面的章节或多或少都接触过，由于篇幅限制，这里不再赘述。

2）卷积运算

人的大脑在识别图片的过程中会由不同的皮质层处理不同方面的数据，比如颜色、形状、光暗等，然后将不同皮质层的处理结果进行合并映射操作，得出最终的结果值，第一部分实质上是一个局部的观察结果，第二部分才是一个整体的合并结果。

基于人脑的图片识别过程，可以认为图像的空间联系也是局部的像素联系比较紧密，而较远的像素相关性比较弱，所以每个神经元没有必要对全局图像进行感知，只要对局部进行感知，而在更高层次对局部的信息进行综合操作得出全局信息，即局部感知。

下面给出卷积运算的3个基础概念，这些概念从名字就可以看出其含义。

- 深度（depth）。
- 步长（stride）。
- 填充值（zero-padding）。

举例说明，在神经网络中，输入是向量，而在卷积神经网络中，输入是一个多通道图像。

卷积运算过程如图17-1所示，图中深度为3，步长为1，填充为0。第一层卷积使用的是6个5×5×3的卷积核，得到6个28×28×1的特征图。第二层卷积使用的是10个5×5×6的卷积和，得到10个24×24×1的特征图。

通过卷积运算，读者可以理解以下3个概念。

- 局部感知：在进行计算的时候，将图片划分为一个个区域进行计算。
- 参数共享机制：假设每个神经元连接数据窗的权重是固定的。
- 滑动窗口重叠：降低窗口与窗口之间的边缘不平滑的特性。

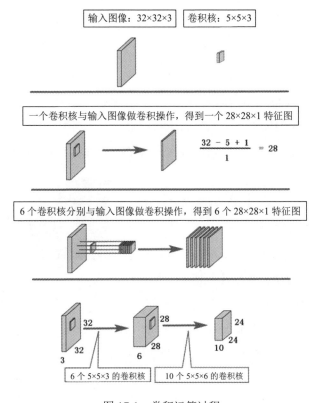

图 17-1　卷积运算过程

3）填充

在进行卷积层的处理之前，向输入数据的周围填入固定的值（比如0）。

假设原图像数据形状为(5,5)，通过填充，输入数据变成了(7,7)，然后应用大小为(3,3)的卷积核，生成了(3,3)的输出数据，这里步长设置为2。

使用填充主要是为了调整输出的大小，因为每次进行卷积都会缩小空间，那么在多次卷积后，大小可能为1，导致无法继续再进行卷积运算。

卷积运算可以保持在空间大小不变的情况下将数据传递给下一层。

4）步长

对于输入大小为(7,7)的数据，以步幅为2应用卷积核，输出大小为(3,3)。

如果设置为1，则输出大小为(5,5)。

增大步长后，输出大小会变小；增大填充后，输出大小会变大。

设输入大小为 (H, W) ，卷积核大小为(FH,FW)，输出大小为(OH,OW)，填充为 P ，步幅为 S ，此时：

$$OH = \frac{H + 2P - FH}{S} + 1 \qquad OW = \frac{H + 2P - FW}{S} + 1$$

17.2.2 池化运算

池化是一种几乎所有的卷积网络都会用到的操作。在连续的卷积层中间的就是池化层，主要功能是：通过逐步减小表征的空间尺寸来减少参数量和网络中的计算。池化层在每个特征图上独立操作。

使用池化层可以压缩数据和参数的量，减小过拟合。在池化层中，通过压缩减少特征数量的时候一般采用两种策略：

- 最大池化（Max Pooling），一般采用该方式。
- 平均池化（Average Pooling）。

下面举例说明池化计算，如图17-2所示。假如输入一个4×4的矩阵，用到的池化类型是最大池化，执行最大池化的树池是一个2×2的矩阵。

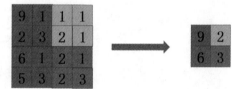

图 17-2   最大池化示意图

执行过程非常简单，把4×4的输入拆分成不同的区域，把这个区域用不同的颜色来标记。对于2×2的输出，输出的每个元素都是其对应颜色区域中的最大元素值。

左上区域的最大值是9，右上区域的最大值是2，左下区域的最大值是6，右下区域的最大值是3。为了计算出右侧这4个元素值，需要对输入矩阵的2×2区域做最大值运算。这就像是应用了一个规模为2的过滤器，因为选用的是2×2区域，步幅是2，这些就是最大池化的超参数。

使用的过滤器为2×2，最后输出的是9。然后向右移动2个步幅，计算出最大值2。然后是第二行，向下移动2个步幅，得到最大值6。最后向右移动3个步幅，得到最大值3。这是一个2×2的矩阵，即 f=2，步幅是2，即 s=2。

这是对最大池化功能的直观理解，可以把这个4×4的区域看作某些特征的集合，也就是神经网络中某一层的非激活值的集合。

数字大意味着可能探测到了某些特定的特征，左上象限具有的特征可能是一个垂直边缘、一只眼睛，或是大家害怕遇到的CAP特征。显然左上象限中存在这个特征，这个特征可能是一只猫眼探测器。然而，右上象限并不存在这个特征。

最大化操作的功能是只要在任何一个象限内提取到某个特征，它都会保留在最大化的池化输出里。所以最大化运算的实际作用是，如果在过滤器中提取到某个特征，那么保留其最大值。如果没有提取到这个特征，可能在右上象限中不存在这个特征，那么其中的最大值还是很小。

必须承认，人们使用最大池化的主要原因是此方法在很多实验中效果都很好。尽管刚刚描述的直观理解经常被引用，不知读者是否理解了最大池化效率很高的真正原因。

其中一个有意思的特点是，它有一组超参数，但并没有参数需要学习。

另外，还有一种类型的池化——平均池化，不太常用。简单介绍一下，这种运算选取的不是每个过滤器的最大值，而是平均值，如图17-3所示。

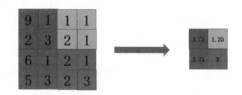

目前来说，最大池化比平均池化更常用。但也有例外，就是深度很深的神经网络，可以用平均池化来分解规模为7×7×1000的网络的表示层，在整个空间内求平均值，得到1×1×1000。

图 17-3　平均池化示意图

总结一下，池化的超参数包括过滤器大小f和步幅s，常用的参数值为$f=2$、$s=2$，应用频率非常高，其效果相当于高度和宽度缩减一半，也有使用$f=3$、$s=2$的情况。至于其他超参数，就要看用的是最大池化还是平均池化了。也可以根据自己的意愿增加表示padding的其他超级参数，虽然很少这么用。

最大池化时，往往很少用到超参数padding。需要注意的是，池化过程中没有需要学习的参数。执行反向传播时，反向传播没有参数适用于最大池化。只有这些设置过的超参数，可能是手动设置的，也可能是通过交叉验证设置的。

最大池化只是计算神经网络某一层的静态属性，实际上，它只是一个静态属性。

17.3　卷积网络与深度学习

通常，卷积网络训练中最昂贵的部分是学习特征。输出层的计算代价通常相对不高，因为在通过若干层池化之后，作为该层输入的特征的数量较少。当使用梯度下降执行监督训练时，每步梯度计算需要完整地运行整个网络的前向传播和反向传播。减少卷积网络训练成本的一种方式是使用那些不是由监督方式训练得到的特征。

有3种基本策略可以不通过监督训练而得到卷积核：一种是简单地随机初始化它们；另一种是手动设计它们，例如设置每个核在一个特定的方向或尺度来检测边缘；还有一种是使用无监督的标准来学习核。使用无监督的标准来学习特征，允许这些特征的确定与位于网络结构顶层的分类层相

17

分离。然后只需提取一次全部训练集的特征，构造用于最后一层的新训练集。假设最后一层类似逻辑回归或者支持向量机，那么学习最后一层通常是凸优化问题。

卷积网络在深度学习的历史中发挥了重要作用，它是将人类对于大脑的研究成功用于机器学习的关键例子，也是首批表现良好的深度模型之一（远远早于后来深度模型被认可）。卷积网络是第一个解决重要商业应用的神经网络，并且仍然处于当今深度学习商业应用的前沿。例如，在20世纪90年代，AT&T的神经网络研究小组开发了一个用于读取支票的卷积网络。到20世纪90年代末，NEC部署的这个系统已经被用于读取美国10%以上的支票。后来，微软部署了若干个基于卷积网络的光学字符识别和手写识别系统。

卷积网络也被用作在许多比赛中的取胜手段。例如ImageNet对象识别挑战赛，由脸书（Facebook）牵头，微软、亚马逊和麻省理工等知名企业与高校联合举办的人脸视频深度伪造检测挑战赛（DeepFake Detection Challenge，DFDC）等，都是以卷积网络为基础的深度学习网络。

卷积网络是第一批能使用反向传播有效训练的深度网络之一。现在仍不完全清楚为什么卷积网络在一般的反向传播网络被认为已经失败时反而成功了。这可能可以简单地归结为卷积网络比全连接网络计算效率更高，因此使用它们运行多个实验并调整其实现和超参数更容易。

更大的网络似乎更容易训练。利用现代硬件，大型全连接网络在许多任务上表现得很合理，即使使用过去那些全连接网络被认为不能工作得很好的数据集和当时流行的激活函数时，现在也能执行得很好。

卷积网络提供了一种方法来优化神经网络，使其能够处理具有清楚的网格结构拓扑的数据，以及将这样的模型扩展到非常大的规模，这种方法在二维图像拓扑上是最成功的。

17.4　经典卷积网络

本节讲解AlexNet和VGGNet两个经典的卷积网络。其中VGGNet是由牛津大学和DeepMind研发的深度学习网络。AlexNet卷积神经网络在计算机视觉领域受到欢迎，它由Alex Krizhevsky、Ilya Sutskever和Geoff Hinton实现。

AlexNet在2012年的ImageNet大规模视觉识别挑战赛（ImageNet Large-Scale Visual Recognition Challenge，ILSVRC）中夺冠，其性能远远超出第二名（其拥有16%的top5错误率，第二名是26%的top5错误率）。这个网络的结构和LeNet非常相似，但是更深、更大，并且使用了层叠的卷积层来获取特征（之前通常只用一个卷积层，并且在其后马上跟着一个汇聚层）。

17.4.1　AlexNet

AlexNet的作者是多伦多大学的Alex Krizhevsky等人。Alex Krizhevsky是Hinton的学生。网上流

行说Hinton、LeCun和Bengio是神经网络领域的三巨头，LeCun就是LeNet-5的作者（Yann LeCun）。

在正式介绍AlexNet之前，简单讲一下该网络最初的用途。AlexNet跟LeNet-5类似，也是一个用于图像识别的卷积神经网络。AlexNet的网络结构更加复杂，参数更多。在ILSVRC比赛中，AlexNet所用的数据集是ImageNet，总共可以识别1000个类别。

1．网络结构

AlexNet整体的网络结构包括：1个输入层、5个卷积层（C1、C2、C3、C4、C5）、两个全连接层（FC6、FC7）和1个输出层。下面对网络结构进行详细介绍，AlexNet网络结构如图17-4所示。

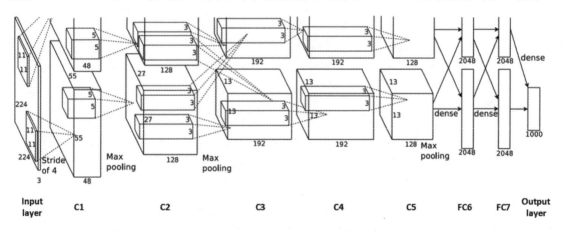

图 17-4　AlexNet 网络结构

初看这幅图有的读者可能会觉得网络上部分没有画完，其实不是的。鉴于当时的硬件资源限制，以及AlexNet结构复杂、参数很庞大，难以在单个GPU上进行训练，因此AlexNet采用两路GTX 580 3GB GPU并行训练。也就是说，把原先的卷积层平分成两部分，FeatureMap分别在两块GPU上进行训练（例如卷积层55×55×96分成两个55×55×48的FeatureMap）。

图17-4中上半部分和下半部分是对称的，所以上半部分没有完全画出来。随着硬件的发展，AlexNet网络的计算量在当下就不值得一提了。

值得一提的是，卷积层C2、C4、C5中的卷积核只和位于同一GPU的上一层的FeatureMap相连，C3的卷积核与两个GPU的上一层的FeautureMap都连接。下面对AlexNet的网络结构构建进行详细介绍，其他网络与之类似，读者可以以此类推，学习查看网络结构。

17

1）输入层

AlexNet的输入图像尺寸是224×224×3。

2）卷积层（C1）

卷积层（C1）的网络结构如图17-5所示。

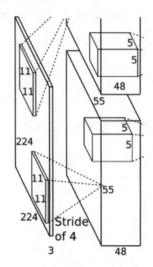

图 17-5　AlexNet 网络卷积层（C1）示意图

该层的处理流程是：卷积→ReLU→局部响应归一化（LRN）→池化。

卷积：输入是224×224×3，使用96个11×11×3的卷积核进行卷积，padding=0，stride=4，根据公式：(input_size +2×padding – kernel_size)/stride + 1=(227+2×0–11)/4+1=55，得到的输出是55×55×96。

ReLU：将卷积层输出的FeatureMap输入ReLU函数中。

局部响应归一化：局部响应归一化是在深度学习中提高准确度的技术方法，一般是在激活、池化后进行的。局部响应归一化对局部神经元的活动创建竞争机制，使得其中响应比较大的值变得相对更大，并抑制其他反馈较小的神经元，增强了模型的泛化能力。

局部响应归一化的公式如下：

$$b_{x,y}^i = a_{x,y}^i / \left(k + \alpha \sum_{j=\max(0,i-n/2)}^{\min(N-1,i+n/2)} \left(a_{x,y}^j \right)^2 \right)^{\beta}$$

a 为归一化之前的神经元；b 为归一化之后的神经元；N 是卷积核的个数，也就是生成的FeatureMap的个数；k、α、β、n 是超参数，论文中使用的值是 $k=2$、$n=5$、$\alpha=0.0001$、$\beta=0.75$。

局部响应归一化的输出仍然是 55×55×96。将其分成两组，每组大小是 55×55×48，分别位于单个GPU上。

池化：使用 3×3、stride=2的池化单元进行最大池化操作。注意，这里使用的是重叠池化，即stride小于池化单元的边长。根据公式：$(55+2×0-3)/2+1=27$，每组得到的输出为 27×27×48。

3）卷积层（C2）

卷积层（C2）的网络结构如图17-6所示。

该层的处理流程是：卷积→ReLU→局部响应归一化（LRN）→池化。

卷积：两组输入均是 27×27×48，各组分别使用128个 5×5×48 的卷积核进行卷积，padding=2，stride=1，根据公式：(input_size+2×padding–kernel_size)/stride+1=（27+2×2–5）/1+1=27，得到每组输出是 27×27×128。

ReLU：将卷积层输出的FeatureMap输入ReLU函数中。

局部响应归一化：使用参数 $k=2$、$n=5$、$\alpha=0.0001$、$\beta=0.75$ 进行归一化，每组输出仍然是 27×27×128。

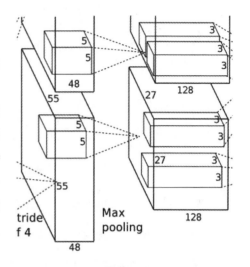

图 17-6　AlexNet 网络卷积层（C2）示意图

池化：使用 3×3、stride=2的池化单元进行最大池化操作。注意，这里使用的是重叠池化，即 stride小于池化单元的边长。根据公式：$(27+2×0-3)/2+1=13$，每组得到的输出为13×13×128。

4）卷积层（C3）

卷积层（C3）的网络结构如图17-7所示。

该层的处理流程是：卷积→ReLU。

卷积：输入是13×13×256，使用384个 3×3×256 的卷积核进行卷积，padding=1，stride=1，根据公式：(input_size+2×padding－kernel_size)/stride+1=(13+2×1–3)/1+1=13，得到的输出是13×13×384。

ReLU：将卷积层输出的FeatureMap输入ReLU函数中。将输出分成两组，每组FeatureMap的大小是13×13×192，分别位于单个GPU上。

5）卷积层（C4）

卷积层（C4）的网络结构如图17-8所示。

卷积：两组输入均是13×13×192，各组分别使用128个 3×3×192 的卷积核进行卷积，padding＝1，stride＝1，根据公式：(input_size+2×padding－kernel_size)/stride+1＝(13+2×1−3)/1+1＝13，得到每组FeatureMap的输出是13×13×128。

ReLU：将卷积层输出的FeatureMap输入ReLU函数中。

6）卷积层（C5）

卷积层（C5）的网络结构如图17-9所示。

17

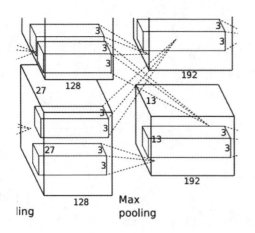

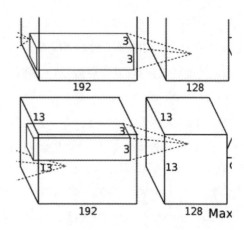

图 17-7　AlexNet 网络卷积层（C3）示意图　　　　图 17-8　AlexNet 网络卷积层（C4）示意图

卷积：两组输入均是 $13×13×192$，各组分别使用 128 个 $3×3×192$ 的卷积核进行卷积，padding=1，stride=1，根据公式：$(input\_size + 2×padding - kernel\_size)/stride + 1 = (13 + 2×1 - 3)/1 + 1 = 13$，得到每组 FeatureMap 的输出是 $13×13×128$。

ReLU：将卷积层输出的 FeatureMap 输入 ReLU 函数中。

池化：使用 $3×3$、$stride = 2$ 的池化单元进行最大池化操作。注意，这里使用的是重叠池化，即 stride 小于池化单元的边长。根据公式：$(13 + 2×0 - 3)/2 + 1 = 6$，每组得到的输出为 $6×6×128$。

7）全连接层（FC6）

全连接层（FC6）的网络结构如图 17-10 所示。

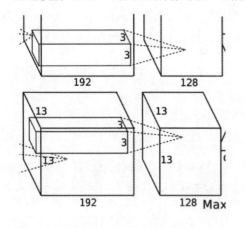

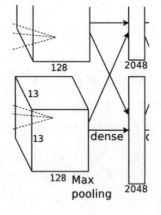

图 17-9　AlexNet 网络卷积层（C5）示意图　　　　图 17-10　AlexNet 网络全连接层（FC6）示意图

全连接：输入为 $6×6×256$，使用 4096 个 $6×6×256$ 的卷积核进行卷积，由于卷积核的尺寸与输入的尺寸完全相同，即卷积核中的每个系数只与输入尺寸的一个像素值相乘一一对应，根据公式：

$(\text{input\_size} + 2 \times \text{padding} - \text{kernel\_size})/\text{stride} + 1 = (6 + 2 \times 0 - 6)/1 + 1 = 1$，得到的输出是 $1 \times 1 \times 4096$，即有4096个神经元，该层被称为全连接层。

ReLU：这4096个神经元的运算结果输入ReLU激活函数中。

Dropout：随机地断开全连接层某些神经元的连接，通过不激活某些神经元的方式防止过拟合。4096个神经元被均分到两块GPU上进行运算。

8）全连接层（FC7）

全连接层（FC7）的网络结构如图17-11所示。

9）输出层

输出层如图17-12所示。

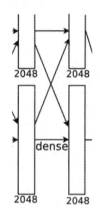

图 17-11　AlexNet 网络全连接层（FC7）示意图

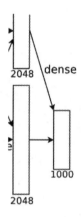

图 17-12　AlexNet 网络输出层示意图

该层的流程为：（卷积）全连接→Softmax。

全连接：输入为4096个神经元，输出是1000个神经元。这1000个神经元对应1000个检测类别。

Softmax：这1000个神经元的运算结果输入Softmax函数中，输出1000个类别对应的预测概率值。

2．网络参数

1）AlexNet 神经元数量

AlexNet各层神经元数量如表17-1所示。

表17-1　AlexNet各层神经元数量

层　　数	定　　义	数　　量
C1	C1层的 FeatureMap 的神经元个数	55×55×48×2=290400
C2	C2层的 FeatureMap 的神经元个数	27×27×128×2=186624
C3	C3层的 FeatureMap 的神经元个数	13×13×192×2=64896

17

层　　数	定　　义	数　　量
C4	C4 层的 FeatureMap 的神经元个数	13×13×192×2=64896
C5	C5 层的 FeatureMap 的神经元个数	13×13×128×2=43264
FC6	FC6 全连接层的神经元个数	4096
FC7	FC7 全连接层的神经元个数	4096
输出层	输出层的神经元个数	1000

整个AlexNet网络包含的神经元个数为：

290400+186624+64896+64896+43264+4096+4096+1000=659272，大约65万个神经元。

2）AlexNet 参数数量

AlexNet各层参数数量如表17-2所示。

表17-2　AlexNet各层参数数量

层　　数	定　　义	数　　量
C1	卷积核 11×11×3，96 个卷积核，偏置参数	(11×11×3+1)×96=34944
C2	卷积核 5×5×48，128 个卷积核，2 组，偏置参数	(5×5×48+1)×128×2=307456
C3	卷积核 3×3×256，384 个卷积核，偏置参数	(3×3×256+1)×384=885120
C4	卷积核 3×3×192，192 个卷积核，2 组，偏置参数	(3×3×192+1)×192×2=663936
C5	卷积核 3×3×192，128 个卷积核，2 组，偏置参数	(3×3×192+1)×128×2=442624
FC6	卷积核 6×6×256，4096 个神经元，偏置参数	(6×6×256+1)×4096=37752832
FC7	全连接层，4096 个神经元，偏置参数	(4096+1)×4096=16781312
输出层	全连接层，1000 个神经元	1000×4096=4096000

整个AlexNet网络包含的参数数量为：

34944+307456+885120+663936+442624+37752832+16781312+4096000=60964224，大约6千万个参数。

设定每个参数是32位浮点数，每个浮点数是4个字节。这样参数占用的空间为：

60964224×4 =243856896（Byte）=238141.5（KB）=232.56（MB），参数共占用了大约233MB的空间。

3）FLOPS

FLOPS（Floating-Point Operations Per Second，每秒浮点运算次数或每秒峰值速度）常被用来估算计算机的执行效能，尤其是在使用到大量浮点运算的科学计算领域中。FLOPS字尾的S代表秒，而不是复数，所以不能省略掉。

一个MFLOPS（Mega FLOPS）等于每秒一百万（10^6）次的浮点运算。

一个GFLOPS（Giga FLOPS）等于每秒十亿（10^9）次的浮点运算。

一个TFLOPS（Tera FLOPS）等于每秒一万亿（10^{12}）次的浮点运算。

一个PFLOPS（Peta FLOPS）等于每秒一千万亿（10^{15}）次的浮点运算。

一个EFLOPS（Exa FLOPS）等于每秒一百京（10^{18}）次的浮点运算。

在AlexNet网络中，对于卷积层，FLOPS=num_params×(H×W)。其中num_params为参数数量，H×W为卷积层的高和宽。对于全连接层，FLOPS=num_params，具体如表17-3所示。

表17-3　AlexNet的FLOPS

层　　数	定　　义	数　　量
C1	num_params×(H×W)	34944×55×55=105705600
C2	num_params×(H×W)	307456×27×27=224135424
C3	num_params×(H×W)	885120×13×13=149585280
C4	num_params×(H×W)	663936×13×13=112205184
C5	num_params×(H×W)	442624×13×13=74803456
FC6	num_params	37752832
FC7	num_params	16781312
输出层	num_params	4096000

AlexNet整体的网络结构（包含各层参数个数和FLOPS）如图17-13所示。

3．网络创新

1）数据扩充

AlexNet采用两种数据扩充（Data Augmentation）方法，分别是：

● 镜像反射和随机剪裁。

● 改变训练样本RGB通道的强度值。

镜像反射如图17-14所示。

然后在原图和镜像反射的图（256×256）中随机裁剪227×227的区域，如图17-15所示。

图17-13　AlexNet整体的网络结构（包含各层参数个数和FLOPS）

测试的时候，对左上、右上、左下、右下、中间分别做了5次裁剪，然后翻转，共10个裁剪，之后对结果求平均值。

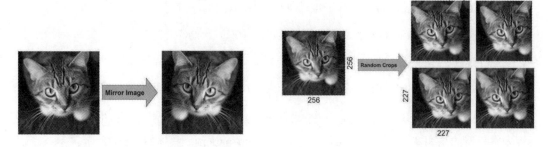

图 17-14　AlexNet 镜像反射　　　　　图 17-15　AlexNet 随机裁剪

改变训练样本RGB通道的强度值的做法是对RGB空间做主成分分析，然后对主成分做一个（0，0.1）的高斯扰动，也就是对颜色、光照进行变换，结果使错误率又下降了1%。

2）ReLU 激活函数

早期标准的神经元激活函数是Tanh()函数，这种饱和的非线性函数在梯度下降的时候要比非饱和的非线性函数慢得多，因此在AlexNet中使用ReLU函数作为激活函数，如图17-16所示。

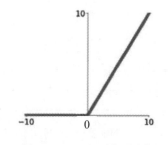

ReLU函数是一个分段线性函数，小于或等于0则输出0，大于0则恒等输出。在反向传播中，ReLU有输出的部分，导数始终为1。而且ReLU会使一部分神经元的输出为0，这样就造成了网络的稀疏性，并且减少了参数的相互依存关系，缓解了过拟合问题的发生。

图 17-16　ReLU 激活函数

3）局部响应归一化

局部响应归一化对局部神经元的活动创建竞争机制，使得其中响应比较大的值变得相对更大，并抑制其他反馈较小的神经元，增强了模型的泛化能力。

4）Dropout

Dropout是神经网络中比较常用的抑制过拟合的方法。在神经网络中，Dropout通过修改神经网络本身的结构来实现，对于某一层的神经元，通过定义的概率将神经元置为0，这个神经元就不参与前向和后向传播，就如同在网络中被删除了一样，同时保持输入层与输出层神经元的个数不变，然后按照神经网络的学习方法进行参数更新。在下一次迭代中，又重新随机删除一些神经元（置为0），直至训练结束。

在AlexNet网络中，全连接层FC6、FC7就使用了Dropout方法。

Dropout是AlexNet中一个很大的创新，现在神经网络中的必备结构之一。Dropout也可以看成是一种模型组合，每次生成的网络结构都不一样,通过组合多个模型的方式能够有效地减少过拟合。Dropout只需要两倍的训练时间即可实现模型组合（类似于取平均）的效果，非常高效。

5）重叠池化

在以前的卷积神经网络中，普遍使用平均池化层。而AlexNet全部使用最大池化层，避免了平均池化层的模糊化效果，并且步长比池化的核的尺寸小，这样池化层的输出之间有重叠，提升了特征的丰富性。重叠池化可以避免过拟合，这个策略贡献了0.3%的top5错误率。

6）端到端训练

在AlexNet网络中，卷积神经网络的输入直接是一幅图片，当时使用比较多的做法是先使用特征提取算法对RGB图片进行特征提取。AlexNet使用了端对端网络，除了在每个像素中减去训练集的像素均值之外，没有以任何其他方式对图像进行预处理，而是直接使用像素的RGB值训练网络。

4．查看PyTorch网络结构

PyTorch中已经集成了AlexNet，可以通过Python脚本直接查看网络。

【例17-1】　查看AlexNet。

输入如下代码：

```
import torchvision
model = torchvision.models.alexnet()
print(model)
```

运行结果如下：

```
AlexNet(
  (features): Sequential(
    (0): Conv2d(3, 64, kernel_size=(11, 11), stride=(4, 4), padding=(2, 2))
    (1): ReLU(inplace=True)
    (2): MaxPool2d(kernel_size=3, stride=2, padding=0, dilation=1, ceil_mode=False)
    (3): Conv2d(64, 192, kernel_size=(5, 5), stride=(1, 1), padding=(2, 2))
    (4): ReLU(inplace=True)
    (5): MaxPool2d(kernel_size=3, stride=2, padding=0, dilation=1, ceil_mode=False)
    (6): Conv2d(192, 384, kernel_size=(3, 3), stride=(1, 1), padding=(1, 1))
    (7): ReLU(inplace=True)
    (8): Conv2d(384, 256, kernel_size=(3, 3), stride=(1, 1), padding=(1, 1))
    (9): ReLU(inplace=True)
    (10): Conv2d(256, 256, kernel_size=(3, 3), stride=(1, 1), padding=(1, 1))
    (11): ReLU(inplace=True)
    (12): MaxPool2d(kernel_size=3, stride=2, padding=0, dilation=1, ceil_mode=False)
  )
  (avgpool): AdaptiveAvgPool2d(output_size=(6, 6))
  (classifier): Sequential(
    (0): Dropout(p=0.5, inplace=False)
    (1): Linear(in_features=9216, out_features=4096, bias=True)
    (2): ReLU(inplace=True)
    (3): Dropout(p=0.5, inplace=False)
    (4): Linear(in_features=4096, out_features=4096, bias=True)
    (5): ReLU(inplace=True)
```

17

```
    (6): Linear(in_features=4096, out_features=1000, bias=True)
  )
)
```

观察运行结果，可以查看AlexNet各个层的结构和参数，根据这些结构，可以按照需求修改网络。

17.4.2 VGGNet

VGGNet是ILSVRC 2014的第二名获得者Karen Simonyan和Andrew Zisserman实现的卷积神经网络。它主要的贡献是展示出了网络的深度是算法优良性能的关键部分。该系列最好的网络包含16个卷积和全连接层。

VGGNet网络的结构非常一致，从头到尾全部使用的是3×3的卷积和2×2的汇聚。预训练模型是可以在网络上获得并在Caffe中使用的。早期认为VGGNet会耗费更多计算资源，并且使用了更多的参数，导致更多的内存占用（140MB）。其中绝大多数的参数都是来自第一个全连接层。后来发现这些全连接层即使被去除，对于性能也没有什么影响，这样就显著降低了参数数量。

1．网络结构

VGG的结构与AlexNet类似，区别是深度更深，但形式上更加简单。VGGNet由5层卷积层、3层全连接层、1层Softmax输出层构成，层与层之间使用最大池化分开，所有隐藏层的激活单元都采用ReLU函数。

作者在原论文中，根据卷积层不同的子层数量设计了A、A-LRN、B、C、D、E这6种网络结构，如图17-17所示。

ConvNet Configuration					
A	A-LRN	B	C	D	E
11 weight layers	11 weight layers	13 weight layers	16 weight layers	16 weight layers	19 weight layers
input (224 × 224 RGB image)					
conv3-64	conv3-64 LRN	conv3-64 conv3-64	conv3-64 conv3-64	conv3-64 conv3-64	conv3-64 conv3-64
maxpool					
conv3-128	conv3-128	conv3-128 conv3-128	conv3-128 conv3-128	conv3-128 conv3-128	conv3-128 conv3-128
maxpool					
conv3-256 conv3-256	conv3-256 conv3-256	conv3-256 conv3-256	conv3-256 conv3-256 conv1-256	conv3-256 conv3-256 conv3-256	conv3-256 conv3-256 conv3-256 conv3-256
maxpool					
conv3-512 conv3-512	conv3-512 conv3-512	conv3-512 conv3-512	conv3-512 conv3-512 conv1-512	conv3-512 conv3-512 conv3-512	conv3-512 conv3-512 conv3-512 conv3-512
maxpool					
conv3-512 conv3-512	conv3-512 conv3-512	conv3-512 conv3-512	conv3-512 conv3-512 conv1-512	conv3-512 conv3-512 conv3-512	conv3-512 conv3-512 conv3-512 conv3-512
maxpool					
FC-4096					
FC-4096					
FC-1000					
Softmax					

图 17-17　VGGNet 的 6 种结构示意图

　　其中区别在于每个卷积层的子层数量不同，从A至E依次增加（子层数量从1到4），总的网络深度从11层到19层，表格中的卷积层参数表示为conv<感受野大小>－<通道数>，例如con3－128，表示使用3×3的卷积核，通道数为128。

　　为了简洁起见，在表格中不显示ReLU激活功能。其中，网络结构D就是著名的VGG16，网络结构E就是著名的VGG19。下面以VGG16为例进行分析，其网络结构如图17-18所示。

　　输入是大小为224×224的RGB图像，预处理时计算出3个通道的平均值，在每个像素上减去平均值（处理后迭代更少，更快收敛）。

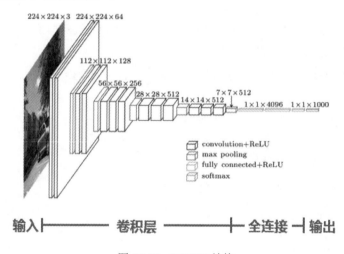

图 17-18　VGG16 结构

　　图像需要经过一系列卷积层处理，在有些卷积层中使用了3×3的卷积核，在有些卷积层中则使用了1×1的卷积核。

　　卷积层步长（Stride）设置为1个像素，3×3卷积层的填充（Padding）设置为1个像素。池化层采用最大池化，共有5层，在一部分卷积层后，最大池化的窗口是2×2，步长设置为2。

　　卷积层之后是3个全连接层。前两个全连接层均有4096个通道，第3个全连接层有1000个通道，用来分类。所有网络的全连接配置相同。

　　全连接层后是Softmax输出层，用来分类。

　　所有隐藏层（每个conv层中间）都使用ReLU作为激活函数。VGGNet不使用局部响应归一化，这种标准化并不能在ILSVRC数据集上提升性能，却导致了更多的内存消耗和计算时间。

17

2. 处理过程

　　VGG16详细处理过程如下：

（1）输入224×224×3的图片，经64个3×3的卷积核进行两次卷积+ReLU，卷积后的尺寸变为224×224×64。

（2）进行最大化池化，池化单元尺寸为2×2（效果为图像尺寸减半），池化后的尺寸变为112×112×64。

（3）经128个3×3的卷积核进行两次卷积+ReLU，尺寸变为112×112×128。

（4）进行2×2的最大池化，尺寸变为56×56×128。

（5）经256个3×3的卷积核进行3次卷积+ReLU，尺寸变为56×56×256。

（6）进行2×2的最大池化，尺寸变为28×28×256。

（7）经512个3×3的卷积核进行3次卷积+ReLU，尺寸变为28×28×512。

（8）进行2×2的最大池化，尺寸变为14×14×512。

（9）经512个3×3的卷积核进行3次卷积+ReLU，尺寸变为14×14×512。

（10）进行2×2的最大池化，尺寸变为7×7×512。

（11）与两层1×1×4096、一层1×1×1000进行全连接+ReLU（共3层）。

（12）通过Softmax输出层输出1000个预测结果。

图形化显示如图17-19所示。

3.　网络特点

（1）结构简洁。VGG结构由5层卷积层、3层全连接层、Softmax输出层构成，层与层之间使用最大池化分开，所有隐藏层的激活单元都采用ReLU函数。

（2）小卷积核和多卷积子层。VGG使用多个较小卷积核（3×3）的卷积层代替一个卷积核较大的卷积层，一方面可以减少参数，另一方面相当于进行了更多的非线性映射，可以增加网络的拟合/表达能力。

小卷积核是VGG的一个重要特点，虽然VGG是在模仿AlexNet的网络结构，但没有采用AlexNet中比较大的卷积核尺寸（如7×7），而是通过降低卷积核的大小（3×3），增加卷积子层数来达到同样的性能（VGG：从1到4卷积子层，AlexNet：1子层）。

VGG的作者认为，两个3×3的卷积堆叠获得的感受野相当于一个5×5的卷积；而3个3×3卷积的堆叠获得的感受野相当于一个7×7的

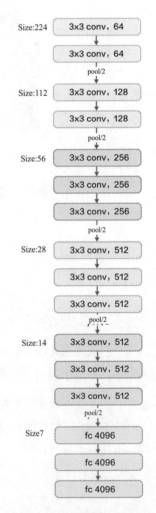

图17-19　VGG16处理过程

卷积。这样可以增加非线性映射，也能很好地减少参数（例如7×7的参数为49个，而3个3×3的参数为27）。

（3）小池化核。相比AlexNet的3×3的池化核，VGG全部采用2×2的池化核。

（4）通道数多。VGG网络第一层的通道数为64，后面每层都进行了翻倍，最多到512个通道，通道数的增加使得更多的信息可以被提取出来。

（5）层数更深，特征图更宽。由于卷积核专注于扩大通道数，池化专注于缩小宽和高，使得模型架构更深、更宽的同时，还控制了计算量的增加规模。

（6）全连接转卷积（测试阶段）。这也是VGG的一个特点，在网络测试阶段，将训练阶段的3个全连接替换为3个卷积，使得测试得到的全卷积网络因为没有全连接的限制，因而可以接收任意宽或高的输入，这在测试阶段很重要。

例如输入图像是224×224×3，若后面3个层都是全连接层，那么在测试阶段只能将测试的图像全部都放到224×224×3，才能符合后面全连接层的输入数量要求，这样就不便于测试工作的开展。

而全连接转卷积的替换过程如下：例如7×7×512的层要跟4096个神经元的层做全连接，则替换为对7×7×512的层进行通道数为4096、卷积核为1×1的卷积。

4. 查看PyTorch网络结构

PyTorch已经集成了VGG16网络，可以通过Python脚本直接查看VGG16网络结构。

【例17-2】 使用PyTorch查看VGG16网络结构。

输入如下代码：

```
import torchvision
model = torchvision.models.vgg16()
print(model)
```

运行结果如下：

```
VGG(
  (features): Sequential(
    (0): Conv2d(3, 64, kernel_size=(3, 3), stride=(1, 1), padding=(1, 1))
    (1): ReLU(inplace=True)
    (2): Conv2d(64, 64, kernel_size=(3, 3), stride=(1, 1), padding=(1, 1))
    (3): ReLU(inplace=True)
    (4): MaxPool2d(kernel_size=2, stride=2, padding=0, dilation=1, ceil_mode=False)
    (5): Conv2d(64, 128, kernel_size=(3, 3), stride=(1, 1), padding=(1, 1))
    (6): ReLU(inplace=True)
    (7): Conv2d(128, 128, kernel_size=(3, 3), stride=(1, 1), padding=(1, 1))
    (8): ReLU(inplace=True)
    (9): MaxPool2d(kernel_size=2, stride=2, padding=0, dilation=1, ceil_mode=False)
    (10): Conv2d(128, 256, kernel_size=(3, 3), stride=(1, 1), padding=(1, 1))
```

17

```
  (11): ReLU(inplace=True)
  (12): Conv2d(256, 256, kernel_size=(3, 3), stride=(1, 1), padding=(1, 1))
  (13): ReLU(inplace=True)
  (14): Conv2d(256, 256, kernel_size=(3, 3), stride=(1, 1), padding=(1, 1))
  (15): ReLU(inplace=True)
  (16): MaxPool2d(kernel_size=2, stride=2, padding=0, dilation=1, ceil_mode=False)
  (17): Conv2d(256, 512, kernel_size=(3, 3), stride=(1, 1), padding=(1, 1))
  (18): ReLU(inplace=True)
  (19): Conv2d(512, 512, kernel_size=(3, 3), stride=(1, 1), padding=(1, 1))
  (20): ReLU(inplace=True)
  (21): Conv2d(512, 512, kernel_size=(3, 3), stride=(1, 1), padding=(1, 1))
  (22): ReLU(inplace=True)
  (23): MaxPool2d(kernel_size=2, stride=2, padding=0, dilation=1, ceil_mode=False)
  (24): Conv2d(512, 512, kernel_size=(3, 3), stride=(1, 1), padding=(1, 1))
  (25): ReLU(inplace=True)
  (26): Conv2d(512, 512, kernel_size=(3, 3), stride=(1, 1), padding=(1, 1))
  (27): ReLU(inplace=True)
  (28): Conv2d(512, 512, kernel_size=(3, 3), stride=(1, 1), padding=(1, 1))
  (29): ReLU(inplace=True)
  (30): MaxPool2d(kernel_size=2, stride=2, padding=0, dilation=1, ceil_mode=False)
)
(avgpool): AdaptiveAvgPool2d(output_size=(7, 7))
(classifier): Sequential(
  (0): Linear(in_features=25088, out_features=4096, bias=True)
  (1): ReLU(inplace=True)
  (2): Dropout(p=0.5, inplace=False)
  (3): Linear(in_features=4096, out_features=4096, bias=True)
  (4): ReLU(inplace=True)
  (5): Dropout(p=0.5, inplace=False)
  (6): Linear(in_features=4096, out_features=1000, bias=True)
)
)
```

观察运行结果，可以看到VGG16各个层的结构和参数，根据这些结构，可以按照需求修改网络。

17.5 小结

本章详细讲解了卷积网络的概念和基本操作等，读者通过本章的学习，可以对卷积网络有一个详细的了解。

第 18 章

激活函数

本章主要介绍激活函数。激活函数是神经网络中极其重要的概念，它决定了某个神经元是否被激活，这个神经元接收到的信息是否有用，是该留下还是该抛弃。尤其是随着深度学习技术的发展，激活函数技术也得到了很大发展，出现了不少新的激活函数，因此这里单独用一章来讲解激活函数。

学习目标：

（1）掌握激活函数的意义。

（2）掌握常用的激活函数。

18.1　激活函数的意义

神经网络中的每个神经元节点接收上一层神经元的输出值作为本神经元的输入值，并将输入值传递给下一层，输入层神经元节点会将输入的属性值直接传递给下一层（隐藏层或输出层）。

在多层神经网络中，上一层节点的输出和下一层节点的输入之间具有一个函数关系，这个函数称为激活函数（又称激励函数）。单个神经元的结构如图18-1所示。

如果不用激励函数，则每一层节点的输入都是上一层输出的线性函数，这很容易验证，无论神经网络有多少层，输出都是输入的线性组合，与没有隐藏层效果相当，这种情况就是最原始的感知机，那么网络的逼近能力就相当有限。

因此，神经网络必须引入非线性函数作为激励函数，这样深层神经网络表达能力会更加强大（不再是输入的线性组合，而是几乎可以逼近任意函数）。

明确了这一点之后，就需要构建激活函数了，一个好的激活函数需要具备以下属性：

（1）非线性：即导数不是常数。这个条件是多层神经网络的基础，以保证多层网络不退化成单层线性网络。这也是激活函数的意义所在。

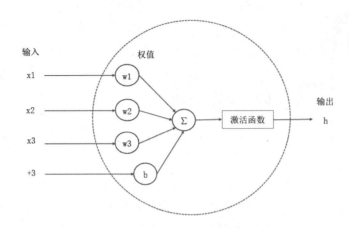

图 18-1　单个神经元的结构

（2）几乎处处可微：可微性保证了在优化中梯度的可计算性。传统的激活函数（如Sigmoid等）满足处处可微。对于分段线性函数（比如ReLU），只满足几乎处处可微（仅在有限个点处不可微）。对于随机梯度优化算法来说，由于几乎不可能收敛到梯度接近零的位置，有限的不可微点对于优化结果不会有很大影响。

（3）计算简单：非线性函数有很多。极端地说，一个多层神经网络也可以作为一个非线性函数，类似于Network In Network中把它当作卷积操作的做法。但激活函数在神经网络前向的计算次数与神经元的个数成正比，因此简单的非线性函数自然更适合用作激活函数。这也是ReLU之流比其他使用Exp（指数）等操作的激活函数更受欢迎的原因之一。

（4）非饱和性（Saturation）：饱和指的是在某些区间梯度接近零（梯度消失），使得参数无法继续更新的问题。最经典的例子是Sigmoid，它的导数在x为比较大的正值和比较小的负值时都会接近0。更极端的例子是阶跃函数，由于它在几乎所有位置的梯度都为0，因此处处饱和，无法作为激活函数。ReLU在$x>0$时导数恒为1，因此对于再大的正值也不会饱和。

（5）单调性（Monotonic）：即导数符号不变。这个性质大部分激活函数都有，除了诸如sin、cos等。个人理解，单调性使得在激活函数处的梯度方向不会经常改变，从而让训练更容易收敛。

（6）输出范围有限：有限的输出范围使得网络对于一些比较大的输入也会比较稳定，这也是为什么早期的激活函数都以此类函数为主，如Sigmoid、Tanh。但这导致了前面提到的梯度消失问题，而且强行让每一层的输出限制到固定范围会限制其表达能力。因此，现在这类函数仅用于某些需要特定输出范围的场合，比如概率输出，此时loss函数中的log操作能够抵消其梯度消失的影响。

（7）接近恒等变换（Identity）：即约等于x。这样的好处是使得输出的幅值不会随着深度的增加而显著地增加，从而使网络更为稳定，同时梯度也更容易回传。这个与非线性有点矛盾，因此激活函数只是部分满足这个条件，比如Tanh只在原点附近有线性区（在原点为0且在原点的导数为1），而ReLU只在$x>0$时为线性。这个性质也让初始化参数范围的推导更为简单。

（8）参数少：大部分激活函数都是没有参数的。像PReLU带单个参数会略微增加网络的大小。还有一个例外是Maxout，尽管本身没有参数，但在同样输出通道数下，k路Maxout需要的输入通道数是其他函数的k倍，这意味着神经元数目也需要变为k倍，但不考虑维持输出通道数的情况下，该激活函数又能将参数个数减少为原来的k倍。

（9）归一化：这个是近期才出来的概念，对应的激活函数是SELU，主要思想是使样本分布自动归一化到零均值、单位方差的分布，从而稳定训练。在这之前，这种归一化的思想也被用于网络结构的设计，比如Batch Normalization。

（10）零均值化（Zero-Centered）：Sigmoid函数的输出值恒大于0，这会导致模型训练的收敛速度变慢。深度学习往往需要大量时间来处理大量数据，模型的收敛速度尤为重要。所以，总体上来讲，训练深度学习网络尽量使用零均值化数据（可以经过数据预处理实现）和零均值化输出。

18.2 常用的激活函数

随着机器学习技术的进步，越来越多性能优越的激活函数被开发出来。前面介绍了激活函数的选择原则，本节详细介绍几个目前常用的激活函数。

18.2.1 Sigmoid 及其改进型

本小节学习Sigmoid及其改进型的激活函数。

1．Sigmoid

Sigmoid函数的图像看起来像一个S形曲线。其公式为：

$$f(x) = \frac{1}{1 + e^{-x}}$$

该激活函数具有以下特点：

（1）因为Sigmoid函数的输出范围是0～1，所以它可以对每个神经元的输出进行归一化。

（2）因为Sigmoid函数的输出范围是0～1，所以可以将预测概率作为输出的模型。

（3）梯度平滑，避免跳跃的输出值。

（4）容易梯度消失。

（5）函数输出不是以0为中心的，这会降低权重更新的效率。

（6）Sigmoid函数是指数运算，计算机运行得较慢。

这里直接使用Python定义Sigmoid函数，并画图查看其函数图像。

18

【例18-1】 Sigmoid激活函数。

输入如下代码：

```
# Sigmoid激活函数
import matplotlib.pyplot as plt
import numpy as np
def sigmoid(x):
    return 1 / (1 + np.exp(-x))
fig, ax = plt.subplots()
x = np.linspace(-10, 10, 100)
y = sigmoid(x)
ax.plot(x, y)
# 画轴
ax.spines['top'].set_color('none')
ax.spines['right'].set_color('none')
ax.spines['bottom'].set_position(('data', 0))
ax.spines['left'].set_position(('axes', 0.5))
plt.grid() # 设置方格
plt.title("Sigmoid")
plt.show()
```

运行结果如图18-2所示。

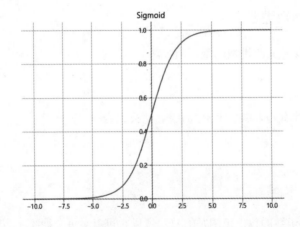

图 18-2　Sigmoid 激活函数

Sigmoid函数的一阶导数链式求导往往是多层导数相乘，由于是小于1的数多次相乘，梯度将像指数那样趋近于零，因此会产生梯度消失的问题。

【例18-2】 Sigmoid函数的导数。

输入如下代码：

```
# Sigmoid函数的导数
import numpy as np
```

```
import matplotlib.pyplot as plt
x = np.linspace(-10,10,50)
y = 1 / (1 + np.exp(-x))
y = y*(1-y)
fig = plt.figure()
plt.plot(x, y)
plt.grid()
plt.show()
```

Sigmoid函数的导数如图18-3所示。

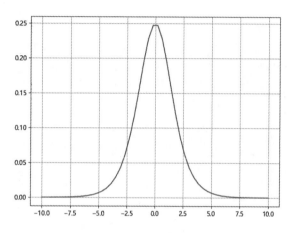

图 18-3　Sigmoid 函数的导数

2. Tanh

Tanh是一个双曲正切函数，其图像看起来像一个有点扁的S形曲线。Tanh函数和Sigmoid函数的曲线有些相似，但是它比Sigmoid函数更具优势。其公式为：

$$f(x) = \frac{2}{1+e^{-2x}} - 1$$

该激活函数具有以下特点：

（1）当输入较大或较小时，输出几乎是平滑的，并且梯度较小，这不利于权重更新。Tanh与Sigmoid函数的区别在于输出间隔，Tanh函数的输出间隔为1，并且整个函数以0为中心，比Sigmoid函数要好。

（2）在Tanh函数的图像中，如果输入是负数信号，则输出也是负数信号。

（3）在一般的二元分类问题中，Tanh函数用于隐藏层，而Sigmoid函数用于输出层，但这并不是固定的，需要根据特定问题进行调整。

下面使用Python代码实现该函数。

18

【例18-3】　Tanh函数。

输入如下代码：

```
import matplotlib.pyplot as plt
import numpy as np
def sigmoid(x):
    return 1 / (1 + np.exp(-x))
def tanh(x):
    return 2 / (1 + np.exp(-2*x)) - 1
fig, ax = plt.subplots()
x = np.linspace(-10, 10, 100)
y1 = tanh(x)
y2 = sigmoid(x)
ax.plot(x, y1, '-b', label='Tanh')
ax.plot(x, y2, '-r', label='Sigmoid')
ax.legend() # 设置图例
# 画轴
ax.spines['top'].set_color('none')
ax.spines['right'].set_color('none')
ax.spines['bottom'].set_position(('data', 0))
ax.spines['left'].set_position(('axes', 0.5))
plt.grid() # 设置方格
plt.title("Tanh and Sigmoid")
plt.show()
```

运行结果如图18-4所示。

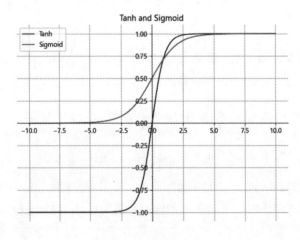

图 18-4　Tanh 函数

3. Swish

Swish函数的设计受到了LSTM和高速网络中Gating的Sigmoid函数的启发，使用相同的Gating值来简化Gating机制，这称为Self-Gating。

Self-Gating的优点在于它只需要简单的标量输入，而普通的Gating则需要多个标量输入。这使得诸如Swish之类的Self-Gated激活函数能够轻松替换以单个标量为输入的激活函数（例如ReLU），而无须更改隐藏容量或参数数量。其公式为：

$$y = x \times \mathrm{sigmoid}(x)$$

该激活函数具有以下特点：

（1）无界性有助于防止慢速训练期间，梯度逐渐接近0并导致饱和（同时，有界性也是有优势的，因为有界激活函数可以具有很强的正则化，并且能解决较大的负输入问题）。

（2）导数恒大于零。

（3）平滑度在优化和泛化中起了重要作用。

下面使用Python代码实现该激活函数。

【例18-4】 Swish激活函数的实现。

输入如下代码：

```python
#Swish激活函数的实现
import matplotlib.pyplot as plt
import numpy as np
def sigmoid(x):
    return 1 / (1 + np.exp(-x))
def swish(x):
    return sigmoid(x) * x
fig, ax = plt.subplots()
x = np.linspace(-10, 10, 100)
y = swish(x)
ax.plot(x, y)
ax.legend() # 设置图例
# 画轴
ax.spines['top'].set_color('none')
ax.spines['right'].set_color('none')
ax.spines['bottom'].set_position(('data', 0))
ax.spines['left'].set_position(('axes', 0.5))
plt.grid() # 设置方格
plt.title("Swish")
plt.show()
```

运行结果如图18-5所示。

18

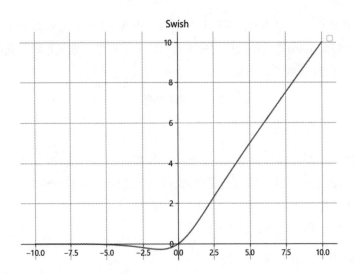

图18-5　Swish激活函数的实现

18.2.2　ReLU 及其改进型

本小节学习ReLU及其改进型的激活函数。

1. ReLU

ReLU函数是深度学习中较为流行的一种激活函数。

$$f(x) = \begin{cases} \max(0, x) & x \geqslant 0 \\ 0 & x < 0 \end{cases}$$

该激活函数具有以下特点：

（1）当输入为正时，不存在梯度饱和问题。

（2）计算速度快。ReLU函数中只存在线性关系，因此它的计算速度比Sigmoid和Tanh更快。

（3）当输入为负时，ReLU函数完全失效。在正向传播过程中，这不是问题。但是在反向传播过程中，如果输入负数，则梯度将完全为零。

这里直接使用Python定义ReLU函数，并画图查看其函数图像。

【例18-5】　ReLU激活函数的实现。

输入如下代码：

```
# ReLU激活函数的实现
import matplotlib.pyplot as plt
import numpy as np
```

```
def relu(x):
    return np.maximum(0, x)
fig, ax = plt.subplots()
x = np.linspace(-10, 10, 100)
y = relu(x)
ax.plot(x, y, '-r', linewidth=4)
ax.legend() # 设置图例
# 画轴
ax.spines['top'].set_color('none')
ax.spines['right'].set_color('none')
ax.spines['bottom'].set_position(('data', 0))
ax.spines['left'].set_position(('axes', 0.5))
plt.grid() # 设置方格
plt.title("ReLU")
plt.show()
```

运行结果如图18-6所示。

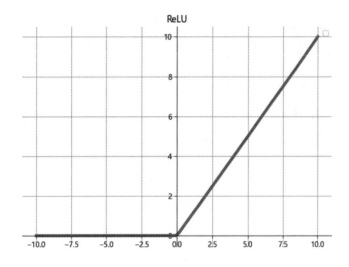

图 18-6　ReLU 激活函数的实现

2. Leaky ReLU

这是一种专门设计用于解决ReLU梯度消失问题的激活函数，公式为：

$$f(x) = \begin{cases} x & x \geqslant 0 \\ ax & x < 0 \end{cases}$$

该激活函数具有以下特点：

（1）Leaky ReLU通过把x的非常小的线性分量给予负数信号来调整负值的零梯度问题。

（2）Leaky有助于扩大ReLU函数的范围，通常a的值为0.01左右。

从理论上讲，Leaky ReLU函数具有ReLU函数的所有优点，而且Dead ReLU不会有任何问题，但在实际操作中，尚未完全证明Leaky ReLU函数总是比ReLU函数好。

下面使用Python代码实现该激活函数。

【例18-6】　Leaky ReLU激活函数的实现。

输入如下代码：

```python
# Leaky ReLU激活函数的实现
import matplotlib.pyplot as plt
import numpy as np
def leaky_relu(x, a=0.01):
    return np.maximum(a * x, x)
fig, ax = plt.subplots()
x = np.linspace(-10, 10, 100)
y = leaky_relu(x)
ax.plot(x, y)
ax.legend()  # 设置图例
# 画轴
ax.spines['top'].set_color('none')
ax.spines['right'].set_color('none')
ax.spines['bottom'].set_position(('data', 0))
ax.spines['left'].set_position(('axes', 0.5))
plt.grid()  # 设置方格
plt.title("Leaky ReLu")
plt.show()
```

运行结果如图18-7所示。

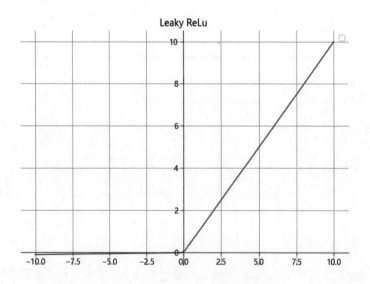

图 18-7　Leaky ReLU 激活函数的实现

3. ELU

ELU函数的提出也解决了ReLU梯度消失的问题。与ReLU函数相比，ELU函数有负值，这会使激活的平均值接近零。均值激活接近于零可以使学习更快，因为它们使梯度更接近自然梯度。该函数的公式为：

$$f(x) = \begin{cases} x & x \geqslant 0 \\ \alpha(\mathrm{e}^x - 1) & x < 0 \end{cases}$$

该激活函数具有以下特点：

（1）ELU函数通过减少偏置偏移的影响使正常梯度更接近单位自然梯度，从而使均值向零加速学习。

（2）ELU函数在较小的输入下会饱和至负值，从而减少前向传播的变异和信息。

ELU函数的计算强度更高，与Leaky ReLU函数类似，尽管理论上比ReLU函数要好，但目前在实践中没有充分的证据表明ELU函数总是比ReLU函数好。

下面使用Python代码实现该激活函数。

【例18-7】 ELU激活函数的实现。

输入如下代码：

```python
# ELU激活函数的实现
import matplotlib.pyplot as plt
import numpy as np
def elu(x, alpha=1):
    a = x[x > 0]
    b = alpha * (np.exp(x[x < 0]) - 1)
    result = np.concatenate((b, a), axis=0)
    return result
fig, ax = plt.subplots()
x = np.linspace(-10, 10, 100)
y = elu(x)
ax.plot(x, y)
ax.legend()  # 设置图例
# 画轴
ax.spines['top'].set_color('none')
ax.spines['right'].set_color('none')
ax.spines['bottom'].set_position(('data', 0))
ax.spines['left'].set_position(('axes', 0.5))
plt.grid()  # 设置方格
plt.title("ELU")
plt.show()
```

运行结果如图18-8所示。

18

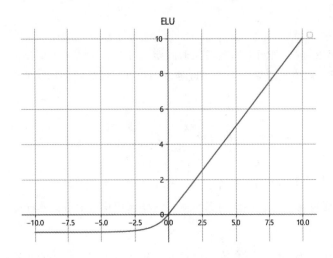

图 18-8   ELU 激活函数的实现

4. PReLU

PReLU函数也是ReLU函数的改进版本。与ELU函数相比，PReLU函数在负值域是线性运算，尽管斜率很小，但不会趋于0。该函数的公式为：

$$f(x) = \begin{cases} x & x \geqslant 0 \\ \alpha x & x < 0 \end{cases}$$

若 α 是可学习的参数，则 $f(x)$ 变为PReLU。PReLU函数与前面的Leaky ReLU函数一样，此处不再举例演示。

5. SMU

SMU（Smooth Maximum Unit）函数是在已知激活函数Leaky ReLU近似的基础上，提出的一种新的激活函数。用SMU函数替换ReLU函数，ShuffleNet V2模型在CIFAR100数据集上得到了6.22%的提升。

下面使用Python代码实现该激活函数。

【例18-8】   SMU激活函数的实现。

输入如下代码：

```
# SMU激活函数的实现
import tensorflow as tf
def SMU(x,alpha=0.25):
    mu = tf.compat.v1.get_variable('SMU_mu', shape=(),
                    initializer=tf.constant_initializer(1000000),dtype=tf.float32)
    return ((1+alpha)*x + (1-alpha)*x*tf.math.erf(mu*(1-alpha)*x))/2
def SMU1(x,alpha=0.25):
```

```
mu = tf.compat.v1.get_variable('SMU1_mu', shape=(),
                initializer=tf.constant_initializer(4.352665993287951e-9),
                dtype=tf.float32)
return ((1+alpha)*x+tf.math.sqrt(tf.math.square(x-alpha*x)+tf.math.square(mu)))/2
```

18.2.3　其他常见的激活函数

本小节继续介绍其他常见的激活函数。

1. Softmax

Softmax函数是机器学习中最常用的激活函数之一，公式为：

$$f(x) = \frac{e^{x_i}}{\sum_{j=1}^{n} e^{x_j}}$$

该激活函数具有以下特点：

（1）在零点不可微。

（2）负数信号输入的梯度为零，这意味着对于该区域的激活，权重不会在反向传播期间更新，因此会产生永不激活的死亡神经元。

（3）Softmax函数的分母结合了原始输出值的所有因子，这意味着Softmax函数获得的各种概率彼此相关，因此Softmax函数可用于多分类问题。

下面使用Python代码实现该激活函数。

【例18-9】　Softmax激活函数的实现。

输入如下代码：

```
# Softmax激活函数的实现
import matplotlib.pyplot as plt
import numpy as np
def softmax(x):
    x = np.exp(x) / np.sum(np.exp(x))
    return x
fig, ax = plt.subplots()
x = np.linspace(-10, 10, 100)
y = softmax(x)
ax.plot(x, y)
ax.legend() # 设置图例
# 画轴
ax.spines['top'].set_color('none')
ax.spines['right'].set_color('none')
ax.spines['bottom'].set_position(('data', 0))
ax.spines['left'].set_position(('axes', 0.5))
plt.grid() # 设置方格
```

18

```
plt.title("Softmax")
plt.show()
```

运行结果如图18-9所示。

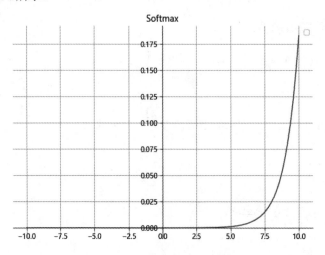

图 18-9　Softmax 激活函数的实现

2. Squareplus

Squareplus函数是Softplus函数的优化版本，Squareplus函数由超参数$b>0$定义，它决定了$x=0$附近弯曲区域的大小，公式为：

$$y = \frac{1}{2}(x + \sqrt{x^2 + b})$$

该激活函数具有以下特点：

（1）它的输出是非负的。

（2）它是ReLU的一个上界函数，会随着$|x|$的增长而接近ReLU。

（3）它是连续的。

（4）Squareplus只使用代数运算进行计算，这使得它非常适合计算资源或指令集有限的情况。此外，当x较大时，Squareplus无须特别考虑数值稳定性的问题。

下面使用Python代码实现该激活函数。

【例18-10】　Squareplus激活函数的实现。

输入如下代码：

```
# Squareplus激活函数的实现
import numpy as np
```

```
import matplotlib.pyplot as plt
def Squareplus(x, b=0.2):
    x = 0.5 * (x + np.sqrt(x**2+b))
    return x
fig, ax = plt.subplots()
x = np.linspace(-10, 10, 100)
y = Squareplus(x)
ax.plot(x, y)
ax.legend() # 设置图例
# 画轴
ax.spines['top'].set_color('none')
ax.spines['right'].set_color('none')
ax.spines['bottom'].set_position(('data', 0))
ax.spines['left'].set_position(('axes', 0.5))
plt.grid() # 设置方格
plt.title("Squareplus")
plt.show()
```

运行结果如图18-10所示。

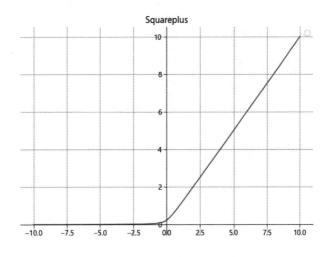

图 18-10　Squareplus 激活函数的实现

18.3　小结

本章详细讲解了激活函数的概念和常用的激活函数。激活函数是神经网络尤其是深度学习中重要的模块，是机器学习中深度学习的基础，掌握激活函数有助于尽快进入深度学习的世界。

18

第 19 章

项 目 实 战

前面的章节已经学习了关于机器学习的各种基础知识，本章将运用这些知识进行实战。深度学习是学习样本数据的内在规律和表示层次，这对学习过程中获得的图像等数据的解释有很大的帮助。它的最终目标是让机器能够像人一样具有分析学习能力，如能够识别图像等数据。深度学习是一个复杂的机器学习算法，在图像识别方面取得的效果远远超过先前相关的技术。

学习目标：

（1）熟悉深度学习的应用流程。

（2）掌握迁移学习的流程。

（3）掌握空间变换网络的流程。

19.1 迁移学习项目实现

实际上，基本没有人会从零开始（随机初始化）训练一个完整的卷积网络，因为对于网络来说，很难得到一个足够大的数据集（网络很深，需要足够大的数据集）。

通常的做法是在一个很大的数据集上进行预训练得到卷积网络ConvNet，然后将ConvNet的参数作为目标任务的初始化参数或者固定这些参数，这类机器学习方法称为迁移学习。迁移学习的两个主要场景：

（1）微调Convnet，使用预训练的网络（如在ImageNet 1000上训练而来的网络）来初始化自己的网络，而不是随机初始化。其他的训练步骤不变。

（2）将Convnet看成固定的特征提取器。首先固定ConvNet除了最后的全连接层外的其他所有层。最后的全连接层被替换成一个新的随机初始化的层，只有这个新的层会被训练（只有这一层的参数会在反向传播时更新）。

本节使用PyTorch进行迁移学习，要解决的问题是训练一个模型来对蚂蚁（ants）和蜜蜂（bees）进行分类。下面分步来实现该项目。

19.1.1 导入相关的包

输入以下代码，导入相关的包。

```
from __future__ import print_function, division
import torch
import torch.nn as nn
import torch.optim as optim
from torch.optim import lr_scheduler
import numpy as np
import torchvision
from torchvision import datasets, models, transforms
import matplotlib.pyplot as plt
import time
import os
import copy
plt.ion()   # interactive mode
```

19.1.2 加载数据

这里要解决的问题是训练一个模型来分类蚂蚁和蜜蜂。蚂蚁和蜜蜂各有约120幅训练图片。每个类有75幅验证图片。从零开始在如此小的数据集上进行训练通常是很难泛化的。由于使用迁移学习，模型的泛化能力会相当好。该数据集是ImageNet的一个非常小的子集。

输入以下代码加载数据：

```
# 训练集数据扩充和归一化
# 在验证集上仅需要归一化
data_transforms = {
    'train': transforms.Compose([
        transforms.RandomResizedCrop(224),  #随机裁剪一个area，然后resize
        transforms.RandomHorizontalFlip(),  #随机水平翻转
        transforms.ToTensor(),
        transforms.Normalize([0.485, 0.456, 0.406], [0.229, 0.224, 0.225])
    ]),
    'val': transforms.Compose([
        transforms.Resize(256),
        transforms.CenterCrop(224),
        transforms.ToTensor(),
        transforms.Normalize([0.485, 0.456, 0.406], [0.229, 0.224, 0.225])
    ]),
}
data_dir = 'data/hymenoptera_data'
image_datasets = {x: datasets.ImageFolder(os.path.join(data_dir, x),
                                          data_transforms[x])
            for x in ['train', 'val']}
dataloaders = {x: torch.utils.data.DataLoader(image_datasets[x], batch_size=4,
                                          shuffle=True, num_workers=4)
            for x in ['train', 'val']}
```

19

```
dataset_sizes = {x: len(image_datasets[x]) for x in ['train', 'val']}
class_names = image_datasets['train'].classes

device = torch.device("cuda:0" if torch.cuda.is_available() else "cpu")
```

如果设备有GPU，则选择在GPU上进行训练。

19.1.3 可视化部分图像数据

输入以下代码，可视化部分训练图像，以便了解数据扩充。

```
# 训练集数据扩充和归一化
# 在验证集上仅需要归一化
def imshow(inp, title=None):
    """Imshow for Tensor."""
    inp = inp.numpy().transpose((1, 2, 0))
    mean = np.array([0.485, 0.456, 0.406])
    std = np.array([0.229, 0.224, 0.225])
    inp = std * inp + mean
    inp = np.clip(inp, 0, 1)
    plt.imshow(inp)
    if title is not None:
        plt.title(title)
    plt.pause(0.001)  # pause a bit so that plots are updated
if __name__ == '__main__':
    # 获取一批训练数据
    inputs, classes = next(iter(dataloaders['train']))
    # 批量制作网格
    out = torchvision.utils.make_grid(inputs)
    imshow(out, title=[class_names[x] for x in classes])
```

可视化部分数据结果如图19-1所示。

图 19-1　部分蚂蚁和蜜蜂数据可视化

19.1.4 训练模型

编写一个通用函数来训练模型，详见以下代码。

```
# 训练模型函数
def train_model(model, criterion, optimizer, scheduler, num_epochs=25):
    since = time.time()
    best_model_wts = copy.deepcopy(model.state_Dict())
```

```
best_acc = 0.0
for epoch in range(num_epochs):
    print('Epoch {}/{}'.format(epoch, num_epochs - 1))
    print('-' * 10)
    # 每个Epoch都有一个训练和验证阶段
    for phase in ['train', 'val']:
        if phase == 'train':
            scheduler.step()
            model.train()  # Set model to training mode
        else:
            model.eval()   # Set model to evaluate mode
        running_loss = 0.0
        running_corrects = 0
        # 迭代数据
        for inputs, labels in dataloaders[phase]:
            inputs = inputs.to(device)
            labels = labels.to(device)
            # 零参数梯度
            optimizer.zero_grad()
            # 前向
            # track history if only in train
            with torch.set_grad_enabled(phase == 'train'):
                outputs = model(inputs)
                _, preds = torch.max(outputs, 1)
                loss = criterion(outputs, labels)
                # 后向+仅在训练阶段进行优化
                if phase == 'train':
                    loss.backward()
                    optimizer.step()
            # 统计
            running_loss += loss.item() * inputs.size(0)
            running_corrects += torch.sum(preds == labels.data)
        epoch_loss = running_loss / dataset_sizes[phase]
        epoch_acc = running_corrects.double() / dataset_sizes[phase]
        print('{} Loss: {:.4f} Acc: {:.4f}'.format(
            phase, epoch_loss, epoch_acc))
        # 深度复制
        if phase == 'val' and epoch_acc > best_acc:
            best_acc = epoch_acc
            best_model_wts = copy.deepcopy(model.state_Dict())
    print()
time_elapsed = time.time() - since
print('Training complete in {:.0f}m {:.0f}s'.format(
    time_elapsed // 60, time_elapsed % 60))
print('Best val Acc: {:4f}'.format(best_acc))
# 加载最佳模型权重
model.load_state_Dict(best_model_wts)
return model
```

该训练函数返回一个网络模型。

19

19.1.5　可视化模型结果

可视化模型结果模块代码如下：

```
#一个通用的展示少量预测图片的函数
def visualize_model(model, num_images=6):
    was_training = model.training
    model.eval()
    images_so_far = 0
    fig = plt.figure()
    with torch.no_grad():
        for i, (inputs, labels) in enumerate(dataloaders['val']):
            inputs = inputs.to(device)
            labels = labels.to(device)
            outputs = model(inputs)
            _, preds = torch.max(outputs, 1)
            for j in range(inputs.size()[0]):
                images_so_far += 1
                ax = plt.subplot(num_images//3, 3, images_so_far)
                ax.axis('off')
                ax.set_title('preDicted: {}'.format(class_names[preds[j]]))
                imshow(inputs.cpu().data[j])
                if images_so_far == num_images:
                    model.train(mode=was_training)
                    return
        model.train(mode=was_training)
```

19.1.6　微调 ConvNet

加载预训练模型并重置最终完全连接的图层，代码如下：

```
# 微调ConvNet
model_ft = models.resnet18(pretrained=True)
num_ftrs = model_ft.fc.in_features
model_ft.fc = nn.Linear(num_ftrs, 2)
model_ft = model_ft.to(device)
criterion = nn.CrossEntropyLoss()
# 所有参数都正在优化
optimizer_ft = optim.SGD(model_ft.parameters(), lr=0.001, momentum=0.9)
# 每7个Epochs衰减LR，通过设置gamma=0.1
exp_lr_scheduler = lr_scheduler.StepLR(optimizer_ft, step_size=7, gamma=0.1)
```

19.1.7　训练和模型评估

训练模型：该过程在CPU上训练可能要花费几十分钟的时间，但是在GPU上只需要几分钟（根据设备配置，运行时间可能差异很大）。

```
# 模型训练和评估
model_ft = train_model(model_ft, criterion, optimizer_ft, exp_lr_scheduler,
                       num_epochs=25)
```

运行代码之后，可以观察到如下输出：

```
Epoch 0/24
train Loss: 0.5378 Acc: 0.7336
val Loss: 0.1853 Acc: 0.9020

Epoch 1/24
train Loss: 0.3805 Acc: 0.8525
val Loss: 0.1403 Acc: 0.9412
       .
       .
       .
Epoch 24/24
train Loss: 0.2763 Acc: 0.8811
val Loss: 0.2035 Acc: 0.9281

Training complete in 7m 29s
Best val Acc: 0.941176
```

19.1.8 结果可视化

运行前面定义的可视函数即可可视化运行结果，显示
部分预测图片，如图19-2所示。

```
visualize_model(model_ft)
```

这是一个完整的迁移学习的应用，从加载数据到最终
可视化预测结果，读者可以根据代码认真理解各部分内容，
也可以结合自己的数据集开发新的算法。

图 19-2 部分预测图片

19.2 空间变换网络项目实现

空间变换网络（Spatial Transform Networks，STN）是对任何空间变换的差异化关注的概括。
空间变换网络允许神经网络学习在输入图像上执行空间变换，以增强模型的几何不变性。

例如，它可以裁剪感兴趣的区域，缩放并校正图像的方向。这可能是一种有用的机制，因为
卷积神经网络对于旋转和缩放以及更一般的仿射变换并不是不变的。

空间变换网络归结为3个主要的组成部分，其结构如图19-3所示。

（1）本地网络（Localisation Network）是常规卷积神经网络，其对变换参数进行回归。本地
网络不会从数据集中明确地学习转换，而是网络自动学习增强全局准确性的空间变换。

（2）网格生成器（Grid Genator）在输入图像中生成与输出图像中的每个像素相对应的坐标
网格。

（3）采样器（Sampler）使用变换的参数并将其应用于输入图像。

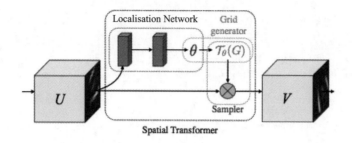

图 19-3   空间变换网络

前面介绍了空间变换网络的概念，接下来分步实现一个空间变换网络。

19.2.1   导入相关的包

这是Python语言的特点，在开始具体操作之前，先导入必要的包。

```python
from __future__ import print_function
import torch
import torch.nn as nn
import torch.nn.functional as F
import torch.optim as optim
import torchvision
from torchvision import datasets, transforms
import matplotlib.pyplot as plt
import numpy as np
plt.ion()    # 交互模式
```

19.2.2   加载数据

使用经典的MNIST数据集。使用标准卷积网络增强空间变换网络。加载数据代码如下：

```python
# 加载数据
device = torch.device("cuda" if torch.cuda.is_available() else "cpu")
# 训练数据集
train_loader = torch.utils.data.DataLoader(
    datasets.MNIST(root='.', train=True, download=True,
                   transform=transforms.Compose([
                   transforms.ToTensor(),
                   transforms.Normalize((0.1307,), (0.3081,))
               ])), batch_size=64, shuffle=True, num_workers=0)
# 测试数据集
test_loader = torch.utils.data.DataLoader(
    datasets.MNIST(root='.', train=False, transform=transforms.Compose([
        transforms.ToTensor(),
        transforms.Normalize((0.1307,), (0.3081,))
    ])), batch_size=64, shuffle=True, num_workers=0)
```

运行以下代码之后，可以看到自动下载并加载了数据，具体结果如下：

```
Downloading http://yann.lecun.com/exdb/mnist/train-images-idx3-ubyte.gz
Downloading http://yann.lecun.com/exdb/mnist/train-images-idx3-ubyte.gz
to .\MNIST\raw\train-images-idx3-ubyte.gz
100.0%
Extracting .\MNIST\raw\train-images-idx3-ubyte.gz to .\MNIST\raw

Downloading http://yann.lecun.com/exdb/mnist/train-labels-idx1-ubyte.gz
Downloading http://yann.lecun.com/exdb/mnist/train-labels-idx1-ubyte.gz
to .\MNIST\raw\train-labels-idx1-ubyte.gz
102.8%
Extracting .\MNIST\raw\train-labels-idx1-ubyte.gz to .\MNIST\raw

Downloading http://yann.lecun.com/exdb/mnist/t10k-images-idx3-ubyte.gz
Downloading http://yann.lecun.com/exdb/mnist/t10k-images-idx3-ubyte.gz
to .\MNIST\raw\t10k-images-idx3-ubyte.gz
100.0%
Extracting .\MNIST\raw\t10k-images-idx3-ubyte.gz to .\MNIST\raw

Downloading http://yann.lecun.com/exdb/mnist/t10k-labels-idx1-ubyte.gz
Downloading http://yann.lecun.com/exdb/mnist/t10k-labels-idx1-ubyte.gz
to .\MNIST\raw\t10k-labels-idx1-ubyte.gz
112.7%
Extracting .\MNIST\raw\t10k-labels-idx1-ubyte.gz to .\MNIST\raw
```

19.2.3 定义空间变换网络

空间变换网络定义如下:

```python
# 定义空间变换网络
class Net(nn.Module):
    def __init__(self):
        super(Net, self).__init__()
        self.conv1 = nn.Conv2d(1, 10, kernel_size=5)
        self.conv2 = nn.Conv2d(10, 20, kernel_size=5)
        self.conv2_drop = nn.Dropout2d()
        self.fc1 = nn.Linear(320, 50)
        self.fc2 = nn.Linear(50, 10)
        # 空间变换器定位 - 网络
        self.localization = nn.Sequential(
            nn.Conv2d(1, 8, kernel_size=7),
            nn.MaxPool2d(2, stride=2),
            nn.ReLU(True),
            nn.Conv2d(8, 10, kernel_size=5),
            nn.MaxPool2d(2, stride=2),
            nn.ReLU(True)
        )
        # 3 × 2 affine矩阵的回归量
        self.fc_loc = nn.Sequential(
            nn.Linear(10 * 3 * 3, 32),
            nn.ReLU(True),
            nn.Linear(32, 3 * 2)
        )
```

19

```
        # 使用身份转换初始化权重/偏差
        self.fc_loc[2].weight.data.zero_()
        self.fc_loc[2].bias.data.copy_(torch.tensor([1, 0, 0, 0, 1, 0],
                                                    dtype=torch.float))

    # 空间变换网络转发功能
    def stn(self, x):
        xs = self.localization(x)
        xs = xs.view(-1, 10 * 3 * 3)
        theta = self.fc_loc(xs)
        theta = theta.view(-1, 2, 3)
        grid = F.affine_grid(theta, x.size())
        x = F.grid_sample(x, grid)
        return x
    def forward(self, x):
        # transform the input
        x = self.stn(x)
        # 执行一般的前进传递
        x = F.relu(F.max_pool2d(self.conv1(x), 2))
        x = F.relu(F.max_pool2d(self.conv2_drop(self.conv2(x)), 2))
        x = x.view(-1, 320)
        x = F.relu(self.fc1(x))
        x = F.dropout(x, training=self.training)
        x = self.fc2(x)
        return F.log_softmax(x, dim=1)
model = Net().to(device)
```

19.2.4 模型训练

使用随机梯度下降算法来训练模型。网络正在以有监督的方式学习分类任务。同时，该模型以端到端的方式自动学习空间变换网络。模型训练代码如下：

```
# 模型训练
optimizer = optim.SGD(model.parameters(), lr=0.01)
def train(epoch):
    model.train()
    for batch_idx, (data, target) in enumerate(train_loader):
        data, target = data.to(device), target.to(device)
        optimizer.zero_grad()
        output = model(data)
        loss = F.nll_loss(output, target)
        loss.backward()
        optimizer.step()
        if batch_idx % 500 == 0:
            print('Train Epoch: {} [{}/{} ({:.0f}%)]\tLoss: {:.6f}'.format(
                epoch, batch_idx * len(data), len(train_loader.dataset),
                100. * batch_idx / len(train_loader), loss.item()))
# 一种简单的测试程序，用于测量空间变换网络在MNIST上的性能
def test():
    with torch.no_grad():
        model.eval()
```

```
test_loss = 0
correct = 0
for data, target in test_loader:
    data, target = data.to(device), target.to(device)
    output = model(data)
    # 累加批量损失
    test_loss += F.nll_loss(output, target, size_average=False).item()
    # 获取最大对数概率的索引
    pred = output.max(1, keepdim=True)[1]
    correct += pred.eq(target.view_as(pred)).sum().item()
test_loss /= len(test_loader.dataset)
print('\nTest set: Average loss: {:.4f}, Accuracy: {}/{} ({:.0f}%)\n'
      .format(test_loss, correct, len(test_loader.dataset),
              100. * correct / len(test_loader.dataset)))
```

19.2.5　空间变换网络的可视化结果

网络训练之后，就可以检查空间变换网络的可视化结果。定义了一个小辅助函数，以便在训练时可视化变换。如下代码：

```
# 可视化空间变换网络结果
def convert_image_np(inp):
    """Convert a Tensor to numpy image."""
    inp = inp.numpy().transpose((1, 2, 0))
    mean = np.array([0.485, 0.456, 0.406])
    std = np.array([0.229, 0.224, 0.225])
    inp = std * inp + mean
    inp = np.clip(inp, 0, 1)
    return inp
# 想要在训练之后可视化空间变换器层的输出
# 使用空间变换网络可视化一批输入图像和相应的变换批次
def visualize_stn():
    with torch.no_grad():
        # Get a batch of training data
        data = next(iter(test_loader))[0].to(device)
        input_tensor = data.cpu()
        transformed_input_tensor = model.stn(data).cpu()
        in_grid = convert_image_np(
            torchvision.utils.make_grid(input_tensor))
        out_grid = convert_image_np(
            torchvision.utils.make_grid(transformed_input_tensor))
        # Plot the results side-by-side
        f, axarr = plt.subplots(1, 2)
        axarr[0].imshow(in_grid)
        axarr[0].set_title('Dataset Images')
        axarr[1].imshow(out_grid)
        axarr[1].set_title('Transformed Images')
for epoch in range(1, 20 + 1):
    train(epoch)
    test()
```

19

```
# 在某些输入批处理上可视化空间变换网络转换
visualize_stn()
plt.ioff()
plt.show()
```

运行代码之后，可以看到以下运行结果：

```
Test set: Average loss: 0.2488, Accuracy: 9293/10000 (93%)
Train Epoch: 2 [0/60000 (0%)] Loss: 0.808337
Train Epoch: 2 [32000/60000 (53%)]    Loss: 0.510325
Test set: Average loss: 0.1317, Accuracy: 9617/10000 (96%)
            .
            .
            .
Train Epoch: 18 [0/60000 (0%)]    Loss: 0.150572
Train Epoch: 18 [32000/60000 (53%)]    Loss: 0.129712
Test set: Average loss: 0.0447, Accuracy: 9865/10000 (99%)
Train Epoch: 19 [0/60000 (0%)]    Loss: 0.143861
Train Epoch: 19 [32000/60000 (53%)]    Loss: 0.060011
Test set: Average loss: 0.0426, Accuracy: 9871/10000 (99%)
Train Epoch: 20 [0/60000 (0%)]    Loss: 0.101470
Train Epoch: 20 [32000/60000 (53%)]    Loss: 0.126232
Test set: Average loss: 0.0468, Accuracy: 9864/10000 (99%)
```

可视化结果如图19-4所示。

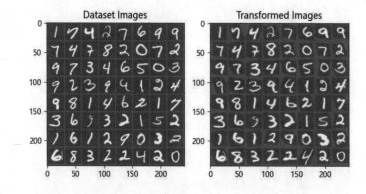

图 19-4   空间变换网络的可视化结果

19.3   小结

本章通过迁移学习的应用及空间变换网络的实现，帮助读者掌握从数据加载到预测结果可视化的实现方法，更进一步，读者可以结合数据集的特点，根据前面所学知识创建新的算法，灵活应用机器学习知识解决实际问题。

参 考 文 献

[1] [美] 埃里克·马瑟斯著，袁国忠译. Python编程从入门到实践（第2版）[M]. 北京：人民邮电出版社，2020.

[2] 王学颖，司雨昌，王萍. Python学习从入门到实践（第2版）[M]. 北京：清华大学出版社，2021.

[3] [美]科里·奥尔索夫（Cory Althoff）著，宋秉金译. Python编程无师自通 专业程序员的养成[M]. 北京：人民邮电出版社，2019.

[4] Magnus Lie Hetland著，袁国忠译. Python基础教程（第3版）[M]. 北京：人民邮电出版社，2018.

[5] [美]Wesley Chun著，孙波翔等译. Python核心编程（第3版）[M]. 北京：人民邮电出版社，2016.

[6] 张玲玲，Python算法详解[M]. 北京：人民邮电出版社，2019.

[7] [日]中岛省吾著，程晨译. Python超入门-从基础入门到人工智能应用[M]. 北京：人民邮电出版社，2021.

[8] 周志华.机器学习[M]. 北京：清华大学出版社，2016.

[9] 段小手. 深入浅出Python机器学习[M]. 北京：清华大学出版社，2018.

[10] 李航. 统计学习方法（第2版）[M]. 北京：清华大学出版社，2019.

[11] 诸葛越，葫芦娃. 百面机器学习 算法工程师带你去面试[M]. 北京：人民邮电出版社，2018.

[12] 黄海涛. Python 3破冰人工智能 从入门到实战[M]. 北京：人民邮电出版社，2020.

[13] [美] Peter Harrington著，李锐，李鹏，曲亚东等译. 机器学习实战[M]. 北京：人民邮电出版社，2013.

[14] [美] 加文·海克（Gavin Hackeling）著，张浩然译. scikit-learn机器学习（第2版）[M]. 北京：人民邮电出版社，2019.

[15] 李烨. 机器学习极简入门[M]. 北京：人民邮电出版社，2021.

[16] 黄佳. 零基础学机器学习[M]. 北京：人民邮电出版社，2020.

[17] [日]秋庭伸也，[日]杉山阿圣，[日]寺田学著，郑明智译. 图解机器学习算法[M]. 北京：人民邮电出版社，2021.

[18] [日]立石贤吾著，郑明智译. 白话机器学习的数学[M]. 北京：人民邮电出版社，2020.

[19] [美]普拉提克·乔西（Prateek Joshi）著，陶俊杰，陈小莉译. Python机器学习经典实例（图灵出品）[M]. 北京：人民邮电出版社，2019.

[20] 宋亚统. 机器学习算法评估实战（全彩印刷）[M]. 北京：人民邮电出版社，2021.

[21] [德]安德里亚斯·穆勒（Andreas C.Müller）[美]莎拉·吉多（Sarah Guido）著，张亮（hysic）译. Python机器学习基础教程[M]. 北京：人民邮电出版社，2020.

[22] [美] 伊莱·史蒂文斯(Eli Stevens)，[意] 卢卡·安蒂加(Luca Antiga)等著，牟大恩译. PyTorch深度学习实战[M]. 北京：人民邮电出版社，2022.

[23] 张校捷. 深入浅出PyTorch——从模型到源码[M]. 北京：人民邮电出版社，2020.

[24] 张敏. PyTorch深度学习实战：从新手小白到数据科学家[M]. 北京：电子工业出版社，2020.

[25] 余本国，孙玉林. Python在机器学习中的应用[M]. 北京：中国水利水电出版社，2019.

[26] [美] 海特·萨拉赫（Hyatt Saleh）著，邹伟译. 机器学习基础——基于Python和scikit-learn的机器学习应用[M]. 北京：中国水利水电出版社，2020.

[27] 增田秀人著，陈欢译. Pandas数据预处理详解[M]. 北京：中国水利水电出版社，2021.

[28] [美] Ian Goodfellow等著. 深度学习[deep learning][M]. 北京：人民邮电出版社，2017.

[29] 范淼，李超著. Python机器学习及实践：从零开始通往Kaggle竞赛之路[M]. 北京：清华大学出版社，2016.

[30] 张晓明. 人工智能基础 数学知识[M]. 北京：人民邮电出版社，2020.

[31] 李航. 统计学习方法（第2版）[M]. 北京：清华大学出版社，2019.

[32] 吴恩达. Machine Learnin. https://github.com/fengdu78/Coursera-ML-AndrewNg-Notes.

[33] [日]大关真之. 漫画机器学习入门[M]. 北京：化学工业出版社，2018.

[34] 赵卫东. 机器学习[M]. 北京：人民邮电出版社，2018.

[35] 汪荣贵，杨娟，薛丽霞. 机器学习及其应用[M]. 北京：机械工业出版社，2019.

[36] 周志华等. 机器学习及其应用[M]. 北京：清华大学出版社，2011.

[37] 黄佳. 零基础学机器学习[M]. 北京：人民邮电出版社，2020.

[38] 姚舜才. 机器学习基础教程[M]. 西安：西安电子科技大学出版社，2020.

[39] 衫山将. 图解机器学习[M]. 北京：人民邮电出版社，2015.

[40] 高扬. 白话大数据与机器学习[M]. 北京：机械工业出版社，2016.

[41] 郭羽含，陈虹，肖成龙. Python机器学习[M]. 北京：机械工业出版社，2021.

[42] [美]塞巴斯蒂安·拉施卡（Sebastian Raschka），[美]瓦希德·米尔贾利利（Vahid Mirjalili）. 陈斌译. Python机器学习（原书第3版）[M]. 北京：机械工业出版社，2021.

[43] [英]罗恩·乔普拉，阿伦·英格兰. Python数据科学实战[M]. 北京：中国水利水电出版社，2022.

[44] 川岛贤. 机器学习·深度学习图像识别从基础到案例实战[M]. 北京：中国水利水电出版社，2022.

[45] [英]罗恩·乔普拉，[英]阿伦·英格兰，[英]穆罕默德·努尔丁·阿拉丁. Python数据科学实战[M]. 北京：中国水利水电出版社，2021.

[46] 江波. 人工智能与智能教育丛书：机器学习[M]. 北京：教育科学出版社，2021.

[47] 冷静. 人工智能与智能教育丛书：深度学习[M]. 北京：教育科学出版社，2022.

[48] 鲁伟. 机器学习 公式推导与代码实现[M]. 北京：人民邮电出版社，2022.

[49] 王秋月，覃雄派，赵素云，张静. 人工智能与机器学习（21世纪通识教育系列教材）[M]. 北京：中国人民大学出版社，2020.

[50] 张旭东. 机器学习导论[M]. 北京：清华大学出版社，2022.

[51] 朱春旭. Python数据分析与大数据处理从入门到精通[M]. 北京：北京大学出版社，2019.

[52] 高博，刘冰，李力. Python数据分析与可视化从入门到精通[M]. 北京：北京大学出版社，2020.

[53] 莫宏伟. 人工智能导论[M]. 北京：人民邮电出版社，2022.

[54] 王天一. 人工智能革命[M]. 北京：北京时代华文书局，2017.